石油和化工行业“十四五”规划教材

高等职业教育本科教材

化工安全技术

张麦秋　于育新　主编　　唐淑贞　副主编

刘景良　主审

化学工业出版社

·北京·

内容简介

本书主要介绍走进化工安全、防火防爆安全技术、工业防毒安全技术、电气安全技术、化工单元操作安全技术、重点监管工艺的安全技术、承压设备的安全技术、化工装置检修安全技术、安全生产事故应急管理、化工安全管理共11个单元，并系统地展示了安全发展理念、安全生产法规体系、新时代科技发展伟大成就、行业重器、文化建设以及行业先进典型等，促进学生思想素养、专业素养、职业素养的养成。各单元还设有学习目标、拓展阅读、单元小结、复习思考题、案例分析等模块，便于知识的学习与巩固。

本书可作为高等职业教育本科应用化工技术专业及其他化工大类专业的教材，还可作为相关工程技术人员、管理人员、技术工人的培训教材和学习资料。

图书在版编目（CIP）数据

化工安全技术 / 张麦秋，于育新主编；唐淑贞副主编．—北京：化学工业出版社，2024.5
ISBN 978-7-122-44750-0

Ⅰ.①化… Ⅱ.①张… ②于… ③唐… Ⅲ.①化工安全-安全技术-职业教育-教材 Ⅳ.①TQ086

中国国家版本馆CIP数据核字（2024）第105592号

责任编辑：提 岩 王海燕 刘心怡　　文字编辑：周家羽
责任校对：王 静　　装帧设计：关 飞

出版发行：化学工业出版社
（北京市东城区青年湖南街13号 邮政编码100011）
印 装：河北延风印务有限公司
787mm×1092mm 1/16 印张17½ 字数452千字
2024年6月北京第1版第1次印刷

购书咨询：010-64518888　　售后服务：010-64518899
网 址：http://www.cip.com.cn
凡购买本书，如有缺损质量问题，本社销售中心负责调换。

定 价：48.00元

序

党的二十大报告提出：建设现代化产业体系。坚持把发展经济的着力点放在实体经济上。石油和化学工业是实体工业中最具生命力，极富创造性的工业领域。现代化学工业以高端化、智能化、绿色化发展为标志，是支撑国民经济发展和满足人民生活需要的重要基础。

行业发展，人才先行。职业教育以建设人力资源强国为战略目标，随着产业结构升级、绿色技术革新和智能化迭代步伐的加速，提高职业教育培养层次，培养一批高层次技术技能型人才和善于解决现场工程问题的工程师队伍，迫在眉睫。职业本科教育应运而生。

职业本科教育旨在培养一批理论联系实际，服务产业数字化转型、先进制造技术、先进基础工艺的人才和具有技术创新能力的高端技术技能型人才，以提高职业教育服务经济建设的能力，满足社会发展的需求。

教材作为教学活动的基础性载体，是落实人才培养方案的重要工具。职业本科教材建设对于推动课程与教学改革在职业本科教育中落地、提高人才培养质量以及促进社会经济发展都具有重要意义。

为满足我国石油和化工行业对高层次技术技能型人才的需求，更好地服务于职业本科专业新标准实施，补充紧缺教材，全国石油和化工职业教育教学指导委员会于 2022 年 6 月发布了《石油和化工行业职业教育“十四五”规划教材（职业本科）建设方案》（中化教协发〔2022〕23 号），并根据方案内容启动了第一批石化类职业本科系列教材的建设工作。本系列教材历经组织申报、专家函评、主编答辩、确定编审团队、组织编写、审稿、出版等环节，现即将面世。

本系列教材是多校联合、校企合作开发的成果，编写团队由来自全国多所职业技术大学、高等职业院校以及普通本科学校、科研院所、企业的优秀教师、专家组成，他们具有丰富的教学、实践及行业经验，对行业发展和人才需求有深入的了解。本系列教材涵盖职业本科石化类专业的专业基础课和专业核心课，能较好地满足专业教学需求。

本系列教材以提高学生的知识应用能力和综合素质为目标，具有以下突出特点：

（1）坚持正确的政治导向，加强教材的育人功能。全面贯彻党的教育方针，落实立德树人的根本任务，在教材中有机融入党的二十大精神和思政元素，展示石化工业在社会发展和科技进步中的重要作用，培养学生树立正确的世界观、人生观和价值观。

（2）体系完整、内容丰富，可服务于职业本科专业新标准的实施。以职业本科应用化工技术专业教学标准为依据，按照顶层设计、全局总览、课程互联的思路安排教材内容，增强教材与课程、课程与专业之间的联系，为实现模块化、项目化等新型教学模式奠定良好基础。

（3）突出职业教育类型特征，强调知识的应用能力。紧密结合行业实际，注重培养学生利用所学知识分析问题、解决问题的能力，使其能够胜任生产加工中高端产品、解决较复杂问题、进行较复杂操作，并具有一定的创新能力和可持续发展能力。

（4）反映石化行业的发展趋势和新技术应用。将学科及相关领域的科研新进展、工程新技术、生产新工艺、技术新规范纳入教材；反映石化工业在经济发展、社会进步、产业发展以及改善人类生活等方面发挥的重要作用，使学生紧跟行业发展步伐，掌握先进技术。

（5）创新教材编写模式。为适应职业教育“三教”改革的需要，系列教材注重编写模式的创新。根据各教材内容的适应性，采用模块化、项目化、案例式等丰富的编写形式组织教材内容；统一进行栏目设计，利用丰富多样的小栏目拓展学生的知识面，提高学生学习兴趣；将信息技术作为知识呈现的新载体，通过二维码等形式有效拓展教材内容，实现线上线下的互联和互动，以适应新时期的教与学。

（6）统一设计封面、版式，装帧印刷精良。对封面、版式等进行整体设计，确保装帧精美、质量优良。

期待本系列教材的出版和使用，能为我国石油和化工行业培养高水平、高层次技术技能型人才助力，对推动行业的持续发展和转型升级发挥积极作用。

最后，感谢所有在系列教材建设工作中辛勤付出的专家和教师们！感谢所有关心和支持我国石油和化工行业发展的各界人士！

全国石油和化工职业教育教学指导委员会

前言

化学工业的发展为人类带来全新的文明生活方式，但化学工业中的危险化学品也对人类健康和生存环境造成了巨大的伤害或隐患，并且其处理成为了全球性问题。化学品全生命周期不安全因素较多，在实际生产经营中，只要各个环节处理得当，坚持安全生产，各种危险风险是可控的或可接受的。在我国，安全生产的理念是“以人为本，坚持人民至上、生命至上，把保护人民生命安全摆在首位，树牢安全发展理念，坚持安全第一、预防为主、综合治理的方针，从源头上防范化解重大安全风险”。

本教材按照职业本科应用化工技术专业教学标准的安全理论知识和技术技能要求，通过项目导向、案例引导，介绍相关的安全事故防范与处理的安全理论、技术技能、法律法规等。各单元按最新标准、最新技术进行编写，内容包括走进化工安全，防火防爆、工业防毒、电气、化工单元操作、重点监管工艺、承压设备、化工装置检修等安全技术，以及安全生产事故应急管理、化工安全管理等。同时，教材系统性地展示了我国安全发展理念、安全生产法规体系、新时代科技发展伟大成就、行业重器、文化建设以及行业先进典型等，坚持人民至上、生命至上，推进高质量发展，坚持自信自立，塑造伟大工匠精神，弘扬优秀传统文化、劳动精神、奋斗精神、奉献精神，促进学生思想素养、专业素养、职业素养的养成。体例上采用“单元—项目—案例—理论—技术技能—拓展阅读—单元小结—复习思考—案例分析”的形式编写，部分单元提出了基本实训要求。项目任务清晰，知识目标、技能目标、素质目标明确。教材各单元可以按专业教学要求灵活组合，做到一本（教材）多（专业）用，既满足专业教学要求，又可拓展专业知识面。本课程建议课时50学时（不含实训教学课时）。

本教材由跨院校、跨专业、跨学科，具有丰富的化工安全理论知识的教师和企业安全管理人员共同开发。张麦秋、于育新担任主编，唐淑贞担任副主编。具体编写分工为：张麦秋、许军善编写单元一及附录，孟根图雅编写单元二，岳瑞丰编写单元三，王宏编写单元四，唐淑贞编写单元五，于育新编写单元六、单元七，何鹏飞编写单元八，葛长涛编写单元九，严国南编写单元十，刘三婷、张麦秋编写单元十一。全书由张麦秋统稿，刘景良主审，刘三婷负责资料整理。感谢滨化集团滨阳燃化公司安全总监许军善高级工程师对教材结构设计及内容选择的指导，感谢中国化工教育协会、湖南省应急管理厅和中国石化的领导和专家对教材编写的指导。

由于编者水平所限，教材中的不足之处在所难免，敬请广大读者批评指正！

编者

2024年1月

目录

单元一　走进化工安全　/1

单元二　防火防爆安全技术　/19

单元三 工业防毒安全技术 / 45

单元四 电气安全技术 / 70

单元五　化工单元操作的安全技术　/ 95

单元六　重点监管工艺的安全技术（上）　/ 111

单元七 重点监管工艺的安全技术（下） / 128

单元八　承压设备的安全技术　/ 146

单元九　化工装置检修安全技术　/ 170

单元十 安全生产事故应急管理 / 194

单元十一 化工安全管理 / 232

二维码资源目录

单元一

走进化工安全

【学习目标】

知识目标

1. 掌握化工生产的特点及危险性因素。
2. 掌握危险化学品的主要特征。
3. 掌握危险源与重大危险源的基本概念。

技能目标

1. 能对化工生产的危险性因素进行分类。
2. 能对危险化学品进行分类。
3. 能对危险化学品重大危险源进行辨识并分级。

素质目标

1. 树立安全发展理念，弘扬生命至上、安全第一的思想。
2. 养成守法执规、认真细致、沉着冷静的安全生产意识。
3. 初步建立危险化学品重大危险源包保管理意识。

化学工业是基础工业，既以其技术和产品服务于所有其他工业，同时也制约其他工业的发展。化工生产涉及高温、高压、易燃、易爆、腐蚀、剧毒等状态和条件，有发生泄漏、火灾、爆炸等重大事故的可能性，并且其后果比其他行业一般来说要严重，特别是事故往往波及空间广、危害时间长、经济损失巨大且极易引起人们的恐慌，影响社会的稳定。因此，化工生产要“树立安全发展理念，弘扬生命至上、安全第一的思想”，安全工作是化工生产的前提和保障。

项目一 化工生产的特点及危险性因素分析

一起复杂的事故，其背后潜在的问题是多方面的。了解化工生产本身的特点，掌握化工生产的危险因素，抓住技术、人、信息和组织管理的安全生产四要素才能避免重大化工生产安全事故的发生。

一、案例

印度博帕尔农药厂发生的“12・3”事故是世界上最大的一次化工毒气泄漏事故。在短短的几天内死亡2500余人，有20多万人受伤需要治疗。据统计本次事故共死亡3500多人，孕妇流产、胎儿畸形、肺功能受损的受害者不计其数。这次事故经济损失高达近百亿元，其死亡损失之惨重，震惊全世界，令人触目惊心。

事故经过：1984年12月3日凌晨，印度中央联邦首府博帕尔的美国联合碳化公司农药厂发生毒气泄漏事故。有近40t剧毒的甲基异氰酸酯（MIC）及其反应物在2h内冲向天空，顺着7.4km/h的西北风向东南方向飘荡，覆盖了相当部分市区（约64.7km^2）。高温且密度大于空气的MIC蒸气，在当时17℃的大气中，迅速凝聚成毒雾，贴近地面层飘移，许多人在睡梦中就离开了人世。而更多的人被毒气熏呛后惊醒，涌上街头，晕头转向，不知所措，博帕尔市顿时变成了一座恐怖之城。

二、化工生产的特点分析

化学工业作为国民经济的支柱产业，与农业、轻工、纺织、食品、材料建筑及国防等部门有着密切的联系，其产品已经并将继续渗透到国民经济的各个领域。其生产过程属于传统流程工业，具有资金、技术、劳动、风险密集的特点，未来化工行业将在绿色环保、化工智能化、大数据融合等方面深度发展，其主要特点有以下几个方面。

1. 化工生产涉及的危险品多

化工生产使用的原料、半成品和成品种类繁多，且绝大部分是易燃、易爆、有毒、有腐蚀的危险化学品。生产中的贮存和运输等有其特殊的要求。

2. 化工生产要求的工艺条件苛刻

生产中，有些化学反应在高温、高压下进行，有的要在深冷、高真空度下进行。如轻柴油裂解制乙烯，在用高压法生产聚乙烯的生产过程中，轻柴油在裂解炉中的裂解温度为800℃；裂解气要在深冷（－96℃）条件下进行分离；纯度为99.99%的乙烯气体在100～300MPa压力下聚合，制成聚乙烯树脂。

3. 生产规模大型化

化工生产装置大型化促进生产规模大型化，以乙烯装置的生产能力为例，20世纪50年代为10万t/a、70年代为60万t/a，到2020年我国已有年产150万t乙烯装置投产。目前，镇海炼化扩建120万t/a乙烯项目后，年产乙烯达220万t，其大乙烯装置是我国百万吨级乙烯成套技术工业应用装置中体现我国科技在乙烯工业创新创造中的典型代表，是“中国创造”的名片。再以化肥生产为例，合成氨从20世纪50年代6万t/a，到60年代初的12万t/a、60年代末达到30万t/a、70年代发展到50万t/a以上，目前，单系列合成氨装置生产能力达100万t/a以上。

4. 生产方式日趋先进

近年来，大数据、云计算、移动物联网、人工智能等新一代信息技术的迅猛发展，推动现代化工企业的生产方式从过去的手工操作、间歇生产转变为高度自动化、连续化生产，生产设备由敞开式变为密闭式，生产装置由室内走向露天，生产操作由分散控制变为集中控制，同时也由人工手动操作和现场观测发展到计算机遥测、遥控等，从数字化、网络化向智能化加速跃升。

5. 绿色化学工艺发展前景广阔

以绿色新型反应介质代替传统有毒有害介质是绿色化学工艺发展的重要趋势。超临界、水、离子液体作为新型绿色介质，已成为国际科技前沿和热点，在化学反应、催化与分离、电化学、材料制备等众多领域中应用前景广阔。

三、化工生产的危险性因素分析

发展化学工业对促进工农业生产、巩固国防和改善人民生活等方面都有重要作用。但是化工生产较其他工业部门具有较普遍、较严重的危险。化工生产涉及高温、高压、易燃、易爆、腐蚀、剧毒等状态和条件，与矿山、建筑、交通等同属事故多发行业。但化工事故往往因波及空间广、危害时间长、经济损失巨大而极易引起人们的恐慌，影响社会的稳定。

美国保险协会（AIA）对化学工业发生的火灾、爆炸事故进行调查，分析了其主要和次要原因，把化学工业危险因素归纳为以下 9 个类型，见表 1-1。

表 1-1　化学工业危险因素的类型

序号	类型	危险因素
1	工厂选址	① 易遭受地震、洪水、暴风雨等自然灾害 ② 水源不充足 ③ 缺少公共消防设施的支援 ④ 有高湿度、温度变化显著等气候问题 ⑤ 受邻近危险性大的工业装置影响 ⑥ 邻近公路、铁路、机场等运输设施 ⑦ 在紧急状态下难以把人和车辆疏散至安全地
2	工厂布局	① 工艺设备和储存设备过于密集 ② 有显著危险性以及无危险性的工艺装置间的安全距离不够 ③ 昂贵设备过于集中 ④ 对不能替换的装置没有有效的防护 ⑤ 锅炉、加热器等火源与可燃物工艺装置之间距离太小 ⑥ 有地形障碍
3	结构	① 支撑物、门、墙等不是防火结构 ② 电气设备无防护措施 ③ 防爆通风换气能力不足 ④ 控制和管理的指示装置无防护措施 ⑤ 装置基础薄弱
4	对加工物质的危险性认识不足	① 在装置中原料混合，在催化剂作用下自然分解 ② 对处理的气体、粉尘等在其工艺条件下的爆炸范围不明确 ③ 没有充分掌握因误操作、控制不良而使工艺过程处于不正常状态时的物料和产品的详细情况
5	化工工艺	① 没有足够的有关化学反应的动力学数据 ② 对有危险的副反应认识不足 ③ 没有根据热力学研究确定爆炸能量 ④ 对工艺异常情况检测不够
6	物料输送	① 各种单元操作时对物料流动不能进行良好控制 ② 产品的标示不完全 ③ 送风装置内的粉尘爆炸 ④ 废气、废水和废渣的处理 ⑤ 装置内的装卸设施

续表

序号	类型	危险因素
7	误操作	① 忽视关于运转和维修的操作教育 ② 没有充分发挥管理人员的监督作用 ③ 开车、停车计划不适当 ④ 缺乏紧急停车的操作训练 ⑤ 没有建立操作人员和安全人员之间的协作体制
8	设备缺陷	① 因选材不当而引起装置腐蚀、损坏 ② 设备不完善，如缺少可靠的控制仪表等 ③ 材料的疲劳 ④ 对金属材料没有进行充分的无损探伤检查或没有经过专家验收 ⑤ 结构上有缺陷，如不能停车而无法定期检查或进行预防维修 ⑥ 设备在超过设计极限的工艺条件下运行 ⑦ 对运转中存在的问题或不完善的防灾措施没有及时改进 ⑧ 没有连续记录温度、压力、开停车情况及中间罐和受压罐内的压力波动
9	防灾计划不充分	① 没有得到管理部门的大力支持 ② 责任分工不明确 ③ 装置运行异常或故障仅由安全部门负责，只是单线起作用 ④ 没有预防事故的计划，或计划不完善 ⑤ 遇有紧急情况未采取得力措施 ⑥ 没有实行由管理部门和生产部门共同进行的定期安全检查 ⑦ 没有对生产负责人和技术人员进行安全生产的继续教育和必要的防灾培训

瑞士再保险公司根据上述9类危险因素所起的作用，对化学工业和石油工业的102起事故案例进行了分析，其化学工业和石油工业危险因素的影响情况统计结果见表1-2。

表1-2 化学工业和石油工业危险因素影响情况统计表

类别	危险因素	危险因素的比例/%	
		化学工业	石油工业
1	工厂选址	3.5	7.0
2	工厂布局	2.0	12.0
3	结构	3.0	14.0
4	对加工物质的危险性认识不足	20.2	2.0
5	化工工艺	10.6	3.0
6	物料输送	4.4	4.0
7	误操作	17.2	10.0
8	设备缺陷	31.1	46.0
9	防灾计划不充分	8.0	2.0

由表1-2可知，对于化学工业来说，“设备缺陷”是比例最高的危险因素，因此，生产设备从设计、制造、安装到运行、维护、修理等都必须进行安全监管；第二大危险因素是“对加工物质的危险性认识不足”，这就要求化工行业必须提高职工素质、加强安全教育；第三大危险因素是“误操作”，这也是化工行业特别强调操作规程、职业习惯的原因。石油工业因工艺、原料和产品不同，危险因素稍有差异。

由于化工生产存在上述危险性，使其发生泄漏、火灾、爆炸等重大事故及其造成严重后果的可能性比其他行业一般来说要大。“血的教训”充分说明，“安全生产风险并不随着经济发展水平提高而自然降低”，在化工生产中如果没有完善的安全防护设施和严格的安全管理，即使有先进的生产技术，现代化的设备，也难免发生事故。而一旦发生事故，人民的生命和财产将遭到重大伤害和损失，生产也无法进行下去，甚至整个装置会毁于一旦。因此，安全工作在化工生产中有着非常重要的作用，是化工生产的前提和保障。

项目二　危险化学品及其分类

化学品的安全问题涉及国民经济各个领域，其中，危险化学品的生产、经营、存储、运输、使用和废弃的过程中，处置不当会对人类和环境造成危险或不可挽回损失。

一、案例

1993 年 8 月 5 日，广东省某公司清水河危险化学品仓库发生特大火灾爆炸事故，造成 15 人死亡，141 人受伤住院治疗，其中重伤 34 人，直接经济损失 2.5 亿元。

事故原因：清水河的干杂仓库被违章改成危险化学品仓库，仓库内危险化学品存放严重违章。

二、危险化学品的主要特征及影响因素

根据《危险化学品安全管理条例》的定义，危险化学品是指具有毒害、腐蚀、爆炸、燃烧、助燃等性质，对人体、设施、环境具有危害的剧毒化学品和其他化学品。

1. 危险化学品的主要特性

危险化学品的危险性，与其本身的特性有关。主要特性如下。

(1) 易燃易爆性　易燃易爆的化学品在常温常压下，经撞击、摩擦、热源、火花等火源的作用，能发生燃烧与爆炸。

燃烧爆炸的能力大小取决于这类物质的化学组成。化学组成决定着化学物质的燃点和闪点的高低、燃烧范围、爆炸极限、燃速、发热量等。一般来说，气体比液体、固体易燃易爆，燃速更快；物质的分子越小，分子量越低，其化学性质越活泼，越容易引起燃烧爆炸。

可燃性气体燃烧前必须与助燃气体先混合，当可燃气体从容器内外逸时，与空气混合，就会形成爆炸性混合物，两者互为条件，缺一不可。

而分解爆炸性气体，如乙烯、乙炔、环氧乙烷等，不需与助燃气体混合，其本身就会发生爆炸。

有些化学物质相互间不能接触，否则将发生爆炸，如硝酸与苯、高锰酸钾与甘油等。

由于物体之间的摩擦会产生静电，所以当易燃易爆的化学危险物品从破损的容器或管道口处高速喷出时会产生静电，这些气体或液体中的杂质越多，流速越快，产生的静电荷越多，这是极危险的点火源。

燃点较低的危险品易燃性强，如黄磷在常温下遇空气即发生燃烧。某些遇湿易燃的化学物质在受潮或遇水后会放出氧气引燃，如电石、五氧化二磷等。

(2) 扩散性　化学事故中化学物质溢出，可以向周围扩散，比空气轻的可燃气体可在空气中迅速扩散，与空气形成混合物，随风飘荡，致使燃烧、爆炸与毒害蔓延扩大。比空气重

的物质多漂流于地表、沟、角落等处，若长时间积聚不散，会造成迟发性燃烧、爆炸和引起人员中毒。

(3) 突发性 许多化学事故的起因是高压气体从容器、管道、塔、槽等设备泄漏，一旦起火，往往是轰然而起，迅速蔓延，燃烧、爆炸交替发生，在很短的时间内或瞬间即产生危害。加之有毒物质的弥散，使大片地区迅速变成污染区。

(4) 毒害性 有毒的化学物质，无论是脂溶性的还是水溶性的，都有进入机体与损坏机体正常功能的能力。这些化学物质通过一种或多种途径进入机体，达一定量时，便会引起机体结构的损伤，破坏正常的生理功能，引起中毒。

2. 影响化学品危险性的主要因素

主要因素有物理性质、化学性质及毒性。

(1) 物理性质 主要有危险化学品的沸点、熔点、液体相对密度、饱和蒸气压、蒸气相对密度、蒸气/空气混合物的相对密度、闪点、自燃温度、爆炸极限、临界温度与临界压力等因素。

(2) 其他物理、化学危险性 如流体流动、搅动时产生静电，引起火灾与爆炸；粉末或微粒与空气混合，引燃发生燃爆；燃烧时释放有毒气体；强酸、强碱发生侵蚀；聚合反应通常放出较大的热量，有着火或爆炸的危险；有些化学物质蒸发或加热后的残渣可能自燃爆炸；有些化学物质加热可能引起猛烈燃烧或爆炸等。

(3) 中毒危险性 在突发的化学事故中，有毒化学物质能引起人员中毒，其危险性就会大大增加。

对于危险化学品来说，其储存除一般安全要求外，还应遵守分类储存的安全要求。不同类别的危险化学品，如爆炸性物质、压缩气体和液化气体、易燃液体、易燃固体、自燃物质、遇水燃烧物质、氧化剂、有毒物质、腐蚀性物质等，其储存的安全要求不同。

危险化学品的运输要从配装、运输、包装及标志等方面严格按规定要求执行。

三、化学品危险性的分类

根据 GB 13690—2009《化学品分类和危险性公示 通则》和《危险化学品目录（2015版）》，化学品的危险性按其危险特性可分为理化危险、健康危险、环境危险三大类，28 个类别，其中理化危险 16 类、健康危险 10 类、环境危险 2 类。具体情况见表 1-3。

表 1-3 化学品分类和危险性

序号	类别	危险性说明
		理化危险 共 16 类
1	爆炸物	① 爆炸物质（或混合物）：一种固态或液态物质（或物质的混合物），其本身能够通过化学反应产生气体，而产生气体的温度、压力和速度能对周围环境造成破坏。其中也包括发火物质，即使它们不放出气体 ② 发火物质（或发火混合物）：一种物质或物质的混合物，它旨在通过非爆炸自持放热化学反应产生的热、光、声、气体、烟或所有这些的组合来产生效应 ③ 爆炸性物品：含有一种或多种爆炸性物质或混合物的物品 ④ 烟火物品：包含一种或多种发火物质或混合物的物品
2	易燃气体	易燃气体是在 20℃和 101.3kPa 标准压力下，与空气有易燃范围的气体
3	易燃气溶胶	气溶胶是指气溶胶喷雾罐，系任何不可重新罐装的容器，该容器由金属、玻璃或塑料制成，内装强制压缩、液化或溶解的气体，包含或不包含液体、膏剂或粉末，配有释放装置，可使所装物质喷射出来，形成在气体中悬浮的固态或液态微粒或形成泡沫、膏剂或粉末或处于液态或气态

续表

序号	类别	危险性说明
4	氧化性气体	氧化性气体是一般通过提供氧气，比空气更能导致或促使其他物质燃烧的任何气体
5	压力下气体	压力下气体是指高压气体在压力等于或大于200kPa（表压）下装入贮器的气体，或是液化气体或冷冻液化气体
6	易燃液体	易燃液体是指闪点不高于93℃的液体
7	易燃固体	易燃固体是容易燃烧或通过摩擦可能引燃或助燃的固体
8	自反应物质或混合物	① 自反应物质或混合物是即使没有氧（空气）也容易发生激烈放热分解的热不稳定液态或固态物质或者混合物。本定义不包括根据统一分类制度分类为爆炸物、有机过氧化物或氧化物质的物质和混合物 ② 自反应物质或混合物如果在实验室试验中其组分容易起爆、迅速爆燃或在封闭条件下加热时显示剧烈效应，应视为具有爆炸性质
9	自燃液体	自燃液体是即使数量小也能在与空气接触后5min之内引燃的液体
10	自燃固体	自燃固体是即使数量小也能在与空气接触后5min之内引燃的固体
11	自热物质和混合物	自热物质是除发火液体或固体以外，与空气反应不需要能源供应就能够自己发热的固体或液体物质或混合物；这类物质或混合物与发火液体或固体不同，因为这类物质只有数量很大（公斤级）并经过长时间（几小时或几天）才会燃烧。[注：物质或混合物的自热导致自发燃烧是由于物质或混合物与氧气（空气中的氧气）发生反应并且所产生的热没有足够迅速地传导到外界而引起的。当热产生的速度超过热损耗的速度而达到自燃温度时，自燃便会发生]
12	遇水放出易燃气体的物质或混合物	遇水放出易燃气体的物质或混合物是通过与水作用，容易具有自燃性或放出危险数量的易燃气体的固态或液态物质或混合物
13	氧化性液体	氧化性液体是本身未必燃烧，但通常因放出氧气可能引起或促使其他物质燃烧的液体
14	氧化性固体	氧化性固体是本身未必燃烧，但通常因放出氧气可能引起或促使其他物质燃烧的固体
15	有机过氧化物	① 有机过氧化物是含有二价—O—O—结构的液态或固态有机物质，可以看作是一个或两个氢原子被有机基替代的过氧化氢衍生物。该术语也包括有机过氧化物配方（混合物）。有机过氧化物是热不稳定物质或混合物，容易放热自加速分解。另外，它们可能具有下列一种或几种性质：易于爆炸分解；迅速燃烧；对撞击或摩擦敏感；与其他物质发生危险反应 ② 如果有机过氧化物在实验室试验中，在封闭条件下加热时组分容易爆炸、迅速爆燃或表现出剧烈效应，则可认为它具有爆炸性质
16	金属腐蚀剂	腐蚀金属的物质或混合物是通过化学作用显著损坏或毁坏金属的物质或混合物
		健康危险 共10类
1	急性毒性	急性毒性是指在单剂量或在24h内多剂量口服或皮肤接触一种物质，或吸入接触4h之后出现的有害效应
2	皮肤腐蚀/刺激	① 皮肤腐蚀是对皮肤造成不可逆损伤；即施用试验物质达到4h后，可观察到表皮和真皮坏死。腐蚀反应的特征是溃疡、出血、有血的结痂，而且在观察期14天结束时，皮肤、完全脱发区域和结痂处由于漂白而褪色。应考虑通过组织病理学来评估可疑的病变 ② 皮肤刺激是施用试验物质达到4h后对皮肤造成可逆损伤
3	严重眼损伤/眼刺激	① 严重眼损伤是在眼前部表面施加试验物质之后，对眼部造成在施用21天内并不完全可逆的组织损伤，或严重的视觉物理衰退 ② 眼刺激是在眼前部表面施加试验物质之后，在眼部产生在施用21天内完全可逆的变化

续表

序号	类别	危险性说明
4	呼吸或皮肤过敏	① 呼吸过敏物是吸入后会导致气管超敏反应的物质。皮肤过敏物是皮肤接触后会导致过敏反应的物质 ② 过敏包含两个阶段：第一个阶段是某人因接触某种变应原而引起特定免疫记忆。第二阶段是引发，即某一致敏个人因接触某种变应原而产生细胞介导或抗体介导的过敏反应 ③ 就呼吸过敏而言，随后为引发阶段的诱发，其形态与皮肤过敏相同。对于皮肤过敏，需有一个让免疫系统能学会作出反应的诱发阶段；此后，可出现临床症状，这时的接触就足以引发可见的皮肤反应（引发阶段）。因此，预测性的试验通常取这种形态，其中有一个诱发阶段，对该阶段的反应则通过标准的引发阶段加以计量，典型做法是使用斑贴试验。直接计量诱发反应的局部淋巴结试验则是例外做法。人体皮肤过敏的证据通常通过诊断性斑贴试验加以评估 ④ 就皮肤过敏和呼吸过敏而言，对于诱发所需的数值一般低于引发所需数值。关于需向致敏个人告知某混合物含有某种特定过敏物的规定
5	生殖细胞致突变性	本危险类别涉及的主要是可能导致人类生殖细胞发生可传播给后代的突变的化学品 此处突变的定义为细胞中遗传物质的数量或结构发生永久性改变。用于可能表现于表型水平的可遗传的基因改变和已知的基本 DNA 改性（例如，包括特定的碱基对改变和染色体易位）
6	致癌性	① 指可导致癌症或增加癌症发生率的化学物质或化学物质混合物。在实施良好的动物实验性研究中诱发良性和恶性肿瘤的物质也被认为是假定的或可疑的人类致癌物，除非有确凿证据显示该肿瘤形成机制与人类无关 ② 产生致癌危险的化学品的分类基于该物质的固有性质，并不提供关于该化学品的使用可能产生的人类致癌风险水平的信息
7	生殖毒性	① 生殖毒性包括对成年雄性和雌性性功能和生育能力的有害影响，以及在后代中的发育毒性。有些生殖毒性效应不能明确地归因于性功能和生育能力受损害或者发育毒性。尽管如此，具有这些效应的化学品将划为生殖有毒物并附加一般危险说明 ② 对性功能和生育能力的有害影响是指化学品干扰生殖能力的任何效应 对哺乳期的有害影响或通过哺乳期产生的有害影响也属于生殖毒性的范围，但出于分类目的，这种效应在本部分中单独列出。这是因为希望能将化学品对哺乳期的有害影响作专门分类，以便将这种影响的危害提供给正在哺乳的母亲 ③ 对后代发育的有害影响是指发育毒性，包括在出生前或出生后干扰孕体正常发育的任何效应，这种效应的产生是由于受孕前父母一方的接触，或者正在发育之中的后代在出生前或出生后性至成熟之前这一期间的接触
8	特异性靶器官系统毒性——一次接触	① 由于单次接触而产生特异性、非致命性目标器官/毒性的物质。所有可能损害机能的，可逆和不可逆的，即时和/或延迟的并且在“急性毒性”至“生殖毒性”中未具体论述的显著健康影响都包括在内 ② 分类可将化学物质划为特定靶器官有毒物，这些化学物质可能对接触者的健康产生潜在有害影响 ③ 分类取决于是否拥有可靠证据，表明在该物质中的单次接触对人类或试验动物产生了一致的、可识别的毒性效应，影响组织/器官的机能或形态的毒理学显著变化，或者使生物体的生物化学或血液学发生严重变化，而且这些变化与人类健康有关。人类数据是这种危险分类的主要证据来源 ④ 评估不仅要考虑单一器官或生物系统中的显著变化，而且还要考虑涉及多个器官的严重性较低的普遍变化 ⑤ 特定靶器官毒性可能以与人类有关的任何途径发生，即主要以口服、皮肤接触或吸入途径发生

续表

序号	类别	危险性说明
9	特异性靶器官系统毒性——反复接触	① 由于反复接触而产生特定靶器官/毒性的物质进行分类。所有可能损害机能的，可逆和不可逆的，即时和/或延迟的显著健康影响都包括在内 ② 分类可将化学物质划为特定靶器官/有毒物，这些化学物质可能对接触者的健康产生潜在有害影响。该物质中的单次接触对人类或试验动物产生了一致的、可识别的毒性效应，影响组织/器官的机能或形态的毒理学显著变化，或者使生物体的生物化学或血液学发生严重变化，而且这些变化与人类健康有关。人类数据是这种危险分类的主要证据来源 ③ 评估不仅要考虑单一器官或生物系统中的显著变化，而且还要考虑涉及多个器官的严重性较低的普遍变化 ④ 特定靶器官/毒性可能以与人类有关的任何途径发生，即主要以口服、皮肤接触或吸入途径发生
10	吸入危险	① 对可能对人类造成吸入毒性危险的物质或混合物进行分类（本危险性我国还未转化成为国家标准） ② “吸入”指液态或固态化学品通过口腔或鼻腔直接进入或者因呕吐间接进入气管和下呼吸系统 ③ 吸入毒性包括化学性肺炎、不同程度的肺损伤或吸入后死亡等严重急性效应
环境危险　共 2 类		
1	危害水生环境	分为急性水生毒性和慢性水生毒性。其中：急性水生毒性是指物质对短期接触它的生物体造成伤害的固有性质；慢性水生毒性是指物质在与生物体生命周期相关的接触期间对水生生物产生有害影响的潜在性质或实际性质 慢性毒性数据不像急性数据那么容易得到，而且试验程序范围也未标准化
2	危害臭氧层	《关于消耗臭氧层物质的蒙特利尔议定书》附件中列出的任何受管制物质；或在任何混合物中，至少含有一种浓度不小于 0.1%的被列为该议定书的物质的组分

项目三　重大危险源及其安全管理

一、案例

1984 年 11 月 19 日凌晨 5 时 45 分，墨西哥城某液化石油气（LPG）站发生大爆炸，造成 542 人死亡，7000 多人受伤，35 万人无家可归，受灾面积达 27 万 m^2。该液化石油气站位于墨西哥城西北约 15km 处的圣胡安依克斯华德派克地区。该地区设有墨西哥石油公司的集气设备、精制设备和储存设备，以及 7 家民间公司的储存、充气设施。石油气站共有 6 台大型球罐，其中 4 台容量各为 10000 桶，2 台容量各为 15000 桶，还有 48 台小型卧式储罐，其中 44 台容量各为 710 桶，其余 4 台的容量各为 1300 桶。爆炸时，该气站共储存 80000 桶液化石油气。

事故经过：爆炸首先发生在公司的一台液化石油气槽车充气过程中，接着乌尼瓦斯公司和石油公司的储存设施相继发生爆炸。爆炸引起的火柱高达 200 多米，一直持续了 7 个多小时才被扑灭。结果有 4 台球罐和 10 台卧式储罐爆炸起火，共烧掉液化石油气 11356m^3。

二、危险源与重大危险源

1. 危险源

危险源是指一个系统中具有潜在能量和物质释放危险的、可造成人员伤害、在一定的触发因素作用下可转化为事故的部位、区域、场所、空间、岗位、设备及其位置。危险源在《职业健康安全管理体系　要求及使用指南》（GB/T 45001—2020）中是指：可包括可能导致伤害或危险状态的来源，或可能因暴露而导致伤害和健康损害的环境。

2. 重大危险源

重大危险源在《中华人民共和国安全生产法》的解释为：是指长期地或者临时地生产、搬运、使用或者储存危险物品，且危险物品的数量等于或者超过临界量的单元（包括场所和设施）。

危险化学品重大危险源在《危险化学品安全管理条例》（2013 修正版）的定义，是指生产、储存、使用或者搬运危险化学品，且危险化学品的数量等于或者超过临界量的单元（包括场所和设施）。在《危险化学品重大危险源辨识》（GB 18218—2018）中的定义，是指长期地或临时地生产、储存、使用和经营危险化学品，且危险化学品的数量等于或者超过临界量的单元。其中，单元是指涉及危险化学品的生产、储存装置、设施或场所，分为生产单元和储存单元。生产单元是危险化学品的生产、加工及使用等的装置及设施，当装置及设施之间有切断阀时，以切断阀作为分隔界限划分为独立的单元；储存单元是用于储存危险化学品的储罐或者仓库组成的相对独立的区域，储罐区以罐区防火堤为界限划分为独立的单元，仓库以独立库房（独立建筑物）为界限划分为独立的单元。临界量是指对于某种或某类危险化学品构成重大危险源所规定的最小数量。若单元中的危险化学品数量等于或超过该数量，则该单元定为危险化学品重大危险源。

由火灾、爆炸、毒物泄漏等所引起的重大事故，尽管其起因和后果的严重程度不尽相同，但它们都是因危险物质失控后引起的，并造成了严重后果。引起危险的根源是生产、储存、使用和经营过程中存在易燃、易爆及有毒物质，具有引发灾难性事故的能量。造成重大工业事故的可能性及后果的严重度既与物质的固有特性有关，又与设施或设备中危险物质的数量或能量的大小有关。

3. 危险化学品重大危险源的辨识

危险化学品单位应当按照《危险化学品重大危险源辨识》标准，对本单位的危险化学品生产、经营、储存和使用装置、设施或者场所进行重大危险源辨识，并记录辨识过程与结果。

危险化学品单位应当对重大危险源进行安全评估并确定重大危险源等级。危险化学品单位可以组织本单位的注册安全工程师、技术人员或者聘请有关专家进行安全评估，也可以委托具有相应资质的安全评价机构进行安全评估。

依照法律、行政法规的规定，危险化学品单位需要进行安全评价的，重大危险源安全评估可以与本单位的安全评价一起进行，以安全评价报告代替安全评估报告，也可以单独进行重大危险源安全评估。

重大危险源根据其危险程度，分为一级、二级、三级和四级，一级为最高级别。

重大危险源有下列情形之一的，应当委托具有相应资质的安全评价机构，按照有关标准的规定采用定量风险评价方法进行安全评估，确定个人和社会风险值：

① 构成一级或者二级重大危险源，且毒性气体实际存在（在线）量与其在《危险化学品重大危险源辨识》中规定的临界量比值之和大于或等于 1 的。

② 构成一级重大危险源，且爆炸品或液化易燃气体实际存在（在线）量与其在《危险化学品重大危险源辨识》中规定的临界量比值之和大于或等于 1 的。

重大危险源安全评估报告应当客观公正、数据准确、内容完整、结论明确、措施可行，并包括下列内容：评估的主要依据，重大危险源的基本情况，事故发生的可能性及危害程度，个人风险和社会风险值（仅适用定量风险评价方法），可能受事故影响的周边场所、人员情况，重大危险源辨识、分级的符合性分析，安全管理措施、安全技术和监控措施，事故应急措施，评估结论与建议。

危险化学品单位以安全评价报告代替安全评估报告的，其安全评价报告中有关重大危险源的内容应当符合相关规定的要求。

有下列情形之一的，危险化学品单位应当对重大危险源重新进行辨识、安全评估及分级：

① 重大危险源安全评估已满三年的。

② 构成重大危险源的装置、设施或者场所进行新建、改建、扩建的。

③ 危险化学品种类、数量、生产、使用工艺或者储存方式及重要设备、设施等发生变化，影响重大危险源级别或者风险程度的。

④ 外界生产安全环境因素发生变化，影响重大危险源级别和风险程度的。

⑤ 发生危险化学品事故造成人员死亡，或者 10 人以上受伤，或者影响到公共安全的。

⑥ 有关重大危险源辨识和安全评估的国家标准、行业标准发生变化的。

危险化学品重大危险源辨识流程如图 1-1 所示。

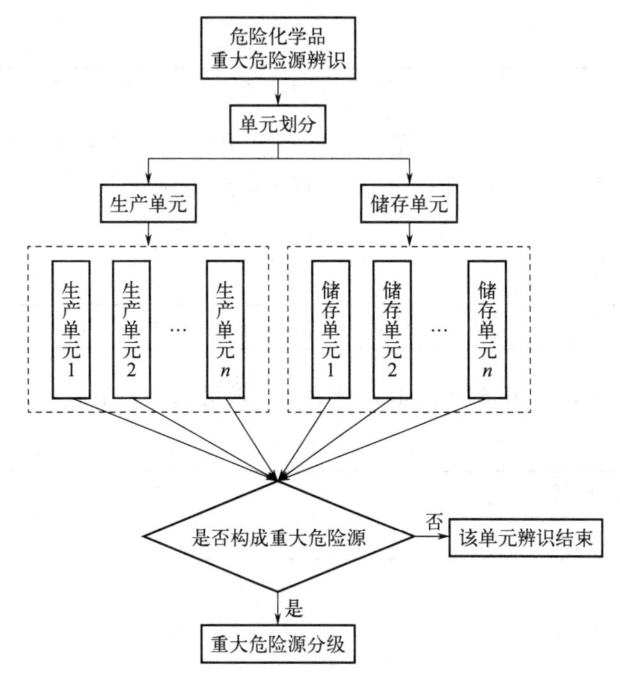

图 1-1　危险化学品重大危险源辨识流程

4. 危险化学品重大危险源的分级

危险化学品重大危险源的分级是采用单元内各种危险化学品实际存在（在线）量与其在《危险化学品重大危险源辨识》（GB 18218—2018）中规定的临界量比值，经校正系数校正后的比值之和 R 作为分级指标。

① R 的计算方法如下。

$$R=\alpha\left(\beta_1\frac{q_1}{Q_1}+\beta_1\frac{q_2}{Q_2}+\cdots+\beta_n\frac{q_n}{Q_n}\right)$$

式中 $q_1, q_2, \cdots, q_n$——每种危险化学品实际存在（在线）量，t；

$Q_1, Q_2, \cdots, Q_n$——与各危险化学品相对应的临界量，t；

$\beta_1, \beta_2, \cdots, \beta_n$——与各危险化学品相对应的校正系数；

α——该危险化学品重大危险源厂区外暴露人员的校正系数。

② 校正系数 β 的取值。根据单元内危险化学品的类别不同设定校正系数 β 值，校正系数 β 取值表见表 1-4 和表 1-5。

表 1-4 校正系数 $\boldsymbol{\beta}$ 取值表

危险化学品类别	毒性气体	爆炸品	易燃气体	其他类危险化学品
β	见表 1-5	2	1.5	1

注：危险化学品类别依据《危险货物品名表》中分类标准确定。

表 1-5 常见毒性气体校正系数 $\boldsymbol{\beta}$ 值取值表

毒性气体名称	一氧化碳	二氧化硫	氨	环氧乙烷	氯化氢	溴甲烷	氯
β	2	2	2	2	3	3	4
毒性气体名称	硫化氢	氟化氢	二氧化氮	氰化氢	碳酰氯	磷化氢	异氰酸甲酯
β	5	5	10	10	20	20	20

注：未在表 1-5 中列出的有毒气体可按 $\beta=2$ 取值，剧毒气体可按 $\beta=4$ 取值。

③ 校正系数 α 的取值。根据重大危险源的厂区边界向外扩展 500 米范围内常住人口数量，设定厂外暴露人员校正系数 α 值，校正系数 α 取值表见表 1-6。

表 1-6 校正系数 $\boldsymbol{\alpha}$ 取值表

厂外可能暴露人员数量	100 人以上	50～99 人	30～49 人	1～29 人	0 人
α	2.0	1.5	1.2	1.0	0.5

④ 分级标准。根据计算出来的 R 值，按表 1-7 确定危险化学品重大危险源的级别。

表 1-7 危险化学品重大危险源级别和 $\boldsymbol{R}$ 值的对应关系

危险化学品重大危险源级别	一级	二级	三级	四级
R 值	$R\geqslant100$	$100>R\geqslant50$	$50>R\geqslant10$	$R<10$

三、重大危险源的安全管理

1. 重大危险源安全管理现行部分法律法规标准

安全管理必须与时俱进，同样，法律法规及标准也要不断完善。以《中华人民共和国安全生产法》为例，现行的是 2021 年第三次修正版，其中第三条增加了“坚持人民至上、生命至上，把保护人民生命安全摆在首位”“从源头上防范化解重大安全风险”等，充分体现了“人民至上”“生命至上”的安全发展理念。

可查询安全相关标准和规范的网站

目前，重大危险源安全管理现行法律法规标准主要有：《中华人民共和国安全生产法》（2021 年第三次修正版）、《关于全面加强危险化学品安全生产工作的意见》（厅字〔2020〕3 号）、《危险化学品安全管理条例》（国务院令第 591 号，第 645 号令修正版）、《危险化学品重大危险源监督管理暂行规定》（国家安全生产监督管理总局令第 40 号，2015 年修正版）、《危险化学品企业重大危险源安全包保责任制办法（试行）》（应急厅〔2021〕12 号）、《化工（危险化学品）企业主要负责人安全生产管理知识重点考核内容等的通知》（安监总厅宣教〔2017〕15 号）、《危险化学品重大危险源辨识》（GB 18218—2018）、《化工过程安全管理导则》（AQ/T 3034—2022）等。

2. 重大危险源安全管理基本要求

企业应建立健全重大危险源管理制度，明确相关人员安全职责，切实落实重大危险源管理责任。企业应依据 GB 18218—2018 及有关规定对重大危险源进行辨识、评估、分级、建档、监控，并向当地应急管理部门备案。

涉及重大危险源的建设项目，应在设计阶段采用危险与可操作性分析（HAZOP）、故障假设（WhatGif）、安全检查表等方法开展风险分析，提高本质安全设计；涉及重大危险源的在役生产装置和储存设施，应至少每三年进行一次全面风险分析；涉及毒性气体、剧毒液体、易燃气体、甲类易燃液体的重大危险源，应采用定量风险评价方法进行安全评估，确定个人和社会风险值；涉及爆炸性危险化学品的生产装置和储存设施，应采用事故后果法确定其影响范围。

企业应完善重大危险源的监测监控设备设施，建立在线监控预警系统，并做到以下几点。

① 涉及危险化学品储存的重大危险源应配备温度、压力、液位或流量等信息的不间断采集和监测系统以及可燃和有毒有害气体泄漏检测报警装置，并具备信息远传、安全预警、信息存储等功能；重大危险源的化工生产装置应设置满足安全生产要求的自动化控制系统；重大危险源场所应设置视频监控系统。

② 一级、二级重大危险源以及重大危险源中涉及毒性气体、剧毒液体、易燃气体和甲类易燃液体的储存设施应设置紧急切断装置；涉及毒性气体的设施，应设置泄漏气体紧急处置装置。

③ 涉及毒性气体、液化气体、剧毒液体的一级、二级重大危险源，应设置独立的安全仪表系统。

企业应定期对重大危险源的安全设施和安全监测监控系统进行检测、检验和维护。重大危险源安全监测监控有关数据应接入危险化学品安全生产风险监测预警系统。

在具有火灾爆炸风险的重大危险源罐区内动火应按特级动火作业管理；液化烃充装及在储存具有火灾爆炸性危险化学品的罐区内进行流程切换、储罐脱水等高风险操作，应制定操作程序确认表，对操作安全条件逐项确认，并配备监护人员。

企业应在重大危险源周边明显处设置安全警示标志，将重大危险源可能发生事故的危害后果、紧急情况下的应急处置措施等信息告知相关人员和周边单位。

企业应通过风险分析或情景构建制定重大危险源事故专项应急预案和现场处置方案，定期进行演练。重大危险源专项应急预案至少每半年演练一次，重大危险源的现场处置方案至少每 3 个月演练一次。

3. 危险化学品企业重大危险源安全包保责任制

危险化学品企业重大危险源安全包保责任制，要求危险化学品企业应当明确本企业每一处重大危险源的主要负责人、技术负责人和操作负责人，实现从总体管理、技术管理、操作管理三个层面对重大危险源实行安全包保。

安全包保是指危险化学品企业按照《危险化学品企业重大危险源安全包保责任制办法（试行）》要求，专门为重大危险源指定主要负责人、技术负责人和操作负责人，并由其包联保证重大危险源安全管理措施落实到位的一种安全生产责任制。重大危险源的主要负责人应当由危险化学品企业的主要负责人担任；重大危险源的技术负责人应当由危险化学品企业层面技术、生产、设备等分管负责人或者二级单位（分厂）层面有关负责人担任；重大危险源的操作负责人应当由重大危险源生产单元、储存单元所在车间、单位的现场直接管理人员担任，例如车间主任。

（1）主要负责人的安全职责

① 组织建立重大危险源安全包保责任制并指定对重大危险源负有安全包保责任的技术负责人、操作负责人。

② 组织制定重大危险源安全生产规章制度和操作规程，并采取有效措施保证其得到执行。

③ 组织对重大危险源的管理和操作岗位人员进行安全技能培训。

④ 保证重大危险源安全生产所必需的安全投入。

⑤ 督促、检查重大危险源安全生产工作。

⑥ 组织制定并实施重大危险源生产安全事故应急救援预案。

⑦ 组织通过危险化学品登记信息管理系统填报重大危险源有关信息，保证重大危险源安全监测监控有关数据接入危险化学品安全生产风险监测预警系统。

（2）技术负责人的安全职责

① 组织实施重大危险源安全监测监控体系建设，完善控制措施，保证安全监测监控系统符合国家标准或者行业标准的规定。

② 组织定期对安全设施和监测监控系统进行检测、检验，并进行经常性维护、保养，保证有效、可靠运行。

③ 对于超过个人和社会可容许风险值限值标准的重大危险源，组织采取相应的降低风险措施，直至风险满足可容许风险标准要求。

④ 组织审查涉及重大危险源的外来施工单位及人员的相关资质、安全管理等情况，审查涉及重大危险源的变更管理。

⑤ 每季度至少组织对重大危险源进行一次针对性安全风险隐患排查，重大活动、重点时段和节假日前必须进行重大危险源安全风险隐患排查，制定管控措施和治理方案并监督落实。

⑥ 组织演练重大危险源专项应急预案和现场处置方案。

（3）操作负责人的安全职责

① 负责督促检查各岗位严格执行重大危险源安全生产规章制度和操作规程。

② 对涉及重大危险源的特殊作业、检维修作业等进行监督检查，督促落实作业安全管控措施。

③ 每周至少组织一次重大危险源安全风险隐患排查。

④ 及时采取措施消除重大危险源事故隐患。

【拓展阅读】

化工生产及其地位

1.发展

化学工业是一个历史悠久、产品涉及广泛、在国民经济中占重要地位的行业。数千年以前，人们创造的陶瓷、冶金、酿造、造纸、染色等生产工艺，就是古老的化学工艺过程。

18世纪，纺织工业的兴起，纺织物漂白与染色技术的发展，需要硫酸、烧碱、氯气等无机化学产品；农业生产需要化学肥料及农药；采矿业的发展需要大量的炸药，所有这些都推动了近代化学工业的发展。

19世纪，以煤为基础原料的有机化学工业在德国迅速发展起来。19世纪末20世纪初，石油的开采和炼制为石油化学工业与化学工程技术的发展奠定了基础。同时，美国产生了以“单元操作”为主要标志的现代化学工业生产。1888年，美国麻省理工学院开设了世界上最早的化学工程专业，其基本内容是工业化学和机械工程。

20世纪20年代石油化学工业的崛起推动了对各种单元操作的研究。50年代中期提出了传递过程原理，把化学工业中的单元操作进一步解析为三种基本操作过程，即动量传递、热量传递和质量传递以及三者之间的联系。同时在反应过程中把化学反应与上述三种传递过程一并研究，用数学模型描述过程。60年代初，新型高效催化剂的发明，新型高级装置材料的出现，以及大型离心压缩机的研究成功，开始了化工装置大型化的进程，把化学工业推向一个新的高度。此后，化学工业过程开发周期已能缩短至4～5年，放大倍数达500～20000倍。

目前，化学工业开发不一定进行全流程的中间试验，对一些非关键设备和有把握的过程不必试验，有些则通过计算机在线模拟和控制来代替。同时，化学工业也走向精细化工、生物化工、绿色化工等新的领域。

2.分类

化工生产通常分为无机和有机两大化学工业门类。

(1) 无机化学工业　无机化学工业包括：

① 基本无机化学工业（包括无机酸、碱、盐及化学肥料的生产）。

② 精细无机化学工业（包括稀有元素、无机试剂、药品、催化剂、电子材料的生产）。

③ 电化学工业（包括食盐水溶液的电解，烧碱、氯气、氢气的生产；熔融盐的电解，金属钠、镁、铝的生产；电石、氯化钙和磷的电热法生产等）。

④ 冶金工业（钢铁、有色金属和稀有金属的冶炼）。

⑤ 硅酸盐工业（玻璃、水泥、陶瓷、耐火材料的生产）。

⑥ 矿物性颜料工业。

(2) 有机化学工业　有机化学工业包括：

① 基本有机合成工业（以甲烷、一氧化碳、氢、乙烯、丙烯、丁二烯以及芳烃为基础原料，合成醇、醛、酸、酮、酯等基本有机合成原料的生产）。

② 精细有机合成工业（染料、医药、有机农药、香料、试剂、合成洗涤剂、塑料与橡胶的添加剂，以及纺织和印染助剂的生产）。

③ 高分子化学工业（塑料、合成纤维、合成橡胶等高分子材料的合成）。

④ 燃料化学加工工业（石油、天然气、煤、木材、泥炭的加工）。

⑤ 食品化学工业（糖、淀粉、油脂、蛋白质、酒类等食品的生产）。

⑥ 纤维素化学工业（以天然纤维素为原料的造纸、人造纤维、胶片等的生产）。

目前我国的化学工业已经发展成为一个有化学矿山、化学肥料、基本化学原料、无机盐、有机原料、合成材料、农药、染料、涂料、感光材料、国防化工、橡胶制品、助剂、试剂、催化剂、化工机械和化工建筑安装等的工业生产行业。

3.地位

当今世界，人们的衣、食、住、行等各个方面都离不开化工产品。化肥和农药为粮食和其他农作物的增产提供了物资保障；质地优良、品种繁多的合成纤维制品不但缓解了棉粮争地的矛盾，而且大大美化了人们的生活；合成药品种类的日益增多，大大增强了人类战胜疾病的能力；合成材料具有耐高温、耐低温、耐腐蚀、耐磨损、高强度、高绝缘等特殊性能，成为发展近代航天技术、核技术及电子技术等尖端科学技术不可缺少的材料，并普遍应用在建筑业及汽车、轮船、飞机制造业上。

我国是化学品生产和消费大国。乙烯、合成树脂、无机原料、化肥、农药等重要大宗产品产量位居世界前列。据统计，2004 年我国已达到化肥、硫酸、纯碱、染料产量世界第一；原油加工量、烧碱产量居世界第二；乙烯产量居世界第三。2021 年，全国石油和化工行业全年主营业务收入 14.45 万亿元、利润总额 1.16 万亿元。随着国民经济飞速发展，化学工业在国民经济中的重要地位日趋凸显，我国已成为世界第一大化工产品生产国。

4.形势和任务

随着经济社会的不断发展，城镇化的快速推进，众多老化工企业逐渐被城镇包围，安全防护距离不足等问题凸显。部分处于城镇人口稠密区、江河湖泊上游、重要水源地、主要湿地和生态保护区的危险化学品生产企业已成为重大安全环保隐患。随着我国建设资源节约型、环境友好型社会战略的实施，以及“共同奋斗创造美好生活，不断实现人民对美好生活的向往”的需要，实现“双碳”绿色发展的目标，化学工业在资源保障、节能减排、淘汰落后产能、环境治理、安全生产等方面，面临着更加严峻的形势和艰巨的任务。

【单元小结】

本单元主要介绍了化工生产的特点，分析了其共危险性因素，提出了对策；危险化学品的主要特点、影响因素、分类情况及危险性；危险源及重大危险源的定义、辨识及危险化学品重大危险源的分级，重大危险源的安全管理和包保责任制等。重点内容是危险性认识、危险化学品概念、重大危险源管理和包保责任制。

【复习思考题】

一、判断题

1.误操作原因之一就是忽视关于运转和维修的操作教育。 （ ）

2.对副反应的认识不足是危险的。 （ ）

3.“设备缺陷”是化学工业和石油工业比例最高的危险因素。 （ ）

4.安全生产风险并不随着经济发展水平提高而自然降低。 （ ）

5.硝酸酯与苯接触不会发生爆炸。 （ ）

6.从破损处或管道高速喷出物品能产生静电，当其静电达到足够量时就成了点火源。 （ ）

7.易燃液体是指燃点不高于 93℃的液体。 （ ）

8. 通过化学或电化学作用显著损坏或毁坏金属的物质或混合物为金属腐蚀剂。（　　）

9.《危险化学品安全管理条例》所定义的危险化学品重大危险源，是指生产、储存、使用或者搬运危险化学品，且危险化学品的数量等于或者超过临界量的单元（包括场所和设施）。（　　）

10. 危险化学品不得露天堆放。（　　）

二、单项选择题

1. 造成重大工业事故的（　　）及后果的严重度既与物质的固有特性有关，又与设施或设备中危险物质的数量或能量的大小有关。

A. 可能性　　B. 偶然性　　C. 必然性

2. 化学品的危险性按其危险特性可分为理化危险、（　　）、环境危险三大类。

A. 生命危险　　B. 社会危险　　C. 健康危险

3.“对加工物质的危险性认识不足”是化学工业的第（　　）大危险因素。

A. 一　　B. 二　　C. 三

4. 危险化学品的定义是具有毒害、腐蚀、爆炸、燃烧、助燃等性质，对人体、设施、环境具有危害的（　　）化学品和其他化学品。

A. 有毒　　B. 毒害　　C. 剧毒

5. 自燃液体是即使数量少也能在与空气接触后（　　）之内引燃的液体。

A. 5s　　B. 5min　　C. 3min

6. 重大危险源安全评估已满（　　）的，应当重新进行辨识、安全评估及分级。

A. 两年　　B. 三年　　C. 五年

7. 涉及重大危险源的在役生产装置和储存设施，应至少每（　　）进行一次全面风险分析。

A. 两年　　B. 三年　　C. 五年

8. 重大危险源专项应急预案至少（　　）演练一次，重大危险源的现场处置方案至少每3个月演练一次。

A. 半年　　B. 一年　　C. 两年

9. 危险化学品企业重大危险源安全包保责任制中主要负责人的安全职责有组织对重大危险源的管理和操作岗位人员进行（　　）培训。

A. 安全知识　　B. 安全管理　　C. 安全技能

10. 危险化学品企业重大危险源安全包保责任制中操作负责人的安全职责有（　　）至少组织一次重大危险源安全风险隐患排查。

A. 每季　　B. 每月　　C. 每周

三、问答题

1. 化工生产中存在哪些不安全因素？

2. 危险化学品按其危险性质划分为哪几类？

3. 确定重大危险源的依据有哪些？

4. 根据《危险化学品企业重大危险源安全包保责任制办法（试行）》，列出三个层面负责人的包保责任。

5. 查阅《生产安全事故调查报告编制指南（试行）》（应急厅〔2023〕4号），简述生产安全事故调查报告的基本要素和基本要求。

生产安全事故调查报告编制要点

【案例分析】

根据下列案例，试分析事故产生的原因或制定应对措施。

【案例 1】 1980 年 6 月，浙江省某化工厂五硫化二磷车间，黄磷酸洗锅发生爆炸。死亡 8 人，重伤 2 人，轻伤 7 人，炸塌厂房逾 $300m^2$，造成全厂停产。

该厂为提高产品质量，采用浓硫酸处理黄磷中的杂质以代替水洗黄磷的工艺。在试行这一新工艺时，该厂没有制定完善的试验方案，在小试成功后，未经中间试验，就盲目扩大 1500 倍进行工业性生产，结果刚投入生产就发生了爆炸事故。

【案例 2】 1984 年 4 月，辽宁省某市自来水公司用汽车运载液氯钢瓶到沈阳某化工厂灌装液氯，灌装后在返程途中，违反危险化学品运输车辆不得在闹市、居民区等处停留的规定，在沈阳市街道上停车，运输人员离车去做其他事，此时一只钢瓶易熔塞泄漏，氯气扩散使附近 500 余名居民吸入氯气受到毒害，造成严重社会影响，运输人员受到了刑事处罚。

单元二

防火防爆安全技术

【学习目标】

知识目标

1. 掌握燃烧“三要素”及燃烧种类、过程、形式、特性。
2. 掌握常见爆炸类型、爆炸极限及影响因素。
3. 了解火灾危险性的分类及爆炸性环境危险区域的划分。

技能目标

1. 能制定火灾爆炸防控方案。
2. 能制定火灾爆炸蔓延的控制措施。
3. 能对生产装置及工艺过程中的火灾爆炸危险性进行分析。

素质目标

1. 树立处处有风险的安全意识，培养事事要小心的工作习惯。
2. 培养火灾爆炸“技防、物防”意识。

化工生产中使用的原料、生产中的中间体和产品很多都是易燃、易爆的物质，而化工生产过程又多为高温、高压，若工艺与设备设计不合理、设备制造不合格、操作不当或管理不善，容易发生火灾爆炸事故，造成人员伤亡及财产损失。因此，防火防爆对于化工生产的安全运行是十分重要的。

项目一 火灾爆炸危险性分析

化工生产中火灾爆炸的危险性与物质的性质、生产装置的规模、工艺条件等有很大关系，为了更好地进行安全生产，可对生产中火灾爆炸危险性进行分类，采取有效的防火防爆措施。

一、案例

2015年天津市滨海新区天津港“8·12”火灾爆炸事故，事故中爆炸总能量约为450吨TNT当量。事故共造成165人遇难，8人失踪，798人受伤，304幢建筑物、12428辆商品汽车、7533个集装箱受损，截至2015年12月10日，事故已核定的直接经济损失68.66亿元。

事故原因：违法建设危险货物堆场，违法经营、违规储存危险货物，安全管理极其混乱。

二、燃烧的基础知识

燃烧是一种复杂的物理化学过程，游离基的链式反应是燃烧反应的实质，光和热是燃烧过程中发生的物理现象。燃烧过程具有放热、发光、生成新物质的三个特征。

1. 燃烧条件

燃烧必须具备三个条件，即可燃物质、助燃物质和点火源。这三个条件必须同时存在并相互作用才能发生燃烧。

（1）可燃物质　凡是能与空气、氧气或其他氧化剂发生剧烈氧化反应的物质，都称为可燃物质。可燃物质的种类繁多，按其状态不同，可分为气态、液态和固态三类；按其组成不同，可分为无机可燃物质和有机可燃物质两类。无机可燃物质如氢气、一氧化碳等，有机可燃物质如甲烷、乙烷、丙酮等。化工生产中使用的原料、生产中的中间体和产品很多都是可燃物质。气态如氢气、一氧化碳、液化石油气等；液态如汽油、甲醇、酒精等；固态如煤、木炭等。

（2）助燃物质　凡是具有较强的氧化能力，能与可燃物质发生化学反应并引起燃烧的物质均称为助燃物质。例如，空气、氧气、氯气、氟和溴等物质。

（3）点火源　凡是能引起可燃物质燃烧的能源均可称为点火源。常见的点火源有明火、电火花、高温物体等。

可燃物质、助燃物质和点火源是燃烧的“三要素”，缺一不可，是必备条件。在燃烧过程中，当“三要素”的数值发生改变时，也会使燃烧速度改变甚至停止燃烧。对于已经进行着的燃烧，若消除“三要素”中的一个条件，或使其数量有足够的减少，燃烧便会终止。

2. 燃烧种类

根据燃烧的起因不同，燃烧现象分为着火、自燃、闪燃三种。

（1）着火　可燃物质在有足够助燃物质（如充足的空气、氧气）的情况下，有点火源作用引起的持续燃烧现象，称为着火。使可燃物质发生持续燃烧的最低温度，称为燃点或着火点。物质的燃点越低，越容易着火。如木柴的着火过程是加热到300℃以上开始燃烧。一些可燃物质的燃点见表2-1。

表2-1　一些可燃物质的燃点

物质名称	燃点/℃	物质名称	燃点/℃	物质名称	燃点/℃
赤磷	160	聚丙烯	400	吡啶	482
石蜡	158～195	醋酸纤维	482	有机玻璃	260
硫酸纤维	180	聚乙烯	400	松香	216
硫黄	255	聚氯乙烯	400	樟脑	70

（2）自燃　可燃物质受热升温而不需明火作用就能自行着火燃烧的现象，称为自燃。可燃物质发生自燃的最低温度，称为自燃点。自燃点越低，则火灾危险性越大。如黄磷暴露于空气中时，即使在室温下它与氧气发生氧化反应放出的热量也足以使其达到自行燃烧的温度，故黄磷在空气中很容易发生自燃。一些可燃物质的自燃点见表2-2。

表 2-2　一些可燃物质的自燃点

物质名称	自燃点/℃	物质名称	自燃点/℃	物质名称	自燃点/℃
二硫化碳	102	苯	555	甲烷	537
乙醚	170	甲苯	535	乙烷	515
甲醇	455	乙苯	430	丙烷	466
乙醇	422	二甲苯	465	丁烷	365
丙醇	405	氯苯	590	水煤气	550～650
丁醇	340	黄磷	30	天然气	550～650
乙酸	485	萘	540	一氧化碳	605
乙酸酐	315	汽油	280	硫化氢	260
乙酸甲酯	475	煤油	380～425	焦炉气	640
乙酸戊酯	375	重油	380～420	氨	630
丙酮	537	原油	380～530	半水煤气	700
甲胺	430	乌洛托品	685	煤	320

（3）闪燃　可燃液体的蒸气（包括可升华固体的蒸气）与空气混合后，遇到明火而引起一闪即灭（延续时间少于 5s）的燃烧，称为闪燃。液体能发生闪燃的最低温度，称为该液体的闪点。闪燃往往是着火先兆，可燃液体的闪点越低，越易着火，火灾危险性越大。某些可燃液体的闪点见表 2-3。

表 2-3　一些可燃性液体的闪点

液体名称	闪点/℃	液体名称	闪点/℃	液体名称	闪点/℃
戊烷	<-40	乙醚	-45	乙酸甲酯	-10
乙烷	-21.7	苯	-11.1	乙酸乙酯	-4.4
庚烷	-4	甲苯	4.4	氯苯	28
甲醇	11	二甲苯	30	二氯苯	66
乙醇	11.1	丁醇	29	二硫化碳	-30
丙醇	15	乙酸	40	氰化氢	-17.8
乙酸丁酯	22	乙酸酐	49	汽油	-42.8
丙酮	-19	甲酸甲酯	<-20		

3. 燃烧过程及形式

可燃性物质的状态不同，其燃烧过程也不同。

① 可燃气体的燃烧，只要达到其氧化分解所需的热量便能迅速燃烧。

② 可燃液体的燃烧，是先蒸发为蒸气，蒸气再与空气混合而燃烧。

③ 可燃固体的燃烧，若为简单物质，如硫、磷等，受热时经过熔化、蒸发、与空气混合而燃烧；若是复杂物质，如煤、沥青等，则是先受热分解出可燃气体和蒸气，然后与空气混合而燃烧，并留下若干固体残渣。

绝大多数可燃物质的燃烧是在气态下进行的，并产生火焰。有的可燃固体如焦炭等不能成为气态物质，在燃烧时呈炽热状态，而不呈现火焰。各种可燃物质的燃烧过程如图 2-1 所示。

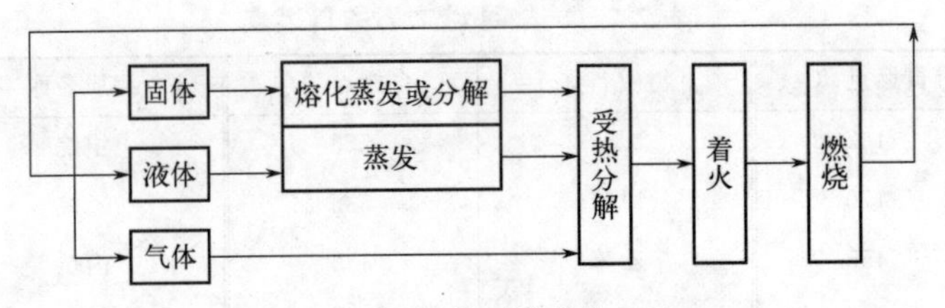

图 2-1 可燃物质的燃烧过程

可燃气体、液体和固体（包括粉尘等），在空气中燃烧时，可以分成扩散燃烧、蒸发燃烧、分解燃烧和表面燃烧四种燃烧形式。

(1) 扩散燃烧　是指可燃气体分子和空气分子相互扩散、混合，当其浓度达到燃烧极限范围时，在外界火源作用下，使燃烧继续蔓延和扩大。如氢气、乙炔等可燃气体从管口等处流向空气所引起的燃烧现象。

(2) 蒸发燃烧　是指液体蒸发产生蒸气，被点燃起火后，形成的火焰温度进一步加热液体表面，从而加速液体的蒸发，使燃烧继续蔓延和扩大的现象。如酒精、乙醚等液体的燃烧。萘、硫黄等在常温下虽然是固体，但在受热后会升华或熔化而蒸发，因而同样能引起蒸发燃烧。

(3) 分解燃烧　是指在受热过程中伴随有热分解现象，由于热分解而产生可燃性气体，把这种气体的燃烧称为分解燃烧。如：具有爆炸性物质缓慢热分解引起的燃烧；木材、煤等固体分解的可燃性气体，再进行燃烧；低熔点的固体烃、蜡等也可进行分解燃烧。

(4) 表面燃烧　指可燃物表面接受高温燃烧产物放出的热量，而使表面分子活化，可燃物表面被加热后发生燃烧。燃烧以后的高温气体以同样方式将热量传送给下一层可燃物，这样继续燃烧下去。

可燃物质的燃烧过程是吸热和放热化学过程及传热的物理过程的综合，固态和液态可燃物质的燃烧，实际上在凝聚相开始，在气相（火焰）中结束。在凝聚相中，可燃物质开始燃烧，其主要是吸热过程，而在气相中燃烧则是放热过程。大多数凝聚相中产生的反应过程，是靠气相燃烧所放出的热量来实现的。在反应的所有区域内，吸热量与放热量的平衡遭受破坏时，若放热量大于吸热量，则燃烧持续进行。反之，则燃烧终止。

4. 燃烧特性

(1) 完全燃烧　有机可燃气体燃烧，可燃气体分子中所含的碳全部氧化成二氧化碳，氢全部氧化成水的过程称为完全燃烧。可燃气体发生完全燃烧所需的氧量称为理论氧量。

(2) 燃烧热　燃烧热的热值是指单位质量或单位体积的可燃物完全燃烧后冷却到 18℃ 时所放出的热量。可燃性固体和可燃性液体的热值以“J/kg”表示，可燃气体（标准状态）的热值以“J/m^3”表示。其中，若把生成的水蒸气冷凝成水所放出的热量计算在内，则称为高发热值；若不把生成的水蒸气冷凝成水所放出的热量计算在内，则称为低发热值。

(3) 燃烧温度

① 理论燃烧温度。是指可燃物与空气在绝热条件下完全燃烧，所释放出来的热量全部用于加热液体的燃烧产物，使燃烧产物达到的最高燃烧温度。

② 实际燃烧温度。可燃物燃烧的完全程度与可燃物在空气中的浓度有关，燃烧放出的热量也会有一部分蒸发于周围环境，燃烧产物实际达到的温度称为实际燃烧温度，也称火焰温度。显然，实际易燃液体燃烧温度不是固定的值，它受可燃物浓度和一系列外界因素的影响。

(4) 燃烧速度

① 气体的燃烧速度。可燃气体燃烧不需要像固体、液体那样经过熔化、蒸发过程，而

是在常温下就具备了气相的燃烧条件，所以燃烧速度较快。可燃气体的组成、浓度、初温、燃烧形式等对燃烧速度均有重要影响，组成简单的气体比组成复杂的气体燃烧速度快。如氢气的组成最简单，热值也较高，所以燃烧速度快；可燃混合气体的燃烧速度随初始温度的升高而加快，混合气体的初始温度越高，则燃烧速度越快；等等。

② 液体的燃烧速度。液体的燃烧速度工业上有两种表示方法：一种是以单位面积上单位时间内燃烧的液体质量来表示，称为液体燃烧的质量速度；另一种是以单位时间内燃烧液层的高度来表示，称为液体燃烧的直线速度。液体燃烧的初始阶段是蒸发，然后蒸气分解、氧化达到自燃点而燃烧。液体蒸发需要吸收热量，它的速度是比较慢的，所以液体的燃烧速度主要取决于它的蒸发速度、初始温度和含水量等因素。易燃液体的燃烧速度高于可燃液体的燃烧速度。

③ 固体物质的燃烧速度。固体物质的燃烧速度一般小于可燃气体和液体的燃烧速度。不同组成、不同结构的固体物质，燃烧速度有很大差别，例如萘的衍生物、石蜡等固体物质，燃烧过程要经过熔化、蒸发、分解氧化、起火燃烧等几个阶段，一般速度较慢。又如硝基化合物、硝化纤维等，因本身含有不稳定的含氧基团，燃烧是分解式的，所以比较激烈，速度很快。对于同种固体物质，燃烧速度还和固体物质含水量、比表面积（表面积对体积的比值）有关，固体物质的比表面积越大，燃烧速度越快。

三、爆炸的基础知识

爆炸是物质在瞬间以机械功的形式释放出大量气体和能量的现象。由于物质状态的急剧变化，爆炸发生时会使压力猛烈增高并产生巨大的声响。其主要特征是压力的急剧升高。在化工生产中，一旦发生爆炸，极易酿成伤亡事故，造成人身和财产的巨大损失，使生产受到严重影响。

1. 爆炸的分类

（1）按照爆炸能量来源的不同分类

① 物理性爆炸。是由物理因素（如温度、体积、压力等）变化而引起的爆炸现象。在物理性爆炸的前后，爆炸物质的化学成分不改变。例如锅炉的爆炸就是典型的物理性爆炸，其原因是过热的水迅速蒸发出大量蒸汽，使蒸汽压力不断提高，当气压超过锅炉的极限强度时，就会发生爆炸。

② 化学性爆炸。是物质在短时间内完成化学反应，同时产生大量气体和能量而引起的爆炸现象。化学性爆炸前后，物质的性质和化学成分均发生了根本的变化。化学性爆炸具有反应速率非常快（2000～9000m/s）、反应放出大量的热（2900～6300kJ/kg）、生产大量的气体产物等特点。例如用来制造炸药的硝化棉在爆炸时放出大量热量，同时生成大量气体（CO、CO_2、H_2 和水蒸气等），爆炸时的体积竟会突然增大 47 万倍，燃烧在万分之一秒内完成。

化学性爆炸根据爆炸的化学反应不同，可分为三类。如表 2-4 所示。

表 2-4　不同类型的化学性爆炸

爆炸类型	特点	爆炸物
简单分解爆炸	没有燃烧现象，爆炸时所需要的能量由爆炸物本身分解产生	叠氮铅、雷汞、雷银、三氯化氮、三碘化氮、三硫化二氮、乙炔铜、乙炔银
复杂分解爆炸	伴有燃烧现象，燃烧所需要的氧由爆炸物自身分解供给	三硝基甲苯、三硝基苯酚、硝化甘油、黑色火药、苦味酸、梯恩梯、硝化棉

续表

爆炸类型	特点	爆炸物
爆炸性混合物的爆炸	爆炸需要有一定的条件，即可燃物与空气或氧达到一定的混合浓度，并具有一定的激发能量	气体混合物：甲烷、氢、乙炔、一氧化碳、烯烃等可燃气体与空气或氧形成的混合物
		蒸气混合物：汽油、苯、乙醚、甲醇等可燃液体的蒸气与空气或氧形成的混合物
		粉尘混合物，如铝粉尘、硫黄粉尘、煤粉尘、有机粉尘等与空气或氧气形成的混合物
		遇水爆炸的固体物质，钾、钠、碳化钙、三异丁基铝等与水接触，产生的可燃气体与空气或氧气混合形成爆炸性混合物

（2）按照爆炸的瞬时燃烧速度分类

① 轻爆。物质爆炸时的燃烧速度为每秒数米，爆炸时无多大破坏力，声响也不大。如无烟火药在空气中的快速燃烧，可燃气体混合物在接近爆炸浓度上限或下限时的爆炸即属于此类。

② 爆炸。物质爆炸时的燃烧速度为每秒十几米至数百米，爆炸时能在爆炸点引起压力激增，有较大的破坏力，有震耳的声响。可燃气体混合物在多数情况下的爆炸，以及被压火药遇火源引起的爆炸即属于此类。

③ 爆轰。物质爆炸的燃烧速度为1000～7000m/s。爆轰时的特点是突然引起极高压力，并产生超声速的“冲击波”。由于在极短时间内发生的燃烧产物急剧膨胀，像活塞一样挤压其周围气体，反应所产生的能量有一部分传给被压缩的气体层，于是形成的冲击波由它本身的能量所支持，迅速传播并能远离爆轰的发源地而独立存在，同时可引起该处的其他爆炸性气体混合物（如炸药）发生爆炸，从而发生一种“殉爆”现象。

2. 爆炸极限

（1）爆炸极限　可燃性气体、蒸气或粉尘与空气（氧气与氧化剂）均匀混合形成爆炸性混合物，其浓度达到一定的范围时，遇到明火或一定的引爆能量立即发生爆炸，这个浓度范围称为爆炸极限（或爆炸浓度极限）。形成爆炸性混合物的最低浓度称为爆炸浓度下限，最高浓度称为爆炸浓度上限，爆炸浓度的上限、下限之间称为爆炸浓度范围。可燃气体和蒸气爆炸极限是以其在混合物中所占体积的百分比（%）来表示的，如一氧化碳与空气的混合物的爆炸极限为12.5%～80%。可燃粉尘的爆炸极限是以其密度（g/m^3）来表示的，如煤粉的爆炸下限为$5g/m^3$，煤粉的爆炸上限为$13500g/m^3$。常见可燃气体和可燃液体蒸气的爆炸极限见表2-5。

表 2-5　常见可燃气体和可燃液体蒸气的爆炸极限

物质名称	爆炸极限（体积分数）/%		物质名称	爆炸极限（体积分数）/%	
	下限	上限		下限	上限
天然气	4.5	13.5	丙醇	1.7	48.0
城市煤气	5.3	32	丁醇	1.4	10.0
氢气	4.0	75.6	甲烷	5.0	15.0
氨气	15.0	28.0	乙烷	3.0	15.5

续表

物质名称	爆炸极限（体积分数）/%		物质名称	爆炸极限（体积分数）/%	
	下限	上限		下限	上限
一氧化碳	12.5	74.0	丙烷	2.1	9.5
二氧化碳	1.0	60.0	丁烷	1.5	8.5
乙炔	1.5	82.0	甲醛	7.0	73.0
氰化氢	5.6	41.0	乙醚	1.7	48.0
乙烯	2.7	34.0	丙酮	2.5	13.0
苯	1.2	8.0	汽油	1.4	7.6
甲苯	1.2	7.0	煤油	0.7	5.0
邻二甲苯	1.0	7.6	乙酸	4.0	17.0
氯苯	1.3	11.0	乙酸乙酯	2.1	11.5
甲醇	5.5	36.0	乙酸丁酯	1.2	7.6
乙醇	3.5	19.0	硫化氢	4.3	45.0

（2）爆炸极限的影响因素　爆炸极限通常是在常温常压等标准条件下测定出来的数据，它不是固定的物理常数。同一种可燃气体、蒸气的爆炸极限也不是固定不变的，它随温度、压力、含氧量、惰性气体含量、点火源强度等因素的变化而变化。

① 温度。一般情况下爆炸性混合物的原始温度越高，会使分子的反应活性增加，导致爆炸范围扩大，即爆炸下限降低，上限提高，从而增加了混合物的爆炸危险性。

② 压力。一般情况下压力越高，爆炸极限范围越大，尤其是爆炸上限显著提高。因此，减压操作有利于减小爆炸的危险性。

③ 惰性气体含量。一般情况下惰性介质的加入可以缩小爆炸极限范围，当其浓度高到一定数值时可使混合物不发生爆炸。杂物的存在对爆炸极限的影响较为复杂，如少量硫化氢的存在会降低水煤气在空气混合物中的燃点，使其更易爆炸。

④ 容器规格。容器直径越小，火焰在其中越难蔓延，混合物的爆炸极限范围则越小。当容器直径或火焰通道小到一定数值时，火焰不能蔓延，可消除爆炸危险，这个直径称为临界直径或最大灭火间距。如甲烷的临界直径为0.4～0.5mm，氢和乙炔为0.1～0.2mm。

⑤ 氧含量。混合物中含氧量增加，爆炸极限范围扩大，尤其是爆炸上限显著提高。可燃气体在空气中和纯氧中的爆炸极限范围的比较见表2-6。

表2-6　可燃气体在空气中和纯氧中的爆炸极限范围

物质名称	在空气中的爆炸极限/%	在纯氧中的爆炸极限/%	物质名称	在空气中的爆炸极限/%	在纯氧中的爆炸极限/%
甲烷	5.0～15.0	5.0～61.0	乙炔	1.5～82.0	2.8～93.0
乙烷	3.0～15.5	3.0～66.0	氢气	4.0～75.6	4.0～95.0
丙烷	2.1～9.5	2.3～55.0	氨气	15.0～28.0	13.5～79.0
丁烷	1.5～8.5	1.8～49.0	一氧化碳	12.5～94.0	15.5～94.0
乙烯	2.7～34.0	3.0～80.0			

⑥ 点火源。点火源的能量、热表面的面积、点火源与混合物的作用时间等均对爆炸极限有影响。各种爆炸性混合物都有一个最低引爆能量，即点火能量。它是混合物爆炸危险性的一项重要参数。爆炸性混合物的点火能量越小，其燃爆危险性就越大。

3. 粉尘爆炸

（1）粉尘爆炸的含义　粉尘爆炸是粉尘粒子表面和氧气作用的结果。当粉尘表面达到一定温度时，由于热分解或干馏作用，粉尘表面会释放出可燃性气体，这些气体与空气形成爆炸性混合物，而发生粉尘爆炸。因此，粉尘爆炸的实质是气体爆炸。使粉尘表面温度升高的原因主要是热辐射的作用。

（2）粉尘爆炸的影响因素

① 物理化学性质。燃烧热越大的粉尘越易引起爆炸，例如煤尘、碳、硫等；氧化速率越大的粉尘越易引起爆炸，如煤、燃料等；越易带静电的粉尘越易引起爆炸；粉尘所含的挥发分越大越易引起爆炸，如当煤粉中的挥发分低于10%时不会发生爆炸。

② 粉尘颗粒大小。粉尘的颗粒越小，其比表面积越大（比表面积是指单位质量或单位体积的粉尘所具有的总表面积），化学活性越强，燃点越低，粉尘的爆炸下限越小，爆炸的危险性越大。爆炸粉尘的粒径范围一般为0.1～100μm。

③ 粉尘的悬浮性。粉尘在空气中停留的时间越长，其爆炸的危险性越大。粉尘的悬浮性与粉尘的颗粒大小、粉尘的密度、粉尘的形状等因素有关。

④ 空气中粉尘的浓度。粉尘的浓度通常用单位体积中粉尘的质量来表示，其单位为mg/m^3。空气中粉尘只有达到一定的浓度，才可能会发生爆炸。因此粉尘爆炸也有一定的浓度范围，即有爆炸下限和爆炸上限。由于通常情况下，粉尘的浓度均低于爆炸浓度下限，因此粉尘的爆炸上限浓度很少使用。表2-7列出了一些粉尘的爆炸下限。

表 2-7　一些粉尘的爆炸下限

粉尘名称	云状粉尘的引燃温度/℃	云状粉尘的爆炸下限/(g/m^3)	粉尘名称	云状粉尘的引燃温度/℃	云状粉尘的爆炸下限/(g/m^3)
铝	590	37～50	聚丙烯酸酯	505	35～55
铁粉	430	153～240	聚氯乙烯	595	63～86
镁	470	44～59	酚醛树脂	520	36～49
炭黑	>690	36～45	硬质橡胶	360	38～52
锌	530	212～284	天然树脂	370	77～99
萘	575	28～38	砂糖粉	360	49～68
萘酚染料	415	133～184	褐煤粉	—	41～57
聚苯乙烯	475	27～37	有烟煤粉	595	37～50
聚乙烯醇	450	42～55	煤焦炭粉	>750	

四、生产和贮存的火灾爆炸危险性分类

为防止火灾和爆炸事故，首先必须了解生产或储存的物质的火灾危险性，发生火灾爆炸事故后火势蔓延扩大的条件等，这是采取行之有效的防火、防爆措施的重要依据。生产和储存物品的火灾危险性分类见表2-8。分类的依据是生产和储存中物质的理化性质。

表 2-8　生产和储存物品的火灾危险性分类

生产物品的火灾危险性类别	使用或产生下列物品或物质的火灾危险性特征	储存物品的火灾危险性类别	储存物品的火灾危险性特征
甲	① 闪点小于 28℃的液体 ② 爆炸下限小于 10%的气体 ③ 常温下能自行分解或在空气中氧化后能迅速自燃或爆炸的物质 ④ 常温下受到水或空气中水蒸气的作用，能产生可燃气体并能引起燃烧或爆炸的物质 ⑤ 遇酸、受热、撞击、摩擦、催化以及遇有机物或硫黄等易燃无机物，极易引起燃烧或爆炸的强氧化剂 ⑥ 受撞击、摩擦或与氧化剂、有机物接触时能引起燃烧或爆炸的物质 ⑦ 在密闭设备内操作温度不小于物质本身自燃点的生产	甲	① 闪点小于 28℃的液体 ② 爆炸下限小于 10%的气体，受到水或空气中的水蒸气的作用能产生爆炸下限小于 10%的气体的固体物质 ③ 常温下能自行分解或在空气中氧化后能迅速自燃或爆炸的物质 ④ 常温下受到水或空气中水蒸气作用，能产生可燃气体并能引起燃烧或爆炸的物质 ⑤ 遇酸、受热、撞击、摩擦以及遇有机物或硫黄等易燃的无机物，极易引起燃烧或爆炸的强氧化剂 ⑥ 受撞击、摩擦或与氧化剂、有机物接触时能引起燃烧或爆炸的物质
乙	① 闪点不小于 28℃，但小于 60℃的液体 ② 爆炸下限不小于 10%的气体 ③ 不属于甲类的氧化剂 ④ 不属于甲类的易燃固体 ⑤ 助燃气体 ⑥ 能与空气形成爆炸性混合物的浮游状态的粉尘、纤维及闪点不小于 60℃的液体雾滴	乙	① 闪点在 28～60℃之间的液体 ② 爆炸下限不小于 10%的气体 ③ 不属于甲类的氧化剂 ④ 不属于甲类的易燃固体 ⑤ 助燃气体 ⑥ 常温下与空气接触能缓慢氧化，极热不散引起自燃的物品
丙	① 闪点不小于 60℃的液体 ② 可燃固体	丙	① 闪点不小于 60℃的液体 ② 可燃固体
丁	① 对不燃物质进行加工，并在高温或熔化状态下经常产生强辐射热、火花或火焰的生产 ② 利用气体、液体、固体作为燃料或将气体、液体进行燃烧作为其他用的生产 ③ 常温下使用或加工难燃烧物质的生产	丁	难燃烧物品
戊	常温下使用或加工不燃烧物质的生产	戊	不燃烧物品

五、爆炸和火灾危险场所的区域划分

1. 爆炸性气体环境和爆炸性粉尘环境分区

按照《爆炸性环境　第 14 部分：场所分类爆炸性气体环境》（GB/T 3836.14—2014）《爆炸性环境　第 35 部分：爆炸性粉尘环境场所分类》（GB/T 3836.35—2021）的规定，爆炸性环境包括爆炸性气体环境和爆炸性粉尘环境。

爆炸性气体环境是指可燃性物质以气体或蒸气的形式与空气形成的混合物，被点燃后，能够保持燃烧自行传播的环境；爆炸性粉尘环境是指在大气条件下，可燃性物质以粉尘、纤维或飞絮的形式与空气形成的混合物，被点燃后，能够保持燃烧自行传播的环境。爆炸性环境危险区域划分见表 2-9。

表 2-9 爆炸性环境危险区域划分

<table>
<tr><th>爆炸危险环境类别</th><th colspan="2">区域等级</th><th>场所特征</th></tr>
<tr><td rowspan="3">爆炸性气体环境</td><td colspan="2">0 区</td><td>爆炸性气体环境连续出现或长时间存在的场所</td></tr>
<tr><td colspan="2">1 区</td><td>正在运行时，可能出现爆炸性气体环境的场所</td></tr>
<tr><td colspan="2">2 区</td><td>正常运行时，不可能出现爆炸性气体环境，如果出现也是偶尔发生并且短时间存在的场所</td></tr>
<tr><th>爆炸危险环境类别</th><th>粉尘出现</th><th>区域等级</th><th>场所特征</th></tr>
<tr><td rowspan="3">爆炸性粉尘环境</td><td>连续级释放</td><td>20 区</td><td>爆炸性粉尘环境长时间连续地或经常在管道、加工和处理设备内存在的区域。如果粉尘集尘器外部持续存在爆炸性粉尘环境</td></tr>
<tr><td>1 级释放</td><td>21 区</td><td>① 可能出现爆炸性粉尘环境的某些粉尘处理设备内部，例如启动和停止充装设备
② 由 1 级释放在设备外部形成的 21 区，它取决于粉尘的一些参数，如粉尘量、流量、颗粒大小和物料湿度。为了确定合适的区域范围，需考虑给出的释放源的释放条件
③ 如果粉尘的扩散受到实体结构（墙壁等）的限制，它们的表面可作为该区域的边界</td></tr>
<tr><td>2 级释放</td><td>22 区</td><td>① 由 2 级释放源形成的场所，它取决于粉尘的一些参数，如粉尘量、流量、颗粒大小和物料湿度。为了确定合适的区域范围，需考虑给出的释放源的释放条件
② 如果粉尘的扩散受实体结构（墙壁等）的限制，它们的表面可作为该区域的边界</td></tr>
</table>

2. 爆炸性气体混合物的分级、分组

依据《爆炸性环境 第 11 部分：气体和蒸气物质特性分类 试验方法和数据》（GB/T 3836.11—2022）的规定，爆炸性气体混合物按其最大试验安全间隙（MESG）或最小点燃电流比（MICR）进行分级，按其引燃温度进行分组。详见表 2-10、表 2-11。

表 2-10 爆炸性气体混合物分级

级别	最大试验安全间隙(MESG)/mm	最小点燃电流比(MICR)
ⅡA	≥0.9	>0.8
ⅡB	0.5<MESG<0.9	0.45≤MICR≤0.8
ⅡC	≤0.5	<0.45

注：1. 分级的级别应符合《爆炸性环境 第 11 部分：气体和蒸气物质特性分类 试验方法和数据》（GB/T 3836.11—2022）的有关规定。

2. 最小点燃电流比为各种可燃物质的最小点燃电流值与实验室甲烷的最小点燃电流值之比。

表 2-11 爆炸性气体混合物分组

组别	T1	T2	T3	T4	T5	T6
引燃温度 t/℃	$450<t$	$300<t\leqslant450$	$200<t\leqslant300$	$135<t\leqslant200$	$100<t\leqslant135$	$85<t\leqslant100$

3. 爆炸性粉尘环境中粉尘的分级

依据《爆炸性环境 第35部分：爆炸性粉尘环境场所分类》(GB/T 3836.35—2021) 的规定，在爆炸性粉尘环境中的粉尘可分为可燃性粉尘、导电性粉尘、非导电性粉尘、可燃性飞絮等。

① 可燃性粉尘：是指标准尺寸500μm及以下，在标准大气压力和温度下可能与空气形成爆炸性混合物的微小固体颗粒。

② 导电性粉尘：电阻率等于或小于 $10^3\Omega\cdot m$ 的可燃性粉尘。

③ 非导电性粉尘：电阻率大于 $10^3\Omega\cdot m$ 的可燃性粉尘。

④ 可燃性飞絮：是指标准尺寸大于500μm，在标准大气压力和温度下可能与空气形成爆炸性混合物的固体颗粒，包括纤维。

项目二 火灾爆炸危险物质的处理

化工生产中存在火灾爆炸危险物质时，引发事故的可能性大，应采取替代物、密闭或通风、惰性介质保护等多种措施防范处理。

一、案例

2010年1月7日，甘肃某石化公司316号罐区发生火灾爆炸事故，造成6人死亡、1人重伤、5人轻伤。

事故原因：316号罐区碳四球罐出料管弯头存在缺陷，致使弯头局部脆性开裂，导致易燃易爆的碳四物料泄漏并扩散，遇焚烧炉明火引起爆炸。

二、火灾爆炸危险物质的处理方法

1. 用难燃或不燃物质代替可燃物质

选择危险性较小的液体时，沸点及蒸气压很重要。沸点在110℃以上的液体，常温下(18～20℃)不能形成爆炸浓度。醋酸戊酯、丁醇、戊烷、乙二醇、氯苯、二甲苯等都是危险性较小的液体。代替可燃溶剂的不燃液体（或难燃液体）有甲烷的氯衍生物（二氯甲烷、三氯甲烷、四氯化碳）及乙烯的氯衍生物（三氯乙烯）等。例如，溶解脂肪、油、树脂、沥青、橡胶以及油漆，可以用四氯化碳代替危险性大的液体溶剂。可以用不燃（或难燃）清洗剂代替汽油或其他易燃溶剂，清洗粘有油污的机件和零件。

2. 根据物质的危险特性采取措施

本身自燃、遇空气自燃、遇水燃烧爆炸的物质，应采取隔绝空气、防水、防潮或通风、散热、降温等措施，以防止物质自燃或发生爆炸。相互接触能引起燃烧爆炸的物质不能混存，遇酸、碱有分解爆炸的物质应防止与酸、碱接触，对机械作用比较敏感的物质要轻拿轻放。

易燃、可燃气体和液体蒸气要根据它们的密度采取相应的排污方法。根据物质的沸点、饱和蒸气压考虑设备的耐压强度、贮存温度、保温降温措施等。根据它们的闪点、爆炸范围、扩散性等采取相应的防火防爆措施。

某些物质如乙醚等，受到阳光作用可生成危险的过氧化物，因此，这些物质应存放于金属桶或暗色的玻璃瓶中。

3. 密闭与通风措施

（1）密闭措施　为防止易燃气体、蒸气和可燃性粉尘与空气构成爆炸性混合物，有压设备应保证其密闭性，防气体或粉尘逸出；负压设备，应防止进入空气。

为了保证设备的密闭性，危险设备或系统应尽量少用法兰连接，输送危险气体、液体的管道应采用无缝管。盛装腐蚀性介质的容器底部尽可能不装开关和阀门，腐蚀性液体应从顶部抽吸排出。如设备本身不能密闭，可采用液封。负压操作可防止系统中有毒或爆炸危险性气体逸入生产场所。例如在焙烧炉、燃烧室及吸收装置中都是采用这种方法。

（2）通风措施　化工生产中，完全依靠设备密闭，消除生产场所可燃物的存在是不可能的。还要借助于通风措施来降低车间空气中可燃物的含量。

4. 惰性介质保护

化工生产中常用的惰性介质有氮气、二氧化碳、水蒸气及烟道气等。有以下情况可采取惰性气体保护：

① 易燃固体物质的粉碎、研磨、筛分、混合以及粉状物料输送；

② 可燃气体混合物的处理过程；

③ 具有着火爆炸危险的工艺装置、贮罐、管线等配备；

④ 压送易燃液体；

⑤ 非防爆电气、仪表保护及防腐蚀；

⑥ 有着火危险的设备的停车检修处理；

⑦ 危险物料泄漏。

项目三　点火源的控制

在化工生产中，引起火灾的点火源主要包括：明火、高温表面、电火花及电弧、静电、摩擦与撞击、化学反应热、光线及射线等。点火源的控制是防止燃烧和爆炸的重要环节。

一、案例

2016 年 4 月 22 日，江苏某仓储有限公司储罐区 2 号交换站发生火灾，导致 1 名消防战士在灭火过程中牺牲，直接经济损失 2532.14 万元。

事故经过：公司组织承包商在 2 号交换站管道进行动火作业前，在未清理作业现场地沟内油品，未进行可燃气体分析，未对动火点下方的地沟采取覆盖、铺沙等措施进行隔离的情况下，违章动火作业，切割时产生火花引燃地沟内的可燃物。

二、明火管理与控制

化工生产中的明火主要是指生产过程中的加热用火、维修用火及其他火源。

1. 加热用火的控制

加热易燃液体时，应尽量避免采用明火，而采用蒸汽、过热水、中间载热体或电热等；

如果必须采用明火，则设备应严格密闭，并定期检查，防止泄漏；工艺装置中明火设备的布置，应远离可能泄漏的可燃气体或蒸汽（气）的工艺设备及贮罐区；在积存有可燃气体、蒸气的地沟、深坑、下水道内及其附近，没有消除危险之前，不能进行明火作业；在确定的禁火区内，要加强管理，杜绝明火的存在。

2. 维修用火的控制

维修用火主要是指焊割、喷灯、熬炼用火等。在有火灾爆炸危险的厂房内，应尽量避免焊割作业，必须进行切割或焊接作业时，应严格执行动火安全规定；在有火灾爆炸危险场所使用喷灯进行维修作业时，应按动火制度进行并将可燃物清理干净；对熬炼设备要经常检查，防止烟道串火和熬锅破漏，同时要防止物料过满而溢出；在生产区熬炼时，应注意熬炼地点的选择；此外，烟囱飞火，机动车的排气管喷火，都可以引起可燃气体、蒸气的燃烧爆炸。要加强对上述火源的监控与管理。

3. 其他明火

用明火熬炼沥青、石蜡等固体可燃物时，应选择在安全地点进行；要禁止在有火灾爆炸危险的场所吸烟；为防止汽车、拖拉机等机动车排气管喷火，可在排气管上安装火星熄灭器，应严禁电瓶车进入可燃可爆区。

三、高温表面管理与控制

在化工生产中，加热装置、高温物料输送管线及机泵等，其表面温度均较高，要防止可燃物落在上面，引燃着火。可燃物的排放要远离高温表面。如果高温管线及设备与可燃物装置较接近，高温表面应有隔热措施。加热温度高于物料自燃点的工艺过程，应严防物料外泄或空气进入系统。

四、电火花及电弧管理与控制

电火花是电极间的击穿放电，电弧则是大量的电火花汇集的结果。一般电火花的温度均很高，特别是电弧，温度可达 3600～6000℃。电火花和电弧不仅能引起绝缘材料燃烧，而且可以引起金属熔化飞溅，构成危险的火源。电火花分高压电的火花放电、短时间的弧光放电和接点上的微弱火花。

电火花引起的火灾爆炸事故发生率很高，所以对电器设备及其配件要认真选择防爆类型和仔细安装，特别注意对电动机、电缆、电缆沟、电气照明、电气线路的使用、维护和检修。

在爆炸性环境中，必须防止设备的电火花成为点燃源，必须采用爆炸性环境用电气设备。爆炸性环境用电气设备及防爆型电气设备结果类型及标志见表 2-12 和表 2-13。

表 2-12　爆炸性环境电气设备类型及其标志

电气设备类型	标志	电气设备类型	标志
隔爆外壳	d	本质安全和关联的本质安全电气设备	i
充砂型	q	浇封型	m
增安型	e	防爆型式	n
正压型	p	（粉尘）外壳保护型	t
油浸型	o	特殊型	s

表 2-13 爆炸性环境防爆型电气设备

<table>
<tr><th>分类</th><th colspan="3">适用环境</th><th>备注</th></tr>
<tr><td>Ⅰ类</td><td colspan="3">煤矿瓦斯气体环境</td><td></td></tr>
<tr><td rowspan="3">Ⅱ类</td><td rowspan="3">除煤矿瓦斯气体之外的其他爆炸性气体环境</td><td>ⅡA类</td><td>丙烷等气体</td><td rowspan="3">标志ⅡC的设备可适用于标志ⅡA类和ⅡB类设备的使用条件</td></tr>
<tr><td>ⅡB类</td><td>乙烯等气体</td></tr>
<tr><td>ⅡC类</td><td>氢气等气体</td></tr>
<tr><td rowspan="3">Ⅲ类</td><td rowspan="3">除煤矿以外的爆炸性粉尘环境</td><td>ⅢA</td><td>可燃性飞絮</td><td rowspan="3">标志ⅢC的设备可适用于标志ⅢA类和ⅢB类设备的使用条件</td></tr>
<tr><td>ⅢB</td><td>非导电性粉尘</td></tr>
<tr><td>ⅢC类</td><td>导电性粉尘</td></tr>
</table>

五、静电管理与控制

在一定条件下，两种不同物质相互接触、摩擦就可能产生静电，比如生产中的挤压、切割、搅拌、流动以及生活中的起立、脱衣服等都会产生静电。静电能量以火花形式放出，则可能引起火灾爆炸事故。消除静电的主要途径有两个。

1. 加速静电泄漏或中和

静电泄漏指静电电荷沿材料内部和表面缓慢泄漏。泄漏方法包括接地、增湿、加抗静电剂、涂导电涂料等方法。静电中和主要是将分子进行电离，产生消除静电所必要的离子，其中与带电物体极性相反的离子向带电物体移动，并和带电物体的电荷进行中和，从而达到消除静电的目的。运用感应静电消除器、高压静电消除器、放射线静电消除器及离子流静电消除器等均属中和法。

2. 限制静电产生

(1) 环境控制

① 取代易燃介质。在不影响工艺过程、产品质量和经济许可的情况下，尽量用不可燃介质代替易燃介质。

② 降低爆炸性混合物的浓度。在爆炸和火灾危险环境，采用通风装置或抽气装置及时排出爆炸性混合物，使混合物的浓度不超过爆炸下限。

③ 减少氧化剂含量。这种方法实质上是充填氮、二氧化碳或其他不活泼的气体，使爆炸性混合物中氧的含量不超过8%，就不会引起燃烧。

(2) 工艺控制

① 限制输送速度。降低液体输送中的摩擦速度或液体物料在管道中的流速等工作参数，可限制静电的产生。

② 加快静电电荷的逸散。在产生静电的任何工艺过程中，总是包含着产生和逸散两个区域。逸散就是指电荷自带电体上泄漏消散。

③ 消除产生静电的附加源。产生静电的附加源如液流的喷溅、容器底部积水受到注入流的搅拌、在液体或粉体内夹入空气或气泡、粉尘在料斗或料仓内受到冲击、液体或粉体的混合搅动等。只要采取相应的措施，就可以减少静电的产生。

六、摩擦与撞击管理与控制

化工生产中，摩擦与撞击也是导致火灾爆炸的原因之一。如机器上轴承等转动部件因润滑不均或未及时润滑而引起的摩擦发热起火、金属之间的撞击而产生的火花等。因此在生产过程中，特别要注意以下几个方面的问题。

① 设备应保持良好的润滑，并严格保持一定的油位；

② 搬运盛装可燃气体或易燃液体的金属容器时，严禁抛掷、拖拉、震动，防止因摩擦与撞击而产生火花；

③ 防止铁器等落入粉碎机、反应器等设备内因撞击而产生火花；

④ 防爆生产场所禁止穿带铁钉的鞋；

⑤ 禁止使用铁制工具。

项目四 工艺参数的安全控制

化工生产过程中的工艺参数主要包括温度、压力、流量及物料配比等。按工艺要求严格控制工艺参数在安全限度以内，是实现化工安全生产的基本保证。实现这些参数的自动调节和控制是保证化工安全生产的重要措施。

工艺参数安全控制

一、案例

2006 年 8 月 7 日，天津市某精细化工科技开发有限公司硝化车间反应釜发生爆炸，事故造成 10 人死亡、3 人受伤。

事故经过：5 号硝化反应釜滴加浓硫酸速度控制不当，使釜内化学反应热量迅速积聚，又未能及时进行冷却处理，导致 5 号硝化反应釜发生爆炸。爆炸的冲击力及碎片引起 3 号、4 号、6 号反应釜相继爆炸。

二、温度控制

温度是化工生产中的主要控制参数之一。不同的化学反应都有其自己最适宜的反应温度。化学反应速率与温度有着密切关系。如果超温，反应物有可能加剧反应，造成压力升高，导致爆炸，也可能因为温度过高产生副反应，生成新的危险物质。升温过快、过高或冷却降温设施发生故障，还可能引起剧烈反应并发生冲料或爆炸。温度过低有时会造成反应速率减慢或停滞，而一旦反应温度恢复正常时，则往往会因为未反应的物料过多而发生剧烈反应引起爆炸。温度过低还会使某些物料冻结，造成管路堵塞或破裂，致使易燃物泄漏而发生火灾爆炸。液化气体和低沸点液体介质都可能由于温度升高汽化，发生超压爆炸。

反应温度能否稳定在工艺指标下操作，主要受进料的温度、流量、加热介质或移热介质的流量和温度、反应器的结构形式和使用状态的影响。如在反应器内预热的液相放热反应，应缓慢加热，稍有不慎有可能造成飞温、冲料，发生危险。对于气固相换热式的反应过程，在进入反应器之前进行预热的气体混合物，所要达到的预热温度要略低于反应的温度，否则，在进入反应器之后也会造成飞温。

吸热反应过程中，除了加热介质的温度满足要求外，其流量也应能满足热量的供给和温度的稳定性的要求。如若反应温度是由于加热介质流量的大小而引起的，就要想法调节加热介质的流量，所以工程上将反应温度的工艺参数与加热介质流量调节阀进行联锁。

放热反应过程中，移热介质的流量应满足移热速率的要求。若移热介质不发生相变的移热，反应温度的控制与移热介质的调节阀联锁；对于发生相变的移热介质（由饱和液体变成饱和蒸气），反应温度的控制与蒸汽调节阀联锁。

三、投料控制

投料控制主要是指对投料速度、投料配比、投料顺序、原料纯度以及投料量的控制。

1. 投料速度

对于放热反应，投料速度不能超过设备的传热能力。投料速度过快会引起温度急剧升高而造成事故。投料速度若突然降低，会导致温度降低，使一部分反应物料因温度过低而不反应。因此必须严格控制投料速度。

2. 投料配比及顺序

化工生产中，必须按照一定的顺序投料。例如，氯化氢合成时，应先通氢后通氯；反之，就容易发生爆炸事故。对于连续化程度较高、危险性较大的生产，注意反应物料的配比关系。例如环氧乙烷生产中乙烯和氧的混合反应，其浓度接近爆炸范围，尤其在开停车过程中，乙烯和氧的浓度都在发生变化，且开车时催化剂活性较低，容易造成反应器出口氧浓度过高，为保证安全，应设置联锁装置，经常核对循环气的组成，尽量减少开停车的次数。

3. 原料纯度

许多化学反应，由于反应物料中含有过量杂质，以致引起燃烧爆炸。在反应原料气中，如果有害气体不清除干净，在物料循环过程中，就会越聚越多，最终导致爆炸。因此，对生产原料、中间产品及成品应有严格的质量检验制度，以保证原料的纯度。

4. 投料量

化工反应设备或贮罐都有一定的安全容积，若投料量过多，超过安全容积系数，往往会引起溢料或超压。投料量过少，也可能发生事故。例如，可能使温度计接触不到液面，导致温度出现假象，由于判断错误而发生事故；也可能使加热设备的加热面与物料的气（汽）相接触，使易于分解的物料分解，从而引起爆炸。

四、溢料和泄漏的控制

化工生产中，造成溢料的原因很多，它与物料的构成、反应温度、投料速度以及消泡剂用量、质量有关。投料速度过快，产生的气泡大量溢出，同时夹带走大量物料；加热速度过快，也易产生这种现象；物料黏度大也容易产生气泡，造成溢料。

化工生产中的大量物料泄漏，通常是由设备损坏、人为操作错误和反应失去控制等原因造成的，一旦发生可能会造成严重后果，因此必须在工艺指标控制、设备结构形式等方面采取相应的措施。比如对重要的阀门采取两级控制等。

五、自动控制与安全保护装置

1. 自动控制

化工自动化生产中，大多是对连续变化的参数进行自动调节。对于在生产控制中要求一组机构按一定的时间间隔做周期性动作，如合成氨生产中原料气的制造，要求一组阀门按一定的要求作周期性切换，就可采用自动程序控制系统来实现。它主要是由程序控制器按一定时间间隔发出信号，驱动执行机构运行。

2. 安全保护装置

（1）信号报警装置　化工生产中，在出现危险状态时信号报警装置可以警告操作者，及时采取措施消除隐患。发出信号的形式一般为声、光等，通常都与测量仪表相联系。需要说明的是，信号报警装置只能提醒操作者注意已发生的不正常情况或故障，但不能自动排除故障。

（2）保险装置　保险装置在发生危险状况时，能自动消除不正常状况。如锅炉、压力容器上装设的安全阀和防爆片等安全装置。

（3）安全联锁装置　所谓联锁就是利用机械或电气控制依次接通各个仪器及设备，并使之彼此发生联系，达到安全生产的目的。

安全联锁装置是对操作顺序有特定安全要求、防止误操作的一种安全装置，有机械联锁和电气联锁。例如，需要经常打开的带压反应器，开启前必须将器内压力排除，而经常连续操作容易出现疏忽，因此可将打开孔盖与排除器内压力的阀门进行联锁。

项目五　防火防爆的设施控制

化工生产中常见的防火防爆设施控制有安全防范设计、阻火装置防火和泄压装置防爆。安全防范设计是事故预防的第一关。因某些设备与装置危险性较大，应采取分区隔离、露天布置和远距离操纵等措施。

一、案例

2015 年 7 月 16 日，山东某石化有限公司发生液化气球罐着火爆炸事故。事故造成 2 名消防员轻伤，7 辆消防车毁坏，部分球罐及周边设施和建构筑物均有不同程度损坏。

事故经过：倒罐作业过程中，液化石油气自切水管漏出并扩散，遇到点火源燃烧，导致液化烃罐区着火。球罐因安全阀关闭且压力泄放系统加装了盲板，造成爆炸，使事故后果扩大。

二、安全防范设计

火灾及爆炸的控制在设计时就应重点考虑。对工艺装置的布局设计、建筑结构及防火区域的划分，不仅要有利于工艺要求、运行管理，而且要符合事故控制要求，以便把事故控制在局部范围内。

例如，出于投资考虑，布局设计越紧凑越好，但对防止火灾爆炸蔓延不利，甚至有可能使事故后果扩大。所以要统筹兼顾，要留有必要的防火间距。

《建筑防火通用规范》应用说明

1. 确定选址与安全间距

为了限制火灾蔓延及减少爆炸损失，厂址选择及防爆厂房的布局和结构应按照相关要求建设，如根据所在地区主导风的风向，把火源置于易燃物质可能释放点的上风侧；为人员、物料和车辆流动提供充分的通道；厂址应靠近水量充足、水质优良的水源等。化工企业应根据我国《建筑设计防火规范》（GB 50016—2014），建设相应等级的厂房；采用防火墙、防火门、防火堤对易燃易爆的危险场所进行防火分离，并确保防火间距。

2. 分区隔离、露天布置、远距离操纵

化工生产中，因某些设备与装置危险性较大，应采取分区隔离、露天布置和远距离操纵等措施。

（1）分区隔离　在总体设计时，应慎重考虑危险车间的布置位置。按照国家的有关规定，危险车间与其他车间或装置应保持一定的间距，充分估计相邻车间建（构）筑物可能引起的相互影响。对个别危险性大的设备，可采用隔离操作和防护屏的方法使操作人员与生产设备隔离。例如，合成氨生产中，合成车间压缩岗位的布置。

在同一车间的各个工段，应视其生产性质和危险程度而予以隔离，各种原料成品、半成品的贮藏，亦应按其性质、贮量不同而进行隔离。

（2）露天布置 为了便于有害气体的散发，减少因设备泄漏而造成易燃气体在厂房内积聚的危险性，宜将这类设备和装置布置在露天或半露天场所。如氮肥厂的煤气发生炉及其附属设备（如加热炉、炼焦炉、气柜、精馏塔等）的布置。石油化工生产中的大多数设备都是在露天放置的。在露天场所，应注意气象条件对生产设备、工艺参数和工作人员的影响，如应有合理的夜间照明，夏季防晒防潮气腐蚀，冬季防冻等措施。

（3）远距离操纵 在化工生产中，大多数的连续生产过程，主要是根据反应进行的情况和程度来调节各种阀门，而某些阀门操作人员难以接近，开闭又较费力，或要求迅速启闭，上述情况都应进行远距离操纵。操纵人员只需在操纵室进行操作，记录有关数据。对于热辐射高的设备及危险性大的反应装置，也应采取远距离操纵的方式。远距离操纵的方法有机械传动、气压传动、液压传动和电动操纵。

三、阻火装置防火

阻火装置的作用是防止外部火焰窜入有火灾爆炸危险的设备、管道、容器，或阻止火焰在设备或管道间蔓延。主要包括阻火器、安全液封、单向阀、阻火闸门等。

1. 阻火器

阻火器的工作原理是使火焰在管中蔓延的速度随着管径的减小而减小，最后可以达到一个火焰不蔓延的状态，此时的管径为临界直径。

阻火器常用在容易引起火灾爆炸的高热设备和输送可燃气体、易燃液体蒸气的管道之间，以及可燃气体、易燃液体蒸气的排气管上。

阻火器有金属网、砾石和波纹金属片等形式。

（1）金属网阻火器 其结构如图 2-2 所示，是用若干具有一定孔径的金属网把空间分隔成许多小孔隙。对一般有机溶剂采用 4 层金属网即可阻止火焰蔓延，其余通常采用 6～12 层。

（2）砾石阻火器 其结构如图 2-3 所示，是用砂粒、卵石、玻璃球等作为填料，这些阻火介质使阻火器内的空间被分隔成许多非直线性小孔隙，当可燃气体发生燃烧时，这些非直线性微孔能有效地阻止火焰的蔓延，其阻火效果比金属网阻火器更好。阻火介质的直径一般为 3～4mm。

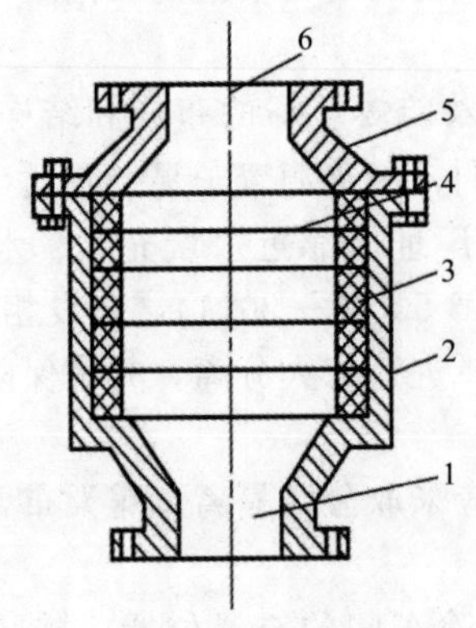

图 2-2 金属网阻火器的结构示意图

1—进口；2—壳体；3—垫圈；4—金属网；5—上盖；6—出口

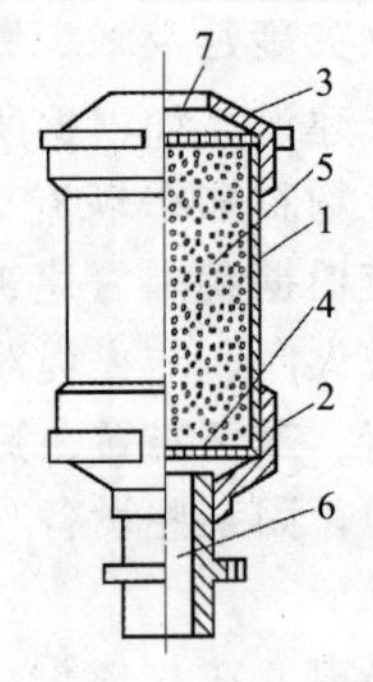

图 2-3 砾石阻火器的结构示意图

1—壳体；2—下盖；3—上盖；4—网格；5—砂粒；6—进口；7—出口

(3) 波纹金属片阻火器 其结构如图 2-4 所示，壳体由铝合金铸造而成，阻火层由 0.1～0.2mm 厚的不锈钢带压制而成波纹型。两波纹带之间加一层同厚度的平带缠绕成圆形阻火层，阻火层上形成许多三角形孔隙，孔隙尺寸在 0.45～1.5mm，其尺寸大小由火焰速度的大小决定，三角形孔隙有利于阻止火焰通过，阻火层厚度一般不大于 50mm。

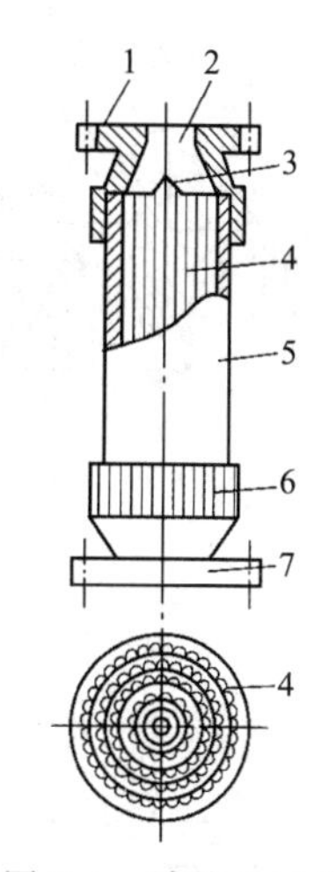

图 2-4 波纹金属片阻火器的结构示意图

1—上盖；2—出口；3—轴芯；4—波纹金属片；5—外壳；6—下盖；7—进口

2. 安全液封

安全液封的阻火原理是液体封在进出口之间，一旦液封的一侧着火，火焰都将在液封处被熄灭，从而阻止火焰蔓延。安全液封一般安装在气体管道与生产设备或气柜之间。一般用水作为阻火介质。

安全液封常用的结构形式有敞开式和封闭式两种，其结构如图 2-5 所示。

水封井是安全液封的一种，设置在有可燃气体、易燃液体蒸气或油污的污水管网上，以防止燃烧或爆炸沿管网蔓延，水封井的结构如图 2-6 所示。

安全水封的使用安全要求如下。

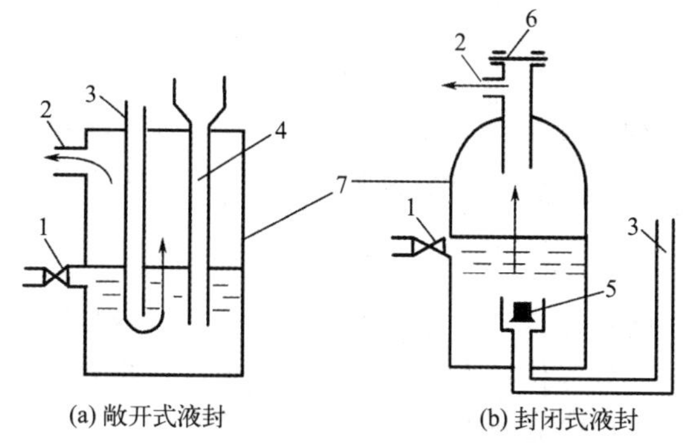

图 2-5 安全液封的结构示意图

1—验水栓；2—气体出口；3—进气管；4—安全管；5—单向阀；6—爆破片；7—外壳

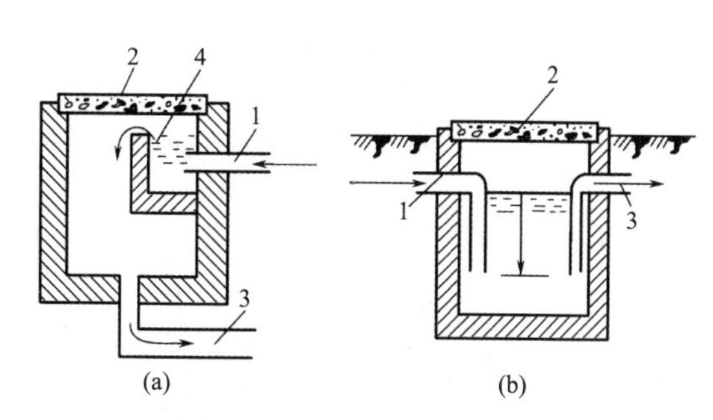

图 2-6 水封井的结构示意图

1—污水进口；2—井盖；3—污水出口；4—溢水槽

① 使用安全水封时，应随时注意水位不得低于水位阀门所标定的位置。但水位也不应过高，否则除了可燃气体通过困难外，水还可能随可燃气体一并进入出气管。每次发生火焰倒燃后，应随时检查水位并补足。安全水封应保持垂直位置。

② 冬季使用安全水封时，在工作完毕后应把水全部排出、洗净，以免冻结。如发现冻结现象，只能用热水或蒸汽加热解冻，严禁用明火烘烤。为了防冻，可在水中加少量食盐以降低冰点。

③ 使用封闭式安全水封时，由于可燃气体中可能带有黏性杂质，使用一段时间后容易粘附在阀和阀座等处，所以需要经常检查逆止阀的气密性。

3. 单向阀

又称止逆阀、止回阀，其作用是仅允许流体向一定方向流动，遇有回流即自动关闭。常用于防止高压系统物料窜入低压系统，也可用作防止回火的安全装置，如液化石油气瓶上的调压阀就是单向阀的一种。

生产中常用的单向阀有升降式、摇板式、球式等，参见图 2-7。

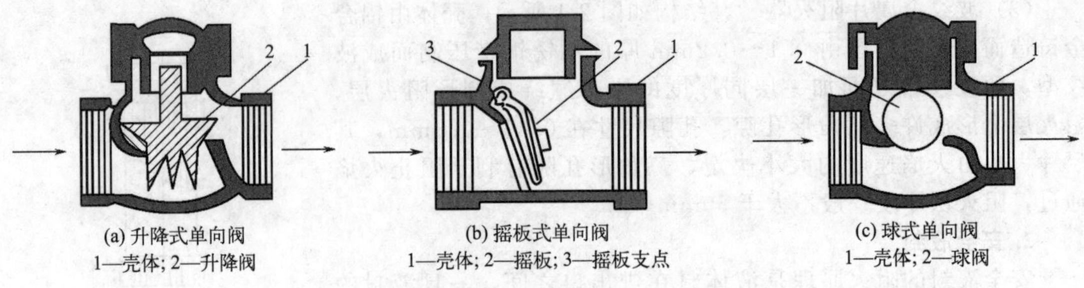

(a) 升降式单向阀
1—壳体; 2—升降阀

(b) 摇板式单向阀
1—壳体; 2—摇板; 3—摇板支点

(c) 球式单向阀
1—壳体; 2—球阀

图 2-7　不同类型的单向阀的结构示意图

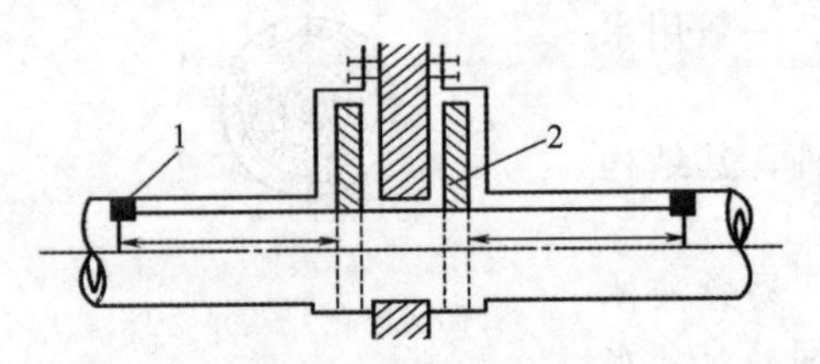

图 2-8　跌落式自动阻火闸门的结构示意图
1—易熔合金元件；2—阻火闸门

4. 阻火闸门

阻火闸门是为防止火焰沿通风管道蔓延而设置的阻火装置。图 2-8 所示为跌落式自动阻火闸门。

正常情况下，阻火闸门受易熔合金元件控制处于开启状态，一旦着火，温度高，会使易熔金属熔化，此时闸门失去控制，受重力作用自动关闭。也有的阻火闸门是手动的，在遇火警时由操作人员迅速关闭。

四、泄压装置防爆

防爆泄压装置包括安全阀、防爆片、防爆门和放空管等。系统内一旦发生爆炸或压力骤增时，可以通过这些设施释放能量，以减小巨大压力对设备的破坏或防止爆炸事故的发生。

1. 安全阀

是为了防止设备或容器内非正常压力过高引起物理性爆炸而设置的。当设备或容器内压力升高超过一定限度时安全阀能自动开启，排放部分气体，当压力降至安全范围内再自行关闭，从而实现设备和容器内压力的自动控制，防止设备和容器破裂并发生爆炸。

常用的安全阀有弹簧式、杠杆式，其结构如图 2-9、图 2-10 所示。

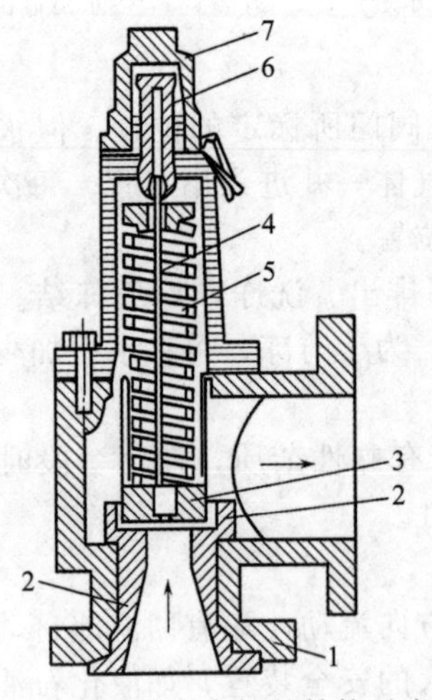

图 2-9　弹簧式安全阀的结构示意图
1—阀体；2—阀座；3—阀芯；
4—阀杆；5—弹簧；6—螺帽；7—阀盖

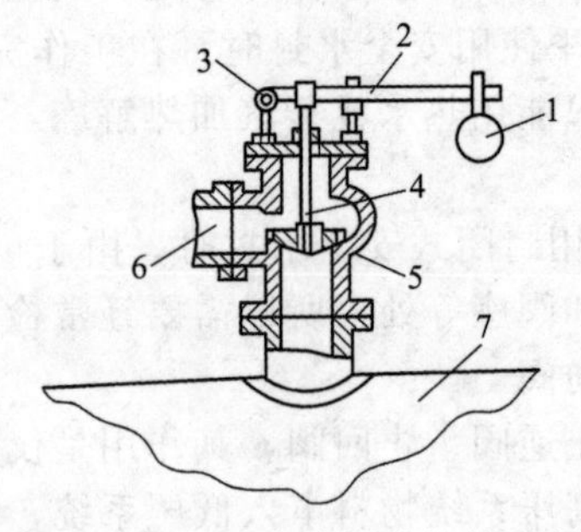

图 2-10　杠杆式安全阀的结构示意图
1—重锤；2—杠杆；3—杠杆支点；4—阀芯；
5—阀座；6—排出管；7—容器或设备

工作温度高而压力不高的设备宜选杠杆式，高压设备宜选弹簧式。一般多用弹簧式安全阀。

设置安全阀时应注意以下几点。

① 压力容器的安全阀直接安装在容器本体上。容器内有气、液两相物料时，安全阀应装于气相部分，防止因排出液相物料而发生事故。

② 一般安全阀可就地放空，放空口应高出操作人员 1m 以上且不应朝向 15m 以内的明火或易燃物。室内设备、容器的安全阀放空口应引出房顶，并高出房顶 2m 以上。

③ 安全阀用于泄放可燃及有毒液体时，应将排泄管接入事故贮槽、污油罐或其他容器；用于泄放与空气混合能自燃的气体时，应接入密闭的放空塔或火炬。

④ 当安全阀的入口处装有隔断阀时，隔断阀应为常开状态。

⑤ 安全阀的选型、规格、排放压力的设定应合理。

2. 防爆片（又称防爆膜、爆破片）

是通过法兰装在受压设备或容器上。当设备或容器内因化学爆炸或其他原因产生过高压力时，防爆片作为人为设计的薄弱环节自行破裂，高压流体即通过防爆片从放空管排出，使设备或容器内爆炸压力难以继续升高，从而保护设备或容器的主体免遭更大的损坏，使在场的人员不致遭受致命的伤害。

凡有重大爆炸危险性的设备、容器及管道，例如气体氧化塔、进焦煤炉的气体管道、乙炔发生器等，都应安装防爆片。防爆片的安全可靠性取决于防爆片的材料、厚度和泄压面积。正常生产时压力很小或没有压力的设备，可用石棉板、塑料片、橡皮板或玻璃片等作为防爆片；微负压生产的情况可采用 2～3cm 厚的橡胶板作为防爆片；操作压力较高的设备可采用铝板、铜板作为防爆片。铁片破裂时能产生火花，存在燃爆性气体时不宜采用。

防爆片的爆破压力一般不超过系统操作压力的 1.25 倍。若防爆片在低于操作压力时破裂，就不能维持正常生产；若操作压力过高而防爆片不破裂，则不能保证安全。

3. 防爆门

防爆门一般设置在燃油、燃气或燃烧煤粉的燃烧室外壁上，以防止燃烧爆炸时，设备遭到破坏。防爆门的总面积一般按燃烧室内部净容积 $1m^3$ 不少于 $250cm^3$ 计算。为了防止燃烧气体喷出时将人员烧伤，防爆门应设置在人们不常到的地方，高度不低于 2m。图 2-11、图 2-12 为两种不同类型的防爆门。

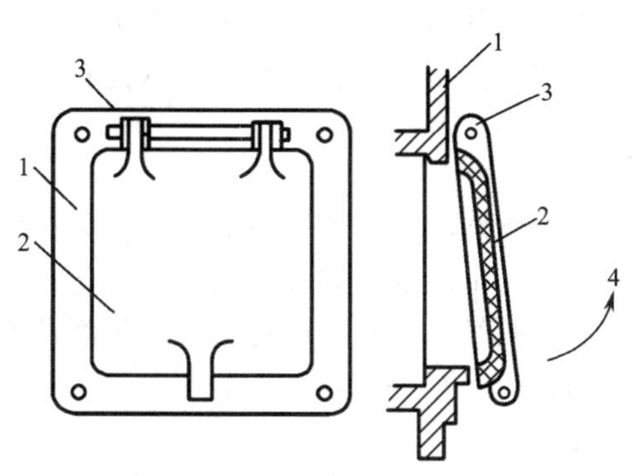

图 2-11　向上翻开的防爆门
1—门框；2—防爆门；
3—转轴；4—转动方向

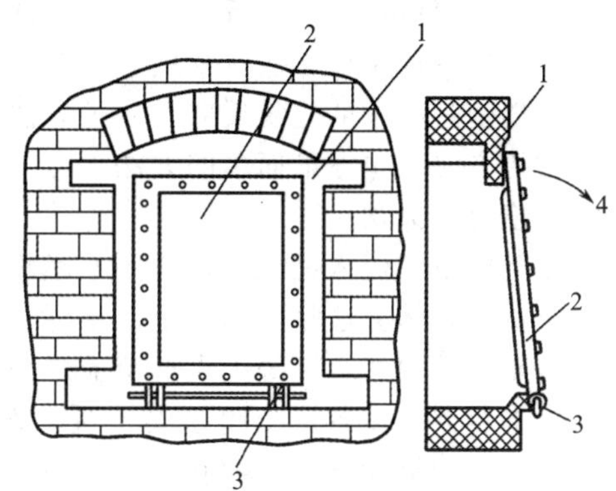

图 2-12　向下翻开的防爆门
1—燃烧室外壁；2—防爆门；
3—转轴；4—转动方向

4. 放空管

在某些极其危险的设备上，为防止可能出现的超温、超压而引起爆炸的恶性事故的发生，可设置自动或手控的放空管用以紧急排放危险物料。

项目六　消防安全

化工生产企业火灾事故具有爆炸威胁大、燃烧速度快、毒害性较大等特点，因此初期火灾扑救及灭火器材的正确选用尤为重要。

一、案例

2005 年 11 月 13 日，某单位双苯厂苯胺二车间发生爆炸事故，造成 8 人死亡，60 人受伤，直接经济损失 6908 万元。而爆炸造成有毒物质，有害的循环水、消防水与残余物料也一并流入松花江，造成了松花江水体严重污染，损失不可估计。

事故经过：因工人操作失误，导致硝基苯精馏塔内温度过高，预热器内物料汽化随后泄漏并与空气形成的混合物，与附近明火接触发生燃烧及爆炸。与此同时，距爆炸点距离较近的苯胺储存塔（存量为 240 吨）受到爆炸飞出残骸的打击，也发生爆炸、燃烧。

二、常见初起火灾的扑救

初起阶段的火灾又称初期火灾，是火灾发生的初始阶段，一般在起火后的几分钟内。在火灾的初起阶段物质燃烧的速度比较缓慢，火焰不高，燃烧放出的辐射热能较低，燃烧面积不大，因此，初起阶段是扑救火灾的最佳时期，在场人员如能采取正确的方法，利用简易的灭火器材就能迅速将火扑灭。相反，如果在火灾的初起阶段不能采取正确的方法及时地把火灾消灭在萌芽状态，势必会造成火势扩大，增大火灾中的财产损失和人员伤亡。初期火灾扑救方法主要有以下几种。

灭火剂及
适用范围

1. 冷却灭火法

是将灭火剂直接喷射到燃烧的物体上，以降低燃烧的温度于燃点之下，使燃烧停止。或者将灭火剂喷洒在火源附近的物质上，使其不因火焰热辐射作用而形成新的火点。冷却灭火法是灭火的一种主要方法，常用水和二氧化碳作灭火剂冷却降温灭火。灭火剂在灭火过程中不参与燃烧过程中的化学反应。这种方法属于物理灭火方法。用水进行冷却灭火就是扑救火灾的常用方法，也是最简单的方法。

2. 窒息灭火法

是阻止空气流入燃烧区，或用不燃物质冲淡空气，使燃烧物得不到足够的氧气而熄灭的灭火方法。具体方法是：用沙土、水泥、湿麻袋、湿棉被等不燃或难燃物质覆盖燃烧物；喷洒雾状水、干粉、泡沫等灭火剂覆盖燃烧物；用水蒸气或氮气、二氧化碳等惰性气体灌注发生火灾的容器、设备；密闭起火建筑、设备和孔洞；把不燃的气体或不燃液体（如二氧化碳、氮气、四氯化碳等）喷洒到燃烧物区域内或燃烧物上。

3. 隔离灭火法

隔离灭火法是将正在燃烧的物质和周围未燃烧的可燃物质隔离或移开，中断可燃物质的供给，使燃烧因缺少可燃物而停止。具体方法有：把火源附近的可燃、易燃、易爆和助燃物品搬走；关闭可燃气体、液体管道的阀门，以减少和阻止可燃物质进入燃烧区；设法阻拦流散的易燃、可燃液体；拆除与火源相毗连的易燃建筑物，形成防止火势蔓延的空间地带。

4. 抑制灭火法

将化学灭火剂喷入燃烧区参与燃烧反应，终止链反应而使燃烧停止。这是一种用灭火剂与燃烧物产生物理和化学抑制作用的灭火方法。如干粉灭火剂，在灭火时由于高压气体（二氧化碳或氮气）冲出储存的容器，形成一股加压的雾状粉流，覆盖到燃烧物上，从而阻断燃烧。

三、灭火设备与设施的选择和应用

1. 火灾分类

火灾根据可燃物的类型和燃烧特性，分为 A、B、C、D、E、F 六大类（《火灾分类》GB/T 4968—2008）。

A 类火灾：指固体物质火灾。这种物质通常具有有机物质性质，一般在燃烧时能产生灼热的余烬。如木材、干草、煤炭、棉、毛、麻、纸张、塑料（燃烧后有灰烬）等火灾。

B 类火灾：指液体或可熔化的固体物质火灾。如煤油、柴油、原油、甲醇、乙醇、沥青、石蜡等火灾。

C 类火灾：指气体火灾。如煤气、天然气、甲烷、乙烷、丙烷、氢气等火灾。

D 类火灾：指金属火灾。如钾、钠、镁、钛、锆、锂、铝镁合金等火灾。

E 类火灾：指带电火灾，和物体带电燃烧的火灾。

F 类火灾：指烹饪器具内的烹饪物（如动植物油脂）火灾。

2. 灭火设备与设施的选择与使用

初起火灾范围小、火势弱，是用灭火器灭火的最佳时机。

一般灭火器都标有灭火类型和灭火等级的标牌。例如 A、B 等，使用者一看就能立即识别该灭火器适用于扑救哪一类火灾。目前常用的灭火器有各种规格的泡沫灭火器，各种规格的干粉灭火器，二氧化碳灭火器等。泡沫灭火器一般能扑救 A、B 类火灾，当电器发生火灾，电源被切断后，也可使用泡沫灭火器进行扑救。干粉灭火器和二氧化碳灭火器则适用于扑救 B、C 类火灾。可燃金属火灾则可使用扑救 D 类的干粉灭火剂进行扑救。常见灭火器的适用范围及使用方法见表 2-14。

表 2-14　常见灭火器材的适用范围及使用方法

名称	适用范围	使用方法	
		手提式	推车式
泡沫灭火器	适用于扑救柴油、汽油、煤油、信那水等引起的火灾。也适用于竹、木、棉、纸等引起的初起火灾。不能用来扑救忌水物质的火灾	平稳将灭火器提到火场，用手指压紧喷嘴，然后颠倒器身，上下摇晃，松开喷嘴，将泡沫喷射到燃烧物表面	将灭火器推到火场，按逆时针方向转动手轮，开启瓶阀，卧倒器身，上下摇晃几次，抓住喷射管，扳开阀门，将泡沫喷射到燃烧物表面
二氧化碳灭火器	灭火后不留任何痕迹，不导电、无腐蚀性。适用于扑救电气设备、精密仪器、图书、档案、文物等引起的火灾。不能用来扑救碱金属、轻金属引起的火灾	拔掉保险销或铅封，握紧喷筒的提把，对准起火点，压紧压把或转动手轮，二氧化碳自行喷出，进行灭火	卸下安全帽，取下喷筒和胶管，逆时针方向转动手轮，二氧化碳自行喷出，进行灭火
干粉灭火器	用于扑救石油产品、油漆、可燃气体、电气设备等引起的火灾	撕掉铅封，拔去保险销，对准火源，一手握住胶管，一手按下压把，干粉自行喷出，进行灭火	先取出喷管，放开胶管，开启钢瓶上的阀门，双手紧握喷管，对准火源，用手压开开关，灭火剂自行喷出，进行灭火

续表

名称	适用范围	使用方法
消防栓	适用扑救多种类型的火灾，水是分布最广、使用最方便、补给最容易的灭火剂。不能用于扑救与水能发生化学反应的物质引起的火灾，以及由高压电器设备和档案、资料等引起的火灾	将存放消防栓的仓门打开，将水袋取出，平放打开，将阀门接在水袋上，对准火源，双手托起阀头，打开水阀，进行灭火

灭火器及设置

消防设施

【单元小结】

本单元主要介绍了燃烧爆炸基础知识、爆炸和火灾危险场所的区域划分、火灾爆炸危险物质的处理方法、点火源及工艺参数安全控制、安全设施防范设计等技术防控和阻火装置等设施的物防措施，介绍了常见初起火灾的扑救、灭火设备与设施的选择与应用等消防安全知识。重点内容是火灾爆炸基础理论、技术防控及物防措施。

【复习思考题】

一、判断题

1. 凡是能与氧气发生剧烈氧化反应的物质，都称为可燃物质。（　　）

2. C类火灾是指气体火灾。如煤气、天然气、甲烷、乙烷、丙烷、氢气等火灾。（　　）

3. 化工生产中的明火主要是指生产过程中的加热用火、维修用火及其他火源。（　　）

4. 按照爆炸能量来源的不同可分为物理性爆炸和化学性爆炸。（　　）

5. 可燃气体和蒸气爆炸极限是以其在混合物中所占体积的百分比（%）来表示的，如一氧化碳与空气的混合物的爆炸极限为2.5%～8%。（　　）

6. 本身自燃、遇空气自燃、遇水燃烧爆炸的物质，应采取隔绝空气、防水、防潮或通风、散热、降温等措施，以防止物质自燃或发生爆炸。（　　）

7. 化工生产中常用的惰性介质有氧气、二氧化碳、水蒸气及烟道气等。（　　）

8. 在爆炸性环境中，必须防止设备的电火花成为点燃源，可以采用爆炸性环境用电气设备或普通设备。（　　）

9. 阻火装置的作用是防止外部火焰窜入有火灾爆炸危险的设备、管道、容器，或阻止火焰在设备或管道间蔓延。（　　）

10. 泡沫灭火器一般能扑救 A、B 类火灾，当电器发生火灾，电源被切断后，也可使用泡沫灭火器进行扑救。 （ ）

二、单选题

1. 不属于可燃物质的是（ ）。

A. 氢气 B. 甲醇 C. 高温物体

2. 不是燃烧过程特征的是（ ）。

A. 吸热 B. 发光 C. 放热

3. 可燃物质自燃点（ ），则火灾危险性（ ）。

A. 越低、越低 B. 越大、越大 C. 越低、越大

4. 绝大多数可燃物质的燃烧是在（ ）下进行的，并产生火焰。

A. 固态 B. 气态 C. 液态

5. 不是火灾爆炸危险物质的处理方法的是（ ）。

A. 用可燃物质 B. 密闭与通风措施 C. 惰性介质保护

6. 精密仪器着火使用的最佳灭火剂是（ ）。

A. 水 B. 泡沫 C. 二氧化碳

7. 属于燃烧三要素的是（ ）。

A. 不可燃性物质 B. 点火源 C. 阻燃性物质

8. 不属于阻火装置的是（ ）。

A. 消防栓 B. 阻火器 C. 安全液封

9. 可燃气体、蒸汽和粉尘与空气（或助燃气体）的混合物，必须在一定范围的浓度内，遇到足以起爆的能量才能发生爆炸，这个可以爆炸的浓度范围叫作该爆炸物的（ ）。

A. 爆炸极限 B. 爆炸浓度极限 C. 爆炸上限

10. 燃烧是（ ）发光的氧化还原反应。

A. 吸热 B. 无热量交换 C. 放热

三、问答题

1. 什么叫做爆炸极限？爆炸极限的主要影响因素有哪些？
2. 简述闪燃、着火、自燃的区别。
3. 化工生产中的明火有哪些？如何对其进行有效控制？
4. 初起火灾的扑救方法有几种？分别是什么？
5. 简述化工生产中工艺参数的安全控制有哪些内容。

【案例分析】

根据下列案例，试分析其事故产生的原因或制定应对措施。

【案例 1】 1993 年 10 月 8 日 17 时 30 分，吉林某集团公司炼油厂成品车间汽油罐区发生一起火灾事故，当场死亡 1 人，重伤 2 人（其中 1 人经抢救无效，于 10 月 26 日死亡），轻伤 5 人。直接经济损失 3.5 万元，间接经济损失 7 万元。

事故经过：10 月 8 日 13 时 30 分，按计划检修后的催化装置投料开车。15 时，前部操作基本正常，但因解析塔底再沸器泄漏，稳定系统迟迟不能正常，不合格汽油开始溢出

装置，送汽油罐区214号储罐（该罐是容积为2000m^3的钢制内浮顶罐）。15时30分许，催化车间稳定岗位负责人为了降低304号稳定塔的液面，将塔内油品同时送往214号储罐，因稳定系统的热源没有建立起来，汽油携带轻组分进入罐区。成品车间汽油罐区4点班工人接班后，闻到有异常气味，但都没在意。直到17时20分许，岗位人员感觉不对时，可燃气体已蔓延至汽油罐区大门外15m处，由于当时阴天、无风、气压低，所以气体都聚集在低洼处。由于守卫室味道大，守卫汽油罐区的两名经警到罐区门外15m处吸烟，刚划着火柴即发生爆燃，一名经警当场烧死，另一名烧成重伤。火随即进入院内，将操作室炸塌，214号储罐着火，又有5名人员受到不同程度的烧伤和砸伤。经奋力扑救，大火于18时50分扑灭。

【案例2】 2003年9月11日8时，辽宁某石化分公司炼油一厂两套常减压装置进行检修后开车发生闪爆，造成3人死亡，1人重伤，5人轻伤。

事故经过：9月12日9时30分，常减压装置引柴油循环，14时加热炉采样分析。此时，引入装置的高压瓦斯阀门处于关闭状态，瓦斯气没有到炉前。16时30分，车间生产主任安排二班班长带领3人引瓦斯到炉前并点火，操作工在没有认真检查炉前阀门开启状况的情况下将进入车间的高压瓦斯总阀门打开。17时10分，对减压炉点火时发生闪爆。

【案例3】 2004年4月16日，西南某油气田分公司输气管理处运销部因用户管网压力不能满足需要，对管网进行改造，改造过程中发生火灾，并致1人死亡。

事故经过：4月16日上午，运销部下属负责民用供气的天然气公司负责人黄某，在无施工组织、无施工作业方案、无动火作业手续、无应急预案，也未向运销部领导和生产调度室作任何请示报告的情况下就安排人员动火作业。18时15分，实施直径30mm管线与直径57mm管线碰口时，在未通知配气站和运销部生产调度值班人员的情况下关闭了直径57mm管线上的DN50阀门（距离动火点121m），并且未安排人员值守并关闭阀门。18时20分，当用户发现无天然气时向配气站反应，配气站值班人员刘某向生产调度室值班人员询问，均不知情况。刘某在巡检中发现DN50阀门关闭，在不知有人作业的情况下将其开启（天然气出口压力为0.26MPa）。此时正在碰口的电焊作业引燃了天然气，而作业场所为宽0.8m、长3.5m、高3m的狭窄有限空间。着火后管工曾某从通往开阔地带的通道逃离现场，焊工王某跑进了一条仅3.5m深的巷子而无法逃生，被当场烧死。

单元三 工业防毒安全技术

【学习目标】

知识目标

1. 掌握工业毒物的类型、毒性及分级。
2. 了解职业性接触毒物危害程度分级及工作场所职业病（化学物）危害作业分级。
3. 掌握急性中毒的个体防护和现场救护知识。

技能目标

1. 能正确选用、穿戴防毒面具和化学防护服。
2. 能冷静沉着组织协助中毒现场救护。
3. 能正确执行本岗位防毒技术和防毒管理规程。

素质目标

1. 培养临危不乱、从容应对突发中毒事件的心理素质。
2. 养成在工作场所规范穿戴劳动防护用品的职业习惯。

化工生产中所使用的原材料、产品、中间产品、副产品以及含于其中的杂质，生产中的“三废”排放物中的毒物等均属于工业毒物。中毒的可能性伴随整个生产过程，做好毒物的管理与中毒的防护和救助工作，是十分重要的。

项目一 工业中毒的个体防护

劳动者的职业健康与所处工作环境存在的职业病危害密切相关，只要作业人员暴露于作业环境中，就有职业健康危害的可能性，职业健康风险与作业时间及暴露程度成正比，所以，做好个体防护非常必要。“个体防护是安全生产的最后一道防线，是保护劳动者生命健康安全的最后一道屏障。”

一、案例

【案例 1】 某厂加氢裂化车间硫化氢管道泄漏，一职工巡检时被熏倒。班长发现后，立即佩戴防毒面具去施救，在救人过程中，也被硫化氢熏倒。这次事故导致了 2 人死亡。

事故原因：班长施救时佩戴的防毒面具滤毒罐选型错误，不能防硫化氢。

【案例2】 2019年2月15日，广东省某公司环保部主任安排2名车间主任组织7名工人对污水调节池（事故应急池）进行清理作业。当晚23时许，3名作业人员在池内吸入硫化氢后中毒晕倒，池外人员见状立刻呼喊救人，先后有6人下池施救，其中5人中毒晕倒在池中，1人感觉不适自行爬出。事故最终造成7人死亡，2人受伤，直接经济损失约1200万元。

事故原因：未履行有限空间作业审批手续，违规进入有限空间作业；事故发生后，现场人员盲目施救造成伤亡扩大。

二、工业毒物及危害

1. 工业毒物的分类

化工生产中，工业毒物是广泛存在的。据美国化学文摘社统计，目前可供商业规模使用的化学物质有1500多万种，常用化学物质有7万种，其中许多物质对人体有毒害作用。由于毒物的化学性质各不相同，因此分类的方法很多。以下介绍几种常用的分类。

（1）按物理形态分类

① 气体。指在常温常压下呈气态的物质。如常见的一氧化碳、氯气、氨气、二氧化硫等。

② 蒸气。指液体蒸发、固体升华而形成的气体。前者如苯、汽油蒸气等，后者如熔磷时的磷蒸气等。

③ 烟。又称烟尘或烟气。指悬浮在空气中的固体微粒，其直径一般小于0.1μm。有机物加热或燃烧时可产生烟，如塑料、橡胶热加工时产生的烟；金属冶炼时也可产生烟，如炼钢、炼铁时产生的烟尘。

④ 雾。指悬浮于空气中的液体微粒，多为蒸气冷凝或液体喷射所形成。如电镀时产生的铬酸雾，喷漆作业时产生的漆雾等。

⑤ 粉尘。指悬浮于空气中的固体微粒，其直径一般大于0.1μm。多为固体物料经机械粉碎、研磨时形成或粉状物料在加工、包装、储运过程中产生。如水泥、耐火材料加工过程中产生的粉尘等等。

（2）按化学类属分类

① 无机毒物。主要包括金属与金属盐、酸、碱及其他无机化合物。

② 有机毒物。主要包括脂肪族碳氢化合物、芳香族碳氢化合物及其他有机物。随着化学合成工业的快速发展，有机化合物的种类日益增多，因此有机毒物的数量也随之增加。

（3）按毒物作用性质分类　按毒物对机体的毒性作用，结合其临床特点大致可分为以下4类。

① 刺激性毒物。酸的蒸气、氯、氨、二氧化硫等均属此类毒物。

② 窒息性毒物。常见的如一氧化碳、硫化氢、氰化氢等。

③ 麻醉性毒物。芳香族化合物、醇类、脂肪族硫化物、苯胺、硝基苯等均属此类。

④ 全身性毒物。其中以金属为多，如铅、汞等。

2. 工业毒物的毒性

毒性反映的是毒物的剂量与机体反应之间的关系，代表了化学物质对人体产生有害作用的能力。毒性的剂量单位一般以化学物质引起实验动物某种毒性反应所需的剂量表示，对于吸入中毒，则用空气中该物质的浓度表示。某种毒物的剂量（浓度）越小，表示该物质毒性越大。通常用实验动物的死亡数来反映物质的毒性。

常用的评价指标有以下几种。

① 绝对致死剂量或浓度（LD_{100} 或 LC_{100}）。是指使全组染毒动物全部死亡的最小剂量或浓度。

② 半数致死剂量或浓度（LD_{50} 或 LC_{50}）。是指使全组染毒动物半数死亡的剂量或浓度。

③ 最小致死剂量或浓度（MLD 或 MLC）。是指使全组染毒动物中有个别动物死亡的剂量或浓度。

④ 最大耐受剂量或浓度（LD_0 或 LC_0）。是指使全组染毒动物全部存活的最大剂量或浓度。

上述各种“剂量”通常是用毒物的质量（mg）与动物的每千克体重之比（即 mg/kg）来表示。“浓度”常用每立方米（或升）空气中所含毒物的质量（mg 或 g）（即 mg/m^3、g/m^3、mg/L）来表示。

除了上述的毒性评价指标外，下面的指标也反映了物质毒性的某些特点。

① 慢性阈剂量（或浓度）。是指多次、小剂量染毒而导致慢性中毒的最小剂量（或浓度）。

② 急性阈剂量（或浓度）。是指一次染毒而导致急性中毒的最小剂量（或浓度）。

③ 毒作用带。是指从生理反应阈剂量到致死剂量的剂量范围。

致死浓度和急性阈浓度之间的浓度差距，能够反映出急性中毒的危险性：差距越大，急性中毒的危险性就越小。而急性阈浓度和慢性阈浓度之间的浓度差距，则反映出慢性中毒的危险性：差距越大，慢性中毒的危险性就越大。而根据嗅觉阈或刺激阈，可估计作业人员能否及时发现生产环境中毒性物质的存在。

毒物的急性毒性可根据动物染毒试验资料 LD_{50} 进行分级，据此将毒物分为剧毒、高毒、中等毒、低毒、微毒五个等级，见表 3-1。

表 3-1　毒物的急性毒性分级

毒物分级	大鼠一次经口 LD_{50}/(mg/kg)	6只大鼠吸入4h死亡2～4只的浓度/(g/g)	兔涂皮时 LD_{50}/(mg/kg)	对人可能致死剂量	
				单位体重剂量/(g/kg)	总量(60kg体重)/g
剧毒	<1	<10	<5	<0.05	0.1
高毒	1～50	10～100	5～44	0.05～0.5	3
中等毒	50～500	100～1000	44～340	0.5～5	30
低毒	500～5000	1000～10000	340～2810	5～15	250
微毒	5000～15000	10000～100000	2810～22590	>15	>1000

3. 工业毒物进入人体的途径

（1）经呼吸道进入　毒物经呼吸道进入人体是最主要、最危险、最常见的途径。凡是呈气态、蒸气态或气溶胶状态的毒物均可随时伴呼吸过程进入人体，而且人的呼吸系统从气管到肺泡都具有相当大的吸收能力，尤其肺泡的吸收能力最强，肺泡壁极薄且总面积有 55～120m^2，其上有丰富的微血管，由肺泡吸收的毒物会随血液循环迅速分布全身。在全部职业中毒者中，大约有 95%是经呼吸道吸入引起的。

生产性毒物进入人体后，被吸收量的大小取决于毒物的水溶性和血/气分配系数。血/气分配系数是指毒物在血液中的最大浓度与肺泡内气体浓度之比值。毒物的水溶性越大，血/气分配系数越大，被吸收在血液中的毒物就越多，导致中毒的可能性越大。例如，甲醇的血/气分配系数为 1700，乙醇为 1300，二硫化碳为 5，苯为 6.58。

（2）经皮肤进入　毒物经皮肤进入人体的途径主要有表皮屏障和毛囊，只有少数是通过汗腺导管进入。皮肤本身是人体具有保护作用的屏障，如水溶性物质不能通过无损的皮肤进入人体内。但是当水溶性物质与脂溶性或类脂溶性物质共存时，就有可能通过屏障进入人体。

毒物经皮肤进入人体的数量和速度，除了与毒物的脂溶性、水溶性、浓度和皮肤的接触面积有关外，还与环境中气体的温度、湿度等条件有关。

能经过皮肤进入人体的毒物有以下 3 类：

① 能溶于脂肪或类脂质的物质。此类物质主要是芳香族的硝基、氨基化合物，金属有机铅化合物以及有机磷化合物等，其次是苯、二甲苯、氯化烃类等物质。

② 能与皮肤的酯酸根结合的物质。此类物质如汞及汞盐、砷的氧化物及其盐类等。

③ 具有腐蚀性的物质。此类物质如强酸、强碱、酚类及黄磷等。

（3）经消化道进入　毒物从消化道进入人体，主要是由于误服毒物或发生事故时毒物喷入口腔等所致。这种中毒情况一般比较少见。

4. 职业中毒的类型

（1）急性中毒　急性中毒是由于在短时间内有大量毒物进入人体后突然发生的病变。具有发病急、变化快和病情重的特点。急性中毒可能在当班或下班几个小时内，最多 1～2 天内发生，多数是因为生产事故或工人违反安全操作规程所引起的，如一氧化碳中毒。

（2）慢性中毒　慢性中毒是指长时间内有低浓度毒物不断进入人体，逐渐引起的病变。慢性中毒绝大部分是蓄积性毒物所引起的，往往在从事该毒物作业数月、数年或更长时间才出现症状，如慢性铅、汞等中毒。

（3）亚急性中毒　亚急性中毒介于急性与慢性中毒之间，病变较急性的时间长，发病症状较急性缓和的中毒，如二硫化碳中毒等。

5. 职业中毒对人体系统及器官的损害

职业中毒可对人体多个系统或器官造成损害，主要包括神经系统、血液和造血系统、呼吸系统、消化系统、肾脏及皮肤等。

（1）神经系统

① 神经衰弱症。绝大多数慢性中毒的早期症状是神经衰弱综合征及植物性神经紊乱。患者出现全身无力、易疲劳、记忆力减退、睡眠障碍、情绪激动、思想不集中等症状。

② 神经症状。如二硫化碳、汞、四乙基铅中毒，可出现狂躁、忧郁、消沉、健谈或寡言等症状。

③ 多发性神经炎。主要损害周围神经，早期症状为手脚发麻疼痛，以后发展到动作不灵活。如二硫化碳、铅中毒，目前已少见。

（2）血液和造血系统

① 血细胞减少。早期可引起血液中白细胞、红细胞及血小板数量的减少，严重时导致全血降低，形成再生障碍性贫血，经常出现头昏、无力、牙龈出血、鼻出血等症状。如慢性苯中毒、放射病等。

② 血红蛋白变性。如苯胺、一氧化碳中毒等可使血红蛋白变性，造成血液运氧功能障碍，出现胸闷、气急、紫唇等症状。

③ 溶血性贫血。主要见于急性砷化氢中毒。

（3）呼吸系统

① 窒息。如一氧化碳、氰化氢、硫化氢等物质导致的中毒。轻者可出现咳嗽、胸闷、气急等症状，重者可出现喉头痉挛、声门水肿等症状，甚至可出现窒息死亡。有的能导致呼吸机能瘫痪窒息，如有机磷中毒。

② 中毒性水肿。吸入刺激性气体后，改变了肺泡壁毛细血管的通透性而发生肺水肿。如氮氧化物、光气等物质导致的中毒。

③ 中毒性支气管炎、肺炎。某些气体，如汽油等可作用于气管、肺泡引起炎症。

④ 支气管哮喘。多为过敏性反应，如苯二胺、乙二胺等导致的中毒。

⑤ 肺纤维化。某些微粒滞留在肺部可导致肺纤维化。

（4）消化系统　经消化系统进入人体的毒物可直接刺激、腐蚀胃黏膜，产生绞痛、恶心、呕吐、食欲不振等症状。非经消化系统中毒者有时也会出现一些消化道症状，如四氯化碳、硝基苯、磷等物质导致的中毒。

（5）肾脏　由于多种毒性物质是经肾脏排出，往往对肾脏产生不同程度的损害，出现蛋白尿、血尿、浮肿等症状，如四氯化碳等引起的中毒性肾病。

（6）皮肤　皮肤接触毒物后，由于刺激和变态反应可发生瘙痒、刺痛、潮红、丘疹等各种皮炎和湿疹，如沥青、石油、铬酸雾、合成树脂等对皮肤的作用。

三、个体防护

个体防护措施的作用，主要有呼吸防护与皮肤防护两个方面。呼吸防护是防止毒物从呼吸道侵入，皮肤防护是防止毒物从皮肤侵入。此外，注意个人饮食安全和卫生，则能防止毒物从消化道侵入人体。

个体防护是防止有毒气体或粉尘侵入人体的重要防线，应根据有毒物质进入人体的三条途径如呼吸道、皮肤、消化道，相应地采取各种有效措施。

1. 呼吸道防护

正确使用呼吸防护器是防止有毒物质从呼吸道进入人体引起职业中毒的重要措施之一。需要指出的是，这种防护只是一种辅助性的保护措施，而根本的解决办法在于改善劳动条件，降低作业场所有毒物质的浓度。

用于防毒的呼吸器材，大致可分为过滤式防毒呼吸器和隔离式防毒呼吸器两类。

过滤式防毒面具的使用

（1）过滤式防毒呼吸器　过滤式防毒呼吸器主要有过滤式防毒面具和过滤式防毒口罩，如图 3-1、图 3-2 所示。过滤式防毒面具是由面罩、吸气软管和滤毒罐组成的。其工作原理是面具或口罩安配一个滤毒罐，使含毒空气经滤毒罐过滤后再供呼吸。滤毒罐内针对不同的有毒气体装有活性炭吸附剂及对应的滤料。因此，防毒面具和防毒口罩均应选择使用。

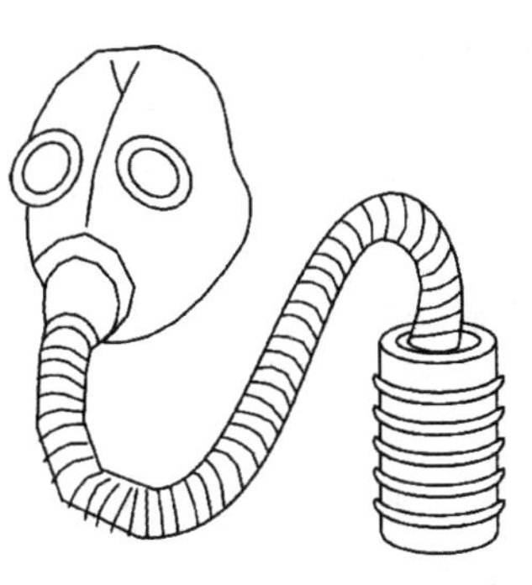

图 3-1　过滤式防毒面具

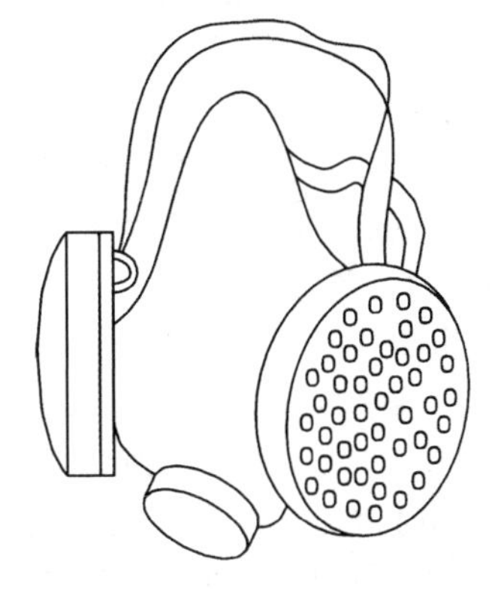

图 3-2　过滤式防毒口罩

目前过滤式防毒面具以其滤毒罐内装填的吸（收）附剂类型、作用、预防对象进行系列性的生产，并统一编成 7 个型号，只要罐号相同，其作用与预防对象亦相同。不同型号的罐制成不同颜色，以便区别使用。不同类型过滤件防护对象见表 3-2。

表 3-2 过滤件类型及防护对象

过滤件类型	颜色	防护对象	防护对象举例	防毒类型
A	褐色	有机气体或蒸气	苯、苯胺类、四氯化碳、硝基苯、氯化苦	综合防毒
B	灰色	无机气体或蒸气	氯化氰、氢氰酸、氯气	综合防毒
E	黄色	二氧化硫和其他酸性气体或蒸气	二氧化硫、氮的氧化物	综合防毒
K	绿色	氨及氨的有机衍生物	氨	综合防毒
CO	白色	一氧化碳气体	一氧化碳	单一防毒
Hg	红色	汞蒸气	汞蒸气	单一防毒
H_2S	蓝色	硫化氢气体	硫化氢	单一防毒

使用时要注意以下几点：

① 面罩按头型大小分为五个型号，佩戴时要选择合适的型号，并检查面具及塑胶软管是否老化，气密性是否良好（做正压气密性测试）。

② 使用前要检查滤毒罐的型号是否适用，滤毒罐的有效期一般为 2 年，所以使用前要检查是否已失效。滤毒罐的进、出气口平时应盖严，以免受潮或与岗位低浓度有毒气体作用而失效。

③ 有毒气体含量超过 1%或者空气中含氧量低于 18%时，不能使用。

过滤式防毒口罩的工作原理与防毒面具相似，采用的吸（收）附剂也基本相同，只是结构形式与大小等方面有些差异，使用范围有所不同。由于滤毒盒容量小，一般用以防御低浓度的有害物质。

使用防毒口罩时要注意以下几点：

① 注意防毒口罩的型号应与预防的毒物相一致；

② 注意有毒物质的浓度和氧的浓度；

③ 注意使用时间。

（2）隔离式防毒呼吸器　隔离式防毒呼吸器主要有正压式空气呼吸器、氧气呼吸器和长管呼吸器。

正压式空气呼吸器是一种自给开放式空气呼吸器，该系列空气呼吸器配有视野广阔、明亮、气密良好的全面罩；供气装置配有体积较小、重量轻、性能稳定的新型供气阀；选用高强度背板和安全系数较高的优质高压气瓶；减压阀装置装有残气报警器，在规定气瓶压力范围内，可向佩戴者发出声响信号，提醒使用人员及时撤离现场。

氧气呼吸器可分为氧气呼吸器和隔绝式生氧器。后者由于不携带高压气瓶，因而可以在高温场所或火灾现场使用，因安全性较差，故不再具体探讨。下面介绍 AHG 型氧气呼吸器使用及保管时的注意事项：

① 使用氧气呼吸器的人员必须事先经过训练，并能正确使用。

② 使用前氧气压力必须在 7.85MPa 以上，戴面罩前要先打开氧气瓶，使用中要注意检查氧气压力，当氧气压力降到 2.9MPa 时，应离开禁区，停止使用。

③ 使用时避免与油类、火源接触，防止撞击，以免引起呼吸器燃烧、爆炸。如闻到有酸味，说明清净罐吸收剂已经失效，应立即退出毒区，予以更换。

④ 在危险区作业时，必须有两人以上进行配合监护，以免发生危险。有情况应以信号或手势进行联系，严禁在毒区内摘下面罩讲话。

⑤ 使用后的呼吸器，必须尽快恢复到备用状态。若压力不足，应补充氧气。若吸收剂失效应及时更换。对其他异常情况，应仔细检查消除缺陷。

⑥ 必须保持呼吸器的清洁，放置在不受灰尘污染的地方，严禁油污污染，防止和避免日光直接照射。

长管呼吸器由（全）面罩、长管、腰带、送风机（送风式）组成的。长管呼吸器根据送风来源，分为自吸式长管呼吸器和送风式长管呼吸器。自吸式长管呼吸器（管长10米，1人使用）是借助人的肺力吸入经过滤的新鲜空气，从而保护人体呼吸系统的安全防护装备，进气端必须放置于无污染环境。送风式长管呼吸器与自吸式长管呼吸器的区别是，借助送风机将空气送入面罩。

长管呼吸器（以送风式长管呼吸器为例）使用步骤：

① 把面罩头套的调节带放至最大限度，戴上已连接好导气管的面罩，双手抓住面罩头套调节带同时向两侧拉紧，直至完全罩住面部，感觉硅胶反折边与面部完全贴合后即可。面罩的佩戴与过滤式防毒面具面罩的佩戴一样。

② 将导气管外旋螺纹接口与面罩呼吸阀处的螺纹接口对接，旋转拧紧。

③ 单人使用的电动送风式长管呼吸器直接将连好面罩的导气管与送风机螺纹接口处连接即可，多人使用的电动送风式长管呼吸器需先在送风机上安装多通。多通螺纹接口与送风机接口对接，旋转拧紧。

④ 将相应作业人数使用的导气管和多通连接即可。

⑤ 将导气管固定在腰部，活动自如，不影响作业即可。

⑥ 导气管末端必须置于外界空气清洁的环境，并把末端固定。

⑦ 打开送风机进行作业前试验，呼吸顺畅无碍后方可进入作业区，一切检查无误后方可进行作业。

2. 皮肤防护

皮肤防护主要依靠个人防护用品，如工作服、工作帽、工作鞋、手套、口罩、眼镜等，这些防护用品可以避免有毒物质与人体皮肤的接触，操作者应按工种要求穿用工作服等防护用品。

对于外露的皮肤，则需涂上皮肤防护剂。皮肤被有毒物质污染后，应立即清洗。许多污染物是不易被普通肥皂洗掉的，因此应按不同的污染物分别采用不同的清洗剂，但最好不用汽油、煤油作清洗剂。在具体工作中应加强防护措施，不断改进生产操作方法，加强个人防护，如患有急性皮炎应停止接触，并作适当处理，其他皮肤病损害应及时到指定医院检查治疗，对反复发作并且病情较重者，必要时可考虑调换工作。

化工行业由于涉及的危险化学品种类多，且大多数危险化学品具有腐蚀性或者有毒，容易对作业人员的生命健康构成危害。在设备检维修作业过程中，更容易出现中毒和窒息事故，因此在有毒和有腐蚀性危险化学品的工作场所，常常需要穿戴化学防护服保护作业人员的皮肤。

化学防护服的穿戴

（1）化学防护服的穿戴　按照以下步骤穿戴化学防护服：

① 必须对化学防护服进行检视和气压检测确定没有缺陷，必须按用途选择化学防护服。

② 如果有必要，此时应按照所建议的说明，在化学防护服的目视镜里面涂上防雾剂。

③ 去掉可能损坏化学防护服的个人物品，如笔、证章、首饰等。

④ 把裤腿卷入长袜中，以便能方便地穿上化学防护服的裤腿和长筒胶靴。

⑤ 如果使用一个自给式空气呼吸装置，检查并装上该装置，完成所有连接，根据制造厂要求进行调节，除非该呼吸装置要求，暂勿戴上面罩。

⑥ 坐着将两条腿放入化学防护服。

⑦ 站起来，扎上内腰带。

⑧ 打开空气供应装置戴上面罩，确定供气系统工作正常。

⑨ 将手臂和头套入化学防护服里，拉上拉链然后合上拉链覆盖。

⑩ 请助手检查确定拉链及手镯覆盖是否完全拉紧，面罩视野是否清晰，所有空气管路是否紧密接合。

（2）化学防护服的脱卸　按照下列步骤脱下化学防护服：

① 在化学防护服尚有足够的空气时离开工作现场或“热区”，保证安全地清除污染及脱去。

② 如果化学防护服接触了有毒化学品，应先适当地去毒然后脱去化学防护服。

③ 按穿化学防护服时的相反顺序脱去，勿接触化学防护服上可能沾有化学品的地方。

④ 如果有可能，对化学防护服进行全面去毒清洗、检视及气压检测，以备再用。如果不能对化学防护服进行去毒时，应当用安全的方法将化学防护服抛弃。

项目二　急性中毒的救护

在化工生产过程和检修作业现场，有时由于设备突发性损坏或泄漏致使大量毒物外溢（逸）造成作业人员急性中毒。急性中毒往往伤情严重，且发展变化快，因此必须全力以赴，争分夺秒地及时抢救。科学、及时的施救，对于挽救中毒者的生命和健康、减轻中毒程度和防止并发症的产生具有十分重要的意义。

一、案例

2019 年 3 月 3 日 4 时 45 分，位于某市经开区内某化工有限责任公司 PPA（湿法净化磷酸）灌装区发生较大气体中毒事故，造成 6 人急性中毒，其中 3 人经全力救治无效死亡，其余 3 人轻度中毒，直接经济损失 425 余万元。

事故经过：四川某物流有限公司（某化工有限公司的运输服务商）运输液态硫化钠的运输车在卸车后仍有残液，运输车押运员在使用低压蒸气对运输车罐体内进行蒸罐吹扫清洗作业时，车内残留的硫化钠随蒸罐污水流入地沟，与地沟内残留的磷酸发生化学反应，产生硫化氢气体，造成附近人员吸入中毒。

二、职业性接触毒物

在工作场所，人们有可能接触到各种毒物，从而造成职业危害。因此，对有毒作业的危害进行分级，能有效防控相关职业病。

1. 职业性接触毒物危害程度分级

《职业性接触毒物危害程度分级》（GBZ 230—2010）将职业性接触毒物定义为：劳动者在职业活动中接触的以原料、成品、半成品、中间体、反应副产物和杂质等形式存在，并可经呼吸道、经皮肤或经口进入人体而对劳动者健康产生危害的物质。

毒物危害指数（THI）是综合反映职业性接触毒物对劳动者健康危害程度的量值，职业性接触毒物危害程度的分级用毒物危害指数来确定。

在进行职业性接触毒物危害程度分级时，设定了毒物的急性毒性、扩散性、蓄积性、致癌性、生殖毒性、致敏性、刺激与腐蚀性、实际危害后果与预后等 9 项指标为基础的定级标准，这些指标分为 4 个类别。

（1）毒性效应指标　毒性效应指标包括急性毒性、刺激与腐蚀性、致敏性、生殖毒性和致癌性共五个方面：

① 急性毒性。包括急性吸入半数致死浓度 LC_{50}、急性经皮半数致死量 LD_{50}。

在动物急性毒性试验中，使受试动物半数死亡的毒物浓度，用 LC_{50} 表示。

使受试动物半数死亡的毒物剂量，称为半数致死量，用 LD_{50} 表示。

② 刺激与腐蚀性。根据毒物对眼睛、皮肤或黏膜刺激作用的强弱划分评分等级。

③ 致敏性。根据对人致敏报告及动物实验数据划分评分等级。

④ 生殖毒性。根据对人生殖毒性的报告及动物实验数据划分评分等级。

⑤ 致癌性。根据 IARC 致癌性分类划分评分等级；属于明确人类致癌物的，直接列为极度危害。

（2）影响毒物作用的因素指标　影响毒物作用的因素指标包括扩散性、蓄积性。

① 扩散性。以毒物常温下或工业中使用时的状态及其挥发性（固体为扩散性）作为评分指标。

② 蓄积性。以毒物的蓄积性强度或在体内的代谢速度作为评分指标，根据蓄积系数或生物半减期划分评分等级。

（3）实际危害后果指标　实际危害后果指标根据中毒病死率和危害预后情况划分评分等级。

（4）产业政策指标　将我国政府已经列入禁止使用名单的物质直接列为极度危害；列入限制使用（含贸易限制）名单的物质，毒物危害指数低于高度危害分级的，直接列为高度危害；毒物危害指数在极度或高度危害范围内的，依据毒物危害指数进行分级。

2. 毒物危害指数计算

职业性接触毒物分项指标危害程度分级和评分依据按表 3-3 的规定，毒物危害指数计算公式：

$$THI=\sum_{i=1}^{n}(k_i \times F_i)$$

式中　THI——毒物危害指数；

k_i——分项指标权重系数；

F_i——分项指标积分值。

表 3-3　职业性接触毒物分项指标危害程度分级和评分依据

分项指标		极度危害	高度危害	中毒危害	轻度危害	轻微危害	权重系数 k
积分值 F		4	3	2	1	0	
急性吸入 LC_{50}	气体 a /(cm^3/m^3)	<100	≥100～<500	≥500～<2500	≥2500～<20000	≥20000	5
	蒸汽 /(mg/m^3)	<500	≥500～<2000	≥2000～<10000	≥10000～<20000	≥20000	
	粉尘和烟雾 /(mg/m^3)	<50	≥50～<500	≥500～<1000	≥1000～<5000	≥5000	
急性经口 LD_{50} /(mg/kg)		<5	≥5～<50	≥50～<300	≥300～<2000	≥2000	

续表

分项指标	极度危害	高度危害	中毒危害	轻度危害	轻微危害	权重系数 k
急性经皮 LD_{50} /(mg/kg)	＜50	≥50～＜200	≥200～＜1000	≥1000～＜2000	≥2000	1
皮肤和眼刺激腐蚀性	pH≤2或pH≥11.5；腐蚀作用或不可逆损伤作用	强刺激作用	中等刺激作用	轻刺激作用	无刺激作用	2
致敏性	有证据表明该物质能引起人类特定的呼吸道系统致敏或重要脏器的变态性损伤	有证明表明该物质能导致人类皮肤过敏	动物实验数据充分，但无人类相关证据	现有的动物实验不能对该物质的致敏性作出结论	无致敏性	2
生殖毒性	明确的人类生殖毒性：已确定对人类的生殖能力、生育或发育造成有害效应的毒物，人类母体接触后可引起子代先天性缺陷	推定的人类生殖毒性：动物实验生殖毒性明确，但对人类生殖毒性作用尚未确定因果关系，推定的对生殖能力或发育产生有害影响	可疑的人类生殖毒性：动物实验生殖毒性明确，但无人类生殖毒性资料	人类生殖毒性未定论：现有证据或资料不足以对毒物的生殖毒性作出结论	无人类生殖毒性：动物实验阴性，人类调查结果未发现生殖毒性	3
致癌性	Ⅰ组 人类致癌物	ⅡA组 近似人类致癌物	ⅡB组 可能人类致癌物	Ⅲ组 未归入人类致癌物	Ⅳ组 非人类致癌物	4
实际危害后果与预后	职业中毒病死率≥10%	职业中毒病死率＜10%；或致残（不可逆损害）	器质性损害（可逆性重要脏器损害），脱离接触后可治愈	仅有接触反应	无危害后果	5
扩散性（常温常压或工业使用时状态）	气态	液态，挥发性高（沸点＜50℃）；固态，扩散性极高（使用时形成烟或者烟尘）	液态，挥发性中（沸点≥50～＜150℃）；固态，扩散性高（细微而轻的粉末，使用时可见尘雾形成，并在空气中停留数分钟以上）	液态，挥发性低（沸点≥150℃）；固态，晶体、粒状固体、扩散性中，使用时能见到粉尘但很快落下，使用后粉尘留在表面	固态，扩散性低[不会破碎的固体小球（块），使用时几乎不产生粉尘]	3

续表

分项指标	极度危害	高度危害	中毒危害	轻度危害	轻微危害	权重系数 k
蓄积性（或生物半减期）	蓄积系数（动物实验，下同）＜1；生物半减期≥4000h	蓄积系数≥1～＜3；生物半减期≥400～＜4000h	蓄积系数≥3～＜5；生物半减期≥40～＜400h	蓄积系数＞5；生物半减期≥4～＜40h	生物半减期＜4h	1

注：

1. 急性毒性分级指标以急性吸入毒性和急性经皮毒性为分级依据。无急性吸入毒性数据的物质，参照急性经口毒性分级。无急性经皮毒性数据且不经皮吸收的物质，按轻微危害分级；无急性经皮毒性数据、但可经皮肤吸收的物质，参照急性吸入毒性分级。

2. 强、中、轻和无刺激作用的分级依据 GB/T 21604—2022 和 GB/T 21609—2008。

3. 缺乏蓄积性、致癌性、致敏性、生殖毒性分级有关数据的物质的分项指标暂按极度危害赋分。

4. 工业使用在五年内的新化学品，无实际危害后果资料的，该分项指标暂按极度危害赋分；工业使用在 5 年以上的物质，无实际危害后果资料的，该分项指标按轻微危害赋分。

5. 一般液态物质的吸入毒性按蒸气类划分。

计算毒物危害指数时，首先将上述各项指标按照危害程度分 5 个等级并赋予相应分值（轻微危害 0 分，轻度危害 1 分，中度危害 2 分，高度危害 3 分，极度危害 4 分），再根据各项指标对职业危害影响作用的大小赋予相应的权重系数，计算出各项指标加权分值的总和即毒物危害指数。同时，还应依据我国的产业政策明令禁止的物质或限制使用（含贸易限制）的物质，结合毒物危害指数划分危害程度。最后再确定职业性接触毒物危害程度的级别。

3. 危害程度等级划分

根据毒物危害指数大小，职业接触毒物危害程度分为 4 个等级：

① 轻度危害（Ⅳ级：THI＜35）；

② 中度危害（Ⅲ级：35≤THI＜50）；

③ 高度危害（Ⅱ级：50≤THI＜65）；

④ 极度危害（Ⅰ级：THI≥65）。

三、职业性接触毒物危害程度分级及其行业举例

职业性接触毒物危害程度分级其行业举例见表 3-4。

表 3-4 职业性接触毒物危害程度分级及其行业举例

级别	毒物名称	行业举例
Ⅰ级（极度危害）	汞及其化合物	汞冶炼、汞齐法生产氯碱
	苯	含苯黏合剂的生产和使用
	砷及其无机化合物[①]	砷矿开采和冶炼、含砷金属矿（铜、锡）的开采和冶炼
	氯乙烯	聚氯乙烯树脂生产
	铬酸盐、重铬酸盐	铬酸盐和重铬酸盐生产
	黄磷	黄磷生产
	铍及其化合物	铍冶炼、铍化合物的制造
	对硫磷	对硫磷生产及储运
	羰基镍	羰基镍制造
	八氟异丁烯	二氟一氯甲烷裂解及其残液处理

续表

级别	毒物名称	行业举例
Ⅰ级（极度危害）	氯甲醚	双氯甲醚、一氯甲醚生产，离子交换树脂制造
	锰及其无机化合物	锰矿开采和冶炼、锰铁和锰钢冶炼、高锰焊条制造
	氰化物	氰化钠制造、有机玻璃制造
Ⅱ级（高度危害）	三硝基甲苯	三硝基甲苯制造和军火加工生产
	铅及其化合物	铅的冶炼、蓄电池制造
	二硫化碳	二硫化碳制造、粘胶纤维制造
	氯	液氯烧碱生产、食盐电解
	丙烯腈	丙烯腈制造、聚丙烯腈制造
	四氯化碳	四氯化碳制造
	硫化氢	硫化染料的制造
	甲醛	酚醛和尿醛树脂生产
	苯胺	苯胺生产
	氟化氢	电解铝、氢氟酸制造
	五氯酚及其钠盐	五氯酚、五氯酚钠生产
	镉及其化合物	镉冶炼、镉化合物的生产
	敌百虫	敌百虫生产、储运
	氯丙烯	环氧氯丙烷制造、丙烯磺酸钠生产
	钒及其化合物	钒铁矿开采和冶炼
	溴甲烷	溴甲烷制造
	硫酸二甲酯	硫酸二甲酯的制造、储运
	金属镍	镍矿的开采和冶炼
	甲苯二异氰酸酯	聚氨酯塑料生产
	环氧氯丙烷	环氧氯丙烷生产
	砷化氢	含砷有色金属矿的冶炼
	敌敌畏	敌敌畏生产、储运
	光气	光气制造
	氯丁二烯	氯丁二烯制造、聚合
	一氧化碳	煤气制造、高炉炼铁、炼焦
	硝基苯	硝基苯生产
Ⅲ级（中度危害）	苯乙烯	苯乙烯制造、玻璃钢制造
	甲醇	甲醇生产
	硝酸	硝酸制造、储运
	硫酸	硫酸制造、储运
	盐酸	盐酸制造、储运

续表

级别	毒物名称	行业举例
Ⅲ级（中度危害）	甲苯	甲苯制造
	二甲苯	喷漆
	三氯乙烯	三氯乙烯制造、金属清洗
	二甲基甲酰胺	二甲基甲酰胺制造、顺丁橡胶的合成
	六氟丙烯	六氟丙烯制造
	苯酚	酚醛树脂生产、苯酚生产
	氮氧化物	硝酸制造
Ⅳ级（轻度危害）	溶剂汽油	橡胶制品（轮胎、胶鞋等）生产
	丙酮	丙酮生产
	氢氧化钠	烧碱生产、造纸
	四氟乙烯	聚全氟乙丙烯生产
	氨	氨制造、氮肥生产

注：非致癌的无机砷化合物除外。

四、工作场所职业病（化学物）危害作业分级

《工作场所职业病危害作业分级第2部分：化学物》（CBZ/T 229.2—2010）是专门针对化学物工作场所职业病危害作业进行分级的一个部门标准。

1. 分级原则与基本要求

① 全面掌握分级要素。主要包括化学物的毒性资料及毒性分级、劳动者接触生产性毒物水平和工作场所职业防护效果，同时还应考虑技术的可行性和分级管理的差异性。其中，劳动者接触生产性毒物的水平由工作场所空气中毒物浓度、劳动者接触生产性毒物的时间和劳动者的劳动强度决定。

② 分级前确定分级作业。通过系统调查识别作业场所生产性毒物的产生过程、分布范围和采取的控制防护措施，收集工人既往的健康监护资料和事故资料（如有），全面进行职业接触评估后确定。

③ 应定期对分级结果、预防控制措施的建议及其效果进行评估确认。如发现有关参数变动时应重新进行分级，并提出新的预防控制措施和建议。

④ 分级完成后应编制工作场所职业病危害作业分级报告书，报告书的内容应包括分级依据、方法、结果以及分级管理建议和应告知的对象。

⑤ 分级结果应告知用人单位负责人、管理者和相关劳动者。

⑥ 分级过程的全部资料应归档并妥善保存。

2. 分级方法

① 有毒作业分级的基础是根据化学物的危害程度级别、工作场所空气中化学物职业接触比值、劳动者体力劳动强度的权重数计算出分级指数 G，见表3-5。分级指数 G 按下式计算：

$$G=W_D\times W_B\times W_L$$

式中 G——分级指数；

W_D——化学物的危害程度级别的权重数；
W_B——工作场所空气中化学物职业接触比值的权重数；
W_L——劳动者体力劳动强度的权重数。

表 3-5　有毒作业分级表

危害程度	体力劳动强度	职业接触比值（B）						
		<1	～2	～4	～6	～8	～24	>24
轻度	Ⅰ	0	Ⅰ	Ⅰ	Ⅰ			Ⅲ
	Ⅱ	0	Ⅰ	Ⅰ			Ⅲ	Ⅲ
	Ⅲ	0	Ⅰ				Ⅲ	Ⅲ
	Ⅳ	0	Ⅰ				Ⅲ	Ⅲ
中度	Ⅰ	0	Ⅰ				Ⅲ	Ⅲ
	Ⅱ	0	Ⅰ				Ⅲ	Ⅲ
	Ⅲ	0	Ⅱ			Ⅲ	Ⅲ	Ⅲ
	Ⅳ	0	Ⅱ		Ⅲ	Ⅲ	Ⅲ	Ⅲ
重度	Ⅰ	0	Ⅱ		Ⅱ	Ⅲ	Ⅲ	Ⅲ
	Ⅱ	0	Ⅱ		Ⅲ	Ⅲ	Ⅲ	Ⅲ
	Ⅲ	0	Ⅱ	Ⅲ	Ⅲ	Ⅲ	Ⅲ	Ⅲ
	Ⅳ	0	Ⅱ	Ⅲ	Ⅲ	Ⅲ	Ⅲ	Ⅲ
严重	Ⅰ	0	Ⅱ	Ⅲ	Ⅲ	Ⅲ	Ⅲ	Ⅲ
	Ⅱ	0	Ⅱ	Ⅲ	Ⅲ	Ⅲ	Ⅲ	Ⅲ
	Ⅲ	0	Ⅲ	Ⅲ	Ⅲ	Ⅲ	Ⅲ	Ⅲ
	Ⅳ	0	Ⅲ	Ⅲ	Ⅲ	Ⅲ	Ⅲ	Ⅲ

② 化学物的危害程度级别的权重数（W_D）取值见表 3-6。

表 3-6　化学物的危害程度级别的权重数（W_D）的取值

化学物的危害程度级别	权重数（W_D）
轻度危害	1
中度危害	2
重度危害	4
极度危害	8

注：
1. 化学物危害程度级别根据《职业性接触毒物危害程度分级》执行。
2.《高毒物品目录》和《剧毒化学品目录》列入的化学物，其危害程度级别权重系数按 8 计算。
3. 以上不同分级指标所得的毒物危害程度分级结果有差异时，以最严重的高等级计算。
4. 工作场所同时接触多个毒物时，毒物危害程度级别取最严重的一种毒物计算。

③ 化学物的职业接触比值（B）的权重数（W_B）取值见表 3-7。

表 3-7　化学物的职业接触比值（B）的权重数（W_B）取值

职业接触比值（B）	权重数（W_B）
$B \leqslant 1$	0
$B > 1$	B

工作场所空气中化学物职业接触比值（B）的计算，应根据化学物的毒作用类型，依据工作场所空气中化学物短时间加权平均容许浓度、短时间接触容许浓度和最高容许浓度进行计算取值，其取值根据 GBZ 2.1 执行。

④ 劳动者体力劳动强度的权重数（W_L）取值见表 3-8。

表 3-8　劳动者体力劳动强度的权重数（W_L）的取值

体力劳动强度级别	权重数（W_L）
Ⅰ（轻）	1.0
Ⅱ（中）	1.5
Ⅲ（重）	2.0
Ⅳ（极重）	2.5

注：体力劳动强度级别按 GBZ/T 189.10 执行。

⑤ 根据分级指数 G，有毒作业分为四级，见表 3-9。

表 3-9　有毒作业分级

分级指数（G）	作业级别
$\leqslant 1$	0 级（相对无害作业）
$1 < G \leqslant 6$	Ⅰ级（轻度危害作业）
$6 < G \leqslant 24$	Ⅱ级（中度危害作业）
> 24	Ⅲ级（重度危害作业）

3. 分级管理原则

对于有毒作业，应根据分级采取相应的控制措施。

① 相对无害作业（0 级）。在目前的作业条件下，对劳动者健康不会产生明显影响，应继续保持目前的作业方式和防护措施。一旦作业方式或防护效果发生变化，应重新分级。

② 轻度危害作业（Ⅰ级）。在目前的作业条件下，可能对劳动者的健康存在不良影响。应改善工作环境，降低劳动者实际接触水平，设置警告及防护标识，强化劳动者的安全操作及职业卫生培训，采取定期作业场所监测、职业健康监护等行动。

③ 中度危害作业（Ⅱ级）。在目前的作业条件下，很可能引起劳动者的健康损害，应及时采取纠正和管理行动，限期完成整改措施。劳动者必须使用个人防护用品，使劳动者实际接触水平达到职业卫生标准的要求。

④ 重度危害作业（Ⅲ级）。在目前的作业条件下，极有可能引起劳动者严重的健康损害的作业，应在作业点明确标识，立即采取整改措施。劳动者必须使用个人防护用品，保证劳动者实际接触水平达到职业卫生标准的要求。对劳动者进行健康体检。整改完成后，应重新对作业场所进行职业卫生评价。

五、有毒作业场所危害程度分级

有毒作业场所危害程度分级是根据《有毒作业场所危害程度分级》（WS/T 765—2010）进行的，采用作业场所毒物浓度超标倍数 B 作为分级指标，包括时间加权平均浓度超标倍数（B_{TWA}）、短时间接触浓度超标倍数（B_{STEL}）和最高浓度超标倍数（B_{MC}）。

1. 毒物浓度超标倍数的计算

① 对只存在一种毒物的作业场所：作业场所中毒物的浓度超标倍数 B 作业场所实际测定的毒物浓度值（mg/m^3）作业场所实际测定的毒物浓度值（mg/m^3）-1。

② 对存在多种毒物的作业场所：当这些毒物共同作用于同一器官、系统，或具有相似的毒性作用（如刺激作用等），或已知这些毒物可产生相加作用时，作业场所中毒物的浓度超标倍数 B 应分别计算每种毒物的浓度超标倍数值后累加-1。若不是以上情况，则分别计算每种毒物的浓度超标倍数值，并取其最大值作为该作业场所的毒物浓度超标倍数值。

2. 分级方法

① 有毒作业场所危害程度划分为三级，分别是 0 级（达标）、Ⅰ级（超标）、Ⅱ级（严重超标）。其中：0 级表示有毒作业场所危害程度达到标准的要求，Ⅰ级表示有毒作业场所危害程度超过标准的要求，Ⅱ级表示有毒作业场所危害程度严重超过标准的要求。

② 根据分级指标（B：B_{TWA}、B_{STEL}、B_{MC}）分别进行分级，取其中最高的级别作为该有毒作业场所危害程度级别。其中，0 级（达标：$B \leqslant 0$）、Ⅰ级（超标：$0 < B \leqslant 3$）、Ⅱ级（严重超标：$B > 3$）。

六、急性中毒的现场救护程序

急性中毒的现场急救应遵循下列程序。

1. 救护者的个人防护

作业人员在正常生产、设备检修及事故处理、抢救工作中，如果发生急性中毒，救护者在进入危险区抢救之前，为保证救护者的安全与健康，防止意外事故发生，务必要穿戴好个人防护装备。毒物大多由呼吸系统和皮肤进入人体，因此要做好呼吸防护和皮肤防护（躯体防护）。

（1）呼吸防护　呼吸器官防护用品分为过滤式和隔离式两类。

（2）皮肤防护　如穿防护服、工作鞋，戴工作帽、防护手套、防护眼镜等，这些防护可以避免有毒物质与人体皮肤的接触。对于外露的皮肤，则需涂上皮肤防护油膏。常见的皮肤防护油膏有单纯的防水用软膏、防水溶性刺激物的油膏、防油溶性刺激物的软膏、防光感性软膏等。

2. 切断毒物来源

生产和检修现场发生的急性中毒，多是由设备损坏或泄漏致使大量毒物外逸所造成的。救护人员进入现场后，除对中毒者进行抢救外，同时应侦查毒物来源，并采取果断措施切断其来源，如关闭泄漏管道的阀门、堵加盲板、停止加送物料、堵塞泄漏设备等，以防止毒物继续外溢（逸）。对于已经扩散出来的有毒气体或蒸气应立即启动通风排毒设施或开启门、窗，以降低有毒物质在空气中的含量，为抢救工作创造有利条件。

3. 采取有效措施防止毒物继续侵入人体

人员中毒以后，若能及时、正确地抢救，对于挽救中毒者生命、减轻中毒程度、防止出现中毒综合征具有重要意义。

（1）转移中毒者　救护人员进入现场后，应使中毒者迅速脱离毒源，将中毒者转移至有新鲜空气处，并解开中毒者的颈、胸部纽扣及腰带，以保持呼吸通畅。同时对中毒者要注意保暖和保持安静，严密注意中毒者神志、呼吸状态和循环系统的功能是否正常。在抢救搬运过程中，要注意人身安全，要使患者侧卧或仰卧，保持头低位，不能强拉硬拖，以防造成外伤，致使病情加重。中毒患者搬运主要采用徒手搬运和担架搬运两种类型。

伤者搬运

（2）清除毒物　毒物可能通过吸入中毒、经皮肤中毒、经口中毒或皮肤及眼部灼伤对人员造成影响。

如吸入中毒，应迅速将患者搬离中毒场所至空气新鲜处。保持患者安静，并立即松解患者衣领和腰带，以维持呼吸道畅通，并注意保暖。同时严密观察患者的一般状况，尤其是神志、呼吸和循环系统功能等。

若经皮肤中毒，特别是当皮肤受到腐蚀性毒物灼伤，不论其吸收与否，均应立即采取下列措施进行清洗，防止伤害加重。

① 迅速脱去被污染的衣服、鞋袜、手套等。

② 立即彻底清洗被污染的皮肤，清除皮肤表面的化学刺激性毒物，冲洗时间要达到15～30min。

③ 如毒物具有水溶性，现场无中和剂，可用大量水冲洗。用中和剂冲洗时，酸性物质用弱碱性溶液冲洗，碱性物质用弱酸性溶液冲洗。非水溶性和刺激物的冲洗剂，须用无毒或低毒物质。遇水能发生反应的腐蚀性毒物（例如三氯化磷），则先用干布或棉花抹去毒物，再用水冲洗。

④ 对于黏稠的物质，如有机磷农药，可用大量肥皂水冲洗（敌百虫不能用碱性溶液冲洗），要注意皮肤皱褶、毛发和指甲内的污染物。

⑤ 较大面积的冲洗，要注意防止着凉、感冒，必要时可将冲洗液保持适当温度，但要以不影响冲洗剂的作用和及时冲洗为原则。

经口中毒，多为接触或误服被毒物污染的食品、食具等所致，在生产性中毒中不占重要地位。如毒物为非腐蚀性的，患者神志清楚又无虚脱现象，应立即洗胃、催吐、导泻或活性炭吸附等方法将毒物消除。腐蚀性毒物中毒时，为保护胃黏膜，可服牛奶、生蛋白、氢氧化铝液等，一般不宜洗胃。吐泻严重有明显脱水现象时忌用泻药。

腐蚀性毒物如酸、碱等沾染皮肤及眼内，应立即用大量清水冲洗，至少15min。强酸沾染皮肤经水冲后，可再用5%碳酸氢钠冲洗，沾染眼内者，再用2%碳酸氢钠冲洗。强碱溅入眼内，水冲后用生理盐水或3%硼酸水连续冲洗至少15min。冲洗时把眼睑撑开，让伤员的眼睛向各个方向缓慢移动。

4. 促进生命器官功能恢复

如果中毒者神志清醒，经现场简单处理以后可以送医院医治。但是发生心跳、呼吸骤停和意识丧失等意外情况时，必须立即实施心肺复苏术救治，也就是给予迅速而有效的人工呼吸与心脏按压重建呼吸循环系统并积极保护大脑。

除中毒症状外，还应检查有无外伤、骨折、内出血等症状，以便对症处置。

心肺复苏现场急救

5. 及时解毒和促进毒物排出

发生急性中毒后应及时采取各种解毒及排毒措施，降低或消除毒物对机体的作用。如采用各种金属配位剂与毒物的金属离子配合成稳定的有机配合物，随尿液排出体外。

毒物经口引起的急性中毒，若毒物无腐蚀性，应立即用催吐或洗胃等方法清除毒物。对于某些毒物亦可使其变为不溶的物质以防止其吸收，如氯化钡、碳酸钡中毒，可口服硫酸钠，使胃肠道尚未吸收的钡盐成为硫酸钡沉淀而防止吸收。氨、铬酸盐、铜盐、汞盐、羧酸类、醛类、酯类中毒时，可给中毒者喝牛奶、吃生鸡蛋等缓解剂。烷烃、苯、石油醚中毒时，可给中毒者喝一汤匙液体石蜡和一杯含硫酸镁或硫酸钠的水。一氧化碳中毒应立即吸入氧气，以缓解机体缺氧并促进毒物排出。

6. 送医救治

在现场急救过程中，如中毒较深，在现场急救的同时，拨打急救电话，应尽早送医救治。

项目三 化工防毒技术

化工生产过程涉及的原料、半成品和成品大多数存在一定的毒性，生产中造成的职业中毒多是由劳动组织管理不善，缺乏相应的技术措施和卫生预防措施，以及作业者不遵守各项防尘防毒规程制度等原因造成的。因此，化工生产防毒工作应从规章制度的制定、人员的管理、技术措施的完善等多方面入手。

一、案例

2021 年 4 月 21 日，某省某科技有限公司三车间制气釜停工检修过程中发生中毒窒息事故，造成 4 死 9 伤。

事故经过：在停产期间，制气釜内气态物料未进行退料、隔离和置换，釜底部聚集了高浓度的氧硫化碳与硫化氢混合气体，维修作业人员在没有采取任何防护措施的情况下，进入制气釜底部作业，吸入有毒气体造成中毒窒息。救援人员盲目施救，致使现场 9 人不同程度中毒受伤。

二、工业毒物在化工行业的分布

化工行业（部分）接触的主要毒物及其行业分布见表 3-10。

表 3-10 化工行业（部分）接触的主要毒物及其行业分布

行业	产品种类	接触的主要毒物举例
化学矿	硫铁矿	NO_x、CO、SO_2
	磷矿	NO_x、CO、SO_2、放射性物质
	其他矿	砷、SO_2
无机化工原料	酸类	HNO_3、H_2SO_4、HCl、HF
	碱类	NaOH、KOH、$NaHCO_3$、NH_3
	无机盐	硫化物和硫酸盐类、硝酸盐类、亚硝酸盐类、铬盐、硼化物、氯化物及氯酸盐、磷化物及磷酸盐、其他金属盐类
	单质	黄磷、赤磷、金属钠、金属镁、硫黄、As、Pb、Hg
	工业气体	氢、氮、氨、氯、NO_x、CO、SO_2

续表

行业	产品种类	接触的主要毒物举例
有机化工原料	基本有机原料	乙炔、电石、乙烯、丙烯、丁烯、甲烷、乙烷、丙烷、苯、甲苯、二甲苯、甲醇、乙醇、甲醛、萘、蒽等
	一般有机原料	丁二烯、异戊二烯、庚烷、己烷、吡啶、乙醛、丙醇、丁醇、辛醇、乙二醇、甲酸、乙酸、硫酸二甲酯、苯二甲酸酐、氯乙烯、氯苯、三氯乙烯、硝基苯、硝基甲苯、硝基氯苯、苯胺、甲基苯胺、一甲胺、二甲胺、三甲胺、苯酚、甲基苯酚、醋酸铅、苯甲酸等
化肥	氮肥	一氧化碳、硫化氢、氨、氢氧化物、硝酸铵等
	磷肥	硫酸、氟化氢、四氟化硅、一氧化碳、磷酸
农药	有机氯农药	六六六、苯、氯气、氯化氢、氯苯、硝基丙醛、四氧化碳、环戊二烯、六氯环戊二烯、氯磺酸、三氯苯、五氯酚钠
	有机磷农药	磷、甲醇、三氯乙醛、氯甲烷、敌百虫、敌敌畏、苯酚、二乙胺、亚磷酸二甲酯、磷胺、三氯硫磷、甲胺磷、硫化氢、三硫磷、乐果
	有机氮农药	甲萘酚、光气、西维因、甲胺、速灭威
	其他农药	三氧化二砷、硫酸铜、氯化苦、磷化锌、氟乙酰胺等
涂料	油漆	苯、二甲苯、丙酮、苯酚、甲醛、沥青、硝酸、丙烯酸甲酯、环氧丙烷
	颜料	氧化铅、镉红、铬酸盐、硝酸、色原
染料	纤维用染料成色剂（电影胶片用）	对硝基氯化苯、苯胺、二硝基氯苯、硝基甲苯、二氨基甲苯、二乙基苯胺、萘、硫化钠、氯化苦、苦味酸、氯、各种有机染料及其粉尘
催化剂和助剂	催化剂	铬盐、硫酸、铜、氧化铝
	助剂	固色剂、五氧化二磷、环氧乙烷、双氰胺、防老剂、苯胺、苯酚、硝基氯化苯、抗氧剂、甲醛
化工机械	防腐	强酸、铅、氮氧化物、臭氧、氧化铝、铬等

三、防毒技术

防毒技术措施包括预防措施和净化回收措施两部分。预防措施是指尽量减少与工业毒物直接接触的措施；净化回收措施是指在受生产条件的限制，仍然存在有毒物质散逸的情况下，可采用通风排毒的方法将有毒物质收集起来，再用各种净化法消除其危害。

1. 预防措施

（1）以无毒低毒的物料代替有毒高毒的物料　在生产过程中，使用的原材料和辅助材料应尽量采用无毒、低毒材料，以代替有毒、高毒材料，尤其是以无毒材料代替有毒材料，这是从根本上解决工业毒物对人造成危害的最佳措施。例如采用无苯稀料、无铅油漆、无汞仪表等措施。

（2）改革工艺　改革工艺即在选择新工艺或改造旧工艺时，应尽量选用生产过程中不产生（或少产生）有毒物质或将这些有毒物质消灭在生产过程中的工艺路线。在选择工艺路线时，应把有毒无毒作为权衡选择的主要条件，同时要把此工艺路线中所需的防毒费用纳入技术经济指标中去。改革工艺大多是通过改动设备，改变作业方法，或改变生产工序等，以达到不用（或少用）、不产生（或少产生）有毒物质的目的。

例如：在镀锌、铜、镉、锡、银、金等电镀工艺中，都要使用氰化物作为络合剂。氰化物是剧毒物质，且用量大，在镀槽表面易散发出剧毒的氰化氢气体。采用无氰电镀工艺，就是通过改革电镀工艺，改用其他物质代替氰化物起到络合剂的作用，从而消除了氰化物对人体的危害。

再如：过去大多数化工行业的氯碱厂电解食盐时，用水银作为阴极，称为水银电解。由于水银电解产生大量的汞蒸气、含汞盐泥、含汞废水等，严重地损害了工人的健康，同时也污染了环境。进行工艺改革后，采用离子膜电解，消除了汞害，通过对电解隔膜的研究，已取得了与水银电解生产质量相同的产品。

（3）生产过程的密闭　防止有毒物质从生产过程散发、外逸，关键在于生产过程的密闭程度。生产过程的密闭包括设备本身的密闭及投料、出料，物料的输送、粉碎、包装等过程的密闭。如生产条件允许，应尽可能使密闭的设备内保持负压，以提高设备的密闭效果，使有毒物质不外逸。

实际生产中，对于气体、液体，多采用管道、泵、高位槽、风机等作为投料、出料输送的设施。对于固体，则可采用气力输送、软管真空投料、锁气器出料等方式。以机械化操作代替手工操作，可以防止毒物危害，降低劳动强度。

（4）隔离操作和自动化控制　由于条件的限制，不能使有毒物质的浓度降低到国家卫生标准时，可以采用隔离操作措施。隔离操作就是把工人操作的地点与生产设备隔离开来，使生产工人不会被有毒物质或有害的物理因素所危害。

隔离方法有两种：可以把生产设备放在隔离室内，采用排风装置使隔离室内保持负压状态；也可以把工人的操作地点放在隔离室内，采用向隔离室内输送新鲜空气的方法使隔离室内处于正压状态。前者多用于防毒，后者多用于防暑降温。

先进、完善的隔离操作，必须配套先进的自动控制设备和指示仪表，才能达到防毒的措施。当工人远离生产设备时，就要使用仪表控制生产或采用自行调节，以达到隔离的目的。如生产过程是间歇的，也可以将产生有毒物质的操作时间安排在工人人数最少时进行，即所谓的“时间隔离”。

2. 净化回收措施

生产中采用一系列防毒技术预防措施后，仍然会有有毒物质散逸，如受生产条件限制使得设备无法完全密闭，或采用低毒代替高毒而并不是无毒等，此时必须对作业环境进行治理，以达到国家卫生标准。治理措施就是将作业环境中的有毒物质收集起来，然后采取净化回收的措施。

（1）通风排毒　对于逸出的有毒气体、蒸气或气溶胶，要采用通风排毒的方法收集或稀释。风量较大时则需考虑车间进风的条件。通风排毒可分为局部排风和全面通风换气两种。局部排风是把有毒物质从发生源直接抽出去，然后净化回收；而全面通风换气则是用新鲜空气将作业场所中的有毒气体稀释到符合国家卫生标准。前者处理风量小，处理气体中有毒物质浓度高，较为经济有效，也便于净化回收；而后者所需风量大，无法集中，故不能净化回收。因此，采用通风排毒措施时应尽可能地采用局部排风的方法。

局部排风系统由排风罩、风道、风机、净化装置等组成。涉及局部排风系统时，首要的问题是选择排风罩的形式、尺寸以及所需控制的风速，从而确定排风量。

全面通风换气适用于低毒物质，有毒气体散发源过于分散且散发量不大的情况，或虽有局部排风装置但仍有散逸的情况。全面通风换气可作为局部排风的辅助措施。采用全面通风换气措施时，应根据车间的气流条件，使新鲜气流先经过工作地点，再经过污染地点。数种溶剂蒸气或刺激性气体同时散发于空气中时，全面通风换气量应按各种物质分别稀释至最高容许浓度所需的空气量的总和计算；其他有害物质同时散发于空气中时，所需风量按需用风量最大的有害物质计算。

全面通风量可按换气次数进行估算，换气次数即每小时的通风量与通风房间的容积之比。不同生产过程的换气次数可通过相关的设计手册确定。

对于可能突然释放高浓度有毒物质或燃烧爆炸物质的场所，应设置事故通风装置，以满足临时性大风量送风的要求。考虑事故排风系统的排风口的位置时，要把安全作为重要因素。事故通风量同样可以通过相应的事故通风的换气次数来确定。

(2) 净化回收　局部排风系统中的有害物质浓度较高，往往高出容许排放浓度的几倍甚至更多，必须对其进行净化处理，净化后的气体才能排入大气中。对于浓度较高且具有回收价值的有害物质，应进行回收并综合利用，化害为利。

四、防毒管理

防毒管理教育措施主要包括有毒作业环境的管理、有毒作业的管理以及劳动者健康管理三个方面。

1. 有毒作业环境管理

有毒作业环境管理的目的是控制甚至消除作业环境中的有毒物质，使作业环境中有毒物质的浓度降低到国家卫生标准，从而减少甚至消除其对劳动者的危害。有毒作业环境的管理主要包括以下几个方面内容：

(1) 组织管理措施　组织管理措施主要做好以下几项工作：

① 健全组织机构。健全的经营管理体系应该把生产与安全统一起来。要有人专管（或分管）这项工作，对企业的防毒工作进行检查和督促，制定防毒工作的计划，落实改善劳动条件的措施，并保证措施所需的经费、设备、器材等。除此之外每一个企业应该有健全的经营理念，要发展生产，必须排除妨碍生产的各种有害因素。这样不但保证了劳动者及环境居民的健康，也会提高劳动生产率。

② 制订规划。调查了解企业当前的职业毒害的现状，针对不同时期制订不断改善劳动条件的规划，并予实施。调查了解企业的职业毒害现状是开展防毒工作的基础，只有在对现状正确认识的基础上，才能制订正确的规划，并予正确实施。

③ 建立健全规章制度。建立健全有关防毒的规章制度及对职工进行防毒的宣传教育是《中华人民共和国劳动法》对企业提出的基本要求。建立健全有关防毒的规章制度，如有关防毒的操作规程、宣传教育制度、设备定期检查保养制度、作业环境定期监测制度、毒物的贮运与废弃制度等。企业的规章制度是企业生产中统一意志的集中体现，是进行科学管理必不可少的手段，做好防毒工作更是如此。防毒操作规程是指操作规程中的一些特殊规定，对防毒工作有直接的意义。如工人进入容器或低坑等的监护制度，是防止急性中毒事故发生的重要措施。下班前清扫岗位制度，则是消除“二次尘毒源”危害的重要环节。“二次尘毒源”是指有毒物质以粉尘、蒸气等形式从生产或贮运过程中逸出，散落在车间、厂区后，再次成为有毒物质的来源。对比易挥发物料和粉状物料，“二次尘毒源”的危害就更为突出。

④ 宣传教育。贯彻安全生产的方针，防止职业病和职业中毒的发生，就要通过宣传教育使民众和职工认识防毒工作的重要性。对职工进行防毒的宣传教育，使职工既清楚有毒物质对人体的危害，又了解预防措施，从而主动遵守安全操作规程，加强个人防护。

(2) 定期进行作业环境监测　车间空气中有毒物质的监测工作是搞好防毒工作的重要环动条件、采取防毒措施的依据；通过测定有毒物质浓度的变化，可以判明防毒措施实施的效果；通过对作业环境的测定，可以为职业病的诊断提供依据，为制定和修改有关法规积累资料。

(3) 严格执行“三同时”制度《中华人民共和国劳动法》明确规定：“劳动安全卫生设施必须符合国家规定的标准。新建、改建、扩建工程的劳动安全卫生设施必须与主体工程同时设计、同时施工、同时投入生产和使用。”将“三同时”写进《中华人民共和国劳动法》充分说明其重要性。个别新、老企业正是因为没有认真执行“三同时”制度，才导致新污染源不断产生，形成职业中毒得不到有效控制的局面。

（4）及时识别作业场所出现的新有毒物质　随着生产的不断发展，新技术、新工艺、新材料、新设备、新产品等的不断出现和使用，明确其毒害机理、毒害作用，以及寻找有效的防毒措施具有非常重要的意义。对于一些新的工艺和新的化学物质，应请有关部门协助进行卫生学的调查，以搞清是否存在致毒物质。

2. 有毒作业管理

有毒作业管理是针对劳动者个人进行的管理，使之免受或少受有毒物质的危害。在化工生产中，劳动者个人的操作方法不当、技术不熟练、身体过负荷以及作业性质等，都是构成毒物散逸甚至造成急性中毒的原因。

对有毒作业进行管理的方法是对劳动者进行个别的指导，使之学会正确的作业方法。在操作中必须按生产要求严格控制工艺参数的数值，改变不适当的操作姿势和动作，以消除操作过程中可能出现的差错。

通过改进作业方法、作业用具及工作状态等，防止劳动者在生产中身体过负荷而损害健康。有毒作业管理还应教会和训练劳动者正确使用个人防护用品。

3. 健康管理

健康管理是针对劳动者本身的差异进行的管理，主要应包括以下内容：

① 对劳动者进行个人卫生指导。如指导劳动者不在作业场所吃饭、饮水、吸烟等，坚持饭前漱口、班后淋浴、工作服清洗制度等。这对于防止有毒物质污染人体，特别是防止有毒物质从口腔、消化道进入人体，有着重要意义。

② 健康检查。由卫生部门定期对从事有毒作业的劳动者做健康检查。特别要针对有毒物质的种类及可能受损的器官、系统进行健康检查，以便能对职业中毒患者早期发现、早期治疗。

③ 新员工体格检查。由于人体对有毒物质的适应性和耐受性不同，因此就业健康检查时，发现有禁忌的，不要分配到相应的有毒作业岗位。

④ 中毒急救培训。对于有可能发生急性中毒的企业，其企业医务人员应掌握中毒急救的知识，并准备好相应的医药器材。

⑤ 保健补助。对从事有毒作业的人员，应按国家有关规定，按期发放保健费及保健食品。

【拓展阅读】

几种有毒作业的个体防护

1. 喷漆作业

喷漆作业，在无法实现通风排毒或某些特殊情况下，就有必要采取送风面罩、防苯口罩等个人防护措施。例如，在容器内喷漆作业，使用某种有毒或强烈刺激气味的油漆时，常佩戴带披肩的送风面罩，使操作工人呼吸到从外面送进来的净化空气，而与有毒气体隔绝。又如汽车车身静电喷漆作业中，车身两端需要人工补喷漆，操作工人需戴过滤式防苯口罩。这种口罩两边有滤毒盒，盒内装的是二号活性炭颗粒。据工人反映效果尚好，能够把喷漆中含苯蒸气过滤掉。但当空气中苯浓度过高或活性炭失效或部分失效，而闻到苯的气味时，要注意及时更换活性炭。

皮肤直接接触液体苯时，会使皮肤干裂发生皮炎等，因此要对皮肤加以防护。防护可用“液体手套”，或称“防苯手套”，实际是用某物质的水溶液涂在手上，干燥后形成薄膜，而又不溶于苯等有机溶剂，像戴了薄膜手套似的东西。

2. 汞作业

主要是防止汞污染或把汞污染带回家扩大汞害。因此，在汞作业中要穿戴好工作服和工作帽，戴口罩，下班更衣洗澡，作业后用1∶5000的高锰酸钾溶液漱口、洗手，头发留短，指甲常剪，免积汞尘，车间里不要吸烟或吃东西，工作服不要穿回家等。

3. 铅作业

铅是有显著积蓄性的慢性毒物，稍许接触吸入并无大碍，但长年累月地接触吸入就会造成严重病患。在这两种情况之间并无明确界线，因而还是越少接触越好，不可疏忽大意。有的人对此注意不够，在铅作业车间吃饭、吸烟，甚至用被铅污染的手直接拿取食物等等，这些常是铅从消化道侵入人体的重要途径。因此，要对职工群众深入进行有关防毒的宣传教育，在开展技术革新改善劳动条件的同时，也要教育职工加强个人防护和个人卫生。个人防护方面，防铅口罩可以用纱布口罩或纱布浸乙酸做的口罩，也可以用滤纸或滤膜做的口罩。纱布口罩要每班换洗，滤纸滤膜也要检查更换，朝着毒尘方向的那面滤膜若有颜色改变即为失效。用过的手套不要翻转使用，工作服也要定期洗换，特别是要防止工作服成为污染人体的二次尘源气。个人卫生方面，不要在车间吃饭或吸烟，饮水碗要加盖。工间休息时应离开车间。尤其是下班后或吃饭前要把被污染的手彻底洗干净。手被铅尘污染往往不易洗净，一般用自来水和肥皂洗是不够的。

4. 电镀作业

电镀作业中应注意以下几点：

① 对于同在电镀车间的氰镀和镀铬作业，首先要从镀槽、通风、用水、用具等各方面严格分开，因为氰镀是碱性镀液，镀铬是酸性镀液，如果相混造成污染就会产生剧毒的氰化氢气体，所以要特别防止任何酸类物质沾染氰镀的工件。镀槽及用具、工件在前处理中带来的任何酸迹都必须冲洗并擦干，才能进行氰镀。

② 氰镀与镀铬都必须先开动槽边抽风，才能靠近槽边工作。

③ 工作时穿戴好工作服、围裙、橡胶手套、眼镜和口罩等，氧镀有可能产生氰化氢气体的或使用氰化钾、钠原料可能散发粉尘的，要戴好防毒面具。

④ 注意个人卫生，工作后洗澡更衣，饭前洗手洗脸。对剧毒的氰化物，要防止从呼吸道吸入它的气体和粉尘，也要防止皮肤吸收，更要防止因为食物沾染而随饮食吞下去。对铬酸雾，除防止吸入外，还要注重皮肤防护。一是工作前在皮肤暴露部分涂用防护油膏，配方可用无水羊毛脂1份和凡士林3份混合，也可以用3%二硫基丙醇（BAL）油膏；二是在鼻腔内用棉花蘸液体石蜡、凡士林或氧化锌油膏等涂抹；三是必要时或感到有刺激时，局部皮肤和鼻腔用5%硫代硫酸钠液冲洗，以便把六价铬化物还原为毒性较小的三价铬化物，然后用水洗去。

⑤ 对剧毒的氰化物原料的收发保管要建立严格的管理制度，防止误用。

⑥ 工厂医务室或车间卫生间对氰化物中毒急救应有准备。

5. 电焊作业

电焊作业不能采用通风排烟措施时，或采用后效果不能达到要求时，就必须使用送风面盔等个人防护设施。送风的压缩空气要经过净化（水洗和焦炭、棉花过滤），冬季须加湿加温时应当用水浴加温。

6. 沥青作业

从事沥青作业要穿戴防止沥青粉尘侵入的工作服，以及手套、鞋帽、防护眼镜、口罩等个人防护用品，装卸沥青的工人还要戴有披肩的头盔，沥青熬炒工人应当戴过滤式呼吸器，对外露皮肤和脑部、颈部，应遍涂防护药膏。工作完毕，必须洗澡，经常进行沥青工作的现场要有温水淋浴设施，偶尔进行沥青工作的也要准备简单的洗浴用具。便服与防护用品要分别存放，以防污染。另外，根据沥青的毒性，煤焦沥青的装卸搬运应在夜间或无阳光照射下进行，石油沥青及铁桶装煤沥青的装卸搬运可在白天进行，但在炎热的中午应停止工作。

【单元小结】

本单元主要介绍了工业毒物的毒性、危害，危害作业分级及职业性接触毒物危害程度分级，工业中毒的个体防护、急性中毒及现场救护，化工生产中的毒物分布、防毒技术、防毒管理等。重点内容是毒性物质的分类、毒性及评价指标，个体防护用品选用与穿戴，中毒现场救护组织及化工生产中的防毒管理要求。

【复习思考题】

一、判断题

1. 毒物毒性常以引起实验动物死亡数所需剂量表示。（　　）

2. 不定期对作业环境空气中有毒物质进行监测是防毒作业环境管理的重要内容。（　　）

3. 毒物毒性能导致全部实验动物死亡的剂量，称为绝对致死剂量，用 LD_{100} 表示。（　　）

4. 个人皮肤防护的防毒措施之一是皮肤防护，主要依靠个人防护用品，防护用品可以避免有毒物质与人体皮肤的接触。（　　）

5. 有毒作业环境管理中的组织管理包括对职工进行防毒的宣传教育，使职工既清楚有毒物质对人体的危害，又了解预防措施，从而使职工主动地遵守安全操作规程，加强个人防护。（　　）

6. 个体防毒的措施之一是正确使用呼吸防护器，防止有毒物质从呼吸道进入人体引起职业中毒。（　　）

7. MLD 叫最小致死剂量，是指毒物毒性导致个别实验动物死亡的最低剂量。（　　）

8. 在无法将作业场所中有害化学品的浓度降低到最高容许浓度以下时，工人必须使用个体防护用品。（　　）

9. 使用有毒物品作业的用人单位应当依照《职业病防治法》的有关规定，采取有效的职业卫生防护管理措施，加强劳动过程中的防护与管理。（　　）

10. 装卸毒害品人员应具有操作毒品的一般知识。操作时轻拿轻放，不得碰撞、倒置，防止包装破损造成商品外溢。作业人员应佩戴手套和相应的防毒口罩或面具，穿防护服。（　　）

二、单选题

1. 毒物进入人体的途径有三个，即（　　）。

A. 口、鼻、耳　　B. 食物、空气、水　C. 皮肤、呼吸道、消化道

2. 根据国家《职业性接触毒物危害程度分级》，职业性接触毒物可分为（　　）个级别。

A. 4　　B. 3　　C. 5

3. 毒物毒性一般但却大量进入人体，立即发生毒性反应甚至致命，称为（　　）中毒。

A. 急性　　B. 慢性　　C. 亚

4. 毒物被吸收速度较快的途径是（　　）。

A. 呼吸道　　B. 消化道　　C. 皮肤

5. 把人体与意外释放能量或危险物质隔离开，是一种不得已的隔离措施，是保护人身安全的最后一道防线，这是（　　）。

A. 个体防护　　B. 避难　　C. 救援

6. LD_{50} 是指毒物经口、经皮导致半数实验动物死亡的剂量，即（　　）。

A. 绝对致死量　　B. 半数致死量　　C. 最小致死量

7. 劳动者在已订立劳动合同期间因工作岗位或者工作内容变更，从事劳动合同中未告知的存在（　　）的作业时，用人单位应当如实告知劳动者，并协商变更原劳动合同有关条款。

A. 有毒　　B. 危险　　C. 职业中毒危害

8. 从事使用有毒物品作业的用人单位，应当使用符合（　　）的有毒物品。

A. 国家标准　　B. 省级标准　　C. 企业标准

9. 工业毒物的形态通常包括粉尘、烟尘、（　　）、蒸气和气体。

A. 雾　　B. 液体　　C. 液滴

10. 心肺复苏的胸外心脏按压和人工呼吸比例为（　　）。

A. 10∶2　　B. 15∶2　　C. 30∶2

三、问答题

1. 简述如何确定职业中毒。
2. 试分析影响毒物毒性的因素。
3. 简述毒物侵入人体的途径。
4. 简述防毒的措施。

【案例分析】

根据下列案例，试制定相应的对策措施。

【案例 1】 2017 年 11 月 18 日，大连某石油化工有限公司发生中毒窒息事故，造成 3 人死亡，6 人受伤，直接经济损失 368 万元。

事故经过：大连某石油化工有限公司的承包商河南某石化机械设备有限公司在清洗 E7001C、E7001D 两台换热器作业中，使用含盐酸的清洗剂，并将清洗剂直接倒在含有硫化亚铁和二硫化亚铁污垢的管束上，反应释放出硫化氢气体，导致 9 名作业人员中毒。

【案例 2】 2016 年 11 月 19 日，衡水某化工科技有限公司在实验生产噻唑烷过程中发生甲硫醇等有毒气体外泄，致当班操作人员中毒，造成 3 人死亡，2 人受伤，直接经济损失约 500 万元。

事故经过：生产噻唑烷过程中，反应釜内投入的氰亚胺磺酸二甲酯与半胱胺盐酸盐发生反应，产生的有毒副产物甲硫醇从投料口逸出，致投料人员吸入后中毒，4 名施救人员在未采取任何防护措施的情况下盲目施救，导致事故后果扩大。

单元四

电气安全技术

【学习目标】

知识目标

1. 掌握电气安全的基本知识。
2. 掌握静电的特性和危害。
3. 了解雷电的种类及危害。

技能目标

1. 能制定电气设备安全运行措施。
2. 能协助或组织触电现场救护。
3. 能进行化工生产静电防护初步设计。
4. 能进行化工生产防雷初步设计。

素质目标

1. 树立生活中的小事在安全生产中也是大事的意识。
2. 养成生活着装与工作着装（衣服、鞋帽）分开的习惯。
3. 建立强电、静电、雷电综合防护安全意识。

化工生产中所使用的物料多为易燃易爆、易导电及腐蚀性强的物质，且生产环境条件较差，对安全用电造成较大的威胁。同时为了防止电气设备故障、静电、雷电等对正常生产造成影响，除了在思想上提高对安全用电的认识，严格执行安全操作规程，采取必要的组织措施外，还必须依靠一些完善的技术措施。

项目一 电气防护安全技术

化工生产企业是用电大户，生产中应用到各种电气（电器）设备（工具），化工物料多为易燃易爆、易导电及腐蚀性强的物质，正确选择电气设备，做好电气安全预防措施是保障安全生产的前提。

一、案例

某年10月8日，日本室素石化公司五井工厂的第二聚丙烯装置发生爆炸。事故造成4

人死亡，9 人受伤，损毁了 23 台泵、9 台鼓风机、7 台压缩机、2 台聚合釜、10 台挤压机、232 台电机、5 台干燥机、3 台冷却器及若干管线、仪表等，烧掉丙烯等气体 40 多吨，氢气 $1500m^3$，另外对附近 9 家居民的门窗墙壁等造成损坏。

事故经过：五井工厂第 2 套聚丙烯装置共有 4 台聚合釜（编号 4～7）。4 号聚合釜的辅助冷却器发生故障，故用溶剂进行清洗。清洗开始后，因变压器油浸开关的绝缘老化致使装置照明停电，这时停止向冷却器送洗涤溶剂，并拟打开 4 号聚合釜下部的切断阀将溶剂放出，但因环境黑暗，工作人员错误地开启了正在进行聚合操作的 6 号釜下部切断阀的控制阀，使 6 号釜中的丙烯流出。由于丙烯和己烷（聚合溶剂）的相对密度较大，其被风吹至下风的造粒车间，因造粒车间是一般性非防爆车间，电器开关的继电器火花引起了丙烯爆炸。

二、电气安全基本知识

1. 电流对人体的伤害

当人体接触带电体时，电流会对人体造成程度不同的伤害，即发生触电事故。触电事故可分为电击和电伤两种类型。

（1）电击　是指电流通过人体时所造成的身体内部伤害，它会破坏人的心脏、呼吸及神经系统的正常工作，使人出现痉挛、窒息、心颤、心脏骤停等症状，甚至危及生命。在低压系统通电电流不大、通电时间不长的情况下，电流引起人体的心室颤动是电击致死的主要原因。在通电电流较小但通电时间较长的情况下，电流也会造成人体窒息而导致死亡。

绝大部分触电死亡事故都是由电击造成的。通常所说的触电事故基本上是指电击事故。电击后通常会留下较明显的特征如电标、电纹、电流斑。

（2）电伤　是指由电流的热效应、化学效应或机械效应对人体造成的伤害。电伤可伤及人体内部，但多见于人体表面，且常会在人体上留下伤痕。电伤可分为以下几种情况。

① 电弧烧伤。又称为电灼伤，是电伤中最常见也最严重的一种，多由电流的热效应引起。具体症状是皮肤发红、起泡，甚至肌肉组织被破坏或被烧焦。

② 电烙印。是指电流通过人体后，在接触部位留下的斑痕。斑痕处皮肤变硬，失去原有弹性和色泽，表层坏死，失去知觉。

③ 皮肤金属化。是指由于电流或电弧作用产生的金属微粒渗入了人体皮肤造成的，受伤部位变得粗糙坚硬并呈特殊颜色（多为青黑色或褐红色）。皮肤金属化多在弧光放电时发生，而且一般都伤在人体的裸露部位。

④ 电光眼。表现为角膜炎或结膜炎。在弧光放电时，紫外线、可见光、红外线均可能损伤眼睛。对于短暂的照射，紫外线是引起电光眼的主要原因。

2. 引起触电的情形

发生触电事故的情况是多种多样的，但归纳起来主要包括以下情形：单相触电，两相触电，其他触电。其类型及原理如表 4-1 所示。

表 4-1　触电的类型及原理

类型	原理	示意图
单相触电	中性点直接接地系统中的单相触电如图所示。当人体接触导线时，人体承受相电压。电流经人体、大地和中性点接地装置形成闭合回路。触电电流的大小取决于相电压和回路电阻	U V W

续表

类型	原理	示意图
单相触电	中性点不接地系统中的单相触电如图所示。因为中性点不接地，所以有两个回路的电流通过人体。一个是从 W 相导线出发，经人体、大地、线路对地阻抗 Z 到 U 相导线，另一个是同样路径到 V 相导线。触电电流的数值取决于线电压、人体电阻和线路的对地阻抗	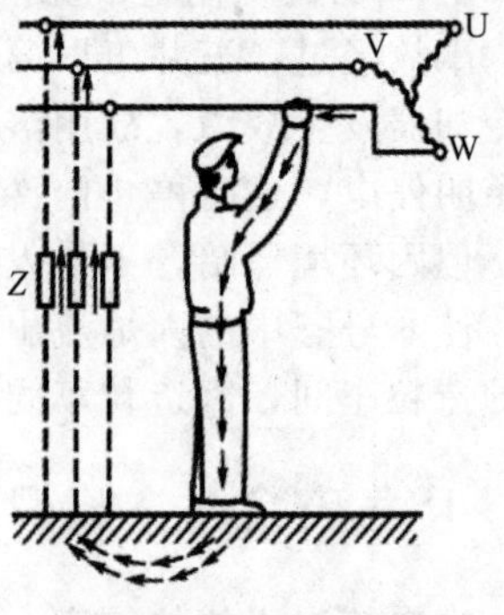
两相触电	人体同时与两相导线接触时，电流就由一相导线经人体至另一相导线，这种触电方式称为两相触电，如图所示。两相触电最危险，因施加于人体的电压为全部工作电压（即线电压），且此时电流将不经过大地，直接从 V 相经人体到 W 相，而构成了闭合回路。故不论中性点接地与否，人体对地是否绝缘，都会使人触电	
其他触电	跨步电压触电如右图所示。当一根带电导线断落至地上时，落地点的电位就是导线所具有的电位，电流会从落地点直接流入大地。离落地点越远，电流越分散，地面电位也就越低。以电线落地点为圆心可画出若干同心圆，它们表示了落地点周围的电位分布。离落地点越近，地面电位越高。人的两脚若站在离落地点远近不同的位置上，两脚之间就存在电位差，这个电位差就称为跨步电压。如果误入接地点附近，应赶快将双脚并拢或用单脚着地跳出危险区	
	接触电压触电如右图所示。当一台电动机的绕组绝缘损坏并碰外壳接地时，因三台电动机的接地线连在一起，故它们的外壳都会带电，且都为相电压，但地面电位分布却不同。左边人体承受的电压是电动机外壳与地面之间的电位差，即等于零。右边人体所承受的电压却大不相同，因为他站在离接地体较远的地方用手摸电动机的外壳，而该处地面电位几乎为零，故他所承受的电压实际上就是电动机外壳的对地电压即相电压，显然就会使人触电，这种触电称为接触电压触电，它对人体有相当严重的危害。所以，每台电动机使用时都要实行单独的保护接地	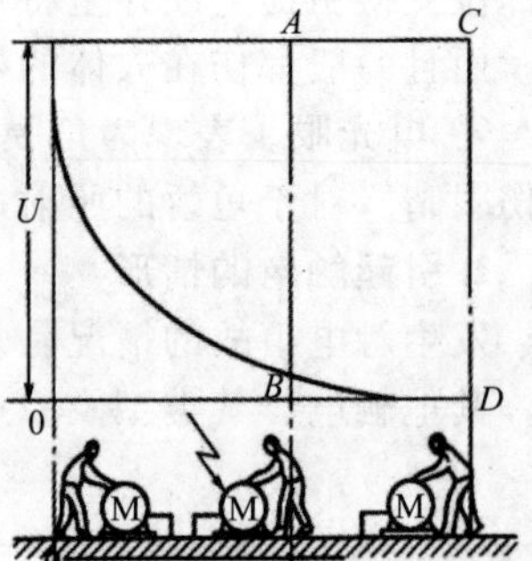
	雷击触电：雷电时发生的触电现象	

3. 影响触电伤害程度的因素

触电所造成的各种伤害，都是由于电流对人体的作用而引起的。它是指电流通过人体内部时，对人体造成的种种有害作用。如电流通过人体时，会引起针刺感、压迫感、打击感、痉挛、疼痛、血压升高、心律不齐、昏迷甚至心室颤动等症状。

影响电流对人体伤害程度的主要因素包括：通过人体的电流大小、通电时间长短与电流途径、电流的频率高低、人体的健康状况等。其中，以通过人体的电流大小和通电时间的长短最主要。

（1）伤害程度与电流大小的关系 通过人体的电流越大，人体的生理反应越明显，感觉越强烈，引起心室颤动所需的时间越短，致命的危险性就越大。对于常用的工频交流电，按照通过人体的电流大小，将会呈现出不同的人体生理反应如表 4-2 所示。

表 4-2 工频电流所引起的人体生理反应

<table>
<tr><th>电流范围/mA</th><th>通电时间</th><th>人体生理反应</th></tr>
<tr><td>0～0.5</td><td>连续通电</td><td>没有感觉</td></tr>
<tr><td>0.5～5</td><td>连续通电</td><td>开始有感觉，手指、腕等处有痛感，没有痉挛，可以摆脱带电体</td></tr>
<tr><td>5～30</td><td>数分钟以内</td><td>痉挛，不能摆脱带电体，呼吸困难，血压升高，是可以忍受的极限</td></tr>
<tr><td>30～50</td><td>数秒钟到数分钟</td><td>心脏跳动不规则，昏迷，血压升高，强烈痉挛，时间过长可引起心室颤动</td></tr>
<tr><td rowspan="2">50～数百</td><td>低于心脏搏动周期</td><td>受强烈冲击，但未发生心室颤动</td></tr>
<tr><td>超过心脏搏动周期</td><td>昏迷，心室颤动，接触部位留有电流通过的痕迹</td></tr>
<tr><td rowspan="2">超过数百</td><td>低于心脏搏动周期</td><td>发生心室颤动，昏迷，接触部位留有电流通过的痕迹</td></tr>
<tr><td>超过心脏搏动周期</td><td>心脏停止跳动，昏迷，可能产生致命的电灼伤</td></tr>
</table>

根据人体对电流的生理反应，还可将电流划分为以下三级。

① 感知电流。引起人体感觉的最小电流称感知电流。人体对电流最初的感觉是轻微的发麻和刺痛。实验表明，对不同的人感知电流也不同。成年男性的平均感知电流约 1.1mA，成年女性约 0.7mA。感知电流一般不会造成伤害，但若增大时，感觉增强，反应加大，可能会发生坠落等间接事故。

② 摆脱电流。当电流增大到一定程度，触电者将因肌肉收缩、发生痉挛而紧抓带电体，将不能自行摆脱电源。触电后能自主摆脱电源的最大电流称为摆脱电流。对一般男性平均为 16mA，女性约为 10mA；儿童的摆脱电流较成人小。

③ 致命电流。在较短时间内会危及生命的电流称为致命电流。电击致死的主要原因大都是由于电流引起了心室颤动而造成的。因此，通常也将引起心室颤动的电流称为致命电流。

正常情况下心脏有节奏地收缩与扩张，不断把新鲜血液送到肺部、大脑及全身，及时提供生命所需的氧气。而电流通过心脏时，心脏原有的节律将受到破坏，可能引起每分钟达数百次的“颤动”，并极易引起心力衰竭、血液循环终止、大脑缺氧等情况而导致死亡。

（2）伤害程度与通电时间长短的关系 引起心室颤动的电流与通电时间的长短有关。显然，通电时间越长，便越容易引起心室颤动，触电的危险性也就越大。

（3）伤害程度与电流途径的关系 人体受伤害程度主要取决于通过心脏、肺及中枢神经的电流大小。电流通过大脑是最危险的，会立即引起死亡，但这种触电事故极为罕见。绝大多数场合是由于电流刺激人体心脏引起心室颤动致死。因此大多数情况下，触电的危险程度是取决于通过心脏的电流大小。由试验得知，电流在通过人体的各种途径中，流经心脏的电流占人体总电流的百分比如表 4-3 所示。

表 4-3　不同途径流经心脏的电流占人体总电流的百分比

电流通过人体的途径	流经心脏的电流占通过人体总电流的百分比/%	电流通过人体的途径	流经心脏的电流占通过人体总电流的百分比/%
从一只手到另一只手	3.3	从右手到脚	3.7
从左手到脚	6.7	从一只脚到另一只脚	0.4

(4) 伤害程度与电流频率高低的关系　触电的伤害程度还与电流的频率高低有关。直流电由于不交变，其频率为零。而工频交流电则为50Hz。由实验得知，频率为30～300Hz的交流电最易引起人体心室颤动。工频交流电正处于这一频率范围，故触电时也最危险。在此范围之外，频率越高或越低，对人体的危害程度反而会相对小一些，但并不是说就没有危险性。

(5) 伤害程度与人体健康状况的关系　电流对人体的作用与人的年龄、性别、身体及精神状态有很大关系。一般情况下，女性比男性对电流敏感，小孩比成人敏感。在同等电击情况下，妇女和小孩更容易受到伤害。此外，患有心脏病、精神病、结核病、内分泌器官疾病或酒醉的人，因电击造成的伤害将比正常人严重；相反，一个身体健康、经常从事体力劳动和体育锻炼的人，由电击引起的后果相对会轻一些。

三、电气防护技术

如前所述，化工生产中所使用的物料多为易燃易爆、易导电及腐蚀性强的物质，且生产环境条件较差，对安全用电造成较大的威胁。为了防止触电事故，既要在思想上提高对安全用电的认识，树立"安全第一，预防为主"的意识，更要制定完善的技术措施，严格执行安全操作规程。

1. 隔离带电体

有效隔离带电体是防止人体遭受直接电击事故的重要措施，通常采用以下几种方式。

(1) 绝缘 绝缘是绝缘物将带电体封闭起来的技术措施。良好的绝缘既是保证设备和线路正常运行的必要条件，也是防止人体触及带电体的基本措施。

绝缘材料的品种很多，通常分为：

① 气体绝缘材料。常用的有空气、六氟化硫等。

② 液体绝缘材料。即绝缘油，有天然矿物油、天然植物油和合成油。

③ 固体绝缘材料。常用的有绝缘漆胶、漆布、漆管、绝缘云母制品、聚四氟乙烯、瓷和玻璃制品等。

电气设备的绝缘应符合其相应的电压等级、环境条件和使用条件。电气设备的绝缘应能长时间耐受电气、机械、化学、热力以及生物等有害因素的作用而不失效。

(2) 屏护 屏护是采用屏护装置控制不安全因素，即采用遮栏、护罩、护盖、箱（匣）等将带电体同外界隔绝开来的技术措施。

屏护装置既有永久性装置，如配电装置的遮拦、电气开关的罩盖等，也有临时性屏护装置，如检修工作中使用的临时性屏护装置，既有固定屏护装置，如母线的护网，也有移动屏护装置，如跟随起重机移动的滑触线的屏护装置。

对于高压设备，不论是否有绝缘，均应采取屏护措施或其他防止人体接近的措施。

2. 采用安全电压

安全电压值取决于人体允许电流和人体电阻的大小。我国规定工频安全电压的上限值，即在任何情况下，两导体间或导体与地之间均不得超过的工频有效值为50V。这一限制是根据人体允许电流值（30mA）和人体电阻值（1700Ω）的条件下确定的。国际电工委员会还规定了直流安全电压的上限值为 120V。

我国规定工频有效值 42V、36V、24V、12V、6V 为安全电压的额定值。凡手提照明灯，特别危险环境的携带式电动工具，如无特殊安全结构或安全措施，应采用 42V 或 36V 安全电压；金属容器内、隧道内等工作地点狭窄、行动不便以及周围有大面积接地体的环境，应采用 24V 或 12V 安全电压。

3. 实行保护接地

保护接地就是把在正常情况下不带电、在故障情况下可能呈现危险的对地电压的金属部分同大地紧密地连接起来，把设备上的故障电压限制在安全范围内的安全措施（保护接地原理如 4-1 所示）。保护接地常简称为接地。保护接地应用十分广泛，属于防止间接接触电击的安全技术措施。

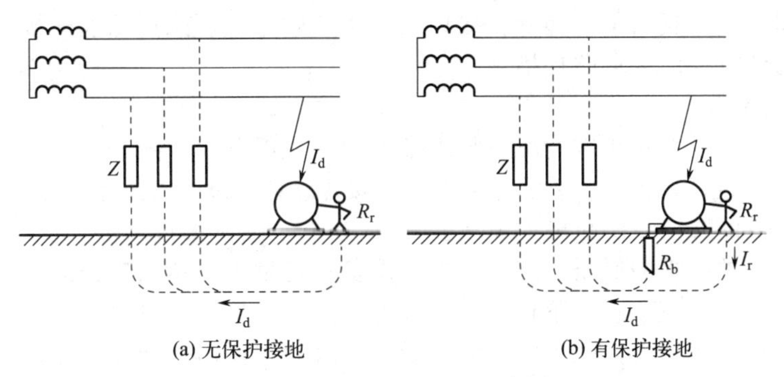

图 4-1　保护接地原理示意图

保护接地的作用原理是利用数值较小的接地装置电阻与人体电阻并联，将漏电设备的对地电压大幅度地降低至安全范围内。此外，因人体电阻远大于接地电阻，由于分流作用，通过人体的故障电流将远比流经接地装置的电流要小，对人体的危害程度也就极大地减小了。

（1）保护接地应用范围　保护接地适用于各种中性点不接地电网。在这类电网中，凡由于绝缘破坏或其他原因而可能呈现危险电压的金属部分，除另有规定外，均应接地。此外，对所有高压电气设备，一般都是实行保护接地。

（2）接地装置　接地装置是接地体和接地线的总称。运行中电气设备的接地装置应始终保持在良好状态。

① 接地体。接地体有自然接地体和人工接地体两种类型。

自然接地体是指用于其他目的但与土壤保持紧密接触的金属导体。如埋设在地下的金属管道（有可燃或爆炸介质的管道除外）、与大地有可靠连接的建（构）筑物的金属结构等自然导体均可用作自然接地体。利用自然接地体不但可以节约钢材、节省施工经费，还可以降低接地电阻。因此，如果有条件应当先考虑利用自然接地体。自然接地体至少应有两根导体自不同地点与接地网相连（线路杆塔除外）。

人工接地体可采用钢管、圆钢、角钢、扁钢或废钢铁制成。人工接地体宜垂直埋设，多岩石地区可水平埋设。

② 接地线。接地线即连接接地体与电气设备应接地部分的金属导体。有自然接地线与人工接地线之分，接地干线与接地支线之分。交流电气设备应优先利用自然导体作接地线。如建筑物的金属结构及设计规定的混凝土结构内部的钢筋、生产用的金属结构、配线的钢管等均可用作接地线。对于低压电气系统，还可以利用不流经可燃液体或气体的金属管道作接地线。在非爆炸危险场所，如自然接地线有足够的截面积，可不再另行敷设人工接地线。如果生产现场电气设备较多，宜敷设接地干线，各电气设备外壳应分别与接地干线连接。

③ 接地装置的安装与连接。接地体宜避开人行道和建筑物出入口附近，如不能避开腐蚀性较强的地带，应采取防腐措施。为了提高接地的可靠性，电气设备的接地支线应单独与接地干线或接地体相连，而不允许串联连接。接地干线应有两处与接地体相连接，以提高可靠性。除接地体外，接地体的引出线亦应作防腐处理。

（3）装设接地装置的要求　接地体与建筑物的距离不应小于 1.5m，与独立避雷针的接地体之间的距离不应小于 3m。为了减小自然因素对接地电阻的影响，接地体上端的埋入深度一般不应小于 0.6m，并应在冻土层以下。

接地线位置应便于检查，并不应妨碍设备的拆卸和检修。

接地线的涂色和标志应符合国家标准。不经允许，接地线不得做其他电气回路使用。

必须保证电气设备至接地体之间导电的连续性，不得有虚接和脱落现象。接地体与接地线的连接应采用焊接，且不得有虚焊；接地线与管道的连接可采用螺丝连接，但必须防止锈蚀，在有震动的地方，应采取防松措施。

4. 采用保护接零

保护接零是电气设备在正常情况下将不带电的金属部分用导线与低压配电系统的零线相连接的技术防护措施，如图 4-2 所示。常简称为接零。与保护接地相比，保护接零能在更多的情况下保证人身的安全，防止触电事故。

在实施上述保护接零的低压系统中，电气设备一旦发生了单相碰壳漏电故障，便形成了一个单相短路回路。因该回路内不包含工作接地电阻与保护接地电阻，整个回路的阻抗就很小，因此故障电流必将很大，就足以保证在最短的时间内使熔丝熔断、保护装置或自动开关跳闸，从而切断电源，保障了人身安全。

保护接零适用于中性点直接接地的 380/220V 三相四线制电网。

（1）采用保护接零的基本要求　在低压配电系统内采用保护接零方式时，应注意如下要求。

① 三相四线制低压电源的中性点必须接地良好，工作接地电阻应符合要求。

② 采用保护接零方式时，必须装设足够数量的重复接地装置。

③ 统一低压电网中（指同一台配电变压器的供电范围内），在采用保护接零方式后，便不允许再采用保护接地方式。

如果同时采用了接地与接零两种保护方式，如图 4-3 所示，当实行保护接地的设备 M_2 发生了碰壳故障，则零线的对地电压将会升高到电源相电压的一半或更高。这时，实行保护接零的所有设备（如 M_1）都会带有同样高的电位，使设备外壳等金属部分呈现较高的对地电压，从而危及操作人员的安全。

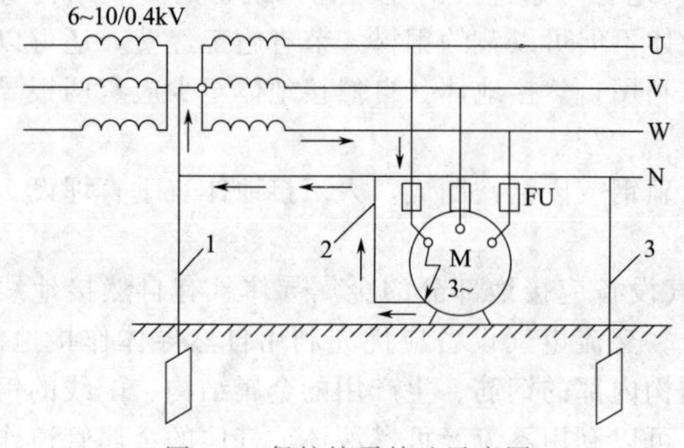

图 4-2　保护接零接地示意图

1—工作接地；2—保护接零；3—重复接地

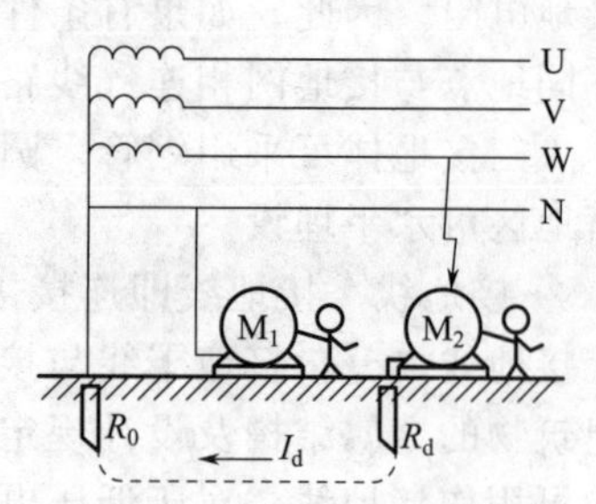

图 4-3　同一配电系统内保护接地与保护接零混用

④ 零线上不准装设开关和熔断器。零线的敷设要求与相线的一样，以免出现零线断线故障。

⑤ 零线截面应保证在低压电网内任何一处短路时，能够承受大于熔断器额定电流 2.5～4 倍及自动开关额定电流 1.25～2.5 倍的短路电流。

⑥ 所有电气设备的保护接零线，应以“并联”方式连接到零干线上。

（2）保护接地与保护接零的比较 如表 4-4 所示。

表 4-4 保护接地与保护接零的比较

<table>
<tr><th>种类</th><th>保护接地</th><th>保护接零</th></tr>
<tr><td>含义</td><td>用电设备的外壳接地装置</td><td>用电设备的外壳接电网的零干线</td></tr>
<tr><td>适用范围</td><td>中性点不接地电网</td><td>中性点接地的三相四线制电网</td></tr>
<tr><td>目的</td><td>起安全保护作用</td><td>起安全保护作用</td></tr>
<tr><td>作用原理</td><td>平时保持零电位不起作用；当发生碰壳或短路故障时能降低对地电压，从而防止触电事故</td><td>平时保持零干线电位不起作用，且与相线绝缘；当发生碰壳或短路时能促使保护装置快速启动以切断电源</td></tr>
<tr><td rowspan="2">注意事项</td><td colspan="2">必须克服零线、接地线并不重要的错误认识，而要树立零线、接地线对于保证电气安全比相线更具重要意义的科学观念</td></tr>
<tr><td>确保接地可靠。在中性点接地系统，条件许可时要尽可能采用保护接零方式，在同一电源的低压配电网范围内，严禁混用接地与接零保护方式</td><td>禁止在零线上装设各种保护装置和开关等；采用保护接零时必须有重复接地才能保证人身安全，严禁出现零线断线的情况</td></tr>
</table>

5. 采用漏电保护器

漏电保护器主要用于防止单相触电事故，也可用于防止由漏电引起的火灾，有的漏电保护器还具有过载保护、过电压和欠电压保护、缺相保护等功能。主要应用于 1000V 以下的低压系统和移动电动设备的保护，也可用于高压系统的漏电检测。漏电保护器按动作原理可分为电流型和电压型两大类。目前以电流型漏电保护器的应用为主。

6. 正确使用防护用具

为了防止操作人员发生触电事故，必须正确使用相应的电气安全用具。常用电气安全用具主要有如下几种。

（1）绝缘杆 是一种主要的基本安全用具，又称绝缘棒或操作杆，其结构如图 4-4 所示。绝缘杆在变配电所里主要用于闭合或断开高压隔离开关、安装或拆除携带型接地线以及进行电气测量和试验等工作。使用绝缘杆时应注意握手部分不能超出护环，且要戴上绝缘手套、穿绝缘靴（鞋）；绝缘杆每年要进行一次定期试验。

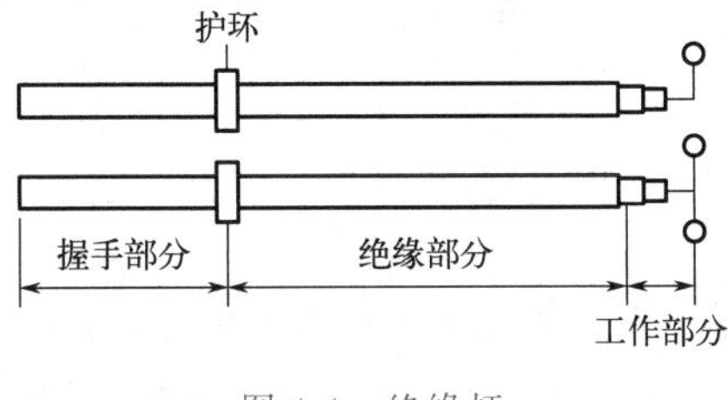

图 4-4 绝缘杆

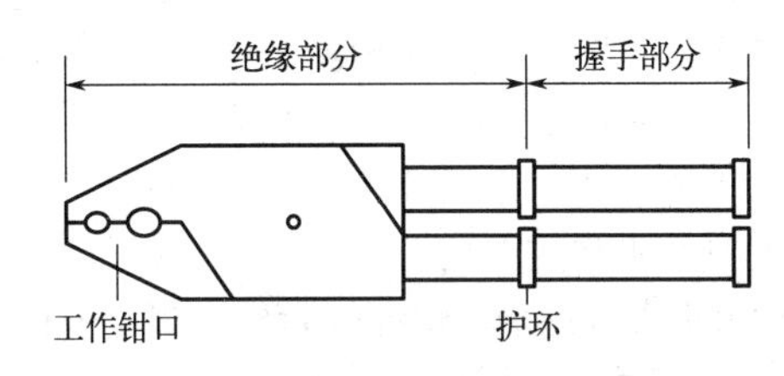

图 4-5 绝缘夹钳

（2）绝缘夹钳 其结构如图 4-5 所示。绝缘夹钳只允许在 35kV 及以下的设备上使用。使用绝缘夹钳夹熔断器时，工作人员的头部不超过握手部分，并应戴护目镜、绝缘手套，穿绝缘靴（鞋）或站在绝缘台（垫）上；绝缘夹钳的定期试验为每年1次。

（3）绝缘手套　是在电气设备上进行实际操作时的辅助安全用具，也是在低压设备的带电部分上工作时的基本安全用具。绝缘手套一般分为12kV和5kV两种，这都是以试验电压值命名的。

（4）绝缘靴（鞋）　是在任何等级的电气设备上工作时，用来与地面保持绝缘的辅助安全用具，也是防跨步电压的基本安全用具。

（5）绝缘垫　是在任何等级的电气设备上带电工作时，用来与地面保持绝缘的辅助安全用具。使用电压在1000V及以上时，可作为辅助安全用具；1000V以下时可作为基本安全用具。

（6）绝缘台　是在任何等级的电气设备上带电工作时的辅助安全用具。其台面用干燥的、漆过绝缘漆的木板或木条做成，四角用绝缘瓷瓶作台角，如图4-6所示。绝缘台必须放在干燥的地方。绝缘台的定期试验为每3年1次。

（7）携带型接地线　可用来防止设备因突然来电而带电（如错误合闸送电），消除临近感应电压或放尽已断开电源的电气设备上的剩余电荷。其结构如图4-7所示。

（8）验电笔　有高压验电笔和低压验电笔两类。它们都是用来检验设备是否带电的工具。当设备断开电源、装设携带型接地线之前，必须用验电笔验明设备是否确已无电。

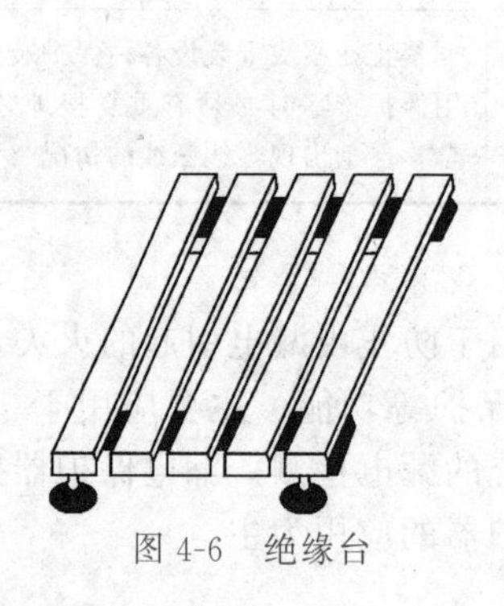

图4-6　绝缘台

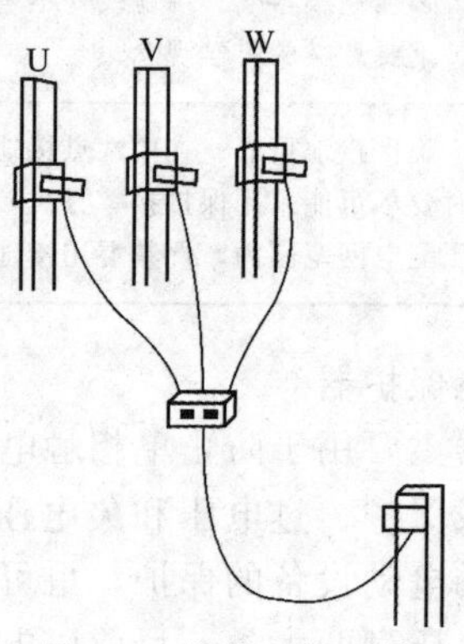

图4-7　携带型接地线

四、触电急救技术

1. 触电急救的要点与原则

触电急救的要点是抢救迅速与救护得法。发现有人触电后，首先要尽快使其脱离电源，然后根据触电者的具体情况，迅速对症救护。现场常用的主要救护方法是心肺复苏术，它包括口对口人工呼吸和胸外心脏按压。

人触电后会出现神经麻痹、呼吸中断、心脏停止跳动等症状，外表呈现昏迷不醒状态，即“假死状态”。虽然有触电者经过4h甚至更长时间的连续抢救而获得成功的先例，但据资料统计，从触电后1min开始救治的约90%有良好效果，从触电后6min开始救治的约10%有良好效果，从触电后12min开始救治的，则救活的可能性就很小了。所以，抢救及时并坚持救护是非常重要的。

对触电人（除触电情况轻者外）都应进行现场救治。在医务人员接替救治前，切不能放弃现场抢救，更不能只根据触电人当时已没有呼吸或心跳，便擅自判定伤员死亡，从而放弃抢救。

触电急救的基本原则是：应在现场对症地采取积极措施保护触电者生命，并使其能减轻伤情、减少痛苦。具体而言就是应遵循：迅速（脱离电源）、就地（进行抢救）、准确（姿势）、坚持（抢救）的“八字原则”。同时应根据伤情的需要，迅速联系医疗部门救治。尤其对于触电后果严重的人员，急救成功的必要条件是动作迅速、操作正确。任何迟疑拖延和操作错误都会导致触电者伤情加重甚至造成死亡。此外，急救过程中要认真观察触电者的全身情况，以防止伤情恶化。

2. 解救触电者脱离电源的方法

使触电者脱离电源，就是要把触电者接触的那一部分带电设备的开关或其他断路设备断开，或设法将触电者与带电设备脱离接触。

(1) 使触电者脱离电源的安全注意事项

① 救护人员不得采用金属和其他潮湿的物品作为救护工具。

② 在未采取任何绝缘措施前，救护人员不得直接触及触电者的皮肤和潮湿衣服。

③ 在使触电者脱离电源的过程中，救护人员最好用一只手操作，以防再次发生触电事故。

④ 当触电者站立或位于高处时，应采取措施防止脱离电源后触电者的跌倒或坠落。

⑤ 夜晚发生触电事故时，应考虑切断电源后的事故照明或临时照明，以利于救护。

(2) 使触电者脱离电源的具体方法

① 触电者若是触及低压带电设备，救护人员应设法迅速切断电源，如拉开电源开关，拔出电源插头等；或使用绝缘工具、干燥的木棒、绳索等不导电的物品帮助触电者脱离电源；也可抓住触电者干燥而不贴身的衣服将其脱离开（切记要避免碰到金属物体和触电者的裸露身躯）；也可戴绝缘手套或将手用干燥衣物等包起来去拉触电者，或者站在绝缘垫等绝缘物体上拉触电者使其脱离电源。

② 低压触电时，如果电流通过触电者入地，且触电者紧握电线，可设法用干木板塞进其身下，使触电者与地面隔开；也可用干木把斧子或有绝缘柄的钳子等将电线剪断（剪电线时要一根一根地剪，并尽可能站在绝缘物或干木板上）。

③ 触电者若是触及高压带电设备，救护人员应迅速切断电源，或用适合该电压等级的绝缘工具（戴绝缘手套、穿绝缘靴并用绝缘棒）去帮助触电者脱离电源（抢救过程中应注意保持自身与周围带电部分有必要的安全距离）。

④ 如果触电发生在杆塔上，若是低压线路，凡能切断电源的应迅速切断电源；不能立即切断时，救护人员应立即登杆（系好安全带），用带有绝缘胶柄的钢丝钳或其他绝缘物使触电者脱离电源。如是高压线路且又不可能迅速切断电源时，可用抛铁丝等办法使线路短路，从而导致电源开关跳闸。抛挂前要先将短路线固定在接地体上，另一端系重物（抛掷时应注意防止电弧伤人或因其断线危及人员安全）。

⑤ 不论是高压或低压线路上发生的触电，救护人员在使触电者脱离电源时，均要预先注意发生高处坠落和再次触及其他有电线路的可能。

⑥ 若触电者触及了断落在地面上的带电高压线，在未确认线路无电或未做好安全措施（如穿绝缘靴等）之前，救护人员不得接近断线落地点 8～12m 范围内，以防止跨步电压伤人（但可临时将双脚并拢蹦跳地接近触电者）。在使触电者脱离带电导线后，亦应迅速将其带至距断线落地点 8～12m 处并立即开始紧急救护。只有在确认线路已经无电的情况下，方可在触电者倒地现场就地立即进行对症救护。

3. 脱离电源后的现场救护

抢救触电者使其脱离电源后，应立即就近移至干燥与通风场所，切勿慌乱和围观，首先应进行情况判别，再根据不同情况进行对症救护。

(1) 情况判别

① 触电者若出现闭目不语、神志不清的情况，应让其就地仰卧平躺，且确保气道通畅。可迅速呼叫其名字或轻拍其肩部（时间不超过 5s），以判断触电者是否丧失意识。但禁止摇动触电者头部进行呼叫。

② 触电者若神志不清、意识丧失，应立即检查是否有呼吸、心跳，具体可用“看、听、试”的方法尽快（不超过 10s）进行判定。所谓“看”，即仔细观看触电者的胸部和腹部是否还有起伏动作；所谓“听”，即用耳朵贴近触电者的口鼻与心房处，细听有无微弱呼吸声和心跳音；所谓“试”，即用手指或小纸条测试触电者口鼻处有无呼吸气流，再用手指轻按触电者左侧或右侧喉结凹陷处的颈动脉有无搏动，以判定是否还有心跳。

（2）对症救护　触电者除出现明显的死亡症状外，一般均可按以下三种情况分别进行对症处理。

① 伤势不重、神志清醒但有点心慌、四肢发麻、全身无力，或触电过程中曾一度昏迷、但已清醒过来。此时应让触电者安静休息，不要走动，并严密观察。也可请医生前来诊治，或必要时送往医院。

② 伤势较重、已失去知觉，但心脏跳动和呼吸存在，应使触电者舒适、安静地平卧。不要围观，让空气流通，同时解开其衣服包括领口与裤带以利于呼吸。若天气寒冷则还应注意保暖，并速请医生诊治或送往医院。

③ 伤势严重、呼吸或心跳停止，甚至都已停止，即处于所谓“假死状态”。则应立即施行口对口人工呼吸及胸外心脏按压进行抢救，同时速请医生或送往医院。应特别注意，急救要尽早进行，切不能消极地等待医生到来；在送往医院途中，也不应停止抢救。

项目二　静电防护技术

静电通常是指静止的电荷，它是由物体间的相互摩擦或感应而产生的。静电现象是一种常见的带电现象。

一、案例

某自助加油站，一名司机加油前整理了一下身上的毛衣，没有消除人体静电就直接用手握住喷枪手柄，瞬间加油枪就燃起了大火。

事故原因：司机在整理衣服时产生的静电点燃汽油。

二、静电的危害

在干燥的天气中用塑料梳子梳头，可以听到清晰的噼啪声；夜晚脱衣服时，还能够看见明亮的蓝色小火花；冬、春季节的北方或西北地区，有时会在与他人握手寒暄之际，出现双方骤然缩手的场面。这是由于人在干燥的地毯或木质地板上走动，相互摩擦致使电荷积累又无法泄漏，握手时发生了轻微电击的缘故。这些生活中的静电现象，一般由于电量有限，尚不致造成多大危害。

在工业生产中，静电现象也是很常见的。特别是石油化工部门，塑料、化纤等合成材料生产部门，橡胶制品生产部门，印刷和造纸部门，纺织部门以及其他制造、加工、运输高电阻材料的部门，都会经常遇到有害的静电。

化工生产中，静电的危害主要有三个方面，即引起火灾和爆炸、静电电击和引起生产中各种困难而妨碍生产。

1. 静电引起火灾和爆炸

静电放电可引起可燃、易燃液体蒸气、可燃气体以及可燃性粉尘的着火、爆炸。在化工生产中，由静电火花引起爆炸和火灾事故是静电最为严重的危害。从已发生的事故实例来看，由静电引起的火灾、爆炸事故常见于苯、甲苯、汽油等有机溶剂的运输，易燃液体的灌注、取样、过滤，一些能产生静电的原料、成品、半成品的包装、称重，以及物料泄漏喷出、摩擦搅拌、液体及粉体物料的输送、橡胶和塑料制品的剥离等过程。

在化工操作过程中，操作人员在活动时，穿的衣服、鞋以及携带的工具与其他物体摩擦时，就可能产生静电。当携带静电荷的人走近金属管道和其他金属物体时，人的手指或脚趾会释放出电火花，往往酿成静电灾害。

2. 静电电击

橡胶和塑料制品等高分子材料与金属摩擦时，产生的静电荷往往不易泄漏。当人体接近这些带电体时，就会受到意外的电击。这种电击是由于从带电体向人体发生放电，电流流向人体而产生的。同样，当人体带有较多静电电荷时，电流流向接地体，也会发生电击现象。

静电电击不是电流持续通过人体的电击，而是由静电放电造成的瞬间冲击性电击。这种瞬间冲击性电击不至于直接使人死亡，人大多数只是产生痛感和震颤。但是，在生产现场却可造成指尖负伤，或因为屡遭电击后产生恐惧心理，从而使工作效率下降。

3. 静电妨碍生产

静电对化工生产的影响，主要表现在粉体筛分、塑料、橡胶和感光胶片行业中。

① 在粉体筛分时，由于静电电场力的作用，筛网吸附了细微的粉末，使筛孔变小而降低了生产效率；在气流输送工序，管道的某些部位由于静电作用，积存一些被输送物料，减小了管道的流通面积，使输送效率降低；在球磨工序里，因为钢球带电而吸附了一层粉末，这不但会降低球磨的粉碎效果，而且这一层粉末脱落下来混进产品中，会影响产品细度，降低产品质量；在计量粉体时，由于计量器具吸附粉体，造成计量误差，影响投料或包装重量的正确性；粉体装袋时，因为静电斥力的作用，使粉体四散飞扬，既损失了物料，又污染了环境。

② 在塑料和橡胶行业，由于制品与辊轴的摩擦或制品的挤压或拉伸，会产生较多的静电。因为静电不能迅速消失，会吸附大量灰尘，而为了清扫灰尘要花费很多时间，浪费了工时。塑料薄膜还会因静电作用而缠卷不紧。

③ 在感光胶片行业，由于胶片与辊轴的高速摩擦，胶片静电电压可高达数千至数万伏。如果在暗室发生静电放电的话，胶片将因感光而报废；同时，静电使胶卷基片吸附灰尘或纤维，降低了胶片质量，还会造成涂膜不均匀等。

静电也有其可被利用的一面。静电技术作为一项先进技术，在工业生产中已得到了越来越广泛的应用。如静电除尘、静电喷漆、静电植绒、静电选矿、静电复印等都是利用静电的特点来进行工作的。它们是利用外加能源来产生高压静电场，与生产工艺过程中产生的有害静电不同。

三、静电防护技术

防止静电引起火灾爆炸事故是化工静电安全的主要内容。为防止静电引起火灾爆炸所采取的安全防护措施，对防其他静电危害也同样有效。

静电引起燃烧爆炸的基本条件有四个：一是有产生静电的来源；二是静电得以积累，并达到足以引起火花放电的静电电压；三是静电放电的火花能量达到爆炸性混合物的最小点燃能量；四是静电火花周围有可燃性气体、蒸气和空气形成的可燃性气体混合物。因此，只要采取适当的措施，消除以上四个基本条件中的任何一个，就能防止静电引起的火灾爆炸。防止静电危害主要有下列七项措施。

1. 场所危险程度的控制

为了防止静电危害，可以采取减轻或消除所在场所周围环境火灾、爆炸危险性的间接措施。如用不燃介质代替易燃介质、通风、惰性气体保护、负压操作等。在工艺允许的情况下，采用较大颗粒的粉体代替较小颗粒粉体，也是减轻场所危险性的一个措施。

2. 工艺控制

工艺控制是从工艺上采取措施，以限制和避免静电的产生和积累，是消除静电危害的主要手段之一。包括以下方面。

① 应控制输送物料流速以限制静电的产生。输送液体物料时，允许流速与液体电阻率有着十分密切的关系，当电阻率小于 $10^7\Omega\cdot cm$ 时，允许流速不超过 10m/s；当电阻率为 $10^7\sim10^{11}\Omega\cdot cm$ 时，允许流速不超过 5m/s；当电阻率大于 $10^{11}\Omega\cdot cm$ 时，允许流速取决于液体的性质、管道直径和管道内壁光滑程度等条件。例如，烃类燃料油在管内输送，管道直径为 50mm 时，流速不得超过 3.6m/s；直径 100mm 时，流速不得超过 2.5m/s。但是，当燃料油带有水分时，必须将流速限制在 1m/s 以下。输送管道应尽量减少转弯和变径。操作人员必须严格执行工艺规定的流速，不能擅自提高流速。

② 选用合适的材料。一种材料与不同种类的其他材料摩擦时，所带的静电电荷数量和极性随其材料的不同而不同。可以根据静电起电序列选用适当的材料匹配，使生产过程中产生的静电互相抵消，从而达到减少或消除静电危险的目的。如氧化铝粉经过不锈钢漏斗时，静电电压为－100V，经过虫胶漆漏斗时，静电电压为＋500V。采用适当选配，由这两种材料制成的漏斗，静电电压可以降低为零。

同样，在工艺允许的前提下，适当安排加料顺序，也能降低静电的危险性。例如，某搅拌作业中，最后加入汽油时，液浆表面的静电电压高达 11～13kV。后来改变加料顺序，先加入部分汽油，后加入氧化锌和氧化铁，进行搅拌后加入石棉等填料及剩余少量的汽油，能使液浆表面的静电电压降至 400V 以下。这一类措施的关键，在于确定了加料顺序或器具使用的顺序后，操作人员不可任意改动，否则，会适得其反，静电电位不仅不会降低，相反还会增加。

③ 增加静止时间。化工生产中将苯、二硫化碳等液体注入容器、贮罐时，都会产生一定的静电荷。液体内的电荷将向器壁及液面集中并可慢慢泄漏消散，完成这个过程需要一定的时间。如向燃料罐注入重柴油，装到 90% 时停泵，液面静电位的峰值常常出现在停泵以后的 5～10s 内，然后电荷就很快衰减掉，这个过程持续时间为 70～80s。由此可知，刚停泵就进行检测或采样是危险的，容易发生事故。应该静止一定的时间，待静电基本消散后再进行有关的操作。操作人员懂得这个道理后，就应自觉遵守安全规定，千万不能操之过急。

静止时间应根据物料的电阻率、槽罐容积、气象条件等具体情况决定，也可参考表 4-5 的经验数据。

表 4-5 静电消散静止时间 单位：min

物料电阻率/(Ω·cm)		$10^8\sim10^{12}$	$10^{12}\sim10^{14}$	$>10^{14}$
物料容积	$<10m^3$	2	4	10
	$10\sim50m^3$	3	5	15

④ 改变灌注方式。为了减少从贮罐顶部灌注液体时的冲击而产生的静电，要改变灌注管头的形状和灌注方式。经验表明，T 形、锥形、45°斜口形和人字形灌注管头有利于降低贮罐液面的最高静电电位。为了避免液体的冲击、喷射和溅射，应将进液管延伸至近底部位。

3. 接地

接地是消除静电危害最常见的措施。在化工生产中，以下工艺设备应采取接地措施。

① 凡用来加工、输送、贮存各种易燃液体、气体和粉体的设备必须接地。如过滤器、吸附器、反应器、贮槽、贮罐、传送胶带、液体和气体等物料管道、取样器、检尺棒等。输送可燃物料的管道要连成一个整体，并予以接地。管道的两端和每隔 200～300m 处，均应

接地。平行管道相距10cm以内时，每隔20m应用连接线连接起来；管道与管道、管道与其他金属构件交叉时，若间距小于10cm，也应互相连接起来。

② 倾注溶剂漏斗、浮动罐顶、工作站台、磅秤等辅助设备，均应接地。

③ 在装卸汽车槽车之前，应与贮存设备跨接并接地；装卸完毕，应先拆除装卸管道，静置一段时间，然后拆除跨接线和接地线。油轮的船壳应与水保持良好的导电性连接，装卸油时也要遵循先接地后接油管、先拆油管后拆接地线的原则。

④ 可能产生和积累静电的固体和粉体作业设备，如压延机、上光机、砂磨机、球磨机、筛分机、捏和机等，均应接地。

⑤ 在具有火灾爆炸危险的场所、静电对产品质量有影响的生产过程以及静电危害人身安全的作业区内，所有的金属用具及门窗零部件、移动式金属车辆、梯子等均应接地。

静电接地的连接线应保证足够的机械强度和化学稳定性，连接应当可靠，操作人员在巡回检查中，经常检查接地系统是否良好，不得有中断处，接地电阻不超过规定值。

4. 增湿

存在静电危险的场所，在工艺条件许可时，宜采用安装空调设备、喷雾器等办法，以提高场所环境相对湿度，消除静电危害。用增湿法消除静电危害的效果显著。例如，某粉体筛选过程中，相对湿度低于50%时，测得容器内静电电压为40kV；相对湿度为60%～70%时，静电电压为18kV；相对湿度为80%时，静电电压为11kV。从消除静电危害的角度考虑，相对湿度在70%以上较为适宜。

5. 抗静电剂

抗静电剂具有较好的导电性能或较强的吸湿性。因此，在易产生静电的高绝缘材料中，加入抗静电剂，可使材料的电阻率下降，加快静电泄漏，消除静电危险。

抗静电剂的种类很多，有无机盐类，如氯化钾、硝酸钾等；有表面活性剂类，如脂肪族磺酸盐、季铵盐、聚乙二醇等；有无机半导体类，如亚铜、银、铝等的卤化物；有高分子聚合物类等。

在塑料行业，为了长期保持抗静电性能，一般采用内加型表面活性剂。在橡胶行业，一般采用炭黑、金属粉等添加剂。在石油行业，采用油酸盐、环烷酸盐、合成脂肪酸盐等作为抗静电剂。

6. 静电消除器

静电消除器是一种产生电子或离子的装置，借助于产生的电子或离子中和物体上的静电，从而达到消除静电的目的。静电消除器具有不影响产品质量、使用比较方便等优点。常用的静电消除器有以下几种。

(1) 感应式消除器　这是一种没有外加电源、最简便的静电消除器，可用于石油、化工、橡胶等行业。它由若干只放电针、放电刷或放电线及其支架等附件组成。生产资料上的静电在放电针上感应出极性相反的电荷，针尖附近形成很强的电场，当局部场强超过30kV/cm时，空气被电离，产生正负离子，与物料电荷中和，达到消除静电的目的。

(2) 高压静电消除器　这是一种带有高压电源和多支放电针的静电消除器，可用于橡胶、塑料行业。它是利用高电压使放电针尖端附近形成强电场，将空气电离以达到消除静电的目的。包括直流电压消除器和交流电压消除器。使用较多的是交流电压消除器。直流电压消除器由于会产生火花放电，不能用于有爆炸危险的场所。

在使用高压静电消除器时，要十分注意绝缘是否良好，要保持绝缘表面的洁净，定期清扫和维护保养，防止发生触电事故。

(3) 高压离子流静电消除器　这种消除器是在高压电源作用下，将经电离后的空气输送到较远的需要消除静电的场所。它的作用距离大，距放电器30～100cm有满意的消电效能，一般取 60cm 比较合适。使用时，空气要经过净化和干燥，不应有可见的灰尘和油雾，相对湿度应控制在 70%以下，放电器的压缩空气进口处的正压不能低于 0.049～0.098MPa。此种静电消除器，采用了防爆型结构，安全性能良好，可用于爆炸危险场所。如果加上挡光装置，还可用于严格防光的场所。

（4）放射性辐射消除器　这是利用放射性同位素使空气电离，产生正负离子去中和生产物料上的静电。放射性辐射消除器距离带电体愈近，消电效应就愈好，距离一般取 10～20cm，其中采用 α 射线不宜大于 4～5cm；采用 β 射线不宜大于 40～60cm。

放射性辐射消除器结构简单，不要求外接电源，工作时不会产生火花，适用于有火灾和爆炸危险的场所。使用时要有专人负责保养和定期维修，避免撞击，防止射线的危害。

静电消除器的选择，应根据工艺条件和现场环境等具体情况而定。

7. 人体的防静电措施

人体的防静电主要是防止带电体向人体放电或人体带静电所造成的危害，具体有以下几个措施。

① 采用金属网或金属板等导电材料遮蔽带电体，以防止带电体向人体放电。操作人员在接触静电带电体时，宜戴用金属线和导电性纤维做的混纺手套，穿防静电工作服。

② 穿防静电工作鞋。防静电工作鞋的电阻为 10^5～$10^7\Omega$，穿戴后人体所带静电荷可通过防静电工作鞋及时泄漏掉。

③ 在易燃场所入口处，安装硬铝或铜等导电金属的接地通道，操作人员从通道经过后，可以导除人体静电。同时，入口门的扶手也可以采用金属结构并接地，当手触门扶手时可导除静电。

④ 采用导电性地面也是一种接地措施，不但能导走设备上的静电，而且有利于导除积累在人体上的静电。导电性地面是指用电阻率 $10^6\Omega \cdot cm$ 以下的材料制成的地面。

⑤ 进入涉及易燃易爆物料的化工装置作业前，用手触摸人体静电释放器上面的金属球消除人体静电。

项目三 防雷技术

雷电是一种自然现象，其强大的电流和冲击电压可以产生巨大的破坏力。只有针对不同的设施装置，采取适当的防护措施，才能防止或降低雷电引起的各种破坏。

一、案例

2004 年 8 月 26 日，济南市某化工厂一台 4M20-75/320 型压缩机放空管因遭雷击发生着火事故。

事故经过：当日 9 时，正值雷雨天气，厂内设备运行正常。忽然一声雷鸣过后，厂内巡视检查工人发现厂区内 8 号氮氢气压缩机放空管着火。在通知厂领导的同时，立即向厂消防救援队报警。厂消防救援队在最短的时间内赶到着火现场，在消防救援队和闻讯赶来的厂干部及职工的共同努力下，扑灭了火焰，没有酿成重大火灾，避免了更大的损失。

二、雷电的危害

雷击时，雷电流很大，其值可达数十至数千安培，同时雷电压也极高。因此，雷电有很大的破坏力，它会造成设备或设施的损坏，击坏建筑物，引起燃烧或爆炸、人畜伤亡等。其危害主要有以下几个方面。

1. 电性质破坏

雷电放电产生极高的冲击电压，可击穿电气设备的绝缘，损坏电气设备和线路，造成大面积停电。由于绝缘损坏还会引起短路，导致火灾或爆炸事故。绝缘的损坏为高压窜入低压、设备漏电创造了危险条件，并可能造成严重的触电事故。巨大的雷电流流入地下，会在雷击点及其连接的金属部分产生极大的对地电压，也可直接导致因接触电压或跨步电压而产生的触电事故。

2. 热性质破坏

强大雷电流通过导体时，在极短的时间将转换为大量热能，产生的高温会造成易燃物燃烧，或金属熔化飞溅，而引起火灾、爆炸。

3. 机械性质破坏

由于热效应使雷电通道中木材纤维缝隙或其他结构中缝隙里的空气剧烈膨胀，同时使水分汽化或其他物质分解为气体，因而在被雷击物体内部出现强大的机械压力，使被击物体遭受严重破坏或造成爆裂。

4. 电磁感应

雷电的强大电流所产生的强大交变电磁场会使导体感应出较大的电动势，并且还会在构成闭合回路的金属物中感应出电流，这时如果回路中有的地方接触电阻较大，就会造成局部发热或发生火花放电，这对于存放易燃、易爆物品的场所是非常危险的。

5. 雷电波入侵建筑物

雷电在架空线路、金属管道上会产生冲击电压，使雷电波沿线路或管道迅速传播。若侵入建筑物内，可造成配电装置和电气线路绝缘层击穿，产生短路，或使建筑物内易燃易爆品燃烧和爆炸。

6. 防雷装置上的高电压对建筑物的反击作用

当防雷装置受雷击时，在接闪器、引下线和接地体上均具有很高的电压。如果防雷装置与建筑物内外的电气设备、电气线路或其他金属管道的相隔距离很近，它们之间就会产生放电，这种现象称为反击。反击可能引起电气设备绝缘破坏，金属管道烧穿，甚至造成易燃、易爆品着火和爆炸。

7. 雷电对人体的危害

雷击电流若迅速通过人体，可立即使人的呼吸中枢麻痹，心室颤动、心搏骤停，致使脑组织及一些主要脏器受到严重损坏，出现休克甚至突然死亡。雷击时产生的火花、电弧，还会使人遭到不同程度的灼伤。

三、建筑物的防雷技术

1. 建筑物防雷分类

《建筑物防雷设计规范》（GB 50057—2010）规定，建（构）筑物应根据其重要性、使用性质、发生雷电事故的可能性和后果，按防雷要求分为三类。

（1）第一类防雷建筑物　在可能发生对地闪击的地区，遇下列情况之一时，应划为第一类防雷建筑物：

① 凡制造、使用或贮存火炸药及其制品的危险建筑物，因电火花而引起爆炸、爆轰，会造成巨大破坏和人身伤亡者。

② 具有 0 区或 20 区爆炸危险场所的建筑物。

③ 具有 1 区或 21 区爆炸危险场所的建筑物，因电火花而引起爆炸，会造成巨大破坏和人身伤亡者。

（2）第二类防雷建筑物　在可能发生对地闪击的地区，遇下列情况之一时，应划为第二类防雷建筑物：

① 国家级重点文物保护的建筑物。

② 国家级的会堂、办公建筑物、大型展览和博览建筑物、大型火车站和飞机场、国宾馆、国家级档案馆、大型城市的重要给水泵房等特别重要的建筑物。

③ 国家级计算中心、国际通信枢纽等对国民经济有重要意义的建筑物。

④ 国家特级和甲级大型体育场。

⑤ 制造、使用或贮存火炸药及其制品的危险建筑物，且电火花不易引起爆炸或不致造成巨大破坏和人身伤亡者。

⑥ 具有1区或21区爆炸危险场所的建筑物，且电火花不易引起爆炸或不致造成巨大破坏和人身伤亡者。

⑦ 具有2区或22区爆炸危险场所的建筑物。

⑧ 有爆炸危险的露天钢质封闭气罐。

⑨ 预计雷击次数大于0.05次/a的部、省级办公建筑物和其他重要或人员密集的公共建筑物以及火灾危险场所。

⑩ 预计雷击次数大于0.25次/a的住宅、办公楼等一般性民用建筑物或一般性工业建筑物。

（3）第三类防雷建筑物　在可能发生对地闪击的地区，遇下列情况之一时，应划为第三类防雷建筑物。

① 省级重点文物保护的建筑物及省级档案馆。

② 预计雷击次数大于或等于0.01次/a，且小于或等于0.5次/a的部、省级办公建筑物和其他重要或人员密集的公共建筑物，以及火灾危险场所。

③ 预计雷击次数大于或等于0.05次/a，且小于或等于0.25次/a的住宅、办公楼等一般性民用建筑物或一般性工业建筑物。

④ 在平均雷暴日大于15d/a的地区，高度在15m及以上的烟囱、水塔等孤立的高耸建筑物；在平均雷暴日小于或等于15d/a的地区，高度在20m及以上的烟囱、水塔等孤立的高耸建筑物。

2. 建筑物的防雷措施

（1）基本规定

① 应装设独立接闪杆或架空接闪线或网。架空接闪网的网格尺寸不应大于5m×5m或6m×4m。

② 第二类防雷建筑物中②～④条情形的建筑物还应采取防雷击电磁脉冲的措施。其他各类防雷建筑物，当其建筑物内系统所接设备的重要性高，以及所处雷击磁场环境和加于设备的闪电电涌无法满足要求时，也应采取防雷击电磁脉冲的措施。

（2）第一类防雷建筑物的防雷措施

① 防直击雷的措施。应装设独立避雷针或架空避雷线（网），使被保护的建筑物及风帽、放散管等突出屋面的物体均处于接闪器的保护范围内。架空避雷网的网格尺寸不应大于5m×5m或6m×4m。排放爆炸危险气体、蒸气或粉尘的放散管、呼吸阀、排风管等管口外的以下空间应处于接闪器的保护范围内，并应符合规定要求。排放爆炸危险气体、蒸气或粉尘的放散管、呼吸阀、排风管等，当其排放物达不到爆炸浓度、长期点火燃烧、一排放就点火燃烧及发生事故时排放物才达到爆炸浓度的通风管、安全阀，接闪器的保护范围可仅保护到管帽，无管帽时可仅保护到管口。独立接闪杆的杆塔、架空接闪线的端部和架空接闪网的每根支柱处应至少设一根引下线。对用金属制成或有焊接、绑扎连接钢筋网的杆塔、支柱，宜利用金属杆塔或钢筋网作为引下线。独立接闪杆和架空接闪线或网的支柱及其接地装置至

被保护建筑物及与其有联系的管道、电缆等金属物之间的间隔距离，应符合规定且不得小于3m。架空接闪线至屋面和各种突出屋面的风帽、放散管等物体之间的间隔距离，应符合规定且不得小于3m。架空接闪网至屋面和各种突出屋面的风帽、放散管等物体之间的间隔距离，应符合规定且不得小于3m。独立接闪杆、架空接闪线或架空接闪网应设独立的接地装置，每一引下线的冲击接地电阻不宜大于10Ω。在土壤电阻率高的地区，可适当增大冲击接地电阻。

② 防闪电感应的措施。建筑物内的设备、管道、构架、电缆金属外皮、钢屋架、钢窗等较大金属物和突出屋面的放散管、风管等金属物，均应接到防闪电感应的接地装置上。平行敷设的管道、构架和电缆金属外皮等长金属物，其净距小于100mm时，应采用金属线跨接，跨接点的间距不应大于30m；交叉净距小于100mm时，其交叉处亦应跨接。防雷电感应的接地装置应与电气和电子系统的接地装置共用，其工频接地电阻不宜大于10Ω。

③ 防闪电电涌侵入的措施。室外低压配电线路应全线采用电缆直接埋地敷设，在入户处应将电缆的金属外皮、钢管接到等电位连接带或防闪电感应的接地装置上。当全线采用电缆有困难时，应采用钢筋混凝土杆和铁横担的架空线，并应使用一段金属铠装电缆或护套电缆穿钢管直接埋地引入。架空线与建筑物的距离不应小于15m。

（3）第二类防雷建筑物的防雷措施　宜采用装设在建筑物上的接闪网、接闪带或接闪杆，也可采用由接闪网、接闪带或接闪杆混合组成的接闪器。突出屋面的放散管、风管、烟囱等物体，应按规范保护。专设引下线不应少于2根，并应沿建筑物四周和内庭院四周均匀对称布置，其间距沿周长计算不宜大于18m。当建筑物的跨度较大，无法在跨距中间设引下线，应在跨距两端设引下线并减小其他引下线的间距，专设引下线的平均间距不应大于18m。外部防雷装置的接地应和防雷电感应、内部防雷装置、电气和电子系统等接地共用接地装置，并应与引入的金属管线做等电位连接。外部防雷装置的专设接地装置宜围绕建筑物敷设成环形接地体。利用建筑物的钢筋作为防雷装置时应符合规范。共用接地装置的接地电阻应按50Hz电气装置的接地电阻确定，不应大于按人身安全所确定的接地电阻值。

（4）第三类防雷建筑物的防雷措施　宜采用装设在建筑物上的接闪网、接闪带或接闪杆，也可采用由接闪网、接闪带或接闪杆混合组成的接闪器。突出屋面的物体的保护措施应符合规范的规定。专设引下线不应少于2根，并应沿建筑物四周和内庭院四周均匀对称布置，其间距沿周长计算不宜大于25m。当建筑物的跨度较大，无法在跨距中间设引下线时，应在跨距两端设引下线并减小其他引下线的间距，专设引下线的平均间距不应大于25m。防雷装置的接地应与电气和电子系统等接地共用接地装置，并应与引入的金属管线做等电位连接。外部防雷装置的专设接地装置宜围绕建筑物敷设成环形接地体。建筑物宜利用钢筋混凝土屋面、梁、柱、基础内的钢筋作为引下线和接地装置，当其女儿墙以内的屋顶钢筋网以上的防水和混凝土层允许不保护时，宜利用屋顶钢筋网作为接闪器，以及当建筑物为多层建筑其女儿墙压顶板内或檐口内有钢筋且周围除保安人员巡逻外通常无人停留时，宜利用女儿墙压顶板内或檐口内的钢筋作为接闪器。共用接地装置的接地电阻应按50Hz电气装置的接地电阻确定，不应大于按人身安全所确定的接地电阻值。防止雷电流流经引下线和接地装置时产生的高电位对附近金属物或电气和电子系统线路的反击。高度超过60m的建筑物，屋顶的外部防雷装置应符合规范的规定。砖烟囱、钢筋混凝土烟囱，宜在烟囱上装设接闪杆或接闪环保护。多支接闪杆应连接在闭合环上。

（5）其他防雷措施

① 当一座防雷建筑物中兼有第一、二、三类防雷建筑物时，其防雷分类和防雷措施宜符合下列规定：

当第一类防雷建筑物部分的面积占建筑物总面积的30%及以上时，该建筑物宜确定为第一类防雷建筑物。

当第一类防雷建筑物部分的面积占建筑物总面积的30%以下，且第二类防雷建筑物部分的面积占建筑物总面积的30%及以上时，或当这两部分防雷建筑物的面积均小于建筑物总面积的30%，但其面积之和又大于30%时，该建筑物宜确定为第二类防雷建筑物。但对第一类防雷建筑物部分的防雷电感应和防闪电电涌侵入，应采取第一类防雷建筑物的保护措施。

当第一、二类防雷建筑物部分的面积之和小于建筑物总面积的30%，且不可能遭直接雷击时，该建筑物可确定为第三类防雷建筑物；但对第一、二类防雷建筑物部分的防雷电感应和防闪电电涌侵入，应采取各自类别的保护措施；当可能遭直接雷击时，宜按各自类别采取防雷措施。

② 当一座建筑物中仅有一部分为第一、二、三类防雷建筑物时，其防雷措施宜符合下列规定：

当防雷建筑物部分可能遭直接雷击时，宜按各自类别采取防雷措施。

当防雷建筑物部分不可能遭直接雷击时，可不采取防直击雷措施，可仅按各自类别采取防闪电感应和防闪电电涌侵入的措施。

当采用接闪器保护建筑物、封闭气罐时，其外表面外的2区爆炸危险场所可不在滚球法确定的保护范围内。

固定在建筑物上的节日彩灯、航空障碍信号灯及其他用电设备和线路应根据建筑物的防雷类别采取相应的防止闪电电涌侵入的措施。

粮、棉及易燃物大量集中的露天堆场，当其年预计雷击次数大于或等于0.05时，应采用独立接闪杆或架空接闪线防直击雷。独立接闪杆和架空接闪线保护范围的滚球半径可取100m。

在建筑物引下线附近保护人身安全需采取的防接触电压和跨步电压的措施，应符合规范的规定。

在独立接闪杆、架空接闪线、架空接闪网的支柱上，严禁悬挂电话线、广播线、电视接收天线及低压架空线等。

其他情况详见《建筑物防雷设计规范》(GB 50057—2010)。

四、化工设备的防雷技术

1. 塔区的防雷技术

① 独立安装或安装在混凝土框架内、顶部高出框架的钢制塔体，其壁厚大于或等于4mm时，应以塔体本身作为接闪器。

② 安装在塔顶和外侧上部突出的放空管应处于接闪器的保护范围内。

③ 塔体作为接闪器时，接地点不应少于2处，并应沿塔体周边均匀布置，引下线的间距不应大于18m。引下线应与塔体金属底座上预设的接地耳相连。与塔体相连的非金属物体或管道，当处于塔体本身保护范围之外时，应在合适的地点安装接闪器加以保护。

④ 每根引下线的冲击接地电阻不应大于10Ω。接地装置宜围绕塔体敷设成环形接地体。

⑤ 用于安装塔体的混凝土框架，每层平台金属栏杆应连接成良好的电气通路，并应通过引下线与塔体的接地装置相连。引下线应采用沿柱明敷的金属导体或直径不小于10mm的柱内主钢筋。利用柱内主钢筋作为引下线时，柱内主钢筋应采用箍筋绑扎或焊接，并在每层柱面预埋100mm×100mm钢板，作为引下线引出点，与金属栏杆或接地装置相连。

2. 罐区的防雷技术

(1) 金属罐体　应做防直击雷接地，接地点不应少于2处，并应沿罐体周边均匀布置，引下线的间距不应大于18m。每根引下线的冲击接地电阻不应大于10Ω。

(2) 储存可燃物质的储罐

① 钢制储罐的罐壁厚度大于或等于4mm，在罐顶装有带阻火器的呼吸阀时，应利用罐

体本身作为接闪器。

② 钢制储罐的罐壁厚度大于或等于 4mm，在罐顶装有无阻火器的呼吸阀时，应在罐顶装设接闪器。

③ 钢制储罐的罐壁厚度小于 4mm 时，应在罐顶装设接闪器，使整个储罐在保护范围之内。

④ 非金属储罐应装设接闪器，使被保护储罐和突出罐顶的呼吸阀等均处于接闪器的保护范围之内。

⑤ 覆土储罐的埋层大于或等于 0.5m 时，罐体可不考虑防雷设施；储罐的呼吸阀露出地面时，应采取局部防雷保护。

（3）浮顶储罐（包括内浮顶储罐） 应利用罐体本身作为接闪器，浮顶与罐体应有可靠的电气连接。

（4）其他储罐

① 土壤腐蚀严重地区或强雷电地区储存易燃易爆物质的大中型储罐，宜进行连续性整体接地电阻检测。

② 强雷电地区的储罐区，宜设置雷电预警系统。

3. 框架、管架及管道的防雷技术

（1）钢框架与管架 钢框架及管架应通过立柱与接地装置相连，其连接应采用接地连接件，连接件应焊接在立柱上高出地面不低于 450mm 的地方，接地点间距不应大于 18m。每组框架、管架的接地点不应少于 2 处。管道中无阀门、法兰的管段，接地点间距可不大于 30m。

（2）混凝土框架与管架 混凝土框架及管架上的爬梯、电缆支架、栏杆等钢制构件，应与接地装置直接连接或通过其他接地连接件进行连接，接地间距不应大于 18m。

（3）管道

① 每根金属管道均应与已接地的管架做等电位连接，其连接应采用接地连接件；多根金属管道可互相连接后，应再与已接地的管架做等电位连接。

② 平行敷设的金属管道，其净间距小于 100mm 时，应每隔 30m 用金属线连接。管道交叉点净距小于 100mm 时，其交叉点应用金属线跨接。

③ 管架上敷设输送可燃性介质的金属管道，在始端、末端、分支处，均应设置防雷电感应的接地装置，其工频接地电阻不应大于 30Ω。

④ 进、出生产装置的金属管道，在装置的外侧应接地，并应与电气设备的保护接地装置和防雷电感应的接地装置相连接。

五、防雷装置及安全技术

1. 常用防雷装置

常用防雷装置主要包括避雷针、避雷线、避雷网、避雷带、保护间隙及避雷器。完整的防雷装置包括接闪器、引下线和接地装置。而上述避雷针、避雷线、避雷网、避雷带及避雷器实际上都只是接闪器。除避雷器外，它们都是利用其高于被保护物，把雷电引向自身，然后通过引下线和接地装置把雷电流泄入大地，使被保护物免受雷击。各种防雷装置的具体作用如下。

（1）避雷针 主要用来保护露天变配电设备及比较高大的建（构）筑物。它是利用尖端放电原理，避免设置处所遭受直接雷击。

（2）避雷线 主要用来保护输电线路，线路上的避雷线也称为架空地线。避雷线可以限制沿线路侵入变电所的雷电冲击波幅值及陡度。

（3）避雷网 主要用来保护建（构）筑物。分为明装避雷网和笼式避雷网两大类。沿建筑物上部明装金属网格作为接闪器，沿外墙装引下线接到接地装置上的避雷网，称为明装避雷网，一般建筑物中常采用这种方法。而把整个建筑物中的钢筋结构连成一体，构成一个大型金属网笼，称为笼式避雷网。

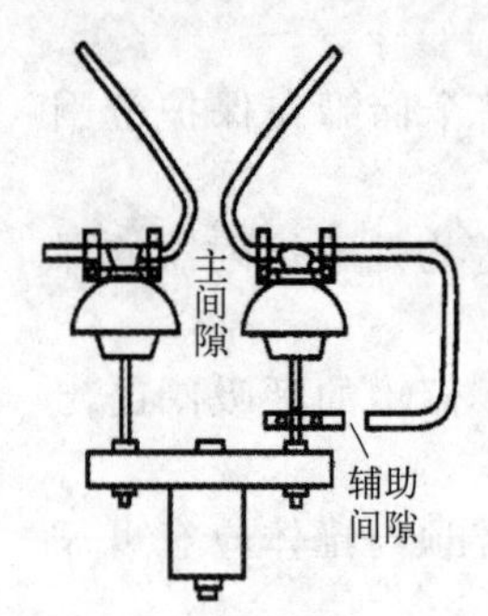

图 4-8 保护间隙的结构

(4) 避雷带 主要用来保护建（构）筑物。该装置包括沿建筑物屋顶四周易受雷击部位明设的金属带、沿外墙安装的引下线及接地装置构成。多用于民用建筑，特别是山区的建筑。

一般而言，使用避雷带或避雷网的保护性能比避雷针的要好。

(5) 保护间隙 是一种最简单的避雷器。将它与被保护的设备并联，当雷电波袭来时，间隙先行被击穿，把雷电流引入大地，从而避免被保护设备因高幅值的过电压而被击穿。保护间隙的原理结构如图4-8所示。

保护间隙主要由直径6～9mm的镀锌圆钢制成的主间隙和辅助间隙组成。主间隙做成羊角型，以便其间产生电弧时，因空气受热上升，被推移到间隙的上方，拉长而熄灭。因为主间隙暴露在空气中，比较容易短接，所以加上辅助间隙，防止意外短路。

(6) 避雷器 主要用来保护电力设备，是一种专用的防雷设备。分为管型和阀型两类。它可进一步防止沿线路侵入变电所或变压器的雷电冲击波对电气设备的破坏。防雷电波的接地电阻一般不得大于5～30Ω，其中阀型避雷器的接地电阻不得大于5～10Ω。

2. 防雷装置的安全技术措施

为了使防雷装置具有可靠的保护效果，不仅要有合理的设计和正确的施工，还要建立必要的维护保养制度，进行定期和特殊情况下的检查。

① 对于重要设施，应在每年雷雨季节之前做定期检查。对于一般性设施，应每2～3年在雷雨季节前做定期检查。如有特殊情况，还要做临时性的检查。

② 检查是否由于维修建筑物或建筑物本身变形，使防雷装置的保护发生变化的情况。

③ 检查各处明装导体有无因锈蚀或机械损伤而折断的情况，如发现锈蚀在30%以上，则必须及时更换。

④ 检查接闪器有无因遭受雷击而发生熔化或折断，避雷器瓷套有无裂纹、碰伤的情况，并应定期进行预防性试验。

⑤ 检查接地线在距地面2m至地下0.3m的保护处有无被破坏的情况。

⑥ 检查接地装置周围的土壤有无沉陷现象。

⑦ 测量全部接地装置的接地电阻值，如发现其有很大变化，应对接地系统进行全面检查，必要时设法降低接地电阻值。

⑧ 检查有无因施工挖土、敷设其他管道或种植树木而损坏接地装置的情况。

六、人体的防雷技术

雷电活动时，由于雷云直接对人体放电，产生对地电压或二次反击放电，都可能对人造成电击。因此，应注意必要的安全要求。

① 雷电活动时，非工作需要，应尽量少在户外或野外逗留；在户外或野外处最好穿塑料等不浸水的雨衣；如有条件，可进入有宽大金属构架或有防雷设施的建筑物、汽车或船只内；如依靠建筑物屏蔽的街道或高大树木屏蔽的街道躲避时，要注意离开墙壁和树干距离8m以上。

② 雷电活动时，应尽量离开小山、小丘或隆起的小道，应尽量离开海滨、湖滨、河边、池旁，应尽量离开铁丝网、金属晾衣绳以及旗杆、烟囱、高塔、单独的树木附近，还应尽量离开没有防雷保护的小建筑物或其他设施。

③ 雷电活动时，在室内应注意雷电侵入波的危险，应离开照明线、动力线、电话线、广播线、收音机电源线、收音机和电视机天线以及与其相连的各种设备，以防止这些线路或设备对人体二次放电。应当注意，仅仅关闭开关防止雷击是不起作用的。雷电活动时，还应注意关闭门窗，防止球形雷进入室内造成危害。

④ 防雷装置在遭受雷击时，雷电流通过会产生很高电位，可引起人身伤亡事故。为防止雷电反击发生，应使防雷装置与建筑物金属导体间的绝缘介质网络电压大于反击电压，并划出一定的危险区，人员不得接近。

⑤ 当雷电流经地面雷击点的接地体流入周围土壤时，会在它周围形成很高的电位，如有人站在接地体附近，就会受到雷电流所造成的跨步电压的危害。

⑥ 当雷电流经引下线接地装置时，由于引下线本身和接地装置都有阻抗，因而会产生较高的电压降，这时人若接触，就会受接触电压危害。

⑦ 为了防止跨步电压伤人，防直击雷接地装置距建（构）筑物出入口和人行道的距离不应小于 3m。当小于 3m 时，应采取接地体局部深埋、隔以沥青绝缘层、敷设地下均压条等安全措施。

【拓展阅读】

人体触电

1. 人体电阻和人体允许电流

（1）人体电阻　当电压一定时，人体电阻越小，通过人体的电流就越大，触电的危险性也就越大。电流通过人体的具体路径为：皮肤→血液→皮肤。

人体电阻包括内部组织电阻（简称体内电阻）和皮肤电阻两部分。体内电阻较稳定，一般不低于 500Ω。皮肤电阻主要由角质层（厚 0.05～0.2mm）决定。角质层越厚，电阻就越大。角质层电阻为 1000～1500Ω。

影响人体电阻的因素很多。除皮肤厚薄外，皮肤潮湿、多汗、有损伤、带有导电粉尘等都会降低人体电阻。清洁、干燥、完好的皮肤电阻值就较高。另外，人体电阻还跟接触电压和电极接触面积有关。

（2）人体允许电流　由实验得知，在摆脱电流范围内，人若被电击后一般都能自主地摆脱带电体，从而摆脱触电危险。因此，通常便把摆脱电流看作是人体允许电流。成年男性的允许电流约为 16mA，成年女性的允许电流约为 10mA。在线路及设备装有防止触电的电流速断保护装置时，人体允许电流可按 30mA 考虑；在空中、水面等可能因电击导致坠落、溺水的场合，则应按不引起痉挛的 5mA 考虑。

若发生人手接触带电导线而触电时，常会出现紧握导线丢不开的现象。这并不是因为电有吸力，而是由于电流的刺激作用，使该部分机体发生了痉挛、肌肉收缩的缘故，是电流通过人手时所产生的生理作用引起的。显然，这就增大了摆脱电源的困难，从而也就会加重触电的后果。

2. 触电事故的规律及其发生原因

触电事故往往发生得很突然，且常常是在极短时间内就可能造成严重后果。但触电事故也有一定的规律，掌握这些规律并找出触电原因，对如何适时而恰当地实施相关的安全技术措施，防止触电事故的发生，以及安排正常生产等都具有重要意义。

根据对触电事故的分析，从触电事故的发生频率上看，可发现以下规律。

（1）有明显的季节性　一般每年二、三季度事故较多，其中 6～9 月最集中。主要是因为这段时间天气炎热，人体衣着单薄且易出汗，触电危险性较大，还因为这段时间多雨、潮湿，电气设备绝缘性能降低以及操作人员常因气温高而不穿戴工作服和绝缘护具。

（2）低压设备触电事故多　国内外统计资料均表明：低压触电事故远高于高压触电事故。主要是因为低压设备远多于高压设备，与人接触的机会多；对于低压设备，与之接触的人员思想麻痹，缺乏电气安全知识。但对于专业电气操作人员往往有相反的情况，即高压触电事故多于低压触电事故。特别是在低压系统推广了漏电保护器之后，低压触电事故大为降低。

（3）携带式和移动式设备触电事故多　主要是这些设备因经常移动，工作条件较差，容易发生故障，而且经常在被操作人员紧握下工作。

（4）电气连接部位触电事故多　统计资料表明，电气事故点多数发生在分支线、地爬线、接线端、压线头、焊接头、电线接头、电缆头、灯座、插头、插座、控制器、开关、接触器、熔断器等处。主要是由于这些连接部位机械牢固性较差，可靠性也较低，容易出现故障。

（5）单相触电事故多　据统计，在各类触电方式中，单相触电占触电事故的 70%以上。所以，防止触电的技术措施制定也应重点考虑单相触电的危险。

（6）事故多由两个以上因素构成　统计表明，90%以上的事故是由于两个以上原因引起的。构成事故的四个主要因素是缺乏电气安全知识、违反操作规程、设备不合格、维修不善。其中，由操作者本人过失所造成的触电事故是较多的。

【单元小结】

本单元内容主要包括电气安全基本知识、电气安全技术，静电的危害及防护技术，雷电的危害及建筑物和化工设备的防雷技术等。重点内容是电气安全技术，静电、雷电安全设施设备，触电急救技术。

【复习思考题】

一、判断题

1. 就平均感知电流而言，成年女性感知比男性小，因此可以说女性比男性对电流更敏感。（　　）

2. 室颤电流是指通过人体引起心室发生纤维性颤动的最大电流。（　　）

3. 为了避免安全事故的发生，加油站作业人员必须穿防静电服，不允许穿化纤服装，更不允许在加油站现场穿脱、拍打化纤服装。（　　）

4. 雷电感应是指雷电的强大电流所产生的强大交变电磁场使导体感应出较大的电动势，并且还会在构成闭合回路的金属物中感应出电流。（　　）

5. 完整的防雷装置包括接闪器、引下线和接地装置。接闪器有避雷针、避雷线、避雷网、避雷带等。（　　）

6. 触电事故可分为电击和电伤两种类型，电伤多见于机体的内部，在机体表面不会留下痕迹。（　　）

7. 当一根带电导线断落地上时，如果误入接地点附近，应该大步逃离危险区。（ ）

8. 触电的伤害程度与电流大小、接触时间长短有关，而与电流的频率高低无关。（ ）

9. 只要是静电火花，就一定会引燃其他物质，并发生爆炸或火灾事故。（ ）

10. 触电者神志不清、意识丧失时，应该详细地慢慢检查是否有呼吸、心跳，不能着急。（ ）

二、单选题

1. 雷电的破坏力之所以很大，是因为其特点是（ ）。

A. 电流很小、电压很高　B. 电流很大、电压很低

C. 电流很大、电压很高　D. 电流很小、电压很低

2. 化工生产中部分易燃液体注入容器、贮罐时，中途需静置一段时间，其原因是（ ）。

A. 等待静电泄漏消散　B. 等待静电累积

C. 控制输送物料流速　D. 改变灌注方式

3. 手持电动工具在潮湿的工作场所作业时应该（ ）。

A. 穿防砸鞋　B. 穿绝缘靴，站在绝缘垫上

C. 穿防静电鞋　D. 站在铁板上

4. 静电防护主要工艺措施是控制流速、选用合适材料、增加静止时间和（ ）。

A. 增湿　B. 加入抗静电剂

C. 改进灌注方式　D. 使用静电消除器

5. 使用低压验电笔时应注意（ ）。

A. 使用前检验验电笔正常　B. 使用后检验验电笔正常

C. 使用中检验验电笔正常　D. 无须检验

6. 防雷装置的维护保养，以下正确的是（ ）。

A. 对于重要设施，应在每 2～3 年雷雨季节之前做定期检查

B. 检查明装导体有无锈蚀，如发现锈蚀在 50%以上，则必须及时更换

C. 检查接地装置周围的土壤有无沉陷现象

D. 测量接地装置的接地电阻，即使接地电阻没有变化，也应降低接地电阻

7. 静电的危害中，在生产上最严重的是（ ）。

A. 降低生产效率　B. 引起燃烧和爆炸

C. 静电电击　D. 吸附大量粉尘

8. 安全电压值取决于（ ）。

A. 工作环境　B. 设备额定电压

C. 人体允许电流、人体电阻　D. 性别

9. 触电者脱离电源后，如果呼吸和心跳都已停止，即处于所谓“假死状态”，则应立即施行（ ）及胸外心脏按压进行抢救，同时拨打 120 急救电话。

A. 仰头举颏法　B. 口对口人工呼吸

C. 心脏按压　D. 平躺

10. 承压设备泄漏时，压缩气体或液化气体高速喷出时，会因强烈的摩擦产生（ ）。

A. 热量　B. 静电　C. 震动　D. 噪声

三、问答题

1. 影响触电伤害程度的因素有哪些？

2. 比较保护接地与保护接零的异同点。

3. 触电急救的基本原则是什么？

4. 生产中防止静电危害有哪些措施？

5. 常用防雷装置有哪些？

【案例分析】

根据下列案例，试分析其事故产生的原因或制定应对措施。

【案例 1】 2022 年 6 月 8 日，广东省某石化公司发生泄漏起火事故，造成 2 人死亡，1 人受伤，直接经济损失 925.55 万元。

事故经过：事发当天，该公司化工分部芳烃车间外输乙烯准备过程中，现场人员在管道带压状况下，拆卸泵出口球阀气动马达紧固螺栓，造成球阀阀杆防脱功能失效，在阀门出入口压差（4.069MPa）的作用下，球阀出口密封失效，中压乙烯瞬间逆向流入阀芯腔体推动阀杆冲出脱落，大量乙烯通过阀杆安装孔喷出，摩擦产生的静电火花引发泄漏的乙烯爆燃。

【案例 2】 2014 年 5 月 29 日，湖南省某石化公司热电作业部维修人员在进行维修作业时发生一起触电事故，导致 1 人死亡，直接经济损失 99 万元。

事故经过：电气车间设备员签发变电所工作票后，未对作业现场进行详细的危害评估和检查，就直接通知电气车间检修班班长拿走变电所工作票。然后检修班班长带人进行电容器拆除作业。作业过程中，检修人员头部距上方主联络线母排过近，电击受伤，倒在槽钢架子上，现场作业人员立即将伤者抬到地面，立即对其进行心肺复苏，拨打 120 急救电话并报告热电作业部领导，5～6min 后救护车及热电作业部领导赶到了现场，医生对伤者检查后立即送医院，但经抢救无效死亡。

单元五

化工单元操作的安全技术

【学习目标】

知识目标

1. 掌握化工单元操作类型和基本特点。
2. 掌握化工单元设备的安全运行技术要求。

技能目标

1. 能制定化工单元工艺操作的安全技术措施。
2. 能制定化工单元设备操作的安全技术措施。

素质目标

1. 培养细致严谨的职业精神。
2. 养成严格执行“一岗位一规程”的岗位操作习惯。

化工单元操作是在化工生产中具有共同的物理变化特点的基本操作，是由各种化工生产操作概括得来的。主要有流体流动过程、传质过程、热力过程、机械过程，操作涉及泵、换热器、塔、搅拌器、蒸发器以及存储容器等一系列设备，其安全技术是化工安全的基础。

项目一 化工单元操作的危险性分析

化工单元的工艺既是能量集聚、传输的过程，也是两类危险源相互作用的过程，化工单元的安全技术包括基本化工单元的工艺操作和设备操作的安全技术，控制化工单元操作的危险性是化工安全工程的重点之一。

一、案例

某公司生产涉及氯化、胺化等危险工艺，构成三级重大危险源，在生产过程中发生爆炸事故，造成 3 人死亡，5 人受伤。

事故经过：在废液处理区域内，303 中和釜（2000L）中和处理对甲苯磺酰脲的废液（废液中含有氯化苯），中和后分层转至 302 釜（2000L）进行蒸馏。303 釜处理的对甲苯磺酰脲废液中含有氯化苯溶剂，操作工使用真空泵转料至 302 釜中，因 302 釜刚蒸馏完前一批次物料尚未冷却降温，废液中的氯化苯受热形成爆炸性气体，转料过程中产生静电引起爆炸。

二、化工单元操作的危险性分析

化工单元操作的危险性主要是由所处理物料的危险性所决定的。其中，处理易燃物料或含有不稳定物质物料的单元操作的危险性最大。在进行危险单元操作过程中，除了要根据物料理化性质，采取必要的安全对策外，还要特别注意以下情况的产生。

化工单元操作危险性分析

1. 防止易燃气体物料形成爆炸性混合体系

处理易燃气体物料时要防止其与空气或其他氧化剂形成爆炸性混合体系。特别是负压状态下的操作，要防止空气进入系统而形成系统内爆炸性混合体系。同时也要注意在正压状态下操作要防止易燃气体物料的泄漏，及其与环境空气混合形成系统外爆炸性混合体系。

2. 防止易燃固体或可燃固体物料形成爆炸性粉尘混合体系

在处理易燃固体或可燃固体物料时，要防止形成爆炸性粉尘混合体系。

3. 防止不稳定物质的积聚或浓缩

处理含有不稳定物质的物料时，要防止不稳定物质的积聚或浓缩。在蒸馏、过滤、蒸发、过筛、萃取、结晶、再循环、旋转、回流、凝结、搅拌、升温等单元操作过程中，有可能使不稳定物质发生积聚或浓缩，进而产生危险。

① 不稳定物质减压蒸馏时，若温度超过某一极限值，有可能发生分解爆炸。

② 粉末过筛时容易产生静电，而干燥的不稳定物质过筛时，微细粉末飞扬，可能在某些地区积聚而发生危险。

③ 反应物料循环使用时，可能造成不稳定物质的积聚而使危险性增大。

④ 反应液静置中，以不稳定物质为主的相，可能分离而形成分层积聚。不分层时，所含不稳定的物质也有可能在局部地点相对集中。在搅拌含有有机过氧化物等不稳定物质的反应混合物时，如果搅拌停止而处于静置状态，那么所含不稳定物质的溶液就附在壁上，若溶剂蒸发了，不稳定物质被浓缩，往往形成自燃的火源。

⑤ 在大型设备里进行反应，如果含有回流操作时，危险物在回流操作中有可能被浓缩。

⑥ 在不稳定物质的合成反应中，搅拌是一个重要因素。在采用间歇式反应操作过程中，化学反应速度很快。大多数情况下，加料速度与设备的冷却能力是相适应的，这时反应是扩散控制，应使加入的物料马上反应掉，如果搅拌能力差，反应速度慢，加进的原料过剩，未反应的部分积蓄在反应系统中，若再强力搅拌，所积存的物料会一起反应，使体系的温度上升，往往使反应无法控制。一般的原则是搅拌停止的时候应停止加料。

⑦ 对含不稳定物质的物料升温时，控制不当有可能引起突发性反应或热爆炸。如果在低温下将两种能发生放热反应的液体混合，然后再升温而引起反应，这将是特别危险的。在生产过程中，一般将一种液体保持在能起反应的温度下，边搅拌边加入另一种物料以进行反应。

项目二　化工单元操作的安全技术

化工单元操作最常见的有物料输送、加热、冷却、冷凝、冷冻、筛分、过滤、粉碎、混合、干燥、蒸发、蒸馏、吸收、萃取等。这些单元操作遍及各种化工企业，其操作的安全技术在化工生产中具有通用性。

一、案例

某公司化二车间4#水解反应釜生产过程中发生火灾事故，造成4人死亡，3人烧伤，直接经济损失约人民币500万元。

事故经过：水解岗位工对4#水解釜加热过快，釜内物料暴沸，大量的甲醇、氯甲烷、氯化氢、水蒸气等气体产生，造成釜内压力急剧升高，导致釜内物料全部喷出，将水解釜上封头及附带的电机、减速机等冲起，撞击车间三层钢筋结构件产生火花，甲醇、氯甲烷等被引燃，造成现场人员伤亡并引发次生火灾。

二、加热操作的安全技术

温度是化工生产中最常见的需控制的条件之一。加热是控制温度的重要手段，其操作的关键是按规定严格控制温度的范围和升温速度。温度过高会使化学反应速度加快，若是放热反应，则放热量增加，一旦散热不及时，温度失控，就会发生冲料，甚至会引起燃烧和爆炸。

升温速度过快不仅容易使反应超温，而且还会损坏设备。例如，升温过快会使带有衬里的设备及各种加热炉、反应炉等设备损坏。

1. 加热方法与加热剂

加热方法主要包括下述内容。

① 直接火加热是采用直接火焰或烟道气进行加热的方法，其加热温度可达到1030℃。主要以天然气、煤气、燃料油、煤炭等做燃料，采用的设备有反应器、管式加热炉等。在加热处理易燃易爆物质时，危险性非常大，温度不易控制，可能造成局部过热烧坏设备。由于加热不均匀易引起易燃液体蒸汽的燃烧爆炸，所以在加热易燃易爆物质时，一般不采用此法，但由于生产工艺的需要亦可能采用，操作时必须注意安全。

② 蒸汽、热水加热。蒸汽是最常用的加热剂，常用饱和水蒸气，蒸汽加热的方法有两种：直接蒸汽加热和间接蒸汽加热。直接蒸汽加热是水蒸气直接进入被加热的介质中并将其混合来提升温度，适用于被加热介质和水能混合的场合。间接蒸汽加热是通过换热器的间壁传递热量。加热过程中要防止超温、超压、水蒸气爆炸、烫伤等危险。热水加热一般用于100℃以下的场合，主要来源于制造热水、锅炉热水、蒸发器或换热器的冷凝水。禁止热水外漏，对于50℃以上的热水要考虑采取防烫伤措施。对于易燃易爆物质，采用蒸汽或热水来加热，温度容易控制，比较安全。在处理与水会发生反应的物料时，不宜用蒸汽或热水。

③ 高温有机物。被加热物料控制在400℃以下的范围内，使用的加热剂为液态或气态高温有机物。常用的有机物加热剂有甘油、乙二醇、萘、联苯与二苯醚的混合物、二甲基苯基甲烷、矿物油和有机硅液体等。

④ 无机熔盐。当需要加热到550℃时，可用无机熔盐作为加热剂。熔盐加热装置应具有高度的气密性，并用惰性气体保护。此外，工业生产中还利用液体金属、烟道气和电等来加热。其中，液体金属可加热到300～800℃，烟道气可加热到1100℃，电加热最高可达到3000℃。

⑤ 电加热。电加热即采用电炉或电感进行加热，是比较安全的一种加热方式，一旦发生事故，尚可迅速切断电源。

2. 加热过程的安全技术要点

① 吸热反应、高温反应需要加热，加热反应必须严格控制温度。一般情况下，随着温度升高，反应速度加快，有时会导致剧烈反应，容易发生冲料，易燃品大量汽化，聚集在车

间内与空气形成爆炸性混合物，可能会引起燃烧、爆炸等危险。所以，应明确规定和严格控制升温上限和升温速度。

② 如果反应是放热反应且反应液沸点低于40℃，或者是反应剧烈、温度容易猛升并有冲料危险的化学反应，反应设备应该有冷却装置和紧急放料装置。紧急放料装置需设爆破泄压片，而且周围要禁止火源。

③ 当加热温度接近或超过物料的自燃点时，应采用惰性气体保护。若加热温度接近物料分解温度，此生产工艺称为危险工艺，必须设法改进工艺条件，如负压或加压操作。

④ 采用硝酸盐、亚硝酸盐等无机盐做加热载体时，要防止其与有机可燃物接触，因为无机盐的混合物具有强氧化性，与有机物接触后会发生强烈的氧化还原反应，从而引起燃烧或爆炸。

⑤ 与水会发生反应的物料，不宜采用水蒸气或热水加热。采用水蒸气或热水加热时，应定期检查蒸汽夹套和管道的耐压强度，并应安装压力表和安全阀。

⑥ 采用充油夹套加热时，需用砖墙将加热炉门与反应设备隔绝，或将加热炉设于车间外面。油循环系统应严格密闭，防止热油泄漏。

⑦ 电加热器安全措施。加热易燃物质以及受热能挥发可燃性气体或蒸汽的物质，应采用密闭式电加热器。电加热器不能安装在易燃物质附近。导线的负荷能力应满足加热器的要求。为了提高电加热设备的安全可靠性，可采用防潮、防腐蚀、耐高温的绝缘层，增加绝缘层的厚度，添加绝缘保护层等措施。电感应线圈应密封起来，防止与可燃物接触。电加热器设备内的易燃物质或漏出的气体和蒸汽易发生燃烧或爆炸。

⑧ 用高压蒸汽加热时，对设备耐压要求高，须严防泄漏或与物料混合，避免造成事故。使用热载体加热时，要防止热载体循环系统堵塞，热油喷出，酿成事故。

⑨ 直接火加热危险性最大，温度不易控制，可能造成局部过热烧坏设备，引起易燃物质的分解爆炸。

三、冷却、冷凝与冷冻操作的安全技术

冷却与冷凝被广泛应用于化工操作之中。二者主要区别在于被冷却的物料是否发生相的改变。若发生相变（如气相变为液相）则称为冷凝，无相变只是温度降低则称为冷却。将物料温度降到比水或周围空气更低的温度，这种操作称为冷冻或制冷。

1. 冷却与冷凝

根据冷却与冷凝所用的设备，可分为直接冷却与间接冷却两类。

① 直接冷却法。直接冷却法，可直接向所需冷却的物料加入冷水或冰，也可将物料置入敞口槽中或喷洒于空气中，使之自热汽化而达到冷却的目的（这种方法也称为自然冷却）。该方法最简便有效迅速，但只能在不引起化学变化或不影响物料品质时使用。在直接冷却中常用的冷却剂为水。直接冷却法的缺点是物料被稀释。

② 间接冷却法。间接冷却是将物料放在容器中，其热能经过器壁向周围介质自然散热，通常是在具有间壁式的换热器中进行的，在生产中应用广泛。

2. 冷冻

冷冻操作实质是不断地由低温物体吸收热量并传给高温物质（水或空气），以使被冷冻的物料温度降低。热量由低温物体到高温物体这一传递过程是借助于冷冻剂实现的。适当选择冷冻剂及其操作过程，可以获得由零度至接近绝对零度的任何程度的冷冻。一般来说，冷冻程度与冷冻操作的技术有关，凡冷冻范围在－100℃以内的称为冷冻，而在－100℃～－210℃范围内甚至更低的温度，则称为深度冷冻（深冷）。

3. 冷却、冷凝与冷冻的安全技术要点

冷却、冷凝与冷冻的操作在化工生产中容易被忽视。实际上它很重要，它不仅涉及原材料定额消耗，以及产品收率，而且严重地影响安全生产。其技术要点包括下列内容。

① 根据被冷却物料的温度、压力、理化性质以及所要求冷却的工艺条件，正确选用冷却设备和冷却剂。

② 腐蚀性物料的冷却，最好选用耐腐蚀材料的冷却设备。如石墨冷却器、塑料冷却器，以及用高硅铁管、陶瓷管制成的套管冷却器和钛材冷却器等。

③ 严格注意冷却设备的密闭性，不允许物料窜入冷却剂中。也不允许冷却剂窜入被冷却的物料中（特别是酸性气体）。

④ 冷却设备所用的冷却水不能中断。否则，反应热不能及时导出，致使反应异常，系统压力增高，甚至产生爆炸。另一方面冷凝、冷却器如断水，会使后部系统温度增高，未冷凝的危险气体外逸排空，可能导致燃烧或爆炸。

⑤ 开车前首先清除冷凝器中的积液，再打开冷却水，然后通入高温物料。

⑥ 为保证不凝可燃气体安全排空，可充氮保护。

⑦ 检修冷凝、冷却器，应彻底清洗、置换，切勿带料焊接。

四、筛分、过滤操作的安全技术

1. 筛分的安全技术要点

在生产中，为满足生产工艺要求，常将固体原材料、产品进行颗粒分级。而这种分级一般是通过筛选办法实现的。通过筛选将固体颗粒度（块度）分级，选取符合工艺要求的粒度，这一操作过程称为筛分。

① 在筛分操作过程中，粉尘如具有可燃性，应注意因碰撞和静电而引起粉尘燃烧、爆炸；如粉尘具有毒性、吸水性或腐蚀性，要注意呼吸器官及皮肤的保护，以防引起中毒或皮肤伤害。

② 筛分操作是大量扬尘过程，在不妨碍操作、检查的前提下，应将其筛分设备最大限度地进行密闭。

③ 要加强检查，注意筛网的磨损和筛孔堵塞、卡料情况，以防筛网损坏和混料。

④ 筛分设备的运转部分要加防护罩以防绞伤人体。

⑤ 振动筛会产生大量噪声，应采用隔离等消声措施。

2. 过滤的安全技术要点

在生产中，要将悬浮液中的液体与悬浮固体微粒有效的分离，一般采取过滤的方法。过滤操作是使悬浮液中的液体在重力、真空、加压及离心力的作用下，通过多细孔物体，而将固体悬浮微粒截留，进行分离的操作。

过滤机按操作方法分为间歇式和连续式。也可按照过滤推动力的不同分为重力过滤机、真空过滤机、加压过滤机和离心过滤机。

从操作方式看来，连续过滤较间歇式过滤安全。连续式过滤机循环周期短，能自动洗涤和自动卸料，其过滤速度较间歇式过滤机高，且操作人员脱离与有毒物料接触，因而比较安全。

间歇式过滤机由于卸料、装合、过滤、加料等各项辅助操作的经常重复，所以较连续式过滤周期长，且人工操作劳动强度大、人员直接接触毒物，因此不安全。如间歇式操作的吸滤机、板框式压滤机等。

使用加压过滤机，当过滤中能散发有害的或有爆炸性的气体时，不能采用敞开式过滤机操作，而要采用密闭式过滤机，并以压缩空气或惰性气体保持压力。在取滤渣时，应先放压力，否则会发生事故。

离心过滤机，应注意其选材和焊接质量，并应限制其转鼓直径与转速以防止转鼓承受高压而引起爆炸。因此，在有爆炸危险的生产中，最好不使用离心机而采用转鼓式、带式等真空过滤机。

离心机超负荷运转时间过长、转鼓磨损或腐蚀、启动速度过高均有可能导致事故的发生。对于上悬式离心机，当负荷不均匀时运转会发生剧烈振动，不仅磨损轴承，且能使转鼓撞击外壳而发生事故。转鼓高速运转，也可能由外壳中飞出而造成重大事故。

当离心机无盖或防护装置不良时，工具或其他杂物有可能落入其中，并以很大速度飞出伤人。即使杂物留在转鼓边缘，也可能引起转鼓振动造成其他危险。

不停车或未停稳清理器壁，铲勺会从手中脱飞，使人受伤。在开停离心机时，不要用手帮忙以防发生事故。

当处理具有腐蚀性的物料时，不应使用铜质转鼓而应采用钢质衬铅或衬硬橡胶的转鼓。并应经常检查衬里有无裂缝，以防腐蚀性物料由裂缝腐蚀转鼓。镀锌、陶瓷或铝制转鼓，只能用于速度较慢、负荷较低的情况下，为安全计，还应有特殊的外壳保护。此外，操作过程中加料不匀，也会导致剧烈振动，应引起注意。

因此，离心机的安全操作应注意：

① 转鼓、盖子、外壳及底座应用韧性金属制造；对于轻负荷转鼓（50kg 以内），可用铜制造，并要符合质量要求。

② 处理腐蚀性物料，转鼓需有耐腐衬里。

③ 盖子应与离心机启动联锁，运转中处理物料时，可减速在盖上开孔处处理。

④ 应有限速装置，在有爆炸危险的厂房中，其限速装置不得因摩擦、撞击而发热或产生火花；同时，注意不要选择临界速度操作。

⑤ 离心机开关应安装在近旁，并应有锁闭装置。

⑥ 在楼上安装离心机，应用工字钢或槽钢做成金属骨架，在其上要有减振装置；并注意其内、外壁间隙，转鼓与刮刀间隙；同时，应防止离心机与建筑物产生谐振。

⑦ 对离心机的内、外部及负荷应定期进行检查。

五、粉碎、混合操作的安全技术

1. 粉碎的安全技术要点

在化工生产中，根据生产工艺的要求，需要把固体物料粉碎或研磨成粉末以增加其表面积，进而缩短化学反应的时间。将大块物料变成小块物料的操作称为粉碎或破碎，而将小块物料变成粉末的操作称为研磨。

粉碎过程中的关键部分是粉碎机。对于粉碎机须符合下列安全条件。

① 加料、出料最好是连续化、自动化。

② 具有防止粉碎机损坏的安全装置。

③ 应尽可能少产生粉末。

④ 发生事故能迅速停车。

各类粉碎机必须有紧急制动装置，必要时可超速停车。运转中的粉碎机严禁检查、清理、调节和检修。如粉碎机加料口与地面一样平或低于地面不到 1m 均应设安全格子。

为保证安全操作，粉碎装置周围的过道宽度必须大于 1m。如粉碎机安装在操作台上，则台与地面之间高度应为 1.5～2m。操作台必须坚固，沿台周边应设高 1m 的安全护栏。为防止金属物件落入粉碎装置，必须装设磁性分离器。

球磨必须具有一个带抽风管的严密外壳。如研磨具有爆炸性的物质，则内部需衬以橡皮或其他柔软材料，同时尚需采用青铜球。

各类粉碎、研磨设备要密闭，操作室要有良好通风，以减少空气中粉尘含量。必要时，室内可装设喷淋设备。

加料斗需用耐磨材料制成，应严密。在粉碎、研磨时料斗不得卸空，盖子要盖严。粉末输送管道应消除粉末沉积的可能。为此，输送管道与水平夹角不得小于45°。对于能产生可燃粉尘的研磨设备，要有可靠的接地装置和爆破片。要注意设备润滑，防止摩擦发热。对于研磨易燃、易爆物质的设备要通入惰性气体进行保护。为确保安全，对于初次研磨的物料，应事先在研钵中进行试验，了解是否粘结、着火，然后正式进行机械研磨。可燃物料研磨后，应先行冷却，然后装桶，以防发热引起燃烧。

发现粉碎系统中粉末阴燃或燃烧时，须立即停止送料，并采取措施断绝空气来源，必要时充入氮气、二氧化碳以及水蒸气等惰性气体。但不宜使用加压水流或泡沫进行扑救，以免可燃粉尘飞扬，引起事故扩大。

2. 混合的安全技术要点

混合是加工制造业广泛应用的操作，依据不同的相及其固有的性质，混合操作有着特殊的危险，还有与动力机械有关的普通的机械危险。要根据物料性质（如腐蚀性、易燃易爆性、粒度、黏度等）正确选用设备。

利用机械搅拌进行混合的操作过程，其桨叶的强度是非常重要的。首先桨叶制造要符合强度要求，安装要牢固，不允许产生摆动。在修理或改造桨叶时，应重新计算其坚牢度。特别是在加长桨叶的情况下，尤其应该注意。因为桨叶消耗能量与其长度的5次方成正比。不注意这一点，可致电机超负荷以及桨叶折断等事故发生。

搅拌器不可随意提高转速，尤其对于搅拌非常黏稠的物质，在这种情况下也可造成电机超负荷、桨叶断裂以及物料飞溅等。对于搅拌黏稠物料，最好采用推进式及透平式搅拌机。

为防止超负荷运转造成事故，应安装超负荷停车装置。对于混合操作的加、出料应实现机械化、自动化。混合能产生易燃、易爆或有毒物质的反应，混合设备应很好密闭，并充入惰性气体加以保护。当搅拌过程中物料产生热量时，如因故停止搅拌会导致物料局部过热。因此，在安装机械搅拌的同时，还要辅以气流搅拌，或增设冷却装置。有危险的气流搅拌尾气应加以回收处理。

混合可燃粉料的设备应很好接地以导除静电，并应在设备上安装爆破片。混合设备不允许落入金属物件。进入大型机械搅拌设备检修，其设备应切断电源或开关加锁，绝对不允许任意启动。

不同类型混合的安全技术要点如下。

① 液-液混合。液-液混合一般是在有电动搅拌的敞开或封闭容器中进行。应依据液体的黏度和所进行的过程，如分散、反应、除热、溶解或多个过程的组合，设计搅拌。还需要有仪表测量和报警装置强化的工作保证系统。装料时就应开启搅拌，否则，反应物分层或偶尔结一层外皮会引起危险反应。为使夹套或蛇管有效除热必须开启搅拌的情形，在设计中应充分估计到失误，如机械、电器和动力故障的影响以及与过程有关的危险也应该考虑到。

低黏度液体的混合，一般采用静止混合器或某种类型的高速混合器，除去与旋转机械有关的普通危险外，没有特殊的危险。高黏度流体，一般是在搅拌机或碾压机中处理，必须排除混入的固体，否则会构成对人员和机械的伤害。爆炸混合物的处理，需要应用软墙或隔板隔开，远程操作。

② 气-液混合。有时应用喷雾器把气体喷入容器或塔内，借助机械搅拌实现气体的分配。很显然，如果液体是易燃的，而喷入的是空气，则可在气液界面之上形成易燃蒸气-空气的混合物、易燃烟雾或易燃泡沫。需要采取适当的防护措施，如整个流线的低流速或低压

报警、自动断路、防止静电产生等，才能使混合顺利进行。如果是液体在气体中分散，可能会形成毒性或易燃性悬浮微粒。

③ 固-液混合。固-液混合可在搅拌容器或重型设备中进行。如果是重质混合，必须移除一切坚硬的无关的物质。在搅拌容器内固体分散或溶解操作中，必须考虑固体在器壁的结垢和出口管线的堵塞。

④ 固-固混合。固-固混合用的总是重型设备，这个操作最突出的是机械危险。如果固体是可燃的，必须采取防护措施把粉尘爆炸危险降至最低程度，如在惰性气体环境中操作，采用爆炸卸荷防护墙设施，消除火源，要特别注意静电的产生或轴承的过热等。应该采用筛分、磁分离、手工分类等移除杂金属或过硬固体等。

⑤ 气-气混合。无须机械搅拌，只要简单接触就能达到充分混合。易燃混合物和爆炸混合物需要惯常的防护措施。

六、输送操作的安全技术

在化工生产过程中，经常需要将各种原材料、中间体、产品以及副产品和废弃物，由前一工序输送到后一工序，或由一个车间输送到另一个车间，或输送到储运地点。在现代化工企业中这些输送过程是借助于各种输送机械设备实现的。由于所输送的物料形态不同，因而所采用的输送设备也各有不同，因此保证输送的安全技术要点也不同。

输送设备除了其本身会发生故障外，还会造成人身伤害。除要加强对机械设备的常规维护外，还应对齿轮、皮带、链条等部位采取防护措施。

气流输送分为吸送式和压送式。气流输送系统除设备本身会产生故障之外，最大的问题是系统的堵塞和由静电引起的粉尘爆炸。

粉料气流输送系统应保持良好的严密性。其管道材料应选择导电性材料并有良好的接地，如采用绝缘材料管道，则管外应采取接地措施。输送速度不应超过该物料允许的流速，粉料不要堆积管内，要及时清理管壁。

用各种泵类输送可燃液体时，其管内流速不应超过安全速度。在化工生产中，也有用压缩空气为动力来输送一些酸碱等有腐蚀性的液体，这些设备也属于压力容器，要有足够的强度。在输送有爆炸性或燃烧性物料时，要采用氮、二氧化碳等惰性气体代替空气，以防造成燃烧或爆炸。

气体物料的输送采用压缩机。输送可燃气体要求压力不太高时，采用液环泵比较安全。可燃气体的管道应经常保持正压，并根据实际需要安装逆止阀、水封和阻火器等安全装置。

七、干燥、蒸发与蒸馏操作的安全技术

1. 干燥的安全技术要点

化工生产中的固体物料，含有不同程度的湿分（水或者其他液体），不利于加工、使用、运输和储存，有必要除去其中的湿分。一般除去湿分的方法有多种，例如机械去湿、吸附去湿、加热去湿，其中用加热的方法使固体物料中的湿分气化除去的方法称为干燥。

干燥过程中要严格控制温度，防止局部过热，以免造成物料分解爆炸。在过程中散发出来的易燃易爆气体或粉尘，不应与明火和高温表面接触，防止燃爆。在气流干燥中应有防静电措施，在滚筒干燥中应适当调整刮刀与筒壁的间隙，以防止火花。

2. 蒸发的安全技术要点

蒸发是通过加热使溶液中的溶剂不断汽化并被移除，以提高溶液中溶质浓度，或使溶质析出的物理过程。

凡蒸发的溶液皆具有一定的特性。如溶质在浓缩过程中可能有结晶、沉淀和污垢生成，这些都能导致传热效率的降低，并产生局部过热，促使物料分解、燃烧和爆炸，因此要控制蒸发温度。为防止热敏性物质的分解，可采用真空蒸发的方法，降低蒸发温度，或采用高效蒸发器，增加蒸发面积，减少停留时间。

对具有腐蚀性的溶液，要合理选择蒸发器的材质。

3. 蒸馏的安全技术要点

蒸馏是基于液体混合物各组分挥发度的不同，使其分离为纯组分的操作。

蒸馏塔釜内有大量的沸腾液体，塔身和冷凝器则需要有数倍沸腾液体的容量，应用热环流再沸器代替釜式再沸器可以减少连续蒸馏中沸腾液体的容量，这样的蒸汽发生再沸器或类似设计的蒸发器，其针孔管易于结垢堵塞造成严重后果，应该选用合适的传热流体。还需要考虑冷凝器冷却管有关的故障，如塔顶沾染物、馏出物和回流液，以及冷却介质及其污染物的影响。

蒸馏塔需要配置真空或压力释放设施。水偶然进塔，而塔温和塔压又足以使大量水即刻蒸发，这是相当危险的，特别是会损坏塔内件。冷水喷入充满蒸汽而没有真空释放阀的塔，在外部大气压力作用下会造成塔的塌陷。释放阀可安装在回流筒上，低温排放，也可在塔顶向大气排放。应该考虑夹带污物进塔的危险。间歇蒸馏中的釜残或传热面污垢、连续蒸馏中的预热器或再沸器污染物的积累，都有可能酿成事故。

八、其他单元操作的安全技术

1. 吸收操作的安全技术要点

吸收是指气体混合物在溶剂中选择性溶解，实现气体混合物组分分离的过程。其主要技术要点如下。

① 容器中的液面应自动控制和易于检查。对于毒性气体，必须有低液位报警。

② 控制溶剂的流量和组成，如洗涤酸气溶液的碱性；如果吸收剂是用来排除气流中的毒性气体，而不是向大气排放，如用碱溶液洗涤氯气，用水排除氨气，液流的失控会造成严重事故。

③ 在设计限度内控制入口气流，检测其组成。

④ 控制出口气的组成。

⑤ 适当选择适于与溶质和溶剂的混合物接触的结构材料。

⑥ 在进口气流速、组成、温度和压力的设计条件下操作。

⑦ 避免潮气转移至出口气流中，如应用严密筛网或填充床除雾器等。

⑧ 一旦出现控制变量不正常的情况，应能自动启动报警装置。控制仪表和操作程序应能防止气相中溶质载荷的突增以及液体流速的波动。

2. 液-液萃取操作的安全技术要点

萃取是指在欲分离的液体混合物中加入一种合适的溶剂，使其形成两相，利用液体混合物中各组分分配系数差异的性质，易溶组分较多地进入溶剂相中，从而实现混合液分离的过程。

萃取过程常常有易燃的稀释剂或萃取剂的应用。除去溶剂储存和回收的适当设计外，还需要有效的界面控制。因为包含相混合、相分离以及泵输送等操作，消除静电的措施变得极为重要。对于放射性化学物质的处理，可采用无须机械密封的脉冲塔。需要最小持液量和非常有效的相分离的情形，则应该采用离心式萃取器。

溶质和溶剂的回收一般采用蒸馏或蒸发操作，所以萃取全过程包含这些操作所具有的危险。

项目三 化工单元设备运行的安全技术

化工单元操作涉及的主要设备有泵、换热器、塔、搅拌器、蒸发器以及容器等，如何保障这些设备安全运行，直接影响系统正常运行和设施设备、人员等的安全。

一、案例

1. 加氢加热炉炉管破裂

某石化厂煤油加氢加热炉因油品和氢气源进料中断，加热炉炉管长时间干烧，致使加氢加热炉炉管破裂，造成全厂停产。

事故原因：岗位操作人员没有及时发现油路中断，分散控制系统（DCS）缺乏流量中断自动报警系统。

2. 精馏塔爆炸

2005 年 11 月 13 日，中石油某分公司双苯厂硝基苯精馏塔发生爆炸，造成 8 人死亡，60 人受伤，直接经济损失 6908 万元，并导致了一起跨省、跨国界的重大环境污染事件。

事故经过：11 月 13 日，双苯厂苯胺二车间化工二班班长徐某替休假的硝基苯精馏岗位内操顶岗操作。根据硝基苯精馏结果，应进行重组分的排液操作。10 时 10 分，徐某进行排残液操作，在进行该项操作前，错误地停止了硝基苯初馏塔进料后，没有按照操作规程要求关闭硝基苯进料预热器加热蒸汽阀，导致硝基苯初馏塔进料温度升高，在 15min 内温度超过 150℃量程上限。在 11 时 35 分左右，徐某回到控制室发现超温，关闭了硝基苯进料预热器蒸汽阀，硝基苯初馏塔进料温度开始下降至正常值，超温时间达 70min。13 时 21 分，徐某在进料时，再一次错误操作，没有按照投用换热器应“先冷后热”的原则进行操作，而是先开预热器蒸汽阀门加热，使预热器温度再次出现超温。13 时 34 分启动了硝基苯初馏塔进料泵向进料预热器输送粗硝基苯，温度较低（约 26℃）的粗硝基苯进入超温的预热器后，突沸并发生剧烈振动，造成预热器及进料管线法兰松动，导致系统密封不严，空气吸入系统内，与塔内可燃气体形成爆炸性气体混合物，硝基苯中的硝基酚钠盐受震动首先发生爆炸，继而引发硝基苯初馏塔和硝基苯精馏塔相继发生爆炸，而后引发其他装置、设施连续爆炸。

二、泵的安全运行

泵是化工单元中的主要流体机械。泵的安全运行涉及流体的平衡、压力的平衡和物系的正常流动。

保证泵的安全运行的关键是加强日常检查，包括：定时检查各部轴承温度；定时检查各出口阀压力、温度；定时检查润滑油压力，定期检验润滑油油质；检查填料密封泄漏情况，适当调整填料压盖螺栓松紧；检查各传动部件是否松动和有异常声音；检查各连接部件紧固情况，防止松动；泵在正常运行中不得有异常振动声响，各密封部位无滴漏，压力表、安全阀灵活好用。

三、换热器的安全运行

换热器是用于两种不同温度介质进行传热即热量交换的设备，又称“热交换器”；可使一种介质降温而另一种介质升温，以满足各自的需要。换热器一般也是压力容器，除了承受压力载荷外，还有温度载荷（产生热应力），并常伴随有振动和特殊环境的腐蚀发生。

换热器的运行中涉及工艺过程中的热量交换、热量传递和热量变化，过程中如果热量积累，造成超温就会发生事故。

化工生产中对物料进行加热（沸腾）、冷却（冷凝），由于加热剂、冷却剂等的不同，换热器具体的安全运行要点也有所不同。

① 蒸汽加热必须不断排除冷凝水，否则积于换热器中，部分或全部变为无相变传热，传热速率下降。同时还必须及时排放不凝性气体。因为不凝性气体的存在使蒸汽冷凝的给热系数大大降低。

② 热水加热，一般温度不高，加热速度慢，操作稳定，只要定期排放不凝性气体，就能保证正常操作。

⑧ 烟道气一般用于生产蒸汽或加热、汽化液体，烟道气的温度较高，且温度不易调节，在操作过程中，必须时时注意被加热物料的液位、流量和蒸汽产量，还必须做到定期排污。

④ 导热油加热的特点是温度高（可达 400℃）、黏度较大、热稳定性差、易燃、温度调节困难，操作时必须严格控制进出口温度，定期检查进出管口及介质流道是否结垢，做到定期排污，定期放空，过滤或更换导热油。

⑤ 水和空气冷却操作时，应注意根据季节变化调节水和空气的用量，用水冷却时，还要注意定期清洗。

⑥ 冷冻盐水冷却操作时，温度低，腐蚀性较大，在操作时应严格控制进出口的温度，防止结晶堵塞介质通道，要定期放空和排污。

⑦ 冷凝操作需要注意的是，定期排放蒸汽侧的不凝性气体，特别是减压条件下不凝性气体的排放。

四、精馏设备的安全运行

精馏过程涉及热源加热、液体沸腾、气液分离、冷却冷凝等过程，热平衡安全问题和相态变化安全问题是精馏过程安全的关键。精馏设备包括精馏塔、再沸器和冷凝塔等设备。精馏设备的安全运行主要取决于精馏过程的加热载体、热量平衡、气液平衡、压力平衡以及被分离物料的热稳定性以及填料选择的安全性。

1. 精馏塔设备的安全运行

由于工艺要求不同，精馏塔的塔型和操作条件也不同。因此，保证精馏过程的安全操作控制也是各不相同的。通常应注意的是：

① 精馏操作前应检查仪器、仪表、阀门等是否齐全、正确、灵活，做好启动前的准备；

② 预进料时，应先打开放空阀，充氮置换系统中的空气，以防在进料时出现事故，当压力达到规定的指标后停止，再打开进料阀，打入指定液位高度的料液后停止；

③ 再沸器投入使用时，应打开塔顶冷凝器的冷却水（或其他介质），对再沸器通蒸汽加热；

④ 在全回流情况下继续加热，直到塔温、塔压均达到规定指标；

⑤ 进料与出产品时，应打开进料阀进料，同时从塔顶和塔釜采出产品，调节到指定的回流比；

⑥ 控制调节精馏塔控制与调节的实质是控制塔内气、液相负荷大小，以保持塔设备良好的质热传递，获得合格的产品；但气、液相负荷是无法直接控制的，生产中主要通过控制温度、压力、进料量和回流比来实现；运行中，要注意各参数的变化，及时调整；

⑦ 停车时，应先停进料，再停再沸器，停产品采出（如果对产品要求高也可先停），降温降压后再停冷却水。

2. 精馏辅助设备的安全运行

精馏装置的辅助设备主要是各种形式的换热器，包括塔底溶液再沸器、塔顶蒸气冷凝器、料液预热器、产品冷却器等，另外还需管线以及流体输送设备等。其中再沸器和冷凝器是保证精馏过程能连续进行稳定操作所必不可少的两个换热设备。

再沸器的作用是将塔内最下面的一块塔板流下的液体进行加热，使其中一部分液体发生汽化变成蒸气而重新回流入塔，以提供塔内上升的气流，从而保证塔板上气、液两相的稳定传质。

冷凝器的作用是将塔顶上升的蒸气进行冷凝，使其成为液体，之后将一部分冷凝液从塔顶回流入塔，以提供塔内下降的液流，使其与上升气流进行逆流传质接触。

再沸器和冷凝器在安装时应根据塔的大小及操作是否方便而确定其安装位置。对于小塔，冷凝器一般安装在塔顶，这样冷凝液可以利用位差而回流入塔；再沸器则可安装在塔底。对于大塔（处理量大或塔板数较多时），冷凝器若安装在塔顶部则不便于安装、检修和清理，此时可将冷凝器安装在较低的位置，回流液则用泵输送入塔；再沸器一般安装在塔底外部。

五、反应器的安全运行

反应器的操作方式分间歇式、连续式和半连续式。典型的釜式反应器主要由釜体及封头、搅拌器、换热部件及轴密封装置组成。

1. 釜体及封头的安全

釜体及封头提供足够的反应体积以保证反应物达到规定转化率所需的时间。釜体及封头应有足够的强度、刚度和稳定性及耐腐蚀能力以保证运行可靠。

2. 搅拌器的安全

搅拌器的安全可靠是许多放热反应、聚合过程等安全运行的必要条件。搅拌器选择不当，可能发生反应中断或设备突然失效的情况，造成物料反应停滞、分层、局部过热等，以至发生各种事故。

六、蒸发器的安全运行

蒸发器的选型主要应考虑被蒸发溶液的性质和是否容易结晶或析出结晶等因素。

为了保证蒸发设备的安全，应注意：

① 蒸发热敏性物料时，并考虑黏度、发泡性、腐蚀性、温度等因素时，可选用膜式蒸发器，以防止物料分解；

② 蒸发黏度大的溶液，为保证物料流速，应选用强制循环回转薄膜式或降膜式蒸发器；

③ 蒸发易结垢或析出结晶的物料，可采用标准式或悬筐式蒸发器或管外沸腾式和强制循环型蒸发器；

④ 蒸发发泡性溶液时，应选用强制循环型和长管薄膜式蒸发器；

⑤ 蒸发腐蚀性物料时应考虑设备用材，如蒸发废酸等物料应选用浸没燃烧蒸发器；

⑥ 对处理量小的或采用间歇操作时，可选用夹套或锅炉蒸发器。

七、容器的安全运行

容器的安全运行主要考虑下列三个方面的问题。

1. 容器的选择

根据存储物的性质，数量和工艺要求确定存储设备。一般固体物料，不受天气影响的，可以露天存放；有些固体产品和分装液体产品都可以包装、封箱、装袋或灌装后直接存储于仓库，也可运销于厂外。但有一些液态或气态原料、中间产品或成品需要存储于容器之中，按其性质或特点选用不同的容器。大量液体的存储一般使用圆形或球形储槽；易挥发的液体，为防物料挥发损失，可选用浮顶储罐；蒸气压高于大气压的液体，要视其蒸气压大小专门设计储槽；可燃液体的存储，要在存储设备的开口处设置防火装置；容易液化的气体，一般经过加压液化后存储于压力储罐或高压钢瓶中；难于液化的气体，大多数经过加压后存储于气柜、高压球形储槽或柱形容器中；易受空气和湿度影响的物料应存储于密闭的容器内。

2. 安全存量的确定

原料的存量要保证生产正常进行，主要根据原料市场供应情况和供应周期而定，一般以1～3个月的生产用量为宜；当货源充足，运输周期又短，则存量可以更少些，以减少容器容积，节约投资。中间产品的存量主要考虑在生产过程中因某一前道工段临时停产仍能维持后续工段的正常生产，所以，一般要比原料的存量少得多；对于连续化生产，视情况存储几小时至几天的用量，而对于间歇生产过程，至少要存储一个班的生产用量。对于成品的存储主要考虑工厂短期停产后仍能保证满足市场需求为主。

3. 容器适宜容积的确定

主要依据总存量和容器的适宜容积确定容器的台数。这里容器的适宜容积要根据容器形式、存储物料的特性、容器的占地面积，以及加工能力等因素进行综合考虑确定。

一般存放气体的容器的装料系数为1，而存放液体的容器装料系数一般为0.8，液化气体的储料按照液化气体的装料系数确定。

【拓展阅读】

化工企业员工“五懂、五能、五会”要求

危险化学品企业岗位员工“五懂、五能、五会”履责能力要求如下。

1. 五懂

五懂是员工上岗的素质要求，包括：懂生产工艺、技术原理、设备结构、危险特性、岗位应急。懂生产工艺，就是要懂生产工艺流程，懂生产工艺的关键操作环节，懂生产过程压力、温度、流量、浓度等参数的阈值和极限值；懂技术原理，就是要懂工艺的设计原理，懂作业环节的运行原理，懂火灾、爆炸等事故机理；懂设备结构，就是要懂设备构造与工作特性，懂设备使用与维护方法，懂设备润滑及检修方法，懂设备防护装置的使用；懂危险特性，就是要懂岗位物料的理化特性，懂岗位物料的毒性与作业场所的浓度限值，懂岗位场所可能隐藏的爆炸危险，懂作业环节的各种职业有害因素，懂作业环境的危险、风险大小，懂不安全行为易造成的事故后果；懂岗位应急，就是要懂岗位应急处置内容，懂正确的事故应急逃生途径，懂正确的工伤事故急救方法。

2. 五能

五能是员工上岗的行为要求，包括：能遵守工艺纪律、能遵守安全纪律、能遵守劳动纪律、能制止他人违章、能抵制违章指挥。能遵守工艺纪律，就是能严格遵守工艺规程和岗位操作规程，能在作业中严格监控各项工艺指标；能遵守安全纪律，就是能严格遵守安全生产制度，能正确佩戴个人防护用品，能正确使用应急设备设施，能严格执行危险作业工作许可，能做到不违章指挥、不违章操作；能遵守劳动纪律，就是能遵守安全生产禁令，工作时间不空岗、串岗、睡岗，不聊天、不扰乱工作秩序，不干与工作无关的事情；能制止他人违章，就是及时发现不安全行为，能制止违章行为；能抵制违章指挥，就是敢于拒绝违章指挥。

3. 五会

五会是员工上岗的能力要求，包括：会生产操作、异常分析、设备巡检、风险辨识、处置险情。会生产操作，就是熟练设备安全操作要点会操作生产设备，会根据参数变化调节操作，会岗位设备开停车，会填写操作票、工作票，会风险分析落实安全措施；会异常分析，就是会根据参数变化趋势判定生产系统是否存在异常，会根据检测化验数据判定检修工作是否能安全进行和进一步采取通风、置换等安全措施，会根据声音和振动判定设备完好状态；会设备巡检，就是依据巡检作业程序和设备主要技术参数，通过视、听、触、味、嗅“五感”，或用温度、振动测量仪器、工具会巡检分析设备异常；会风险辨识，就是会辨识工艺、设备缺陷及失效，会有效辨识可能出现的泄漏而导致的火灾和爆炸，会辨识可能造成职业病、中毒的劳动和作业条件，会排查隐患；会处置险情，就是岗位生产异常会第一应急处置措施，会正确的应急逃生方法，会正确的急救措施，会使用消防、气防等应急设备、器材。

【单元小结】

单元操作在化工生产中占主要地位，没有单元操作的安全，也就没有化工生产的安全。本单元主要介绍了物料输送、加热、冷却、冷凝、冷冻、筛分、过滤、粉碎、混合、干燥、蒸发、蒸馏、吸收、萃取等的操作安全技术，以及泵、换热器、塔、搅拌器、蒸发器以及容器等的运行安全技术。重点是介绍化工单元基本操作或设备运行安全技术，以及培养化工生产安全习惯、素养。

【复习思考题】

一、判断题

1. 冷却与冷凝的主要区别在于被冷却的物料是否发生相的改变。（　）

2. 在蒸发操作中，管内壁出现结垢现象是不可避免的，尤其当处理易结晶和腐蚀性物料时，需定期停车清洗、除垢。（　）

3. 在结晶过程中，对于危险易燃物料不得中途停止搅拌。（　）

4. 萃取时溶剂的选择是萃取操作的关键，萃取剂的性质决定了萃取过程的危险性大小和特点。（　）

5. 发现粉碎系统中粉末阴燃或燃烧时，须立即停止送料，并采取措施断绝空气来源，必要时充入氮气、二氧化碳以及水蒸气等惰性气体。（　）

6. 对于易燃液体，可采用压缩空气压送。（　）

7. 若加压过滤时能散发易燃、易爆、有害气体，则应采用密闭过滤机。（　）

8. 可燃气体和易燃蒸气的抽送、压缩设备的电机部分，应为符合防爆等级要求的电气设备。（　）

9. 在化工生产中，也有用压缩空气为动力来输送一些酸碱等有腐蚀性液体的泵，这些泵不属于压力容器。（　）

10. 搅拌器的安全可靠是许多放热反应、聚合过程等安全运行的必要条件。（　）

二、单选题

1.（　　）是指液体或气体依靠其本身的流动来达到热量传递的过程。

A. 对流　　　　B. 传导　　　　C. 辐射

2. 压缩机的排气温度上升，随着排气温度的升高，润滑油（　　），润滑条件恶化，严重时还会在气缸、活塞上积碳。

A. 变浓　　　　B. 变稀　　　　C. 不变

3. 吸收塔属于（　　）。

A. 贮存容器　　　　B. 反应容器　　　　C. 分离容器

4. 强腐蚀液体的排液阀门，宜设（　　）。

A. 单阀　　　　B. 球阀　　　　C. 双阀

5. 精馏塔预进料时应（　　）。

A. 先开放空阀　　　　B. 先开放料阀　　　　C. 先开出料阀

6. 如果反应是放热反应且反应液沸点低于（　　），或者是反应剧烈、温度容易猛升并有冲料危险的化学反应，反应设备应该有冷却装置和紧急放料装置。

A. 40℃　　　　B. 45℃　　　　C. 60℃

7. 由于固-固混合用设备常常是重型设备，这个操作最突出的危险是（　　）。

A. 机械危险　　　　B. 中毒危险　　　　C. 噪声危险

8. 发生危险化学品事故后，应该向（　　）方向疏散。

A. 下风　　　　B. 上风　　　　C. 顺风

9. 从业人员发现直接危及人身安全的紧急情况时，应（　　）。

A. 停止作业，撤离危险现场　　　　B. 继续作业

C. 向上级汇报，等待上级命令

10. 化工生产控制系统一般采用的方式是（　　）。

A. ESD　　　　B. DCS　　　　C. HSE

三、问答题

1. 举例简述冷却冷凝或冷冻的安全生产要求。
2. 举例说明干燥、蒸发与蒸馏安全生产的关键环节。
3. 举例说明化工单元设备安全生产的关键环节。
4. 简述吸收过程的危险性以及安全注意事项。
5. 简述加热过程危险性分析。

【案例分析】

根据下列案例，试分析其事故产生的原因或制定应对措施。

【案例 1】　2000 年 7 月 17 日，河南省某化肥厂发生爆炸，工厂被迫停产 20 多个小时，造成 1 人轻伤，直接经济损失 11.5 万元。

事故经过：该厂合成车间净化工段一台蒸汽混合器系统运行压力正常，系统中一台蒸汽混合器突然发生爆炸，设备本体倾倒在其附近的另一设备上，上筒节一块 900mm×1630mm 拼板连同撕裂下的封头部分母材被炸飞至 60m 外、设备相对高差 15m 多的车间房

顶上，被砸下的房顶碎块将一职工手臂砸成轻伤。

【案例 2】 2001 年 1 月 5 日，某公司大化肥装置氨冷器氨侧压力降到 120kPa 左右，水侧流量无指示。经分析，氨冷器在上次停运后，水侧的积水没有及时排掉，由于氨侧压力控制较低，温度过低导致水结冰并冻裂一根水管。2002 年 9 月 5 日发生的运行事故（第二次事故）现象同上。

事故经过：由于空分装置膨胀机跳车，导致整个合成氨全部跳车，在合成工序倒换冰机时造成氨冷器出口压力过低，而此时气氨压力调节阀处于自调状态，因阀门动作滞后，压力一直下降，引起水侧温度跟着降到冰点，操作人员未及时发现，最终导致氨冷器冻堵事故。

【案例 3】 2017 年 1 月 3 日 8 时 50 分许，浙江省某公司 C4 车间发生爆炸火灾事故，造成 3 人死亡，直接经济损失 400 多万元。

事故经过：1 月 2 日，当班员工由于 24h 上班，身体疲劳而在岗位上瞌睡，错过了投料时间，本应在前一天晚上 11 时左右投料，却在凌晨 4 时左右才投料，滴加浓硫酸并在 20～25℃保温 2h 后交班，但却未将投料时间改变和反应时间不足工艺要求的情况向白班交接清楚。白班人员未按操作规程操作，就直接开始减压蒸馏。蒸馏约 20min 后，发现没有甲苯蒸出，操作工就继续加大蒸汽量（使用蒸汽旁路通道，主通道自动切断装置失去作用），8：50 左右发生爆炸，并引起现场设施和物料起火燃烧。

单元六 重点监管工艺的安全技术（上）

【学习目标】

知识目标

1. 了解重点监管工艺的基础知识。
2. 掌握重点监管工艺的危险特点。
3. 掌握重点监管工艺的安全技术要点。

技能目标

1. 能制订重点监管工艺的工艺参数监控台账。
2. 能制订重点监管工艺的安全控制方案。

素质目标

1. 树立化工生产领域全生命周期本质安全意识。
2. 强化工艺规程即生产法规的意识。

国家重点监管危险化工工艺包括光气及光气化工艺、氯化工艺、氧化工艺等18种工艺，对典型工艺、重点监控工艺参数及安全控制的基本要求等内容进行了规定，对指导我国各地区开展涉及危险化工工艺的生产装置自动化控制改造、提升化工生产装置本质安全水平起到了积极推动作用。

化学反应类型及其危险性

项目一 光气及光气化工艺的安全技术

光气又称碳酰氯，易水解，化学式为$COCl_2$，是一种重要的有机中间体，可由一氧化碳与氯气反应制得。光气是剧烈窒息性毒气，主要通过呼吸道引起中毒，进入体内后形成肺水肿，使肺吸不进氧气，排不出二氧化碳，从而引起缺氧。在第一次世界大战中光气被用作化学武器，造成了大量的人员伤亡。

光气及光气化工艺包含光气的制备工艺，以及以光气为原料制备光气化产品的工艺路线，光气化工艺主要分为气相和液相两种。光气可用于生产双光气、三光气、聚碳酸酯、异氰酸酯、甲苯二异氰酸酯（TDI）、4,4′-二苯基甲烷二异氰酸酯（MDI）等，主要应用于农药、聚氨酯材料、医药、染料等领域。

光气化反应为放热反应，重点监控单元为光气化反应釜、光气储运单元。

一、案例

2010 年 1 月，美国西弗吉尼亚州的杜邦厂发生了光气泄漏，致 1 人死亡。

事故经过：工艺故障导致来自气瓶的光气流量减少，为维持工艺连续运行，操作人员进行了气瓶切换，随后在进行清除进料软管中光气物料操作时，没有遵循标准程序。由于液体热膨胀产生的压力和软管本身的缺陷，充满液体的软管破裂并释放出光气，导致 1 名工人暴露在光气中致死。

二、光气及光气化工艺的危险特点

光气及光气化工艺危险特点如下：

① 光气为剧毒气体，在储运、使用过程中发生泄漏后，易造成大面积污染、中毒事故；

② 反应介质具有燃爆危险性；

③ 副产物氯化氢具有腐蚀性，易造成设备和管线泄漏，发生人员中毒事故。

三、安全技术要点

(1) 重点监控工艺参数　光气及光气化工艺重点监控工艺参数包括：一氧化碳、氯气含水量，反应釜温度、压力，反应物质的配料比，光气进料速度，冷却系统中冷却介质的温度、压力、流量等。

(2) 安全控制及技术　光气及光气化生产系统一旦出现异常现象或发生光气及其剧毒产品泄漏事故时，应通过自控联锁装置启动紧急停车并自动切断所有进出生产装置的物料，将反应装置迅速冷却降温，同时将发生事故设备内的剧毒物料导入事故槽内，开启氨水、稀碱液喷淋，启动通风排毒系统，将事故部位的有毒气体排至处理系统。

光气及光气化工艺应做如下设置：

① 事故紧急切断阀；

② 紧急冷却系统；

③ 反应釜温度、压力报警联锁；

④ 局部排风设施；

⑤ 有毒气体回收及处理系统；

⑥ 自动泄压装置；

⑦ 自动氨或碱液喷淋装置；

⑧ 光气、氯气、一氧化碳监测及超限报警；

⑨ 双电源供电。

项目二　电解工艺（氯碱）的安全技术

电流通过电解质溶液或熔融电解质时，在两个电极上所引起的化学变化称为电解反应。涉及电解反应的工艺过程为电解工艺。氯碱工业采用电解工艺，通过电解饱和氯化钠溶液的方法生产氢氧化钠（NaOH）、氯气（Cl_2）和氢气（H_2），并以它们为原料生产一系列化工产品。氯碱工业是最基本的化学工业之一，其主要的产品是烧碱、液氯、盐酸、聚氯乙烯树脂等，除应用于化学工业本身外，还广泛应用于轻工业、纺织工业、冶金工业、石油化学工业以及公用事业。目前国内绝大多数企业采用离子膜电解工艺进行氯碱生产。

电解反应为吸热反应，重点监控单元为电解槽、氯气储运单元。

《氯碱企业涉氯安全风险隐患排查指南（试行）》的查阅方式

一、案例

2020年8月29日17时28分许，位于芜湖市某化工有限公司液氯工段在对液氯槽车充装液氯过程中，发生氯气泄漏，造成相邻企业19人受伤住院、直接经济损失48万元。

事故经过：2019年7月1日、9月26日、10月14日，2020年1月8日、5月12日、7月16日、8月7日液氯工段充装人员分别发现充装万向节不同部位垫片泄漏、焊缝处发生泄漏、转向不灵活等问题后，充装人员通知机修工段工作人员对泄漏垫片进行更换。更换完成后，充装人员在更换垫片处使用氨水试漏，试漏结果显示无泄漏后继续使用。2020年6月，液氯工段在使用万向节过程中，因万向节转向不灵活且垫片泄漏较频繁。设备主管在6月份的《月度材料计划》中向公司上报采购计划。经审批后，采购部负责采购一套万向节准备更新。2020年8月26日，新万向节（鹤管）到货，验收时发现新万向节（鹤管）技术参数设计压力为1.6MPa，因未达到要求的2.5MPa，致使新万向节（鹤管）没有安装使用。

二、电解工艺（氯碱）的危险特点

电解工艺（氯碱）的危险特点如下：

① 电解食盐水过程中产生的氢气是极易燃烧的气体，氯气是氧化性很强的剧毒气体，两种气体混合极易发生爆炸，当氯气中含氢量达到5%以上，则随时可能在光照或受热情况下发生爆炸；

② 如果盐水中存在的铵盐超标，在适宜的条件（pH＜4.5）下，铵盐和氯作用可生成氯化铵，浓氯化铵溶液与氯还可生成黄色油状的三氯化氮。三氯化氮是一种爆炸性物质，与许多有机物接触或加热至90℃以上以及被撞击、摩擦等，即发生剧烈的分解而爆炸；

③ 电解溶液腐蚀性强；

④ 液氯的生产、储存、包装、输送、运输可能发生液氯的泄漏。

三、安全技术要点

（1）重点监控工艺参数　电解工艺（氯碱）重点监控工艺参数包括：电解槽内液位，电解槽内电流和电压，电解槽进出物料流量，可燃和有毒气体浓度，电解槽的温度和压力，原料中铵含量，氯气杂质含量（水、氢气、氧气、三氯化氮等）等。

（2）安全控制及技术　将电解槽内压力、槽电压等形成联锁关系，系统设立联锁停车系统；设立安全设施，包括安全阀、高压阀、紧急排放阀、液位计、单向阀及紧急切断装置等。

电解工艺（氯碱）应做如下设置：

① 电解槽温度、压力、液位、流量报警和联锁；

② 电解供电整流装置与电解槽供电的报警和联锁；

③ 紧急联锁切断装置；

④ 事故状态下氯气吸收中和系统；

⑤ 可燃和有毒气体检测报警装置等。

项目三 氯化工艺的安全技术

氯化反应是指化合物的分子中引入氯原子的反应，包含氯化反应的工艺过程为氯化工艺，主要包括取代氯化、加成氯化、氧氯化等。

（1）取代氯化　取代氯化发生在氯原子与有机物氢原子之间。典型工艺如：氯取代烷烃的氢原子制备氯代烷烃、氯取代苯的氢原子生产六氯化苯、氯取代萘的氢原子生产多氯化萘、甲醇与氯反应生产氯甲烷、乙醇和氯反应生产氯乙烷（氯乙醛类）、醋酸与氯反应生产氯乙酸、氯取代甲苯的氢原子生产苄基氯等。

（2）加成氯化　加成氯化发生在氯原子与不饱和烃之间。典型工艺如：乙烯与氯加成氯化生产1,2-二氯乙烷、乙炔与氯加成氯化生产1,2-二氯乙烯、乙炔和氯化氢加成生产氯乙烯等。

（3）氧氯化　氧氯化是指在氯离子和氧原子存在下氯化，生成含氯化合物。典型工艺如：乙烯氧氯化生产二氯乙烷、丙烯氧氯化生产1,2-二氯丙烷、甲烷氧氯化生产甲烷氯化物、丙烷氧氯化生产丙烷氯化物等。

（4）其他工艺　其他工艺如硫与氯反应生成一氯化硫、四氯化钛的制备、次氯酸、次氯酸钠或*N*-氯代丁二酰亚胺与胺反应制备*N*-氯化物、氯化亚砜作为氯化剂制备氯化物、黄磷与氯气反应生产三氯化磷、五氯化磷等。

氯化反应为放热反应，氯化工艺的重点监控单元为氯化反应釜、氯气储运单元。

一、案例

美国化学品安全委员会（CSB）调查了西弗吉尼亚州杜邦集团的制造工厂2010年发生的一起事故：一个被忽视的报警信号导致了氯甲烷泄漏到了工艺车间厂房内，总计2045磅氯甲烷和25磅氯化氢泄漏到大气中。

事故经过：装有氯甲烷的反应釜上的爆破片发生破裂，氯甲烷释放到排空管中，爆破片破裂发出的报警信号被忽视，长达5天无人采取措施，而氯甲烷正是一种有毒易燃气体。

二、氯化工艺的危险特点

氯化工艺的危险特点如下：

① 氯化反应是一个放热过程，尤其在较高温度下进行氯化，反应更为剧烈，速度快，放热量较大；

② 所用的原料大多具有燃爆危险性；

③ 常用的氯化剂，如氯气本身为剧毒化学品，氧化性强，储存压力较高，多数氯化工艺采用液氯生产，其步骤是先汽化再氯化，一旦泄漏危险性较大；

④ 氯气中的杂质，如水、氢气、氧气、三氯化氮等，在使用中易发生危险，特别是三氯化氮积累后，容易引发爆炸危险；

⑤ 生成的氯化氢气体遇水后腐蚀性强；

⑥ 氯化反应尾气可能形成爆炸性混合物。

三、安全技术要点

（1）重点监控工艺参数　氯化工艺重点监控工艺参数包括：氯化反应釜温度和压力，氯化反应釜搅拌速率，反应物料的配比，氯化剂进料流量，冷却系统中冷却介质的温度、压力、流量等，氯气杂质含量（水、氢气、氧气、三氯化氮等），氯化反应尾气组成等。

（2）安全控制及技术　将氯化反应釜内温度、压力与釜内搅拌、氯化剂流量、氯化反应釜夹套冷却水进水阀形成联锁关系，设立紧急停车系统；设立安全设施，包括安全阀、高压阀、紧急放空阀、液位计、单向阀及紧急切断装置等。

氯化工艺应做如下设置：

① 反应釜温度和压力的报警和联锁；

② 反应物料的比例控制和联锁；

③ 搅拌的稳定控制；

④ 进料缓冲器；

⑤ 紧急进料切断系统；

⑥ 紧急冷却系统；

⑦ 安全泄放系统；

⑧ 事故状态下氯气吸收中和系统；

⑨ 可燃和有毒气体检测报警装置等。

项目四　硝化工艺的安全技术

硝化反应是指有机化合物分子中引入硝基（—NO_2）的反应，最常见的是取代反应。向有机化合物引入硝基的反应剂称为硝化剂，最常用的硝化剂为硝酸和硫酸的混合酸（硝硫混酸）。涉及硝化反应的工艺过程为硝化工艺。

硝化反应有三类：

① 硝基（—NO_2）取代有机化合物分子中氢原子的化学反应，生成物为硝基化合物，也称C-硝基化合物，如梯恩梯、硝基萘等。

② 硝基（—NO_2）取代有机化合物分子中的基团（—OH、—Cl、—SO_3）的化学反应，生成物为硝酸酯，也称O-硝基化合物，如硝化甘油、硝化棉、苦味酸等。

③ 硝基（—NO_2）通过与氮原子相连生成化合物硝胺的化学反应，生成物也称*N*-硝基化合物，如乌洛托品（六次甲基四胺）经硝化生成的黑索金（环三亚甲基三硝胺）等。

硝化方法可分成直接硝化法、间接硝化法和亚硝化法，分别用于生产硝基化合物、硝胺、硝酸酯和亚硝基化合物等。

直接硝化法典型工艺如：丙三醇与混酸反应制备硝酸甘油；氯苯硝化制备邻硝基氯苯、对硝基氯苯；苯硝化制备硝基苯；蒽醌硝化制备1-硝基蒽醌；甲苯硝化生产三硝基甲苯（俗称梯恩梯，TNT）；浓硝酸、亚硝酸钠和甲醇制备亚硝酸甲酯；丙烷等烷烃与硝酸通过气相反应制备硝基烷烃等。

间接硝化法典型工艺如：硝酸胍、硝基胍的制备，苯酚采用磺酰基的取代硝化制备苦味酸等。

亚硝化法典型工艺如：2-萘酚与亚硝酸盐反应制备1-亚硝基-2-萘酚，二苯胺与亚硝酸钠和硫酸水溶液反应制备对亚硝基二苯胺，浓硝酸、亚硝酸钠和甲醇制备亚硝酸甲酯等。

硝化反应为放热反应，硝化工艺过程由混酸制备、硝化反应、分离等单元组成，重点监控单元为硝化反应釜、分离单元。

一、案例

天津市某精细化工科技开发有限公司主要生产二甲苯麝香、葵子麝香和酮麝香等，2006年8月7日，该公司硝化车间反应釜发生爆炸，事故造成10人死亡，3人受伤。

事故经过：5号硝化反应釜滴加浓硫酸速度控制不当，使釜内化学反应热量迅速积聚，又未能及时进行冷却处理，导致5号硝化反应釜发生爆炸。爆炸的冲击力及碎片引起3号、4号、6号反应釜相继爆炸。这起爆炸事故系工人操作失误导致。

二、硝化工艺的危险特点

硝化工艺的危险特点如下：

① 反应速度快，放热量大。大多数硝化反应是在非均相中进行的，反应组分的不均匀分布容易引起局部过热导致危险。尤其在硝化反应开始阶段，停止搅拌或由于搅拌叶片脱落等造成搅拌失效是非常危险的，一旦搅拌再次开动，就会突然引发局部激烈反应，瞬间释放大量的热量，引起爆炸事故。

② 反应物料具有燃爆危险性。

③ 硝化剂具有强腐蚀性、强氧化性，与油脂、有机化合物（尤其是不饱和有机化合物）接触能引起燃烧或爆炸。

④ 硝化产物、副产物具有爆炸危险性。

三、安全技术要点

(1) 重点监控工艺参数　硝化工艺重点监控工艺参数包括：硝化反应釜内温度，搅拌速率，硝化剂流量，冷却水流量，pH值，硝化产物中杂质含量，精馏分离系统温度，塔釜杂质含量等。

(2) 安全控制及技术　将硝化反应釜内温度与釜内搅拌、硝化剂流量、硝化反应釜夹套冷却水进水阀形成联锁关系，在硝化反应釜处设立紧急停车系统，当硝化反应釜内温度超标或搅拌系统发生故障，能自动报警并自动停止加料。分离系统温度与加热、冷却形成联锁，温度超标时，能停止加热并紧急冷却。硝化反应系统应设有泄爆管和紧急排放系统。

硝化工艺应做如下设置：

① 反应釜温度的报警和联锁；

② 自动进料控制和联锁；

③ 紧急冷却系统；

④ 搅拌的稳定控制和联锁；

⑤ 分离系统温度控制与联锁；

⑥ 塔釜杂质监控系统；

⑦ 安全泄放系统等。

项目五 合成氨工艺的安全技术

合成氨工艺指氮和氢两种组分按一定比例（1∶3）组成的气体（合成气），在高温、高压（一般为400～450℃，15～30MPa）下经催化反应生成氨的工艺过程。合成氨是重要的化肥、冷冻剂和化工原料，主要用于制造氮肥和复合肥料，硝酸、各种含氮的无机盐及有机中间体、磺胺药、聚氨酯、聚酰胺纤维和丁腈橡胶等都需直接以氨为原料，液氨常用作制冷剂。

生产合成氨的主要原料有天然气、石脑油、重质油和煤（或焦炭）等，典型工艺有节能AMV法，德士古水煤浆加压气化法，凯洛格法，甲醇与合成氨联合生产的联醇法，纯碱与合成氨联合生产的联碱法，采用变换催化剂、氧化锌脱硫剂和甲烷催化剂的“三催化”气体净化法等。

① 天然气制氨。天然气先经脱硫，然后通过二次转化，再分别经过一氧化碳变换、二氧化碳脱除等工序，得到的氮氢混合气，其中尚含有一氧化碳和二氧化碳0.1%～0.3%（体积），经甲烷化作用除去后，制得氢氮摩尔比为3的纯净气，经压缩机压缩而进入氨合成回路，制得产品氨。以石脑油为原料的合成氨生产流程与此流程相似。

传统的合成氨技术以美国Kellogg公司开发出的Kellogg工艺为代表，典型单元包括：合成气生产单元、合成气净化提纯单元、氨气合成单元、分离单元等。

② 重质油制氨。重质油包括各种深度加工所得的渣油，可用部分氧化法制得合成氨原料气，生产过程比天然气蒸气转化法简单，但需要有空气分离装置。空气分离装置制得的氧用于重质油气化，氮作为氨合成原料外，液态氮还用作脱除一氧化碳、甲烷及氩的洗涤剂。

③ 煤（焦炭）制氨。煤气化生产合成气典型工艺有：德士古公司、Destec工程公司开发的水煤浆气化工艺，壳牌公司和德国Prenflo公司开发的煤粉流化床气化工艺，德国鲁奇有限公司开发的固定床煤粉气化工艺。煤气化技术不仅能够代替天然气资源生成合成气，还能够利用热电联产技术耦合实现煤炭资源的清洁化利用。

合成氨反应为吸热反应，合成氨工艺重点监控单元为合成塔、压缩机、氨储存系统。

一、案例

2009年10月9日，日本昭田川崎工厂的一套合成氨装置，在操作中突然发出破裂声并喷出气体，气体充满压缩机房后，流向楼下的净化塔和合成塔。压缩机系统的操作工听到喷出气体的声音后立即停掉压缩机打开送风阀。合成系统的操作工着手关闭净化塔的各个阀门，但在这个操作过程中附近发生了爆炸，造成17名操作工死亡，63人受伤，装置的建筑物和机械设备部分被破坏，相邻装置的窗玻璃被震坏。由于爆炸使合成塔前的变压器损坏，变压器油着火，点燃从损坏的管道中漏出来的氢气，大火持续了约4h，经济损失约7100万日元。

事故原因：①最初漏气的地方是在两个油分离器和一个净化塔联结的高压管线的三通接头部分，连接管的螺纹外径比正规值小，而且它的螺距比相对的螺纹的螺距大，因而导致螺纹牙与牙的接合较差，并在一部分螺纹的牙根引起过度的应力集中。②安装时，不适当的紧固和长期使用的疲劳会使其发生磨损。③最初大爆炸的火源被认为是从净化塔内流出来的催化剂。喷出的气体与净化塔内流出的催化剂相接触造成爆炸。

二、合成氨工艺的危险特点

合成氨工艺的危险特点如下：

① 高温、高压使可燃气体爆炸极限扩宽，气体物料一旦过氧（亦称透氧），极易在设备和管道内发生爆炸；

② 高温、高压气体物料从设备管线泄漏时会迅速膨胀与空气混合形成爆炸性混合物，遇到明火或高流速物料与裂（喷）口处摩擦产生静电火花引起着火和空间爆炸；

③ 气体压缩机等转动设备在高温下运行会使润滑油挥发裂解，在附近管道内造成积炭，可导致积炭燃烧或爆炸；

④ 高温、高压可加速设备金属材料发生蠕变，改变金相组织，还会加剧氢气、氮气对钢材的氢蚀及渗氮，加剧设备的疲劳腐蚀，使其机械强度减弱，引发物理爆炸；

⑤ 液氨大规模事故性泄漏会形成低温云团引起大范围人群中毒，遇明火还会发生空间爆炸。

三、安全技术要点

(1) 重点监控工艺参数　合成氨工艺重点监控工艺参数包括合成塔、压缩机、氨储存系统的运行基本控制参数，如温度、压力、液位、物料流量及比例等。

(2) 安全控制及技术

① 合成氨装置温度、压力报警和联锁；

② 物料比例控制和联锁；

③ 压缩机的温度、入口分离器液位、压力报警联锁；

④ 紧急冷却系统；

⑤ 紧急切断系统；

⑥ 安全泄放系统；

⑦ 可燃、有毒气体检测报警装置。

项目六　裂解（裂化）工艺的安全技术

裂解是指石油系的烃类原料在高温条件下，发生碳链断裂或脱氢反应，生成烯烃及其他产物的过程。产品以乙烯、丙烯为主，同时副产品为丁烯、丁二烯等烯烃和裂解汽油、柴油、燃料油等产品。

烃类原料在裂解炉内进行高温裂解，产出组成为氢气、低/高碳烃类、芳烃类以及馏分为288℃以上的裂解燃料油的裂解气混合物。经过急冷、压缩、激冷、分馏以及干燥和加氢等方法，分离出目标产品和副产品。

在裂解过程中，同时伴随缩合、环化和脱氢等反应。由于所发生的反应很复杂，通常把反应分成两个阶段。第一阶段，原料变成的目的产物为乙烯、丙烯，这种反应称为一次反应。第二阶段，一次反应生成的乙烯、丙烯继续反应转化为炔烃、二烯烃、芳烃、环烷烃，甚至最终转化为氢气和焦炭，这种反应称为二次反应。裂解产物往往是多种组分混合物。影响裂解的基本因素主要为温度和反应的持续时间。

化工生产中用热裂解的方法生产小分子烯烃、炔烃和芳香烃，如乙烯、丙烯、丁二烯、乙炔、苯和甲苯等。典型工艺为：热裂解制烯烃工艺，重油催化裂化制汽油、柴油、丙烯、丁烯，乙苯裂解制苯乙烯，二氟一氯甲烷（HCFC-22）热裂解制得四氟乙烯（TFE），二氟一氯乙烷（HCFC-142b）热裂解制得偏氟乙烯（VDF），四氟乙烯和八氟环丁烷热裂解制得六氟乙烯（HFP）等。

裂解（裂化）反应为高温吸热反应，裂解（裂化）工艺重点监控单元为裂解炉、制冷系统、压缩机、引风机、分离单元。

一、案例

1997 年 1 月 21 日，位于美国加利福尼亚州的托斯科埃文炼油厂加氢裂解单元发生一起爆炸着火事故，造成 1 人死亡，46 名工人受伤，其中 13 人重伤。

事故原因：2 段 3 号反应器出口管由于反应器温度偏离（最高温度可能超过 760℃）发生破裂，轻质气体从管道中泄出，遇空气自燃，造成爆炸和火灾；员工发现温度偏离后没有按规定要求使用紧急泄压系统，管理层也没有采取相应的整改措施，操作工冒险作业导致事故发生。

二、裂解（裂化）工艺的危险特点

裂解（裂化）工艺的危险特点如下：

① 在高温（高压）下进行反应，装置内的物料温度一般超过其自燃点，若漏出会立即引起火灾；

② 炉管内壁结焦会使流体阻力增加，影响传热，当焦层达到一定厚度时，因炉管壁温度过高，而不能继续运行下去，必须进行清焦，否则会烧穿炉管，造成裂解气外泄，引起裂解炉爆炸；

③ 如果由于断电或引风机机械故障而使引风机突然停转，则炉膛内很快会变成正压，从窥视孔或烧嘴等处向外喷火，严重时会引起炉膛爆炸；

④ 如果燃料系统大幅度波动，燃料气压力过低，则可能造成裂解炉烧嘴回火，使烧嘴烧坏，甚至会引起爆炸；

⑤ 有些裂解工艺产生的单体会自聚或爆炸，需要向生产的单体中加阻聚剂或稀释剂等。

三、安全技术要点

（1）重点监控工艺参数　裂解（裂化）工艺重点监控工艺参数包括：裂解炉进料流量，裂解炉温度，引风机电流，燃料油进料流量，稀释蒸汽比及压力，燃料油压力，滑阀差压超驰控制，主风流量控制，外取热器控制，机组控制，锅炉控制等。

（2）安全控制及技术

① 将引风机电流与裂解炉进料阀、燃料油进料阀、稀释蒸汽阀之间形成联锁关系，一旦引风机故障停车，则裂解炉自动停止进料并切断燃料供应，但应继续供应稀释蒸汽，以带走炉膛内的余热。

② 将燃料油压力与燃料油进料阀、裂解炉进料阀之间形成联锁关系，燃料油压力降低，则切断燃料油进料阀，同时切断裂解炉进料阀。

③ 分离塔应安装安全阀和放空管，低压系统与高压系统之间应有逆止阀并配备固定的氮气装置、蒸汽灭火装置。

④ 将裂解炉电流与锅炉给水流量、稀释蒸汽流量之间形成联锁关系；一旦水、电、蒸汽等公用工程出现故障，裂解炉能自动紧急停车。

⑤ 反应压力正常情况下由压缩机转速控制，开工及非正常工况下由压缩机入口放火炬控制。

⑥ 再生压力由烟机入口蝶阀和旁路滑阀（或蝶阀）分程控制。

⑦ 再生、待生滑阀正常情况下分别由反应温度信号和反应器料位信号控制，一旦滑阀差压出现低限，则转由滑阀差压控制。

⑧ 再生温度由外取热器催化剂循环量或流化介质流量控制。

⑨ 外取热汽包和锅炉汽包液位采用液位、补水量和蒸发量三冲量控制。

⑩ 带明火的锅炉设置熄火保护控制。

⑪ 大型机组设置相关的轴温、轴震动、轴位移、油压、油温、防喘振等系统控制。

⑫ 在装置存在可燃气体、有毒气体泄漏的部位设置可燃气体报警仪和有毒气体报警仪。

裂解（裂化）工艺应做如下设置：

① 裂解炉进料压力、流量控制报警与联锁；

② 紧急裂解炉温度报警和联锁；

③ 紧急冷却系统；

④ 紧急切断系统；

⑤ 反应压力、压缩机转速、入口放火炬等的控制；

⑥ 再生压力的分程控制；

⑦ 滑阀差压与料位；

⑧ 温度的超驰控制；

⑨ 再生温度与外取热器负荷控制；

⑩ 外取热器汽包和锅炉汽包液位的三冲量控制；

⑪ 锅炉的熄火保护；

⑫ 机组相关控制；

⑬ 可燃与有毒气体检测报警装置等。

项目七 氟化工艺的安全技术

氟化反应是指在化合物的分子中引入氟原子的反应，涉及氟化反应的工艺过程为氟化工艺。氟与有机化合物作用的反应是强放热反应，放出大量的热可使反应物分子结构遭到破坏，甚至着火爆炸。氟化剂通常为氟气、卤族氟化物、惰性元素氟化物、高价金属氟化物、氟化氢、氟化钾等。典型工艺如下。

（1）直接氟化　黄磷氟化制备五氟化磷等。

（2）金属氟化物或氟化氢气体氟化　SbF_3、AgF_2、CoF_3 等金属氟化物与烃反应制备氟化烃，氟化氢气体与氢氧化铝反应制备氟化铝等。

（3）置换氟化　三氯甲烷氟化制备二氟一氯甲烷、2,4,5,6-四氯嘧啶与氟化钠制备2,4,6-三氟-5-氟嘧啶等。

（4）其他氟化物的制备　三氟化硼的制备，浓硫酸与氟化钙（萤石）制备无水氟化氢等。

氟化反应为放热反应，重点监控单元为氟化剂储运单元。

一、案例

2013年10月18日，山东省某化工有限公司医药中间体生产车间发生物料泄漏中毒事故，造成3人死亡，直接经济损失约270.6万元。

事故原因：氟化岗位操作工违章操作，未佩戴必要的劳动防护用品，在氟化釜处于带压的状态下，使用管钳对已关闭到位的截止阀进行阀盖紧固作业，截止阀压盖螺纹失稳滑丝，导致含有氟化氢的物料喷出。

二、氟化工艺的危险特点

氟化工艺的危险特点如下：

① 反应物料具有燃爆危险性；

② 氟化反应为强放热反应，不及时排除反应热量，易导致超温超压，引发设备爆炸事故；

③ 多数氟化剂具有强腐蚀性、剧毒，在生产、贮存、运输、使用等过程中，容易因泄漏、操作不当、误接触以及其他意外而造成危险。

三、安全技术要点

（1）重点监控工艺参数　氟化工艺重点监控工艺参数包括：氟化反应釜内温度、压力，氟化反应釜内搅拌速率，氟化物流量，助剂流量，反应物的配料比，氟化物浓度。

（2）安全控制及技术　氟化反应操作中，要严格控制氟化物浓度、投料配比、进料速度和反应温度等，必要时应设置自动比例调节装置和自动联锁控制装置。将氟化反应釜内温度、压力与釜内搅拌、氟化物流量、氟化反应釜夹套冷却水进水阀形成联锁控制，在氟化反应釜处设立紧急停车系统，当氟化反应釜内温度或压力超标或搅拌系统发生故障时自动停止加料并紧急停车。

氟化工艺应做如下设置：

① 反应釜内温度和压力与反应进料、紧急冷却系统的报警和联锁；

② 搅拌的稳定控制系统；

③ 安全泄放系统；

④ 可燃和有毒气体检测报警装置等。

项目八　加氢工艺的安全技术

加氢是在有机化合物分子中加入氢原子的反应，涉及加氢反应的工艺过程为加氢工艺，主要包括不饱和键加氢、芳环化合物加氢、含氮化合物加氢、含氧化合物加氢、氢解等。典型工艺如下。

（1）不饱和炔烃、烯烃的三键和双键加氢　环戊二烯加氢生产环戊烯等。

（2）芳烃加氢　苯加氢生成环己烷、苯酚加氢生产环己醇等。

（3）含氧化合物加氢　一氧化碳加氢生产甲醇、丁醛加氢生产丁醇、辛烯醛加氢生产辛醇等。

（4）含氮化合物加氢　己二腈加氢生产己二胺、硝基苯催化加氢生产苯胺等。

(5) 油品加氢 馏分油加氢裂化生产石脑油、柴油和尾油，渣油加氢改质，减压馏分油加氢改质，催化（异构）脱蜡生产低凝柴油、润滑油基础油等。

加氢反应为放热反应，加氢工艺重点监控单元为加氢反应釜、氢气压缩机。

一、案例

2017年1月18日，日本和歌山县东燃通用石油公司旗下炼油厂的一个油料储罐在清理作业期间起火，连续燃烧近9小时后熄灭，1月22日再次起火。火灾发生在润滑油生产装置群2号丙烷脱蜡装置与2号润滑油萃取加氢脱硫精制装置附近，一度导致周边地区近3000人紧急避难，过火面积约为850m^2。

事故原因：储罐内残存淤浆中的硫化铁发生自燃，起火初期可能无人在现场监护，导致事故扩大。1月22日再次起火的原因是第二润滑油萃取加氢精制装置高压吹扫气体管道系统存在多处裂口和一个不符合规定的法兰盘，可能导致了含氢的易燃气体泄漏并起火。

二、加氢工艺的危险特点

加氢工艺的危险特点如下：

① 反应物料具有燃爆危险性，氢气的爆炸极限为4%～75%，具有高燃爆危险特性；

② 加氢为强烈的放热反应，氢气在高温高压下与钢材接触，钢材内的碳分子易与氢气发生反应生成碳氢化合物，使钢制设备强度降低，发生氢脆；

③ 催化剂再生和活化过程中易引发爆炸；

④ 加氢反应尾气中有未完全反应的氢气和其他杂质在排放时易引发着火或爆炸。

三、安全技术要点

(1) 重点监控工艺参数 加氢工艺重点监控工艺参数包括：加氢反应釜或催化剂床层温度、压力，加氢反应釜内搅拌速率，氢气流量，反应物质的配料比，系统氧含量，冷却水流量，氢气压缩机运行参数，加氢反应尾气组成等。

(2) 安全控制及技术

① 将加氢反应釜内温度、压力与釜内搅拌电流、氢气流量、加氢反应釜夹套冷却水进水阀形成联锁关系，设立紧急停车系统。

② 设立加入急冷氮气或氢气的系统。

③ 当加氢反应釜内温度或压力超标或搅拌系统发生故障时自动停止加氢，泄压，并进入紧急状态。

④ 设立安全泄放系统。

加氢工艺应做如下设置：

① 温度和压力的报警和联锁；

② 反应物料的比例控制和联锁系统；

③ 紧急冷却系统；

④ 搅拌的稳定控制系统；

⑤ 氢气紧急切断系统；

⑥ 加装安全阀、爆破片等安全设施；

⑦ 循环氢压缩机停机报警和联锁；

⑧ 氢气检测报警装置等。

项目九 重氮化工艺的安全技术

重氮化反应是指一级胺与亚硝酸在低温下作用生成重氮盐的反应。脂肪族、芳香族和杂环的一级胺都可以进行重氮化反应。

脂肪族伯胺与亚硝酸反应，可释放出氮气，可形成碳正离子，副反应比较多，而且脂肪族重氮盐很不稳定，即使在低温下也能迅速自发分解。芳香族伯胺和亚硝酸作用生成的重氮盐，由于氮正离子与苯环的共轭，稳定性大大提高，这样的中间体，在酸性介质中，在0～5℃可以稳定存在，但一旦遇到光照和加热，会马上分解。所以这样的重氮盐在合成中要现制现用。芳香族伯胺在无机酸存在下，低温条件下与亚硝酸作用，反应通式为

$$ArNH_2 + NaNO_2 + 2HX \longrightarrow ArN_2^+ X^- + 2H_2O + NaX$$

式中，X可以是Cl、Br、NO_3、HSO_3等。芳香族伯胺称作重氮组分，亚硝酸称为重氮化试剂。亚硝酸易分解，故工业生产中常用亚硝酸钠和盐酸作用，临时制备。除盐酸外，也可以使用硫酸、高氯酸和氟硼酸等无机酸。

涉及重氮化反应的工艺过程为重氮化工艺，典型工艺如下。

（1）顺法　对氨基苯磺酸钠与2-萘酚制备酸性橙-II染料，芳香族伯胺与亚硝酸钠反应制备芳香族重氮化合物等。

（2）反加法　间苯二胺生产二氟硼酸间苯二重氮盐、苯胺与亚硝酸钠反应生产苯胺基重氮苯等。

（3）亚硝酰硫酸法　2-氰基-4-硝基苯胺、2-氰基-4-硝基-6-溴苯胺、2,4-二硝基-6-溴苯胺、2,6-二氰基-4-硝基苯胺和2,4-二硝基-6-氰基苯胺为重氮组分与端氨基含醚基的偶合组分经重氮化、偶合成单偶氮分散染料，2-氰基-4-硝基苯胺为原料制备蓝色分散染料等。

（4）硫酸铜触媒法　邻、间氨基苯酚用弱酸（醋酸、草酸等）或易于水解的无机盐和亚硝酸钠反应制备邻、间氨基苯酚的重氮化合物等。

（5）盐析法　氨基偶氮化合物通过盐析法进行重氮化生产多偶氮染料等。

重氮化反应绝大多数为放热反应，重点监控单元为重氮化反应釜、后处理单元。

一、案例

2007年11月27日10时20分，江苏某科技有限公司重氮盐生产过程中，B7厂房重氮化釜发生爆炸，造成8名抢险人员死亡，5人受伤（其中2人重伤），735m^2的厂房全部倒塌，主要生产设备被炸毁。直接经济损失约400万元。

事故经过：重氮化工艺过程是在重氮化釜中，先用硫酸和亚硝酸钠反应制得亚硝酰硫酸，再加入6-溴-2,4-二硝基苯胺制得重氮液，供下一工序使用。11月27日6时30分，五车间当班4名操作人员接班，在上班制得亚硝酰硫酸的基础上，将重氮化釜温度降至在25℃。6时50分，开始向5000L重氮化釜加入6-溴-2,4-二硝基苯胺，先后分三批共加入反应物1350kg。9时20分加料结束后，开始打开夹套蒸汽对重氮化釜内物料加热至37℃，9时30分关闭蒸汽阀门保温。按照工艺要求，保温温度控制在(35±2)℃，保温时间4～6h。10时许，当班操作人宋体员发现重氮化釜冒出黄烟（氮氧化物），重氮化釜数字式温度仪显示温度已达70℃，在向车间报告的同时，将重氮化釜夹套切换为冷冻盐水。10时6分，重氮化釜温度已达100℃，车间负责人向公司报警并要求所有人员立即撤离。10时9分，公司

内部消防车赶到现场，用消防水向重氮化釜喷水降温。10 时 20 分，重氮化釜发生爆炸。

二、重氮化工艺的危险特点

重氮化工艺的危险特点如下：

① 重氮盐在温度稍高或光照的作用下易分解，特别是含有硝基的重氮盐极易分解，有的甚至在室温时亦能分解。在干燥状态下，有些重氮盐不稳定，活性强，受热或摩擦、撞击等作用能发生分解甚至爆炸；

② 重氮化生产过程所使用的亚硝酸钠是无机氧化剂，175℃时能发生分解，与有机物反应导致着火或爆炸；

③ 反应原料具有燃爆危险性。

三、安全技术要点

（1）重点监控工艺参数 重氮化工艺重点监控工艺参数包括：重氮化反应釜内温度、压力、液位、pH 值，重氮化反应釜内搅拌速率，亚硝酸钠流量，反应物质的配料比，后处理单元温度等。

（2）安全控制及技术

① 将重氮化反应釜内温度、压力与釜内搅拌、亚硝酸钠流量、重氮化反应釜夹套冷却水进水阀形成联锁关系，在重氮化反应釜处设立紧急停车系统，当重氮化反应釜内温度超标或搅拌系统发生故障时自动停止加料并紧急停车。

② 重氮盐后处理设备应配置温度检测、搅拌、冷却联锁自动控制调节装置，干燥设备应配置温度测量、加热热源开关、惰性气体保护的联锁装置。

③ 设立安全设施，包括安全阀、爆破片、紧急放空阀等。

重氮化工艺应做如下设置：

① 反应釜温度和压力的报警和联锁；

② 反应物料的比例控制和联锁系统；

③ 紧急冷却系统；

④ 紧急停车系统；

⑤ 安全泄放系统；

⑥ 后处理单元配置温度监测、惰性气体保护的联锁装置等。

【拓展阅读】

"智慧园区"的智慧管控

江苏扬州化工园区是"中国智慧化工园区试点示范单位"和全国首批"工业互联网＋危化安全生产"试点建设单位。近年来，扬州化工园区着力打造数字化、智能化的"智慧园区"平台，使得园区管控更智能、更精准、更敏捷，进一步推动了危化品安全生产治理体系和治理能力现代化。

拧上"双保险"，重大危险源管理更精准。扬州化工园区升级改造自控系统和安全仪表系统，企业安全仪表系统信号全部接入"智慧园区"平台，实时监测企业安全联锁装置投用、联锁系统运行情况。重大危险源监管系统融合视频智能分析功能和企业生产区人员定位，对重点监控目标和区域自动巡检火焰识别、吸烟、设定禁止进入区域等情况智能化报警，并自动调取报警期间的视频、图片和行动轨迹。

监测全覆盖，公共区域安全监控更智能。园区在核心控制区、关键控制区、一般控制区等区域实现“天网”工程全覆盖，对车辆的超速、违停及偏航、人员的非法停留聚集等行为进行自动报警和记录。建立废气排放在线监测预警系统，对气象五参数、PM2.5、PM10、氮氧化物等和园区常见乙烯、丙烯、苯等57种易燃易爆有毒有害气体实时监测和超标预警。

动态可视化，应急救援与管理更敏捷。建设了重大危险罐区三维仿真系统，接入储罐温度、液位、压力、安全联锁报警实时数据和历史数据，对报警的储罐用黄色、橙色、红色高亮预警动态展示。建设了人员在岗在位系统，外来人员进入生产区前需完成安全培训和挂好“身份识别卡”，实现人员不同色标注并实时定位。一旦厂区内发生紧急情况，人员可以实现“身份识别卡”一键报警，结合高密度视频探头，周围半径50m内人员将立即前往处置，同时，为开展应急救援和周边人员疏散提供精准决策支持。

【单元小结】

本单元介绍了光气及光气化、电解（氯碱）、氯化、硝化、合成氨、裂解（裂化）、氟化、加氢、重氮化反应等典型工艺的基本知识、危险特点及安全技术要点。重点内容是各典型工艺需监控的工艺参数、安全控制及技术要点。

【复习思考题】

一、判断题

1. 国家重点监管的危险化工工艺有18种。（ ）
2. 光气及光气化工艺不可设置自动氨或碱液喷淋装置作为安全措施。（ ）
3. 电解工艺（氯碱）重点监控单元为电解槽、氯气储运单元。（ ）
4. 氯化工艺中氯气所含杂质在使用中不易发生危险。（ ）
5. 硝硫混酸溶液可作为硝化剂。（ ）
6. 硝化工艺应设置塔釜杂质监控系统。（ ）
7. 稀释蒸汽比及压力不属于裂解（裂化）工艺重点监控工艺参数。（ ）
8. 气体压缩机等转动设备在高温下运行会使润滑油挥发裂解，在附近管道内造成积炭，可导致积炭燃烧或爆炸。（ ）
9. 氟化反应为强放热反应，不及时排除反应热量，易导致超温超压，引发设备爆炸事故。（ ）
10. 氢气分子量很小，在任何情况下与钢材接触，均不会使钢制设备强度降低。（ ）

二、单选题

1. 以下关于重点监管危险化工工艺说法正确的是（ ）。

A. 光气及光气生产系统出现异常，应使用水喷淋

B. 过氧化反应为吸热反应

C. 加氢反应为强烈的吸热反应，氢气在高温高压下与钢材接触，钢材内的碳分子易与氢气发生反应生成碳氢化合物，使钢制设备强度降低，发生氢脆

D. 硝化剂具有强腐蚀性、强氧化性，与油脂、有机化合物接触能引起燃烧或爆炸

2. 光气可用于生产 TDI、MDI（生产聚氨酯材料用），某石化企业光气化工段现有光气化反应釜，以下说法正确的是（　　）。

A. 光气为低毒气体

B. 光气化工艺中的反应介质不具有燃爆危险性

C. 光气化工艺中不宜设置自动泄压装置

D. 反应釜温度、压力报警联锁是光气及光气化工艺安全控制的措施之一

3. 氯碱工艺是最基本的化学工艺之一，下列关于氯碱生产安全控制的基本要求及监控的工艺参数中，不正确的是（　　）。

A. 设置事故状态下的氯气吸收中和装置

B. 监控电解槽内温度、压力、液位、流量并设置报警和联锁

C. 重点监控原料中铵离子含量，防止过量杂质形成爆炸性三氯化氮

D. 将槽内液位、槽电压等形成联锁关系，系统设立联锁停车装置

4. 以下针对硝化反应工艺安全控制基本要求的说法中，不正确的是（　　）。

A. 分离系统温度与加热、冷却形成联锁，温度超标时，能停止加热并紧急冷却

B. 反应系统应设有泄爆管和紧急排放系统

C. 将反应釜内液位与釜内搅拌、硝化剂流量、硝化反应釜夹套冷却水进水阀形成联锁关系

D. 在反应釜处设立紧急停车系统，当硝化反应釜内温度超标或搅拌系统发生故障，能自动报警并自动停止加料

5. 搅拌器的主要作用是（　　）。

A. 移出反应热　　B. 防止反应物料挂壁

C. 控制物料返混程度　　D. 使物料混合均匀和增加传热效果

6. 以下不属于裂解（裂化）工艺安全控制措施的是（　　）。

A. 裂解炉进料压力、流量控制报警与联锁　　B. 紧急冷却系统

C. 直接排放设施　　D. 可燃与有毒气体检测报警装置

7. 在石油炼制企业巡检过程中，若旁边的含硫管线突然泄漏，使人身处硫化氢气体的包围中，而没有携带空气呼吸器，此时应该（　　）。

A. 迅速拨打电话报警　　B. 边跑边大声呼救

C. 屏住呼吸，跑出包围区　　D. 用工衣掩住口鼻撤离包围区

8. 氟化是化合物分子中引入氟原子的反应，涉及氟化反应的工艺过程为氟化工艺。下列关于氟化反应控制方法的说法，正确的是（　　）。

A. 考虑到反应体系的燃爆危险性和介质毒性，重点监控反应釜和分离精制阶段

B. 将氟化反应釜内温度、液位与釜内搅拌、氟化物流量形成联锁控制

C. 氟化反应釜内温度或压力超标或搅拌系统发生故障时自动停止加料并紧急停车

D. 反应釜体系超温应增加搅拌速度防止局部过热、并适当降低或切断氟化剂和冷却水流量

9. 某化工企业以苯为原料通过加氢工艺生产环己烷，下列监控工艺参数中，不属于加氢工艺重点监控的是（　　）。

A. 反应物质的物料中氢含量、苯含量，加氢反应釜内氮含量

B. 反应物质的配料比、系统氧含量、加氢反应尾气组成

C. 加氢反应釜内搅拌速度、氢气流量、氢气压缩机运行参数

D. 加氢反应釜或催化剂床层温度、压力，冷却水流量

10. 重氮化反应绝大多数为放热反应，重点监控单元为重氮化反应釜、后处理单元，以下说法正确的是（　　）。

A. 重氮盐在光照的作用下不易分解

B. 重氮化生产过程所使用的亚硝酸钠高温时不易分解

C. 重氮化反应原料具有燃爆危险性

D. 重氮化工艺不宜设立安全泄放系统

三、问答题

1. 本单元中列举的工艺哪些属于通用化学品生产？哪些属于精细化学品生产？

2. 本单元中列举的工艺涉及的化学反应哪些是放热反应？哪些是吸热反应？

3. 试分析反应釜爆炸原因及预防措施。

4. 简述重点监管化工工艺反应热对安全生产的影响。

5. 查阅《氯碱企业涉氯安全风险隐患排查指南（试行）》，思考工艺安全风险隐患排查内容。

【案例分析】

根据下列案例，试分析导致该起事故的原因及预防事故发生的措施。

【案例 1】 2015 年 8 月，山东某化学公司年产 2 万 t 改性型胶粘新材料联产项目二胺车间混二硝基苯装置在投料试车过程中发生爆炸事故，造成 13 人死亡。

事故经过：爆炸事故发生前，该企业先后两次组织投料试车，均因为硝化机温度波动大、运行不稳定而被迫停止。事故发生当天，企业负责人在上述异常情况原因未查明的情况下，再次强行组织试车，在出现同样问题停止试车后，车间负责人违章指挥操作人员向地面排放硝化再分离器内含有混二硝基苯的物料，导致起火并引发爆炸。由于后续装置还未完工，事故发生时有多个外来施工队伍在生产区内施工、住宿，造成事故伤亡扩大。

【案例 2】 2007 年 5 月 11 日，乌鲁木齐某石化公司炼油厂加氢精制联合车间对柴油加氢装置进行停工检修，造成 2 人坠落，4 人中毒。

事故经过：14 时 50 分，操作人员关停反应系统新氢压缩机，切断新氢进装置新氢罐边界阀，准备在阀后加装盲板（该阀位于管廊上，距地面 4.3m）。15 时 30 分，对新氢罐进行泄压。18 时 30 分，新氢罐压力上升，再次对新氢罐进行泄压。18 时 50 分，检修施工作业班长带领 4 名施工人员来到现场，检修施工作业班长和车间 1 名岗位人员在地面监护。19 时 15 分，作业人员在松开全部 8 颗螺栓后拆下上部两枚螺栓，突然有气流喷出，在下风侧的 1 名作业人员随即昏倒在管廊上，其他作业人员立即进行施救。1 名作业人员在摘除安全带施救过程中，昏倒后从管廊缝隙中坠落。两名监护人员立刻前往车间呼救，车间 1 名工艺技术员和 2 名操作工立刻赶到现场施救，工艺技术员在施救过程中中毒从脚手架坠地，2 名操作工也先后中毒。其他赶来的施救人员佩戴空气呼吸器爬上管廊将中毒人员抢救到地面，送往乌鲁木齐石化职工医院抢救。

单元七
重点监管工艺的安全技术（下）

【学习目标】

知识目标

1. 了解重点监管工艺的基础知识。
2. 掌握重点监管工艺的危险特点。
3. 掌握重点监管工艺的安全技术要点。

技能目标

1. 能制订重点监管工艺的工艺参数监控台账。
2. 能制订重点监管工艺的安全控制方案。

素质目标

1. 树立化工生产领域全生命周期本质安全意识。
2. 强化工艺规程即生产法规的意识。

安全生产责任重于泰山。化工产品的生产具有很大的危险性，在生产过程中稍有不慎，可能就会导致火灾爆炸事故或者有毒有害物质泄漏事故的发生，造成人员伤亡和财产损失。全社会要牢固树立安全发展理念，弘扬生命至上、安全第一的思想，在化工生产中，层层压实责任，加强安全生产监管，强化风险防控和企业主体责任落实，牢牢守住安全生产底线、红线、生命线。

项目一 氧化工艺的安全技术

氧化反应为有电子转移的化学反应中失电子的过程，即氧化数升高的过程。多数有机化合物的氧化反应表现为反应原料得到氧或失去氢。氧化是最普遍、最常用的有机化学反应之一，通过氧化可以合成出如醇、醛、酮、羧酸、酸酐、酚、醌等含氧化合物。乙烯经催化氧化制备乙醛，丙烯经氨氧化制备丙烯醛均为氧化反应的结果，被誉为近代石油化工中突出成就之一。

涉及氧化反应的工艺过程为氧化工艺。无机氧化剂如氧气（空气）、臭氧、含高价原子的无机化合物；有机氧化剂如硝基苯、有机过氧化物、四醋酸铅、叔丁醇铝、二甲亚砜等。常用的氧化剂为空气、氧气、双氧水、氯酸钾、高锰酸钾、硝酸盐等。

不同的氧化剂有不同的氧化特征，往往一种氧化剂可以氧化几种不同基团，反之，一种基团也可以受多种氧化剂氧化。最易获得且最价廉的氧化剂为空气，在催化剂作用下的催化空气氧化广泛应用于化工生产。在操作方式上，氧化可分为应用化学试剂的化学氧化，应用电解方法的电解氧化，应用微生物的生化氧化，以及在催化剂作用下的催化氧化等。

典型的氧化工艺有：乙烯氧化制环氧乙烷，甲醇氧化制备甲醛，对二甲苯氧化制备对苯二甲酸，克劳斯法气体脱硫，一氧化氮、氧气和甲（乙）醇制备亚硝酸甲（乙）酯，以双氧水或有机过氧化物为氧化剂生产环氧丙烷、环氧氯丙烷，异丙苯经氧化-酸解联产苯酚和丙酮，环己烷氧化制环己酮，天然气氧化制乙炔，丁烯、丁烷、C4 馏分或苯的氧化制顺丁烯二酸酐，邻二甲苯或萘的氧化制备邻苯二甲酸酐，均四甲苯的氧化制备均苯四甲酸二酐，苊的氧化制 1，8-萘二甲酸酐，3-甲基吡啶氧化制 3-吡啶甲酸（烟酸），4-甲基吡啶氧化制 4-吡啶甲酸（异烟酸），2-乙基己醇（异辛醇）氧化制备 2-乙基己酸（异辛酸），对氯甲苯氧化制备对氯苯甲醛和对氯苯甲酸，甲苯氧化制备苯甲醛、苯甲酸，对硝基甲苯氧化制备对硝基苯甲酸，环十二醇/酮混合物的开环氧化制备十二碳二酸，环己酮/醇混合物的氧化制己二酸，乙二醛硝酸氧化法合成乙醛酸，丁醛氧化制丁酸，氨氧化制硝酸等 23 种。

氧化反应一般为放热反应，重点监控单元为氧化反应釜。

一、案例

2022 年 6 月 18 日 4 时 24 分，位于上海市某股份有限公司化工部 1 号乙二醇装置发生环氧乙烷泄漏并发生爆炸，爆炸飞溅碎片导致周边管廊损坏，并导致管线内物料起火燃烧，造成 1 人死亡，1 人受伤。

事故经过：1 号乙二醇装置环氧乙烷精制塔 T-450 塔釜出口泵后管线破裂，导致塔底水相泄漏，环氧乙烷从管线破裂处大量泄漏，形成爆炸性混合气体（环氧乙烷爆炸极限为 3%～100%），遇点火源发生爆炸。

二、氧化工艺的危险特点

氧化工艺的危险特点如下：

① 反应原料及产品具有燃爆危险性；

② 反应气相组成容易达到爆炸极限，具有闪爆危险；

③ 部分氧化剂具有燃爆危险性，如氯酸钾、高锰酸钾、铬酸酐等都属于氧化剂，如遇高温或受撞击、摩擦以及与有机物、酸类接触，皆能引起火灾爆炸；

④ 产物中易生成过氧化物，化学稳定性差，受高温、摩擦或撞击作用易分解、燃烧或爆炸。

三、安全技术要点

（1）重点监控工艺参数　氧化工艺重点监控工艺参数包括氧化反应釜内温度和压力、氧化反应釜内搅拌速率、氧化剂流量、反应物料的配比、气相氧含量、过氧化物含量等。

（2）安全控制及技术　将氧化反应釜内温度和压力与反应物的配比和流量、氧化反应釜夹套冷却水进水阀、紧急冷却系统形成联锁关系，在氧化反应釜处设立紧急停车系统，当氧化反应釜内温度超标或搅拌系统发生故障时自动停止加料并紧急停车。配备安全阀、爆破片等安全设施。

氧化工艺应做如下设置：

① 反应釜温度和压力的报警和联锁；

② 反应物料的比例控制和联锁及紧急切断动力系统；
③ 紧急断料系统；
④ 紧急冷却系统；
⑤ 紧急送入惰性气体的系统；
⑥ 气相氧含量监测、报警和联锁；
⑦ 安全泄放系统；
⑧ 可燃和有毒气体检测报警装置等。

项目二 过氧化工艺的安全技术

向有机化合物分子中引入过氧基（—O—O—）的反应称为过氧化反应。含有过氧基的化合物称为过氧化物，它可看作是过氧化氢（H_2O_2）的衍生物。过氧化物包括过氧化氢、过氧酸盐、金属过氧化物和有机过氧化物。元素周期表中ⅠA、ⅡA、ⅢB、ⅣB族元素以及某些过渡元素（如铜、银、汞）能形成金属过氧化物。常见过氧化物为双氧水、过氧化钠、过氧乙酸等。

过氧化氢是重要的化工原料，其水溶液俗称双氧水，是一种无色透明的液体强氧化剂，可用于医用伤口消毒及环境消毒和食品消毒。纯过氧化氢是淡蓝色的黏稠液体，有氧化性，高浓度的过氧化氢可用作火箭动力助燃剂。

金属过氧化物用于纺织、造纸工业，可做漂白剂。用有机基团置换掉过氧化氢中一个或两个氢，所得的化合物为有机过氧化物，例如过乙酸、过氧化异丙苯。它们的氧化性比金属过氧化物更强，都是易燃、易爆的化合物，可用作杀菌剂、消毒剂、漂白剂。

得到的产物为过氧化物的工艺过程为过氧化工艺，典型工艺如：
① 双氧水的生产；
② 乙酸在硫酸存在下与双氧水作用，制备过氧乙酸水溶液；
③ 酸酐与双氧水作用直接制备过氧二酸；
④ 苯甲酰氯与双氧水的碱性溶液作用制备过氧化苯甲酰；
⑤ 异丙苯经空气氧化生产过氧化氢异丙苯；
⑥ 叔丁醇与双氧水制备叔丁基过氧化氢等。

过氧化反应既可能为放热反应，也可能为吸热反应，重点监控单元为过氧化反应釜。

一、案例

2021年4月21日晚9时许，江苏省某化工厂一仓库在“停产整顿”后，私自生产油漆调和物。仓库存放的可燃物着火，因双氧水分解产生大量氧气助燃，引发瞬间“燃爆”。

2013年12月29日，山东省某化工厂在一辆双氧水槽罐车卸料至多个双氧水包装桶过程中，一装满双氧水的包装桶发生爆炸，造成3人死亡，直接经济损失200余万元。

2012年8月25日，山东省某工厂双氧水车间发生爆炸事故，造成3人死亡，7人受伤，直接经济损失约750万元。

二、过氧化工艺的危险特点

过氧化工艺的危险特点如下：

① 过氧化物都含有过氧基（—O—O—），属含能物质，由于过氧键结合力弱，断裂时所需的能量不大，对热、振动、冲击或摩擦等都极为敏感，极易分解甚至爆炸；

② 过氧化物与有机物、纤维接触时易发生氧化反应、从而产生火灾；

③ 反应气相组成容易达到爆炸极限，具有燃爆危险。

目前，我国双氧水生产主要采用蒽醌法生产工艺，在生产的各个环节都存在着发生事故的危险源，生产中应做到：

（1）确保氢化反应和氧化反应工作液的酸碱度　蒽醌法双氧水生产过程中，工作液的加氢反应是在碱性条件下进行，而氢化液的氧化反应以及双氧水的萃取又必须在酸性条件下进行。如果氧化液呈碱性，双氧水会发生分解而酿成事故。因此，在氢化工序、氧化工序和萃取工序等设置了分析点，应随时监测工作液的酸碱度。

（2）改进碱处理工艺　当碱处理工序不正常时，气体就会带出塔中的一部分碱液，如果在分离器中没有得到很好分离，可使工作液中的碱度超过正常指示的数百倍。例如某厂碱塔操作不正常，致使进入氧化铝再生器工作液的碱度高达 3.9g/mL，工作液中的碱经过氢化、氧化工序进入萃取塔，塔中双氧水遇碱后剧烈分解，塔头爆炸引起着火。

（3）严格控制氧化尾气中的氧含量　氧化尾气中含有一定量的可燃气体，当双氧水在生产过程中发生分解时，混合尾气中的氧气浓度超过 15%，易形成爆炸性的气体混合物。因此要严格控制尾气中的可燃气体和氧气量。生产中氧化尾气常用氮气稀释，使其氧含量控制在 10%以下，以确保生产安全。

（4）存储管理　保持容器密封，储存于阴凉、通风的库房，远离火种、热源。应与易（可）燃物、还原剂、食品容器等分开存放，切忌混储。采用防爆型照明、通风设施。

禁止使用易产生火花的机械设备和工具。储存区应备有泄漏应急处理设备和合适的收容材料。预防容器发生物理损害、摩擦或打击，定期检查容器漏洞。

三、安全技术要点

（1）重点监控工艺参数　过氧化工艺重点监控工艺参数包括过氧化反应釜内温度、pH值、过氧化反应釜内搅拌速率、（过）氧化剂流量、参加反应物质的配料比、过氧化物浓度、气相氧含量等。

（2）安全控制及技术　将过氧化反应釜内温度与釜内搅拌电流、过氧化物流量、过氧化反应釜夹套冷却水进水阀形成联锁关系。过氧化反应系统应设置泄爆管和安全泄放系统。

过氧化工艺应做如下设置：

① 反应釜温度和压力的报警和联锁；

② 反应物料的比例控制和联锁及紧急切断动力系统；

③ 紧急断料系统；

④ 紧急冷却系统；

⑤ 紧急送入惰性气体的系统；

⑥ 气相氧含量监测、报警和联锁；

⑦ 紧急停车系统；

⑧ 安全泄放系统；

⑨ 可燃和有毒气体检测报警装置等。

项目三　胺基化工艺的安全技术

胺化是在分子中引入胺基（R_2N—）的反应，包括 R—CH_3 烃类化合物（R：氢、烷基、芳基）。在催化剂存在下，其与氨和空气的混合物进行高温氧化反应，生成腈类等化合物的反应。涉及上述反应的工艺过程为胺基化工艺。典型工艺如：

① 邻硝基氯苯与氨水反应制备邻硝基苯胺；

② 对硝基氯苯与氨水反应制备对硝基苯胺；

③ 间甲酚与氯化铵的混合物在催化剂和氨水作用下生成间甲苯胺；

④ 甲醇在催化剂和氨气作用下制备甲胺；

⑤ 1-硝基蒽醌与过量的氨水在氯苯中制备 1-氨基蒽醌；

⑥ 2,6-蒽醌二磺酸氨解制备 2,6-二氨基蒽醌；

⑦ 苯乙烯与胺反应制备 *N*-取代苯乙胺；

⑧ 环氧乙烷或亚乙基亚胺与胺或氨发生开环加成反应，制备氨基乙醇或二胺；

⑨ 氯氨法生产甲基肼；

⑩ 甲苯经氨氧化制备苯甲腈；

⑪ 丙烯氨氧化制备丙烯腈等。

胺基化反应为放热反应，重点监控单元为胺基化反应釜。

一、案例

2017 年 7 月 2 日 17 时左右，江西省某化工有限公司一高压反应釜爆炸，造成 3 人死亡，3 人受伤，直接经济损失约 2380 万元。

事故经过：2017 年 7 月 2 日 4 时 30 分，公司对（邻）硝车间 7＃反应釜投加原料工作结束。操作工甲打开蒸汽阀对 7＃反应釜进行缓慢升温至 160℃，压力为 4.6MPa，随后关闭蒸汽阀门，让物料进入自然反应阶段。11 时左右，车间主任和当班班长发现 7＃反应釜温度只有 140℃，指示操作工乙将温度控制在 168～170℃，压力控制在 5.2MPa 以下。完成升温后，操作工乙去查看其他反应釜。16 时左右，操作工乙发现 7＃反应釜温度降至 150℃，随即再次进行升温，并开启搅拌。16 时 30 分左右，7＃反应釜第一台安全阀起跳（整定压力为 6.2～6.4MPa），车间主任带领当班班长、操作工丙立即赶到现场，用冷却水冲淋反应釜壳体进行紧急降温。17 时左右，7＃反应釜第一台安全阀第二次起跳，2min 后第二台安全阀接连起跳，4s 后发生爆炸。爆炸造成现场人员伤亡。

二、胺基化工艺的危险特点

胺基化工艺的危险特点如下：

① 反应介质具有燃爆危险性；

② 在常压下、20℃时，氨气的爆炸极限为 15％～27％，随着温度、压力的升高，爆炸极限的范围增大。因此，在一定的温度、压力和催化剂的作用下，氨的氧化反应放出大量热，一旦氨气与空气比失调，就可能发生爆炸事故；

③ 由于氨呈碱性，具有强腐蚀性，在混有少量水分或湿气的情况下无论是气态或液态氨都会与铜、银、锡、锌及其合金发生化学作用。

④ 氨易与氧化银或氧化汞反应生成爆炸性化合物（雷酸盐）。

三、安全技术要点

（1）重点监控工艺参数　胺基化工艺重点监控工艺参数包括：胺基化反应釜内温度、压力，胺基化反应釜内搅拌速率，物料流量，反应物质的配料比，气相氧含量等。

（2）安全控制及技术　将胺基化反应釜内温度、压力与釜内搅拌、胺基化物料流量、胺基化反应釜夹套冷却水进水阀形成联锁关系，设置紧急停车系统。设立安全设施，包括安全阀、爆破片、单向阀及紧急切断装置等。

胺基化工艺应做如下设置：

① 反应釜温度和压力的报警和联锁；

② 反应物料的比例控制和联锁系统；

③ 紧急冷却系统；

④ 气相氧含量监控联锁系统；

⑤ 紧急送入惰性气体的系统；

⑥ 紧急停车系统；

⑦ 安全泄放系统；

⑧ 可燃和有毒气体检测报警装置等。

项目四　磺化工艺的安全技术

磺化是向有机化合物分子中引入磺酰基（—SO_3H）的反应。磺化反应除了增加产物的水溶性和酸性外，还可以使产品具有表面活性。芳烃经磺化后，其中的磺酸基可进一步被其他基团［如羟基(—OH)、氨基(—NH_2)、氰基(—CN)等］取代，生成多种衍生物。

涉及磺化反应的工艺过程为磺化工艺。磺化方法分为三氧化硫黄化法、共沸去水磺化法、氯磺酸磺化法、烘焙磺化法和亚硫酸盐磺化法等，典型工艺如下。

（1）三氧化硫黄化法　气体三氧化硫和十二烷基苯等制备十二烷基苯磺酸钠，硝基苯与液态三氧化硫制备间硝基苯磺酸，甲苯磺化生产对甲基苯磺酸和对位甲酚，对硝基甲苯磺化生产对硝基甲苯邻磺酸等。

（2）共沸去水磺化法　苯磺化制备苯磺酸，甲苯磺化制备甲基苯磺酸等。

（3）氯磺酸磺化法　芳香族化合物与氯磺酸反应制备芳磺酸和芳磺酰氯，乙酰苯胺与氯磺酸生产对乙酰氨基苯磺酰氯等。

（4）烘焙磺化法　苯胺磺化制备对氨基苯磺酸等。

（5）亚硫酸盐磺化法　2,4-二硝基氯苯与亚硫酸氢钠制备2,4-二硝基苯磺酸钠，1-硝基蒽醌与亚硫酸钠作用得到α-蒽醌硝酸等。

磺化反应为放热反应，重点监控单元为磺化反应釜。

一、案例

2012年5月16日上午7时45分左右，江西某有限公司磺化釜发生爆炸事故，造成3人死亡，2人受伤，直接经济损失600余万元。

事故经过：事故发生在该公司磺化车间，发生爆炸的设备为该车间氯磺化工段2#反应釜。2012 年 5 月 14 日 09 时，磺化车间一班次 2 名操作工按照投料比例加入氯磺酸至 2# 反应釜中，加入催化剂和滴加硝基苯后，由于蒸汽压力不够，当班没有进行升温操作，下一班次同样没有进行升温操作。15 日 08 时，另一班次操作人员接班后，10 时开始对反应釜进行升温，持续 2h。15 日 20 时，该车间一班次 2 名操作工（原 5 月 14 日投料者）接班后检查反应釜温度为 120 ℃，继续采取保温措施，16 日 05 时送样化验，发现反应釜中硝基苯含量大于 6%（正常值为小于 0.1%）。16 日 07 时 45 分左右发生爆炸事故，当场造成 1 人死亡，2 人失踪，2 人受伤。

二、磺化工艺的危险特点

磺化工艺的危险特点如下：

① 原料具有燃爆危险性；磺化剂具有氧化性、强腐蚀性，如果投料顺序颠倒、投料速度过快、搅拌不良、冷却效果不佳等，都有可能造成反应温度异常升高，使磺化反应变为燃烧反应，引起火灾或爆炸事故；

② 氧化硫易冷凝堵管，泄漏后易形成酸雾，危害较大。

三、安全技术要点

(1) 重点监控工艺参数　磺化工艺重点监控工艺参数包括磺化反应釜内温度、磺化反应釜内搅拌速率、磺化剂流量、冷却水流量。

(2) 安全控制及技术　将磺化反应釜内温度与磺化剂流量、磺化反应釜夹套冷却水进水阀、釜内搅拌电流形成联锁关系，设立紧急断料系统，当磺化反应釜内各参数偏离工艺指标时，能自动报警、停止加料甚至紧急停车。磺化反应系统应设有泄爆管和紧急排放系统。

磺化工艺应做如下设置：

① 反应釜温度的报警和联锁；

② 搅拌的稳定控制和联锁系统；

③ 紧急冷却系统；

④ 紧急停车系统；

⑤ 安全泄放系统；

⑥ 三氧化硫泄漏监控报警系统等。

项目五 聚合工艺的安全技术

聚合是一种或几种小分子化合物变成大分子化合物（也称高分子化合物或聚合物，通常分子量为 $1\times10^4\sim1\times10^7$）的反应。聚合反应的类型很多，按聚合物和单体元素组成和结构的不同，可分成加聚反应和缩聚反应两大类。

单体加成而聚合起来的反应称为加聚反应，例如氯乙烯聚合成聚氯乙烯。加聚反应产物的元素组成与原料单体相同，仅结构不同，其分子量是单体分子量的整数倍。

另外一类聚合反应中，除了生成聚合物外，同时还有低分子副产物产生，这类聚合反应称为缩聚反应。例如己二胺和己二酸反应生成尼龙-66 即为缩聚反应。缩聚反应的单体分子中都有官能团，根据单体官能团的不同，低分子副产物可能是水、醇、氨、氯化氢等。由于副产物的析出，缩聚物结构单元要比单体少若干原子，缩聚物的分子量不是单体分子量的整数倍。

涉及聚合反应的工艺过程为聚合工艺。典型工艺如下。

（1）聚烯烃生产　聚乙烯生产、聚丙烯生产、聚苯乙烯生产等。

（2）聚氯乙烯生产

（3）合成纤维生产　涤纶生产、锦纶生产、维纶生产、腈纶生产等。

（4）橡胶生产　丁苯橡胶生产、顺丁橡胶生产、丁腈橡胶生产等。

（5）乳液生产　醋酸乙烯乳液生产、丙烯酸乳液生产等。

（6）氟化物聚合　四氟乙烯悬浮法、分散法生产聚四氟乙烯；四氟乙烯（TFE）和偏氟乙烯（VDF）聚合生产氟橡胶和偏氟乙烯-全氟丙烯共聚弹性体（俗称26型氟橡胶或氟橡胶-26）等。

聚合反应为放热反应，聚合工艺重点监控单元为聚合反应釜、粉体聚合物料仓。

一、案例

2005年1月18日0时15分，由于外线电路进线发生电压波动，导致北京某化工厂聚氯乙烯分厂8万t/a聚合装置B聚合釜搅拌停顿、冷却水停供，最终造成爆燃。事故造成9人受伤，爆燃持续29个小时后熄灭。

事故原因：B聚合釜安全防爆膜正常裂开后，大量易燃易爆气体通过放空管向大气排放，在喷射反作用力的影响下，放空管急速向后倾倒，喷出的大量易燃易爆气体充满在反应釜顶上部空间。由于厂房为半封闭式，导致气体集中，倒下的放空管产生火花，引起空间爆燃。

二、聚合工艺的危险特点

聚合工艺的危险特点如下：

① 聚合原料具有自聚和燃爆危险性；

② 如果反应过程中热量不能及时移出，随物料温度上升，发生裂解和暴聚，所产生的热量使裂解和暴聚过程进一步加剧，进而引发反应器爆炸；

③ 部分聚合助剂危险性较大。

三、安全技术要点

（1）重点监控工艺参数　聚合工艺重点监控工艺参数包括：聚合反应釜内温度、压力，聚合反应釜内搅拌速率，冷却水流量，料仓静电，可燃气体监控等。

（2）安全控制及技术

① 将聚合反应釜内温度、压力与釜内搅拌电流、聚合单体流量、引发剂加入量、聚合反应釜夹套冷却水进水阀形成联锁关系，在聚合反应釜处设立紧急停车系统。

② 当反应超温、搅拌失效或冷却失效时，能及时加入聚合反应终止剂。

③ 设立安全泄放系统。

聚合工艺应做如下设置：

① 反应釜温度和压力的报警和联锁；

② 紧急冷却系统；

③ 紧急切断系统；

④ 紧急加入反应终止剂系统；

⑤ 搅拌的稳定控制和联锁系统；

⑥ 料仓静电消除、可燃气体置换系统；
⑦ 可燃和有毒气体检测报警装置；
⑧ 高压聚合反应釜设有防爆墙和泄爆面等。

项目六 烷基化工艺的安全技术

烷基化反应是指向有机化合物分子中的碳、氮、氧等原子上引入烃基增长碳链（包括烷基、烯基、炔基、芳基等）的反应，其中以引入烷基最为重要。可发生烷基化反应的有机物包括芳烃、活泼亚甲基化合物、胺类等。烷基化试剂包括醇、烯烃、硫酸二甲酯、卤代烷、环氧化物、醛、酮等。

涉及烷基化反应的工艺过程为烷基化工艺，可分为 *C*-烷基化反应、*N*-烷基化反应、*O*-烷基化反应等。烷基化反应可以合成塑料、溶剂、合成洗涤剂、药物、染料、香料、催化剂、表面活性剂等功能性产品。典型工艺如下。

（1）*C*-烷基化反应　该类反应为在催化剂作用下向芳环碳上引入烷基生成烷基苯，如烷基苯的制备反应：

$$C_6H_6 + RCl \xrightarrow{AlCl_3} C_6H_5\text{—}R + HCl$$

其他如乙烯、丙烯以及长链 α-烯烃制备乙苯、异丙苯，高级烷基苯、苯系物与氯代高级烷烃在催化剂作用下制备高级烷基苯，用脂肪醛和芳烃衍生物制备对称的二芳基甲烷衍生物，苯酚与丙酮在酸催化下制备 4,4-二羟基-2,2-联苯基丙烷（俗称双酚 A），乙烯与苯发生烷基化反应生产乙苯等。通过 *C*-烷基化反应可制得阴离子表面活性剂。

（2）*N*-烷基化反应　该类反应为向氨或胺中的氮原子上引入烷基生成伯、仲、叔、季铵盐，如染料中间体 *N*,*N*-二甲基苯胺的制备反应：

$$C_6H_5NH_2 + 2CH_3OH \xrightarrow[210^\circ C/3MPa]{H_2SO_4} C_6H_5N(CH_3)_2 + 2H_2O$$

其他如苯胺和甲醚烷基化生产苯甲胺、苯胺与氯乙酸生产苯基氨基乙酸、苯胺和甲醇制备 *N*,*N*-二甲基苯胺、苯胺和氯乙烷制备 *N*,*N*-二烷基芳胺、对甲苯胺与硫酸二甲酯制备 *N*,*N*-二甲基对甲苯胺、环氧乙烷与苯胺制备 *N*-(β-羟乙基）苯胺、氨或脂肪胺和环氧乙烷制备乙醇胺类化合物、苯胺与丙烯腈反应制备 *N*-(β-氰乙基）苯胺等。通过 *N*-烷基化合成的季铵盐是重要的阳离子表面活性剂、相转移催化剂、杀菌剂等。

（3）*O*-烷基化反应　该类反应为向醇、酚中的氧原子上引入烷基生成醚类化合物，如非离子表面活性剂壬基酚聚氧乙烯醚的制备反应：

$$C_9H_{19}\text{—}C_6H_4\text{—}OH + \underset{\text{O}}{CH_2\text{—}CH_2} \xrightarrow{NaOH} C_9H_{19}\text{—}C_6H_4\text{—}OCH_2CH_2OH$$

$$\xrightarrow[NaOH]{n\ \underset{\text{O}}{CH_2\text{—}CH_2}} C_9H_{19}\text{—}C_6H_4\text{—}O(CH_2CH_2)_n\text{—}CH_2CH_2OH$$

其他如对苯二酚、氢氧化钠水溶液和氯甲烷制备对苯二甲醚，硫酸二甲酯与苯酚制备苯甲醚，高级脂肪醇或烷基酚与环氧乙烷加成生成聚醚类产物等。通过 O-烷基化可制得聚乙二醇型非离子表面活性剂。

烷基化反应为放热反应，重点监控单元为烷基化反应釜。

一、案例

2003 年 8 月 21 日 19 时 50 分，江苏省某公司新建的聚醚车间在试生产过程中突然发生爆炸，车间内燃起大火，造成现场 7 名操作人员被烧伤，其中 2 人死亡，2 人重伤。

事故原因：公司聚醚车间调和罐处的丙烯腈、苯乙烯等易燃液体挥发出的蒸气与空气混合，遇车间内电焊机使用的临时插座产生的电火花发生爆燃并导致装有丙烯腈、偶氮二异丁腈混合物的铁桶相继爆炸。

二、烷基化工艺的危险特点

烷基化工艺的危险特点如下：

① 反应介质具有燃爆危险性；

② 烷基化催化剂具有自燃危险性，遇水剧烈反应，放出大量热量，容易引起火灾甚至爆炸；

③ 烷基化反应都是在加热条件下进行，原料、催化剂、烷基化剂等加料次序颠倒、加料速度过快或者搅拌中断停止等异常现象容易引起局部剧烈反应，造成跑料，引发火灾或爆炸事故。

三、安全技术要点

（1）重点监控工艺参数　烷基化工艺重点监控工艺参数包括：烷基化反应釜内温度和压力，烷基化反应釜内搅拌速率，反应物料的流量及配比等。

（2）安全控制及技术　将烷基化反应釜内温度和压力与釜内搅拌、烷基化物料流量、烷基化反应釜夹套冷却水进水阀形成联锁关系，当烷基化反应釜内温度超标或搅拌系统发生故障时自动停止加料并紧急停车。设立安全设施，包括安全阀、爆破片、紧急放空阀、单向阀及紧急切断装置等。

烷基化工艺应做如下设置：

① 反应物料的紧急切断系统；

② 紧急冷却系统；

③ 安全泄放系统；

④ 可燃和有毒气体检测报警装置等。

项目七 新型煤化工工艺的安全技术

新型煤化工工艺是指以煤为原料，经化学加工使煤直接或者间接转化为气体、液体和固体燃料、化工原料或化学品的工艺过程。主要包括煤制油（甲醇制汽油、费-托合成制油）、煤制烯烃（甲醇制烯烃）、煤制二甲醚、煤制乙二醇（合成气制乙二醇）、煤制甲烷气（煤气甲烷化）、煤制甲醇、甲醇制醋酸等工艺。

煤制油是以煤炭为原料，通过化学加工过程生产油品和石油化工产品的一项技术，包含煤直接液化和煤间接液化两种技术路线。

煤炭直接液化是首先将合适的煤磨成细粉，然后在高温高压条件下，通过催化加氢反应使煤液化直接转化成液体燃料，转化过程是在含煤粉、溶剂和催化剂的浆液系统中进行加氢、解聚。精制后可制得优质的汽油、柴油和航空燃料，工艺过程包括煤液化、煤制氢、溶剂加氢、加氢改质等。我国已建成世界上第一套大型煤炭直接液化工业化装置，成为世界上首个掌握百万吨级直接液化工程关键技术的国家。

煤炭间接液化是将煤炭气化转化为合成气（一氧化碳和氢气），经净化，调整 H_2 与 CO 之比，在催化剂作用下利用费-托工艺合成为液体燃料（汽油、柴油和航空燃料）和化工原料。

煤制甲烷气（煤气甲烷化）是指煤经过气化产生合成气，再经过甲烷化处理，生产代用天然气（SNG）。煤制天然气的能源转化效率较高，技术已基本成熟，是生产石油替代产品的有效途径。

煤制甲醇需要经过煤料气化、水煤气转变、合成气净化、甲醇合成以及甲醇精馏等环节。煤经甲醇制烯烃，就是先通过煤气化制取合成气（以一氧化碳和氢气为主要成分），合成气在催化剂作用下合成甲醇，再用甲醇制取烯烃。2010 年 8 月，世界首套 180 万吨煤基甲醇制 60 万吨烯烃装置在我国投料试车一次成功，实现煤制烯烃工业化应用“零”的突破，项目的实施开辟了以非石油资源生产低碳烯烃的新路线，对促进煤炭清洁高效利用、缓解石油供应紧张局面、实现“双碳”目标具有重大意义。目前我国持续保持在该领域的国际领先地位。

煤制甲醇联产醋酸的工艺流程为：以煤和空气中大量存在的氧气为生产原料，以气化炉

为生产设备，可以制得一氧化碳、粗煤气以及氢气，其中，粗煤气的含量比较高。在出气炉中，粗煤气的转化途径有三种：第一，相当一部分的一氧化碳在水蒸气的作用下转换为氢气，作为甲醇合成过程中相应的氢碳比；第二，通过以上生产过程制得粗煤气与另一种成分的粗煤气进行比例混合，并对混合后的粗煤气进行加热、回收、净化等操作，则该步得到的成分可作为甲醇合成的原料气；第三，在催化剂辅助下，以一氧化碳和精制的甲醇为生产原料通过甲醇低压羰基法合成醋酸。

煤制二甲醚，以甲醇为原材料，对甲醇进行脱水处理，可制得二甲醚，二甲醚燃烧特性与液化石油气（LPG）相似，完全可替代 LPG 作为民用燃料，也可作为工业燃料。二甲醚作为民用燃料在贮存、运输和使用方面比 LPG 更安全。特别是近来愈演愈烈的石油危机，愈发促成清洁、有效的代用燃料产业的发展。

主要的煤制乙二醇工艺是“草酸酯法”，即以煤为原料，通过气化、变换、净化及分离提纯后分别得到 CO 和 H_2，其中 CO 通过催化偶联合成及精制生产草酸酯，再经与 H_2 进行加氢反应并通过精制后获得聚酯级乙二醇的过程。

新型煤化工涉及的反应主要为放热反应，重点监控单元为煤气化炉。

一、案例

2018 年 2 月 28 日 22 时许，宁夏某煤业集团烯烃二分公司乙烯中间罐区连接管线单点发生泄漏并着火，经采取措施，已于 3 月 1 日上午 9 时 30 分灭火，未发生人员伤亡。

事故经过：2017 年 10 月，烯烃二厂初次开工投产，并将来自乙烯裂解装置的不合格乙烯产品存放在乙烯罐区的 E、F、G、H 四个球罐，随着装置运行日趋平稳，逐步将不合格乙烯罐置换后填装合格乙烯。2018 年 2 月 28 日，企业进行工艺调整，将 H 罐不合格乙烯倒空用于存放合格乙烯。在进行乙烯残液排放时，操作人员没有对 H 罐紧急切断阀（第一道阀）开启状态进行确认（正常时应为开启状态而实际处于关闭状态），致使排放管线压力降低后（压力由 1.7MPa 降为 0.003MPa），出料总管液态乙烯通过 H 罐第二道阀泄漏至排放

管线达 32min，引起 H 罐出料管线发生低温韧脆转变。当 H 罐第一道阀门打开时，低温韧脆转变部位受到压力冲击崩裂，导致乙烯泄漏。泄漏的乙烯边流淌边气化，随风飘至西侧 72m 处的烯烃转化反应加热炉处时，遇明火引发闪爆，随后火势迅速回缩至爆炸点处并呈动力式稳定燃烧。

二、新型煤化工工艺的危险特点

新型煤化工工艺的危险特点如下：

① 反应介质涉及一氧化碳、氢气、甲烷、乙烯、丙烯等易燃气体，具有燃爆危险性；

② 反应过程多为高温、高压过程，易发生工艺介质泄漏，引发火灾、爆炸和一氧化碳中毒事故；

③ 反应过程可能形成爆炸性混合气体；

④ 多数煤化工新工艺反应速度快，放热量大，造成反应失控；

⑤ 反应中间产物不稳定，易造成分解爆炸。

三、安全技术要点

（1）重点监控工艺参数　新型煤化工工艺重点监控工艺参数包括：反应器温度和压力，反应物料的比例控制，料位，液位，进料介质温度、压力与流量，氧含量，外取热器蒸汽温度与压力，风压和风温，烟气压力与温度，压降，H_2/CO，NO/O_2，NO/醇，H_2、H_2S、CO_2 含量等。

（2）安全控制及技术　将进料流量、外取热蒸汽流量、外取热蒸汽包液位、H_2/CO 与反应器进料系统设立联锁关系，一旦发生异常工况立即启动联锁，紧急切断所有进料，开启事故蒸汽阀或氮气阀，迅速置换反应器内物料，并将反应器进行冷却、降温。设立安全设施，包括安全阀、防爆膜、紧急切断阀及紧急排放系统等。

新型煤化工工艺应做如下设置：

① 反应器温度、压力报警与联锁；

② 进料介质流量控制与联锁；

③ 反应系统紧急切断进料联锁；

④ 料位控制回路，液位控制回路；

⑤ H_2/CO 控制与联锁，NO/O_2 控制与联锁；

⑥ 外取热器蒸汽热水泵联锁；

⑦ 主风流量联锁；

⑧ 可燃和有毒气体检测报警装置；

⑨ 紧急冷却系统；

⑩ 安全泄放系统。

项目八　电石生产工艺的安全技术

电石的主要成分为碳化钙，碳化钙是一种无机化合物，化学式为 CaC_2，遇水立即发生激烈反应，生成乙炔，并放出热量。碳化钙是重要的基本化工原料，主要用于产生乙炔气。也用于有机合成、氧炔焊接等。

电石生产工艺是以石灰和碳素材料（焦炭、兰炭、石油焦、冶金焦、白煤等）为原料，在电石炉内依靠电弧热和电阻热在高温进行反应，生成电石的工艺过程。电石炉型式主要分为两种：内燃型和全密闭型。

内燃型电石炉相对投资稍低，对原料质量要求相对不严格，便于操作工人熟悉、掌握，但因其操作条件差，工人劳动强度大，辐射热强，尤其是环境治理难度较大，炉气无法回收利用，单位能耗较高而逐渐淘汰。

全密闭型电石炉通常具有炉盖，可以把工业生产中所产生的一氧化碳废气全部排除，以确保电炉高效率，同时在电炉料表面也不产生火焰和灰尘，可使之具备高度自控功能，工作环境良好。这种电石炉不能有气体进入，炉气容积也极小，而且仅仅通过降温除尘就能够重新被使用，从而有效减少了成本。

生产电石的反应为吸热反应，重点监控单元为电石炉。

一、案例

2011 年 3 月 21 日 17：40 左右，位于美国肯塔基州路易斯维尔市的电石工业有限责任公司（Carbide Industries，LLC）电石车间发生电弧炉超压爆炸事故。据现场目击者称，当天电弧炉在生产过程中刚开始发生了较小的炉膛超压喷料事件，紧接着发生了较大的爆炸，然后又再次出现 2～3 次更大的超压喷料事故。爆炸造成两名工人死亡。

事故原因：电弧炉炉盖冷却水漏入电弧炉内，导致冷却水与炉内高温熔融的电石发生反应产生易燃易爆气体，从而形成炉膛超压。

二、电石生产工艺的危险特点

电石生产工艺的危险特点如下：

① 电石工艺操作具有火灾、爆炸、烧伤、中毒、触电等危险性；

② 电石遇水会发生激烈反应，生成乙炔气体，具有燃爆危险性；

③ 电石的冷却、破碎过程具有人身伤害如烫伤等危险性；

④ 反应产物一氧化碳有毒，与空气混合且比例为 12.5%～74%时会引起燃烧和爆炸；

⑤ 生产中漏糊造成电极软断时，会使炉气出口温度突然升高，炉内压力突然增大，造成严重的爆炸事故。

三、安全技术要点

(1) 重点监控工艺参数　电石生产工艺重点监控工艺参数包括：炉气温度，炉气压力，料仓料位，电极压放量，一次电流，一次电压，电极电流，电极电压，有功功率，冷却水温度、压力，液压箱油位、温度，变压器温度，净化过滤器入口温度，炉气组分分析等。

(2) 安全控制及技术　将炉气压力、净化总阀与放散阀形成联锁关系，将炉气高组分氢、氧含量与净化系统形成联锁关系，将料仓超料位、氢含量与停炉形成联锁关系。设立安全设施，包括安全阀、重力泄压阀、紧急放空阀、防爆膜等。

电石生产工艺应做如下设置：

① 设置紧急停炉按钮；

② 电炉运行平台和电极压放视频监控、输送系统视频监控和启停现场声音报警；

③ 原料称重和输送系统控制；

④ 电石炉炉压调节、控制；

⑤ 电极升降控制；

⑥ 电极压放控制；
⑦ 液压泵站控制；
⑧ 炉气组分在线检测、报警和联锁；
⑨ 可燃和有毒气体检测和声光报警装置；
⑩ 设置紧急停车按钮等。

项目九　偶氮化工艺的安全技术

合成通式为 R—N═N—R 的偶氮化合物的反应为偶氮化反应，式中 R 为脂烃基或芳烃基，两个 R 基可相同或不同。脂肪族偶氮化合物如偶氮二甲酸二乙酯（DEAD），可用作有机合成试剂，对光、热和震动敏感，加热时可猛烈爆炸。芳香族偶氮化合物如偶氮染料，其偶氮基（—N═N—）两端连接了芳基，是纺织品服装在印染工艺中应用最广泛的一类合成染料，用于多种天然和合成纤维的染色和印花，也用于油漆、塑料、橡胶等的着色。

涉及偶氮化反应的工艺过程为偶氮化工艺。脂肪族偶氮化合物由相应的肼经过氧化或脱氢反应制取，芳香族偶氮化合物一般由重氮化合物的偶联反应制备。

脂肪族偶氮化合物合成典型工艺如：水合肼和丙酮氰醇反应，再经液氯氧化制备偶氮二异丁腈；次氯酸钠水溶液氧化氨基庚腈，或者甲基异丁基酮和水合肼缩合后与氰化氢反应，再经氯气氧化制取偶氮二异庚腈；偶氮二甲酸二乙酯（DEAD）和偶氮二甲酸二异丙酯（DIAD）的生产工艺。

偶氮化反应为放热反应，重点监控单元为偶氮化反应釜、后处理单元。

一、案例

2020 年 11 月 17 日 7 时 21 分，位于吉安市某医药化工有限公司发生较大爆炸事故，造成 3 人死亡，直接经济损失 1000 余万元。

103 车间（事故车间）面积为 390m^2，有 19 台釜（单釜容积为 2000L），按南北分列；釜体呈贯穿楼板形式悬挂设置，釜体安装在楼板上下各约 1/2。事发前该公司在 103 车间擅自进行设备管线改造，虚报用途购买剧毒化学品氯甲酸乙酯、易制爆化学品水合肼和双氧水等原料，非法生产偶氮二甲酸二乙酯。生产偶氮二甲酸二乙酯的生产装置为 103 车间内生产对甲苯磺酰脲装置和原生产六甲基磷酰三胺的部分装置（企业编号为 R301 至 R313 的 2000 升反应釜）。

事故经过：2020 年 11 月 16 日晚上 8 时左右，103 车间班长甲带领班组人员接班。11 月 17 日 1 时 30 分左右，R302 釜完成常压蒸馏后，班长甲将物料转入 R303 釜继续减压蒸馏。6 时 50 分左右，R303 釜完成减压蒸馏，此时，釜内有 200kg 左右的偶氮二甲酸二乙酯。7 时 10 分左右，班长甲和 3 个班组人员去公司食堂吃早饭，车间还有 3 名操作工乙、丙和丁在 103 车间作业，7 时 21 分 41 秒，R303 釜发生爆炸。第一次爆炸直接造成 R303 蒸馏釜碎裂，造成两名操作工乙和丙死亡，车间厂房部分坍塌。在 R303 蒸馏釜发生爆炸后，产生的冲击波冲击了车间北面墙外用铁桶装的偶氮二甲酸二乙酯（有 1200kg 左右成品），引发第二次爆炸。第二次爆炸造成 103 车间全部坍塌，北面墙体柱钢筋裸露，并以其为中心形成直径约 5m 的爆炸坑。第二次爆炸的飞出物砸中动力车间附近的一名员工戊（因伤势过重不治身亡）。

二、偶氮化工艺的危险特点

偶氮化工艺的危险特点如下：

① 部分偶氮化合物极不稳定，活性强，受热或摩擦、撞击等作用能发生分解甚至爆炸；

② 偶氮化生产过程所使用的肼类化合物，高毒，具有腐蚀性，易发生分解爆炸，遇氧化剂能自燃；

③ 反应原料具有燃爆危险性。

三、安全技术要点

（1）重点监控工艺参数 偶氮化工艺重点监控工艺参数包括：偶氮化反应釜内温度、压力、液位、pH 值，偶氮化反应釜内搅拌速率，肼流量，反应物质的配料比，后处理单元温度等。

（2）安全控制及技术

① 将偶氮化反应釜内温度、压力与釜内搅拌、肼流量、偶氮化反应釜夹套冷却水进水阀形成联锁关系。在偶氮化反应釜处设立紧急停车系统，当偶氮化反应釜内温度超标或搅拌系统发生故障时，自动停止加料，并紧急停车。

② 后处理设备应配置温度检测、搅拌、冷却联锁自动控制调节装置，干燥设备应配置温度测量、加热热源开关、惰性气体保护的联锁装置。

③ 设立安全设施，包括安全阀、爆破片、紧急放空阀等。

偶氮化工艺应做如下设置：

① 反应釜温度和压力的报警和联锁；

② 反应物料的比例控制和联锁系统；

③ 紧急冷却系统；

④ 紧急停车系统；

⑤ 安全泄放系统；

⑥ 后处理单元配置温度监测、惰性气体保护的联锁装置等。

【拓展阅读】

精细化工反应安全风险管控有了国家标准

为落实中共中央办公厅、国务院办公厅印发的《关于全面加强危险化学品安全生产工作的意见》，加强精细化工企业安全生产风险管控，有效防范重特大事故发生，应急管理部组织制定的国家标准《精细化工反应安全风险评估规范》（GB/T 42300—2022）已发布实施。

目前，精细化工生产多是间歇或半间歇反应，原料、中间产品及产品品种、工艺复杂多样，反应过程中伴随大量放热，具有反应容易失控的风险特点，是导致火灾、爆炸、中毒事故发生的主要原因。通过开展精细化工反应安全风险评估，确定反应工艺危险度等级，采取有效的风险控制措施，并按照反应安全风险评估建议开展安全设计，提高自动化控制水平，提升本质安全水平，明确安全操作条件，对保障精细化工安全生产具有重要意义。

《精细化工反应安全风险评估规范》是在进一步吸纳国内外精细化工行业发展的先进实践经验基础上，将《关于加强精细化工反应安全风险评估工作的指导意见》上升为国家标准。该标准明确了适用范围、重点评估对象，规定了精细化工反应安全风险评估要求、评估基础条件、数据测试和求取方法、评估报告要求等主要内容。标准以感知、评估和防控风险为目标，建立了量化的反应工艺危险度等级的评估标准体系，并根据不同的反应工艺危险度，从工艺优化设计、区域隔离、人员安全操作等方面提出有关安全风险防控措施建议。该标准的实施，将有力推动精细化工企业强化反应安全风险评估，支撑保障精细化工重大安全风险防控工作。

【单元小结】

本单元介绍了氧化、过氧化、胺基化、磺化、聚合、烷基化、新型煤化工、电石生产、偶氮化反应等典型工艺的基本知识、危险特点及安全技术要点。重点内容是各典型工艺需监控的工艺参数、安全控制及技术要点。

【复习思考题】

一、判断题

1. 氧气（空气）、臭氧、含高价原子的无机化合物为无机氧化剂。（　）

2. 氯酸钾、高锰酸钾、铬酸酐等都属于氧化剂，如遇高温或受撞击、摩擦以及与有机物、酸类接触，皆能引起火灾爆炸。（　）

3. 过氧化物对热、振动、冲击或摩擦等都极为敏感，极易分解甚至爆炸。（　）

4. 在混有少量水分或湿气的情况下，气态氨不会与铜及其合金发生化学作用。（　）

5. 磺化反应为吸热反应，重点监控单元为磺化反应釜。（　）

6. 如果聚合反应过程中热量不能及时移出，会发生裂解和暴聚，进而引发反应器爆炸。（　）

7. 烷基化催化剂一般较安全，不易引起火灾、爆炸。（　）

8. 新型煤化工工艺反应过程多为低温、中压过程，不易发生工艺介质泄漏、爆炸事故。（　）

9. 电石遇水会发生激烈反应，生成乙炔气体，具有燃爆危险性。（　）

10. 部分偶氮化合物极不稳定，受热或摩擦、撞击等作用能发生分解甚至爆炸。（　）

二、单选题

1. 以下属于氧化工艺重点监控工艺参数的是（　）。

A. 反应物料流量　　B. 氧化反应釜内搅拌速率

C. 气相氮含量　　D. 冷却水流量

2. 下列各组工艺参数中，含有不属于重点监控工艺参数的是（　）。

A. 过氧化反应釜内搅拌速率、pH、气相氧浓度

B. 过氧化反应釜外温度、（过）氧化剂流量、过氧化物浓度

C. 气相氧浓度、pH、参加反应物质的配料比

D. 过氧化反应釜内搅拌速率、(过) 氧化剂流量、过氧化物浓度

3. 为了保证胺基化工艺反应釜不会因超压发生爆炸，应设置（　　）。

A. 安全阀　　B. 温度计　　C. 压力表　　D. 液位计

4. 某化工企业拟利用萘经磺化反应制备萘磺酸，以下关于磺化反应工艺特点及宜采取的控制要求中，不正确的是（　　）。

A. 磺化剂具有氧化性、强腐蚀性，重点监控磺化试剂的储运阶段

B. 反应原料具有燃爆危险性，将磺化反应釜内温度与磺化剂流量、磺化反应釜夹套冷却水进水阀、釜内搅拌电流形成联锁关系

C. 当磺化反应釜内各参数偏离工艺指标时，能自动报警，停止加料，甚至紧急停车

D. 磺化反应系统应设有泄爆管和紧急排放系统

5. 聚合反应出现超温爆聚，应采取的主要措施是（　　）。

A. 加快搅拌　　B. 降低催化剂用量

C. 开启泄放　　D. 关停原料进料，加大溶剂油量

6. 对烷基化反应描述不正确的是（　　）。

A. 烷基化反应一般在加热条件下进行

B. 加料速度过快容易引起局部剧烈反应，造成跑料

C. 原料、催化剂、烷基化剂等加料次序对安全生产不产生影响

D. 搅拌中断停止容易引发火灾或爆炸事故

7. 偶氮化工艺安全控制不包括（　　）。

A. 反应物料的比例控制和联锁系统　　B. 直接排放系统

C. 紧急停车系统　　D. 紧急冷却系统

8. 为防止可燃气体、易燃液体大量泄漏，在容器的出口位置常设置（　　）阀。

A. 截止　　B. 单向　　C. 止回　　D. 紧急切断

9. 关于新型煤化工工艺的危险特点，以下描述不正确的是（　　）。

A. 反应中间产物不稳定，易造成分解爆炸

B. 反应过程可能形成爆炸性混合气体

C. 多数煤化工新工艺反应速度温和，为吸热反应，不易造成反应失控

D. 反应过程多为高温、高压过程，易发生工艺介质泄漏，引发火灾、爆炸和一氧化碳中毒事故

10. 关于电石生产工艺安全控制，以下说法正确的是（　　）。

A. 将炉气压力、净化总阀与放散阀形成联锁关系

B. 将炉气组分乙炔、水蒸气与净化系统形成联锁关系

C. 将料仓温度与停炉形成联锁关系

D. 将料仓氧含量与停炉形成联锁关系

【案例分析】

【案例 1】 2003 年江苏某染料合成单位的对苯醌合成工段并联反应釜 R301 突发爆炸事故，导致事故现场 1 名操作工人当场死亡，13 名操作工人体表深度烧伤（其中 2 名工人因溃疡面感染在 5 日内相继死亡），爆炸面波及近 150m，经济损失高达 5200 余万元

（内含停产减产损失和工作价值损失3000万元；其余为人身伤亡所支出的费用、善后处理费用和财产损失费用）。

事故反应釜于15MPa、120℃下用作氧化反应，该设备属于刚转产的技改设备。按设计院标准事故反应器配置多层推进式搅拌器，以保证高粘度流体快速搅拌满足气液传质要求。试生产期间，反应器釜体液面以上区域氧化结焦明显。设备部门按要求将多层推进式搅拌器变更为锚框式搅拌桨，防止沉降及壁面附着。

事发前反应器温度取源点多处报警，车间主任要求提高锚框式搅拌器的搅拌转速，因搅拌阻力过大电机过载停机，此时釜体安全阀泄压、高压警报告警。按操作规程转入备用电机工作模式但处于低负荷运行状态（低转速）。30min后釜体安全阀持续泄放，但是釜体压力未见下降。车间主任随即要求操作人员赶赴事故反应釜处紧急喷淋降温，45min后两级安全阀同时泄压，釜体安全联锁系统启动但紧急冷却用惰性气体截断阀被人为隔断。10min后发生首次爆炸，操作人员撤离不及时最终导致悲剧发生。

请依据案例背景，分析事故的主要原因并提出应对措施，简述氧化反应釜反应期间，应重点监测的工艺参数

【案例2】 2009年1月，某化工有限公司乙腈装置发生爆炸，造成5人死亡，9人受伤。发生爆炸的两台固定床反应器，是未清洗干净的二手设备，由于其壳程存有积碳和油垢，使主要成分为硝酸钾、硝酸钠和亚硝酸钠的熔盐在高温下加速分解，发生爆炸。

试分析导致该起事故的原因及预防事故发生的措施。

单元八
承压设备的安全技术

【学习目标】

知识目标

1. 掌握承压设备的基本特点。
2. 了解承压设备的安全风险点。
3. 掌握承压设备安全管理的技术要点。

技能目标

1. 能准确执行承压设备安全操作技术规程。
2. 能分析承压设备的重大安全影响因素并提出合理建议。
3. 能辨识承压设备违规操作现象。

素质目标

1. 树立化工生产装备本质安全理念。
2. 培养跨专业团队合作精神。
3. 了解化工装备制造成就，培养工匠精神。

承压设备是指承受各种压力的设备，本单元的承压设备是指特种设备中的锅炉、压力容器（含气瓶）、压力管道。在化工生产中，因其介质的物理性质、化学性质、工艺参数、工艺特点及生产状况等对设备影响很大，其设备运行、停运、维护等的安全管理有其特殊性。

项目一 压力容器运行的安全技术

压力容器在化工生产运行中起着举足轻重的作用，物料的反应往往都是在压力容器中进行，目前我国的压力容器的发展，逐渐向着大容量、高压方向发展。压力容器的安全运行关系着国家经济的健康发展。

一、案例

1988年10月22日1时7分，某石化公司炼油厂油品车间球罐区发生重大爆燃事故，过火面积为 62500m^2（球罐区 38300m^2，罐区外 24200m^2），死亡 26 人，烧伤 15 人。

事故经过：10 月 21 目 23 时 40 分，当班一名操作工和班长在 3 号区 914 号球罐进行开阀脱水操作。由于未按操作法操作，未关闭球罐脱水包的上游阀，就打开脱水包的下游阀，在球罐内有 0.4MPa 压力的情况下，边进料边脱水，致使水和液化气一起排出，通过污水池大量外逸。23 时 50 分，球罐区门卫人员发现跑料后，立即通知操作工。22 日 0 时 5 分，操作工关闭了脱水阀。从开阀到关阀前后约 25min，跑损的液化气约 9.7t。保安公司职工见液化气不散，又提醒当班注意，但未能按操作规程的要求采取紧急排险措施。逸出的液化气随风向球罐区围墙外的临时工棚内蔓延并向墙外低洼处积聚。1 时 7 分，扩散并积聚的液化气遇到墙外工棚内的火种，引起爆燃。经市和厂消防队扑救，大火于 2 时 5 分被全部扑灭。

二、压力容器投用的安全技术

做好投用前的准备工作，对压力容器顺利投入运行保证整个生产过程安全有着重要意义。

1. 准备工作

压力容器投用前，使用单位应做好基础管理（软件）、现场管理（硬件）的运行准备工作。

（1）基础管理工作

① 规章制度建设。压力容器运行前必须有包括该容器的安全操作规程（或操作法）和各种管理制度，有该容器明确的安全操作要求，使操作人员做到操作时有章可依、有规可循。初次运行还必须制定试运行方案（或开车方案和开车操作票），明确人员的分工和操作步骤、安全注意事项等。

压力容器使用管理的内容与要求

压力容器安全使用管理制度

② 人员培训。压力容器运行前必须根据工艺操作的要求和确保安全操作的需要而配备足够的压力容器操作人员和压力容器管理人员。压力容器属于特种设备，如今国家对压力容器的规范更加严谨，现压力容器操作证范畴有氧舱、快开门式压力容器以及移动式压力容器充装需要个人操作证件。另作为有压力容器的单位需按照要求管理人员持有特种设备管理员证件。这些人员须取得“中华人民共和国特种作业操作证”后，方可上岗作业。应急管理部委托应急管理部培训中心作为应急管理部考试机构，承担全国特种作业人员安全技术考试考务管理工作，压力容器操作人员参加当地的压力容器操作人员培训，经过考试合格获得颁发“特种设备作业人员证”。特种作业操作证每 3 年复审 1 次。操作人员应熟悉待操作容器的结构、类别、主要技术参数和技术性能，掌握压力容器的操作要求和处理一般事故的方法，必要时还可进行现场模拟操作。可根据企业的规模及压力容器的数量、重要程度设置压力容器专职管理人员或由单位技术负责人兼任，并参加管理人员培训考核。压力容器的初次运行应由压力容器管理人员和生产工艺技术人员（两者可合一）共同组织策划和指挥，并对操作人员进行具体的操作分工和培训。

③ 设备报批。压力容器设备需办理使用登记手续，取得质量技术监督部门发给的“特种设备使用登记证”。

在用压力容器检验

（2）现场管理工作　主要包括对压力容器本体及其附属设备、安全装置等进行必要的检查，具体要求如下。

① 安装、检验、修理工作遗留的辅助设施，如脚手架、临时平台、临时

电线等是否全部拆除；容器内有无遗留工具、杂物等。

② 电、气等的供给是否恢复，道路是否畅通；操作环境是否符合安全运行的要求。

③ 检查容器本体表面有无异常；是否按规定做好防腐和保温及绝热工作。

④ 检查系统中压力容器连接部位、接管等的连接情况，该抽出的盲板是否抽出，阀门是否处于规定的启闭状态。

⑤ 检查附属设备及安全防护设施是否完好。

⑥ 检查安全附件、仪器仪表是否齐全，并检查其灵敏程度及校验情况，若发现安全附件无产品合格证或规格、性能不符合要求或逾期未校验情况，不得使用。

2. 开车与试运行

压力容器试运行前的准备工作做好后，进入开车与试运行程序，操作人员进入岗位现场后必须按岗位的规定穿戴各种防护用品和携带各种操作工具；企业负责安全生产的部门或相应管理人员应到场监护，发现异常情况及时处理。

试运行前需对容器、附属设备、安全附件、阀门及关联设备等进一步确认检查。对设备管线作吹扫贯通，对需预热的压力容器进行预热，对带搅拌装置的压力容器再次检查容器内是否有妨碍搅拌装置转动的异物、杂物，电器元件是否灵敏可靠，后方可试开搅拌，按操作法再次检查压力容器的进、出口管阀门及其他控制阀门、元件等及安全附件是否处于适当位置或牢固可靠，该打开的投料口阀门等是否已打开，该关闭的是否已关闭。因工艺或介质特性要求不得混有空气等其他杂气的压力容器，还需作气体置换直至气体取样分析符合安全规程或操作法要求。检查与压力容器关联的设备机泵、阀门及安全附件是否处于同步的状态。需要进行热紧密封的系统，应在升温同时对容器、管道、阀门、附件等进行均匀热紧，并注意适当用力。当升到规定温度时，热紧工作应停止。对开车运行前系统需预充压的压力容器，在预充压后检查容器本体各连接件、各密封元件及阀门安全附件和附属或关联管道是否有跑、冒、滴、漏、串气憋压等现象，一经发现应先处理后开车。

在上述工作完成后，压力容器按操作规程或操作方法要求，按步骤先后进（投）料，并密切注意工艺参数（温度、压力、液位、流量等）的变化，对超出工艺指标的应及时调控。同时操作人员要沿工艺流程线路跟随物料进程进行检查，防止物料泄漏或走错流向。同时注意检查阀门的开启度是否合适，并密切注意运行中的细微变化特别是工艺参数的变化。

三、运行控制的安全技术

每台容器都有特定的设计参数，如果超设计参数运行，容器就会因承载能力不足而可能出现事故。同时，容器在长期运行中，由于压力、温度、介质腐蚀等因素的综合作用，容器上的缺陷可能进一步发展并可能形成新的缺陷。为使缺陷的发生和发展被控制在一定限度之内，运行中对工艺参数的安全控制，是压力容器正确使用的重要内容。

对压力容器运行的控制主要是对运行过程中工艺参数的控制，即压力、温度、流量、液位、介质配比、介质腐蚀性、交变载荷等的控制。压力容器运行的控制有手动控制（适用于简单的生产系统）和自动控制联锁（适用于工艺复杂要求严格的系统）。

1. 压力和温度

压力和温度是压力容器使用过程中的两个主要工艺参数。压力的控制要点主要是控制容器的操作压力不超过最大工作压力；对经检验认定不能按原铭牌上的最高工作压力运行的容器，应按专业检验单位所限定的最高工作压力范围使用。温度的控制主要是控制其极端的工作温度。高温下使用的压力容器，主要是控制介质的最高温度，并保证器壁温度不高于其设计温度；低温下使用的压力容器，主要控制介质的最低温度，并保证壁温不低于设计温度。

2. 流量和介质配比

对一些连续生产的压力容器还必须控制介质的流量、流速等，以便控制其对容器造成严重冲刷、冲击和引起振动，对反应容器还应严格控制各种参数与反应介质的流量、配比，以防出现因某种介质的反应过程或反应不足产生副反应而造成生产失控发生事故。

3. 液位

液位控制主要是针对液化气体介质的容器和部分反应容器的介质比例而言。盛装液化气体的容器，应严格按照规定的充装系数充装，以保证在设计温度下容器内有足够的气相空间；反应容器则需通过控制液位来控制反应速度和防止某些不正常反应的产生。

4. 介质腐蚀

要防止介质对容器的腐蚀，首先应在设计时根据介质的腐蚀性及容器的使用温度和使用压力选择合适的材料，并规定一定的使用寿命。同时也应该看到在操作过程中，介质的工艺条件对容器的腐蚀有很大影响。因此必须严格控制介质的成分、杂质含量、流速、水分及pH 值等工艺指标，以减少腐蚀速度、延长使用寿命。

这里需要着重说明的是，杂质含量和水分对腐蚀起着重要的作用。

5. 交变载荷

压力容器在反复变化的载荷作用下会产生疲劳破坏。疲劳破坏往往发生在容器开孔接管、焊缝、转角及其他几何形状发生突变的高应力区域。为了防止容器发生疲劳破坏，除了在容器设计时尽可能地减少应力集中，或者根据需要作容器疲劳分析设计外，应尽量使压力、温度的升降平稳，尽量避免突然开、停车，避免不必要的频繁加压和卸压。对要求压力、温度平稳的工艺过程，则要防止压力、温度的急剧升降，使操作工艺指标稳定。对于高温压力容器，应尽可能减缓温度的突变，以降低热应力。

压力容器运行控制可通过手动操作或自动控制。但因自动控制系统会有失控的时候，所以，压力容器的运行控制绝对不能单纯依赖自动控制，压力容器运行的自动控制系统离不开人。

四、安全操作技术

尽管压力容器的技术性能、使用工况不相同，却有共同的操作安全要求，操作人员必须按规定的程序进行操作。

1. 平稳操作

压力容器开始加载时，速度不宜过快，特别是承受压力较高的容器，加压时需分阶段进行并在各个阶段保持一定时间后再继续增加压力，直至达到规定压力。高温容器或工作温度较低的容器，加热或冷却时都应缓慢进行，以减少容器壳体温差应力。对于有衬里的容器，若降温、降压速度过快，有可能造成衬里鼓包；对固定管板式热交换器，温度大幅度急剧变化，会导致管子与管板的连接部位受到损伤。

2. 严格控制工艺指标

压力容器操作的工艺指标是指压力容器各工艺参数的现场操作极限值，一般在操作规程中有明确的规定，因此，严格执行工艺指标可防止容器超温、超压运行。为防止由于操作失误而造成容器超温、超压，可实行安全操作挂牌制度或装设联锁装置。容器装料时避免过急过量。使用减压装置的压力容器应密切注意减压装置的工作状况。液化气体严禁超量装载，并防止意外受热。随时检查容器安全附件的运行情况，保证其灵敏可靠。

3. 严格执行检修办证制度

压力容器严禁边运行边检修，特别是严禁带压拆卸、拧紧螺栓。压力容器出现故障时，必须按规程停车卸压并根据检修内容和检修部位、介质特性等做好介质排放、置换降温、加盲板切断关联管道等的检修交出处理（化工处理）程序，并办理检修交出证书，注明交出处理内容和已处理的状况，并对检修方法和检修安全提出具体的要求和防护措施，如须戴防毒面具、不得用钢铁等硬金属工具、不得进入容器内部、不准动火或须办理动火证后方可动火，或检修过程不得有油污、杂物和有机絮料（抹布碎料棉絮等），或先拆哪个部位、排残液、卸余压等。对需进入容器内部检修的，还须办理进塔入罐作业许可证。压力容器的检修交出工作完成后，具体处理的操作者必须签名，并且班组长或车间主任检查后签名确认，交检修负责人执行。重大的检修交出，或安全危害较大的压力容器检修交出，还需经压力容器管理员或企业技术负责人审核。

4. 坚持容器运行巡检和实行应急处理的预案制度

容器运行期间，除了严格执行工艺指标外，还必须坚持压力容器运行期间的现场巡回检查制度，特别是操作控制高度集中（设立总控室）的压力容器生产系统。只有通过现场巡查，才能及时发现操作中或设备上出现的跑、冒、滴、漏、超温、超压、壳体变形等不正常状态，才能及时采取相应的措施进行消除或调整甚至停车处理。此外，还应实行压力容器运行应急处理预案并进行演练，将压力容器运行过程中可能出现的故障、异常情况等做出预料并制定相应防范和应急处理措施，以防止事故的发生或事态的扩大。如一些高温、高压的压力容器，因内件故障出现由绝热耐火砖层开裂引起局部超温变形时，容器作为系统的一部分又不能瞬间内停车卸压时，则可立即启动包括局部强制降温和系统停车卸压等内容和程序在内的应急预案，并按步骤进行处理。

五、运行中的安全监控

压力容器运行中的检查是压力容器运行安全的关键保障，通过对压力容器运行期间的经常性检查，使压力容器运行中出现的不正常状态能得到及时的发现与处理。

1. 工艺条件

工艺条件方面的检查主要是检查操作压力、操作温度、液位是否在安全操作规程规定的范围内；检查工作介质的化学成分，特别是那些影响容器安全（如产生应力腐蚀、使压力或温度升高等）的成分是否符合要求。

2. 设备状况

设备状况方面的检查主要是检查容器各连接部分有无泄漏、渗漏现象；容器有无明显的变形、鼓包；容器外表面有无腐蚀，保温层是否完好；容器及其连接管道有无异常振动、磨损等现象；支承、支座、紧固螺栓是否完好，基础有无下沉、倾斜；重要阀门的“启”“闭”与挂牌是否一致，联锁装置是否完好。

3. 安全装置

安全装置方面的检查主要是检查安全装置以及与安全有关的器具（如温度计、计量用的衡器及流量计等）是否保持良好状态。如压力表的取压管有无泄漏或堵塞现象，同一系统上的压力表读数是否一致；弹簧式安全阀是否有生锈、被油污粘住等情况；杠杆式安全阀的重锤有无移动的迹象；冬季气温过低时，装设在室外露天的安全阀有无冻结的迹象等。检查安全装置和计量器具表面是否被油污或杂物覆盖，是否达到防冻、防晒和防雨淋的要求。检查安全装置和计量器具是否在规定的使用期限内，其精度是否符合要求。

项目二 压力容器停止运行的安全技术

压力容器有连续式运行和间歇式运行两种形式。连续式运行的压力容器多为连续生产系统中的设备，受介质特性和关联的设备、装置的制约。间歇式运行的压力容器是每次按一定的生产量来生产或投料的压力容器系统或单台压力容器。无论连续式运行或间歇式运行的压力容器，在停止运行时均存在正常停止运行和紧急停止运行两种情况，必须按停车操作规程停止运行。

一、案例

1994年6月19日9时30分，湖南某县氮肥厂发生一起爆炸事故，造成1人死亡，1人重伤，直接经济损失6万余元。

事故经过：6月19日全厂停车检修，18日生产办通知各生产车间在19日早班4点停车置换、清洗设备，要求早班在7点前必须将动火的设备、管道置换合格，开好动火证才能交班。19日合成工艺四班当早班，于凌晨4点全厂停车置换清洗，前后工段分开进行。造气至碳化清洗回收塔用空气吹扫置换，停车后首先用造气制造的贫气（此贫气不合格）吹赶系统，再用鼓风机送空气经造气各炉置换后输送到气柜。脱硫岗位打开一台240m^3/min的罗茨风机从气柜抽空气送到本岗位的冷却塔、脱硫塔汽水分离器，最后再清洗回收塔下部放空。

19日早上，安环科余某按动火要求5时20分来到办公室，先用烤火用的甲烷气校验分析仪器，确认准确灵敏后带到脱硫岗位。此时车间置换正在进行，余问清置换情况后，便同操作人员一起在该岗位的汽水分离器、冷却塔取样分析，两处都合格。随后同供气车间副主任一起到气柜的进口水封、人孔、中心放空管、出口水封等处取样，分析都合格。余、肖两人便到压缩、碳化两工段共采样12个样品，经RH-31（1型）测爆仪分析都合格。余便通知该值班班长刘某将碳化清洗塔加满水切断与副塔的联系，然后与肖去变换取样，样品不合格，因此两人一直在变换帮助查找原因并不断取样分析。7点左右，前工段已分析合格的岗位操作工要求开动火证，余落实各工段隔离措施后，便将分析合格的造气、脱硫、压缩、活性炭塔4处的动火证开好，由操作工签字后拿回岗位交班。

日班参加检修人员上班后，首先在碳化活性炭塔动火割管子，8点左右负责脱硫检修的焊工张某与学徒付某、钳工宁某开始登上冷却塔动火作业，由于管架层次太高，张某未登上去，付、宁2人上去后动火割冷却塔封头螺栓，日班操作工上班后对该冷却塔进行清洗。9时30分付、宁2人在割冷却塔封头第60个螺栓时突然发生爆炸，冲击力将付、宁2人从11m多高的塔上抛下坠落地面，付因头部着地伤势严重，送医院经全力抢救无效，于当天上午11时许在手术室死亡。宁在坠落时被管架挡了一下，着地力较轻，幸免于难，但身体下部烧伤较重。

二、正常停止运行的安全技术

由于容器及设备按有关规定要进行定期检验、检修、技术改造，因原料、能源供应不及时，内部填料定期处理、更换或因工艺需要采取间歇式操作方法等正常原因而停止运行，均属正常停止运行。

压力容器及其设备的停运过程是一个变操作参数过程。在较短的时间内容器的操作压力、操作温度、液位等不断变化，要进行切断物料、返出物料、容器及设备吹扫、置换等大量操作工序。为保证操作人员能安全合理地操作，容器设备、管线、仪表等不受损坏，正常停运过程中应注意以下事项。

1. 编制停运方案

停运操作中，操作人员开关阀门频繁，多方位管线检查作业，劳动强度大，若没有统一的停工方案，易发生误操作，导致设备事故，严重时会危及人身安全。压力容器的停工方案应包括如下内容。

① 停运周期（包括停工时间和开工时间）及停运操作的程序和步骤。

② 停运过程中控制工艺参数变化幅度的具体要求。

③ 容器及设备内剩余物料的处理、置换清洗方法及要求，动火作业的范围。

④ 停运检修的内容、要求、组织实施及有关制度。

压力容器停运方案一般由车间主任、压力容器管理人员、安全技术人员及有经验的操作人员共同编制，报主管领导审批通过。方案一经确定，必须严格执行。

2. 降温、降压速度控制

停运中应严格控制降温、降压速度，因为急剧降温会使容器壳壁产生疲劳现象和较大的温度压力，严重时会使容器产生裂纹、变形、零部件松脱、连接部位泄漏等现象，以致造成火灾、爆炸事故。对于储存液化气体的容器，由于器内的压力取决于温度，所以必须先降温，才能实现降压。

3. 清除剩余物料

容器内剩余物料多为有毒、易燃、腐蚀性介质，若不清理干净，操作人员无法进入容器内部检修。

如果单台容器停运，需在排料后用盲板切断与其他容器及压力源的连接；如果是整个系统停运，需将整个系统装置中的物料用真空法或加压法清除。对残留物料的排放与处理应采取相应的措施，特别是可燃、有毒气体应排至安全区域。

4. 准确执行停运操作

停运操作不同于正常操作，要求更加严格、准确无误。开关阀门要缓慢，操作顺序要正确，如蒸汽介质要先开排凝阀，待冷凝水排净后关闭排凝阀，再逐步打开蒸汽阀，防止因水击损坏设备或管道。

5. 杜绝火源

停运操作期间，容器周围应杜绝一切火源。要清除设备表面、扶梯、平台、地面等处的油污、易燃物等。

三、紧急停止运行的安全技术

压力容器在运行过程中，如果突然发生故障，严重威胁设备和人身安全时，操作人员应立即采取紧急措施，停止容器运行。

1. 应立即停止运行的异常情况

① 容器的工作压力、介质温度或容器壁温度超过允许值，在采取措施后仍得不到有效控制。

② 容器的主要承压部件出现裂纹、鼓包、变形、泄漏、穿孔、局部严重超温等危及安

全的缺陷。

③ 压力容器的安全装置失效，连接管件断裂，紧固件损坏，难以保证安全运行。

④ 压力容器充装过量或反应容器内介质配比失调，造成压力容器内部反应失控。

⑤ 容器液位失去控制，采取措施仍得不到有效控制。

⑥ 压力容器出口管道堵塞，危及容器运行安全。

⑦ 容器与管道发生严重振动，危及容器运行安全。

⑧ 压力容器内件突然损坏，如内部衬里绝热耐火砖、隔热层开裂或倒塌，危及压力容器运行安全。

⑨ 换热容器内件开裂或严重泄漏，介质的不同相或不能互混的不同介质互串，造成水击或严重物理、化学反应。

⑩ 发生火灾直接威胁到容器的安全。

⑪ 高压容器的信号孔或警告孔泄漏。

⑫ 主要通过化学反应维持压力的容器，因管道堵塞或附属设备、进口阀等失灵或故障造成容器突然失压，后工序介质倒流，危及容器安全。

2. 紧急停止运行的安全技术要点

压力容器紧急停运时，操作人员必须做到“稳、准、快”，即保持镇定，判断准确，操作正确，处理迅速，防止事故扩大。在执行紧急停运的同时，还应按规定程序及时向本单位有关部门报告。对于系统性连续生产的，还必须做好与前、后相关岗位的联系工作。紧急停运前，操作人员应根据容器内介质状况做好个人防护。

压力容器紧急停止运行时应注意以下事项。

① 对压力源来自器外的其他容器或设备，如换热容器、分离容器等，应迅速切断压力来源，开启放空阀、排污阀，遇有安全阀不动时，拉动安全阀手柄强制排气泄压。

② 对器内产生压力的容器，超压时应根据容器实际情况采取降压措施。如反应容器超压时，应迅速切断电源，使向容器内输送物料的运转设备停止运行，同时联系有关岗位停止向容器内输送物料；迅速开启放空阀、安全阀或排污阀，必要时开启卸料阀、卸料口紧急排料，在物料未放尽前，搅拌不能停止；对进行放热反应的容器，还应增大冷却水量，使其迅速降温。液化气体介质的储存容器，超压时应迅速采取强制降温等降温措施，液氨储罐还可开启紧急泄氨器泄压。

项目三　压力容器维护保养的安全技术

压力容器因内部介质压力、温度及化学特性等的变化，流体流动时的磨损、冲刷以及外界载荷的作用，带有搅拌装置容器因搅拌振动和运动磨损等原因，造成容器内外表面腐蚀磨损，仪器仪表及阀门的损坏失灵，紧固件松动等安全隐患。所以，如何安全地做好压力容器的维护保养工作，十分重要。

一、案例

1998 年 8 月 23 日，某石油化工厂由于 F11 号反应釜在聚合反应过程中超温超压，釜内压力急剧上升，导致反应釜釜盖法兰严重变形，螺栓弯曲，观察孔视镜炸破，大量可燃料从法兰缝隙处和观察孔喷出，散发在车间空气中，与空气形成爆炸性混合气体，遇明火引起二次爆炸燃烧，造成3人死亡，直接经济损失6.4万元，被迫停产8个多月，间接经济损失数百万元。

事故原因：安全阀密封面损伤、阀杆及弹簧垫块严重磨损致使失灵。安全装置残缺不齐，致使现有泄压排放设施工人无法操作。

二、使用期间维护保养的安全技术

压力容器使用期间的日常维护保养工作的重点是防腐、防漏、防露、防振，仪表、仪器、电气设施及元件、管线、阀门、安全装置等的日常维护。

1. 消除压力容器的“跑、冒、滴、漏”

压力容器的连接部位及密封部位由于磨损或密封面损坏，或因热胀冷缩、设备振动等原因使紧固件松动或预紧力减小造成连接不良，经常会产生“跑、冒、滴、漏”现象，并且这一现象经常会被忽视而造成严重后果。由于压力容器是带压设备，这种“跑、冒、滴、漏”若不及时处理会迅速扩展或恶化，不仅浪费原料、能源，污染环境，还常引起器壁穿孔或局部加速腐蚀。如对一些内压较高的密封面，不及时消除则易引起密封垫片损坏或法兰密封面被高压气体冲刷切割而起坑，难以修复，甚至引发容器被破坏造成事故。因此，要加强巡回检查，注意观察，及时消除“跑、冒、滴、漏”现象。

具体的消除方法有停车卸压消除法和运行带压消除法。前者消除较为彻底，标本兼治，但必须在停车状态下进行，难以做到及时处理，同时，处理过程必定影响或终止生产。但较为严重或危险性较大的“跑、冒、滴、漏”现象，必须采用此法。而后者可运行过程中带压处理，多用于发现得较为及时和刚开始较轻微的“跑、冒、滴、漏”现象。对一些系统关联性较强、通常难以或不宜立即停车处理的压力容器也可先采用此法，控制事态的发展、扩大，待停车后再彻底处理。

压力容器运行状态出现不正常现象，需带压处理的情况有密封面法兰上紧螺栓、丝扣接口上紧螺栓、接管穿孔或直径较小的压力容器局部腐蚀穿孔的加夹具抱箍堵漏。采用运行带压消除法，必须严格执行以下原则。

① 运行带压处理必须经压力容器管理人员、生产技术主管、岗位操作现场负责人许可(办理检修证书)，由有经验的维修人员进行处理。

② 运行带压处理必须有懂得现场操作处理或有操作指挥协调能力的人或安全技术部门的有关人员进行现场监护，并做好应急措施。

③ 运行带压处理所用的工具装备器具必须适应泄漏介质对维修工作安全要求，特别是对毒性、易燃介质或高温介质，必须做好防护措施，包括防毒面具，通风透气、隔热绝热装备，防止产生火花的铝质、铜质、木质工具等造成事故。

④ 带压堵漏专用固定夹具，应根据相关规定的壁厚强度计算公式（例如GB/T 150—2011)，完成夹具厚度的设计。公式中的压力值，还必须考虑对向密封空腔注入密封剂的过程中，密封剂在空腔内流动、填满、压实所产生的挤压力予以修正。夹具及紧固螺栓的材质、组焊夹具的焊接系数和许用应力，均按规定执行。

⑤ 专用密封剂应以泄漏点的系统温度和介质特性作为选择的依据。各种型号密封剂均应通过耐压介质侵蚀试验和热失重试验。

2. 保持完好的防腐层

工作介质对材料有腐蚀性的容器，应根据工作介质对容器壁材料的腐蚀作用，采取适当的防腐措施。通常采用防腐层来防止介质对器壁的腐蚀，如涂层、搪瓷、衬里、金属表面钝化处理、钒化处理等。

这些防腐层一旦损坏，工作介质将直接接触器壁，局部加速腐蚀会产生严重的后果。所以必须使防腐涂层或衬里保持完好，这就要求容器在使用过程中注意以下几点。

① 要经常检查防腐层有无脱落，检查衬里是否开裂或焊缝处是否有渗漏现象。发现防腐层损坏时，即使是局部的，也应该经过修补等妥善处理后才能继续使用。

② 装入固体物料或安装内部附件时，应注意避免刮落或碰坏防腐层。带搅拌器的容器应防止搅拌器叶片与器壁碰撞。

③ 内装填料的容器，填料环应布放均匀，防止流体介质运动的偏流磨损容器。

3. 保护好保温层

对于有保温层的压力容器要检查保温层是否完好，防止容器壁裸露。因为保温层一旦脱落或局部损坏，不但会浪费能源，影响容器效率，而且容器的局部温差变化较大，产生温差应力，引起局部变形，影响正常运行。

4. 减少或消除容器的振动

容器的振动对其正常使用影响也是很大的。振动不但会使容器上的紧固螺钉松动，影响连接效果，或者由于振动的方向性，使容器接管根部产生附加应力，引起应力集中，而且当振动频率与容器的固有频率相同时，会发生共振现象，造成容器的倒塌。因此当发现容器存在较大振动时，应采取适当的措施，如隔断振源、加强支撑装置等，以消除或减轻容器的振动。

5. 维护保养好安全装置

维护保养好安全装置，使它们始终处于灵敏准确、使用可靠状态。这就要求安全装置和计量仪表必须定期进行检查、试验和校正，发现不准确或不灵敏时，应及时检修和更换。安全装置安全附件上面及附近不得堆放任何有碍其运作、指示或影响灵敏度、精度的物料、介质、杂物，必须保持各安全装置安全附件外表的整洁。清扫抹擦安全装置，应按其维护保养要求进行，不得用力过大或造成较大振动，不得随意用水或液体清洗剂冲洗、抹擦安全装置及安全附件，清理尘污尽量用布干抹或吹扫。压力容器的安全装置不得任意拆卸或封闭不用，没有按规定装设安全装置的容器不能使用。

三、停用期间的安全技术

对于长期停用或临时停用的压力容器，也应加强维护保养工作。停用期间保养不善的容器甚至比正常使用的容器损坏更快。

停止运行的容器尤其是长期停用的容器，一定要将内部介质排放干净，清除内壁的污垢、附着物和腐蚀产物。对于腐蚀性介质，排放后还需经过置换、清洗、吹干等技术处理，使容器内部干燥和洁净。要注意防止容器的“死角”内积有腐蚀性介质。为了减轻大气对停用容器外表面的腐蚀，应保持容器表面清洁，并保持容器及周围环境的干燥。另外，要保持容器外表面的防腐油漆等完好无损，发现油漆脱落或刮落时要及时补涂。有保温层的容器，还要注意保温层下的防腐和支座处的防腐。

项目四 压力管道的安全技术

在化工企业中，压力管道数量巨大、种类繁多、材质复杂、使用工况千差万别，管道安全影响因素多、隐患多、风险大。因此，压力管道的安全管控是安全生产的一项重要内容。

一、案例

2012年7月22日上午10时20分左右，某热电公司承担某市一个工业区各企业的蒸气供应，其新建的尚未完成的一条供热管道在进行蒸气吹扫时发生管道甩动，导致支架倒塌，造成正在绿化带中工作的园林工人一人重伤、三人轻伤，并使原定的供热计划推迟，造成了用气单位间接损失。

事故经过：供热管道工程设计长度为4.5km，60cm架空，已安装完成3.7km左右，已完成部分管道的临时末端伸出支架约10m，还有800m因为其他问题一时无法施工。因沿途的单位需要用气，决定对已完成施工的管道末端焊上盲板，然后进行水压试验、蒸气吹扫，以便提前供气。结果在吹扫时管道末端发生像甩绳子一样的大幅度甩动推倒了支架，造成事故。

二、压力管道的安全事故特点

相比一般的设备，压力管道的安全管理更复杂。归纳起来，压力管道与压力容器相比较，具有以下主要特点。

① 压力管道高度的依附性。压力管道处处连通，但其主要节点多为动设备或静设备，其在传递介质和能量的同时，往往受到设备或机器的影响，比如振动、发热等，在设备发生事故时，其往往伴有泄漏、火灾等事故发生。

② 压力管道长径比很大，极易失稳，受力情况比压力容器更复杂。压力管道内介质运动状态复杂，工作条件变化比压力容器高（如高温、高压、低温、低压、位移变形、风、雪、地震等均可能会影响压力管道运行状况）。

③ 管道组成件和管道支承件的种类繁多，且具体技术要求涉及面广，材料多样。压力容器过多的是板材和锻材。压力管道除用到板材和锻材之外，也有管材和铸件。管材和铸件的配料相对困难，从而导致工程上有时管路上不同的元件异材连接等现象。

④ 压力管道涉及的种类繁多、数量大，设计、制造、安装、检验等应用管理环节繁杂。管道上的泄漏点多于压力容器，1个三通就有3个泄漏点。数以万计的管道，造成压力管道安全管理和安全监察的严峻性和多元性。

⑤ 管道跨度长，涉及高度复杂，总的空间大，连接条件多样。管道的强度计算根据设计条件，利用薄膜应力公式或中径公式来计算，同时还应考虑与它相连的机械设备要求，比如中间支承条件的影响，自身热胀冷缩和振动要求等。管道布置设计除应满足工艺流程要求外，还应考虑各相关设备、支撑条件、地理条件（对长输管道）、城市整体规划（对城市公用管道）等因素的影响。特别是管道往往涉及隐蔽工程。

⑥ 现场安装工作量大。压力管道现场作业多，涉及露天作业，登高作业，隐蔽工程等多样化作业。安装时有埋地、空架、沿地，作业条件差，质量管控高。

三、压力管道的安全技术

1. 压力管道的定义

根据《压力管道安全技术监察规程》，同时具备下列条件的工艺装置、辅助装置以及界区内公用工程所属的工业管道称为压力管道：

① 最高工作压力大于或等于 0.1MPa（表压）的；

② 公称直径大于 25mm 的；

③ 输送介质为气体、蒸汽、液化气体、最高工作温度高于或者等于其标准沸点的液体或者可燃、易爆、有毒、有腐蚀性的液体的。

管道元件，包括管道组成件和管道支承件。管道组成件，用于连接或者装配成承载压力且密闭的管道系统的元件，包括管子、管件、法兰、密封件、紧固件、阀门、安全保护装置以及诸如膨胀节、挠性接头，耐压软管、过滤器（如 Y 型、T 型等），管路中的节流装置（如孔板）和分离器等。管道连接件指管道元件间的连接接头，管道与设备或者装置连接的第一道连接接头（焊缝、法兰、密封件及紧固件等），管道与非受压元件的连接接头，管道所用的安全阀、爆破片装置、阻火器、紧急切断装置等安全保护装置。管道支承件，包括吊杆、弹簧支吊架、斜拉杆、平衡锤、松紧螺栓、支撑杆、链条、导轨、鞍座、底座、滚柱、托座、滑动支座、吊耳、管吊、卡环、管夹、U 形夹和夹板等。

2. 压力管道的分级

管道按照设计压力、设计温度、介质毒性程度、腐蚀性和火灾危险性划分为 GC1、GC2、GC3 三个等级。

GC1 级：符合下列条件之一的工业管道，为 GC1 级。

① 输送毒性程度为极度危害介质，高度危害气体介质和工作温度高于其标准沸点的高度危害的液体介质的管道。

② 输送火灾危险性为甲、乙类可燃气体或者甲类可燃液体（包括液化烃）的管道，并且设计压力大于或者等于 4.0MPa 的管道。

③ 输送除前两项介质的流体介质并且设计压力大于或者等于 10.0MPa，或者设计压力大于或者等于 4.0MPa，并且设计温度高于或者等于 400℃的管道。

GC2 级：除规定的 GC3 级管道外，介质毒性程度、火灾危险性（可燃性）、设计压力和设计温度低于规定的 GC1 级的管道。

GC3 级：输送无毒、非可燃流体介质，设计压力小于或者等于 1.0MPa，并且设计温度高于－20℃但是不高于 185℃的管道。

对于管道分级中介质毒性程度、腐蚀性和火灾危险性划分，一般应当以介质的“化学品安全技术证明书”为依据；介质同时具有毒性火灾危险性时，应当按照毒性危害程度和火灾危险性的划分原则分别确定；介质为混合物时，应当按照有毒化学品的组成比例及其急性指标（LD_{50}、LC_{50}），采用加权平均法，获得混合物的急性毒性（LD_{50}、LC_{50}），然后按照毒性危害级别最高者，确定混合物的毒性危害级别。

压力管道中介质毒性程度的分级应当符合《职业性接触毒物危害程度分级》GBZ 230—2018 的规定，按单元三中表 3-3 职业性接触毒物分项指标危害程度分级和评分依据实行。

压力管道中的腐蚀性流体系指：与皮肤接触，在 4h 内出现可见坏死现象，或 55℃时，对 20 钢的腐蚀率大于 6.25mm/a 的流体。

压力管道中介质的火灾危险性分类，是依据物质性质、物态形式、操作条件、环境温度和储存方式等因素，按不同火灾风险等级分类。

3. 压力管道的标识

根据管道内物质的一般性能，分为八类，并相应规定了八种基本识别色和相应的颜色标准编号及色样。压力管道的颜色标识如表 8-1 所示，压力管道基本识别色和流向、压力、温度等标识方法可参考图 8-1，危险化学品和物质名称标识方法可参考图 8-2。

表 8-1　压力管道的颜色标识

物质种类	水	水蒸气	空气	气体	酸或碱	可燃液体	其他液体	氧
基本识别色	艳绿	大红	淡灰	中黄	紫	棕	黑	淡蓝

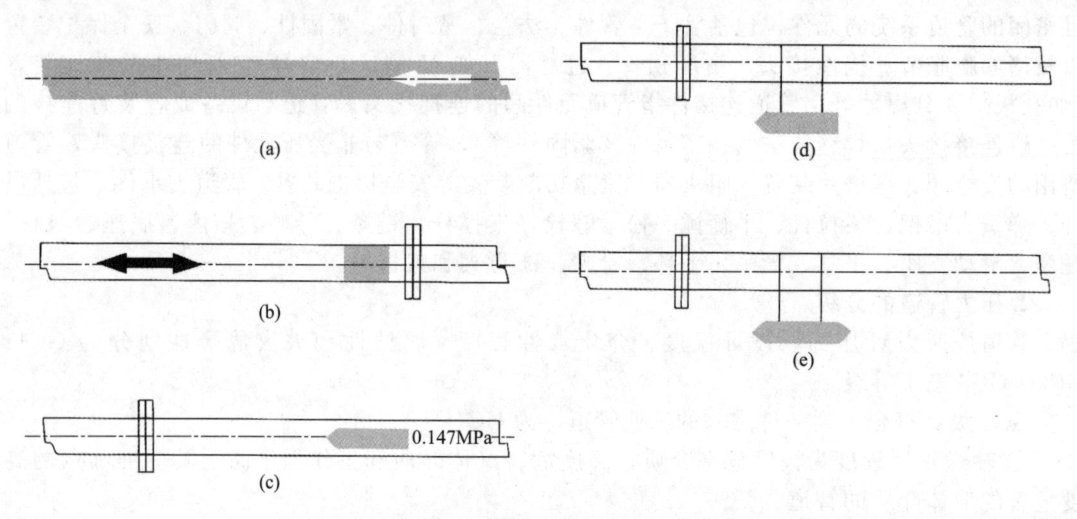

图 8-1　压力管道基本识别色和流向、压力、温度等标识方法参考图

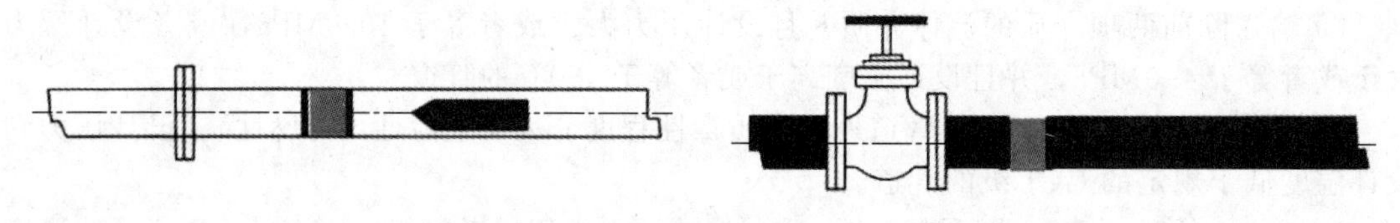

图 8-2　危险化学品和物质名称标识方法参考图

4. 压力管道的安全技术

压力管道长期安全有效运行，一般要从设计、制造、安装和运行四个环节进行控制。

（1）设计　压力管道的设计是一个系统性的工程，涉及的专业多，接口杂。压力管道工程设计一般可分成管道布置、管道材料设计和管道机械设计三个部分。

① 管道布置主要是指管道在整个设计图纸中的走向、布线等连接情况。

② 管道材料设计应当满足各项基本要求，设计时根据特定使用条件和介质，选择合适的材料。比如材料在最低使用温度下具备足够的抗脆断；在预期的寿命内，材料在使用条件下具有足够的稳定性，包括物理性能、化学性能、力学性能、耐腐蚀性能以及应力腐蚀破裂的敏感性等；考虑在可能发生火灾和灭火条件下的材料适用性以及由此带来的材料性能变化和次生灾害。

③ 管道机械设计包括管道组成件的强度计算，其应当符合相关标准的规定。工程设计中有严格要求的管道，都应当进行管道应力分析。

（2）制造　管道及其元件制造件制造单位应当取得“特种设备制造许可证”，并且按照相关安全技术规范的要求，接受特种设备检验检测机构对其产品制造过程的监督检验。

（3）安装　安装包括安装前管道元件的质量检测、预制及组装、焊接、检查试验、清洗吹扫、除锈防腐、隔热等内容，同时包括熟悉施工图设计文件，编制施工工序和施工方案，安排施工计划、施工机具和作业人员，操作工人的技术培训和劳动保护等安全管理方面的内容。现场施工应该有必要的应急的预案并进行相关的演练，达到防患于未然。

(4) 运行　压力管道运行使用包括的内容主要有运行前的检查、运行初期检查、在线监测、定期检验和应急管理等。

① 运行前的检查涉及的内容包括运行前的准备、单机试运、水联运、油联运、正常运行和停车等。压力管道的运行过程还涉及了生产操作人员的技术培训、操作手册的编制、岗位操作规程的建立以及操作人员的管理等方面的内容。开车前的检查主要包括设计竣工文件、采购竣工文件、施工竣工文件的检查和确认，并现场检查设计漏项、工程质量隐患和未完成的工程。

② 运行初期的检查包括开车前对所有压力管道登记造册，记录相关的原始数据（包括管道位置、壁厚、状态等），开车后校对与温度、压力有关的数据变化，并判断其运行状态。

③ 在线监测是指定期或不定期地检测运行过程中有关压力管道数据的变化，或借助于先进的检测手段（如声发射、红外线等）对生产过程中的压力管道使用状态进行监控，判断其安定性。

④ 定期检验分为在线检验和全面检验，在线检验是在运行条件下对在用管道进行的检验，在线检验每年至少 1 次（也可称为年度检验）；全面检验是按一定的检验周期在管道停车期间进行的较为全面的检验。在线检验主要检查管道在运行条件下是否有影响安全的异常情况，一般以外观检查和安全保护装置检查为主，必要时进行壁厚测定和电阻值测量。全面检验一般进行外观检查、壁厚测定、耐压试验和泄漏试验，并且根据管道的具体情况，采取无损检测、理化检验、应力分析、强度校验、电阻值测量等方法。

⑤ 应急管理应制定文件明确应急管理各项活动，主要包括应急预案编制、应急培训、应急演练与评价等。应急预案应包括与周边单位、沿线居民和政府主管部门等的联动，应及时更新联系信息。应根据应急预案的规定开展培训、应急演练与应急响应。应保留应急管理各环节活动的记录等。

项目五　气瓶的安全技术

气瓶作为承压设备，因使用中经常移动、重复充装、操作使用人员不固定和使用环境变化等特点，故比其他压力容器更为复杂、恶劣。气瓶一旦发生事故，往往带来严重的财产损失、人员伤亡和环境污染。要保证气瓶的安全使用，除了要求它符合压力容器的一般要求外，还需要其他的规定和要求。

一、案例

1985 年 4 月，山东省德州某化工厂液氯钢瓶在灌装时发生爆炸，造成 3 人死亡。

钢瓶是 1984 年从天津某厂购进的旧钢瓶。经包装岗位检查已发现 3 瓶有异物（瓶嘴有芳香泡沫），但只在台账上注明而未去现场采取措施，致使这 3 瓶仍与待装钢瓶混在一起，当被推上包装台灌装时又未抽空，未验瓶，刚一装液氯即发生爆炸。

事故原因：所购进的旧钢瓶未经认真检验就送入包装岗位；钢瓶有异物。

二、气瓶的分类

气瓶是指在正常环境下（－40～60℃）可重复充气使用的，公称工作压力（表压）为

0.2～70MPa，公称容积为0.4～3000L，且压力与容积的乘积大于或者等于1.0MPa·L，盛装压缩气体、高（低）压液化气体、低温液化气体、溶解气体、吸附气体、混合气体以及标准沸点等于或者低于60℃液体的无缝气瓶、焊接气瓶、焊接绝热气瓶、缠绕气瓶、内部装有填料的气瓶以及气瓶集束装置。

1. 按充装介质的性质分类

（1）压缩气体气瓶　压缩气体因其临界温度小于-10℃，常温下呈气态，所以称为压缩气体，如氢、氧、氮、空气、燃气及氩、氦、氖、氪等。这类气瓶一般都以较高的压力充装气体，目的是增加气瓶的单位容积充气量，提高气瓶利用率和运输效率。常见的充装压力为15MPa，也有充装20～30MPa的。

（2）液化气体气瓶　液化气体气瓶充装时都以低温液态灌装。有些液化气体的临界温度较低，装入瓶内后受环境温度的影响而全部气化。有些液化气体的临界温度较高，装瓶后在瓶内始终保持气液平衡状态。

（3）溶解气体气瓶　是专门用于盛装乙炔的气瓶。由于乙炔气体极不稳定，故必须把它溶解在溶剂（常见的为丙酮）中。气瓶内装满多孔性材料，以吸收溶剂。乙炔瓶充装乙炔气，一般要求分两次进行，第一次充气后静置8h以上，再进行第二次充气。

2. 按制造方法分类

（1）钢制无缝气瓶　以钢坯为原料，经冲压拉伸制造，或以无缝钢管为材料，经热旋压收口收底制造的钢瓶。瓶体材料为采用碱性平炉、电炉或吹氧碱性转炉冶炼的镇静钢，如优质碳钢、锰钢、铬钼钢或其他合金钢。这类气瓶用于盛装压缩气体和高压液化气体。

（2）钢制焊接气瓶　以钢板为原料，经冲压卷焊制造的钢瓶。瓶体及受压元件材料为采用平炉、电炉或氧化转炉冶炼的镇静钢，要求有良好的冲压和焊接性能。这类气瓶用于盛装低压液化气体。

（3）缠绕玻璃纤维气瓶　是以玻璃纤维加黏结剂缠绕或碳纤维制造的气瓶。一般有一个铝制内筒，其作用是保证气瓶的气密性，承压强度则依靠玻璃纤维缠绕的外筒。这类气瓶由于绝热性能好、重量轻，多用于盛装呼吸用压缩空气，供消防、毒区或缺氧区域作业人员随身背挎并配以面罩使用。一般容积较小（1～10L），充气压力多为15～30MPa。

3. 按公称工作压力分类

气瓶按公称工作压力分为高压气瓶和低压气瓶。高压气瓶公称工作压力分别为30MPa、20MPa、15MPa、12.5MPa和8MPa，低压气瓶公称工作压力分别为5MPa、3MPa、2MPa、1.6MPa和1MPa。

三、气瓶的安全技术

1. 气瓶的安全附件

（1）安全泄压装置　气瓶的安全泄压装置，是为了防止气瓶在遇到火灾等高温时，瓶内气体受热膨胀而发生破裂爆炸。气瓶常见的泄压附件有爆破片和易熔塞。

爆破片装在瓶阀上，其爆破压力略高于瓶内气体的最高温升压力。爆破片多用于高压气瓶上，有的气瓶不装爆破片。《气瓶安全技术规程》对是否必须装设爆破片未做明确规定。气瓶装设爆破片有利有弊，一些国家的气瓶不采用爆破片这种安全泄压装置。

易熔塞一般装在低压气瓶的瓶肩上，当周围环境温度超过气瓶的最高使用温度时，易熔塞的易熔合金熔化，瓶内气体排出，避免气瓶爆炸。

（2）其他附件（防震圈、瓶帽、瓶阀）　气瓶装有两个防震圈，是气瓶瓶体的保护装置。气瓶在充装、使用、搬运过程中，常常会因滚动、震动、碰撞而损伤瓶壁，以致发生脆性破坏。这是气瓶发生爆炸事故常见的一种直接原因。

瓶帽是瓶阀的防护装置，它可避免气瓶在搬运过程中因碰撞而损坏瓶阀，保护出气口螺纹不被损坏，防止灰尘、水分或油脂等杂物落入阀内。

瓶阀是控制气体出入的装置，一般是用黄铜或钢制造。充装可燃气体的钢瓶的瓶阀，其出气口螺纹为左旋，盛装助燃气体的气瓶，其出气口螺纹为右旋。瓶阀的这种结构可有效地防止可燃气体与非可燃气体的错装。

2. 充装安全

气瓶充装单位充装气瓶前应当取得安全生产许可证或者燃气经营许可证，具备对气瓶进行安全充装的各项条件。盛装易燃、助燃、有毒、腐蚀性气体气瓶的充装单位（仅从事非经营性充装活动的除外）以及非重复充装气瓶的充装单位，还应当按照有关安全技术规范的规定取得气瓶充装许可；气瓶充装单位办理所充装气瓶的使用登记后，方可从事气瓶充装。

为了保证气瓶在使用或充装过程中不因环境温度升高而处于超压状态，必须对气瓶的充装量严格控制。充装压缩气体时，应当考虑充装温度对最高充装压力的影响，压缩气体充装的压力（换算成20℃时的压力，下同）不得超过气瓶的公称工作压力。而对于充装氟或者二氟化氧的气瓶，最大充装量不得大于5kg，充装压力不得大于3MPa（20℃时）。对低压液化气体气瓶，充装系数应当不大于在气瓶最高使用温度下液体密度的97%；温度高于气瓶最高使用温度5℃时，气瓶内不能满液。

（1）气瓶充装过量　是气瓶破裂爆炸的常见原因之一。因此必须加强管理，严格执行《气瓶安全技术规程》的安全要求，防止充装过量。充装气瓶，必须严格按规定的充装系数充装，不得超量，如发现超装时，应设法将超装量卸出。

（2）混合气体充装　充装前，应当采用加温、抽真空等适当方式进行预处理，并且按照相应混合气体充装标准的规定，确定各气体组分的充装顺序。其具体充装系数见相关标准规程，比如《气瓶安全技术规程》。充装每一气体组分之前，应当使用待充装的气体对充装装置和管道进行置换。

属下列情况之一的，应先进行处理，否则严禁充装。

① 出厂标志、颜色标记不符合规定，瓶内介质未确认；

② 气瓶附件损坏、不全或者不符合规定；

③ 气瓶内无剩余压力；

④ 超过检验期限；

⑤ 外观存在明显损伤，需检查确认能否使用；

⑥ 充装氧化或者强氧化性气体气瓶沾有油脂；

⑦ 充装可燃气体的新气瓶首次充装或者定期检验后的首次充装，未经过置换或者抽真空处理。

3. 贮存安全

① 气瓶的贮存应有专人负责管理。管理人员、操作人员、消防人员应经安全技术培训，了解气瓶、气体的安全知识。

② 气瓶的贮存，空瓶、实瓶应分开（分室贮存）。如氧气瓶，液化石油气瓶，乙炔瓶与氧气瓶、氯气瓶不能同贮一室。

③ 气瓶库（贮存间）应符合《建筑设计防火规范》，应采用二级以上防火建筑。与明火或其他建筑物应有符合规定的安全距离。易燃、易爆、有毒、腐蚀性气体气瓶库的安全距离不得小于15m。

④ 气瓶库应通风、干燥，防止雨（雪）淋、水浸，避免阳光直射，要有便于装卸、运输的设施。库内不得有暖气、水、煤气等管道通过，也不准有地下管道或暗沟。照明灯具及

电器设备应是防爆的。

⑤ 地下室或半地下室不能贮存气瓶。

⑥ 瓶库有明显的“禁止烟火”“当心爆炸”等各类必要的安全标志。

⑦ 瓶库应有运输和消防通道，设置消防栓和消防水池。在固定地点备有专用灭火器、灭火工具和防毒用具。

⑧ 贮气的气瓶应戴好瓶帽，最好戴固定瓶帽。

⑨ 实瓶一般应立放贮存。卧放时，应防止滚动，瓶头（有阀端）应朝向一方。垛放不得超过5层，并妥善固定。气瓶排放应整齐，固定牢靠。数量、号位的标志要明显。要留有通道。

⑩ 实瓶的贮存数量应有限制，在满足当天使用量和周转量的情况下，应尽量减少贮存量。

⑪ 容易起聚合反应的气体的气瓶，必须规定贮存期限。

⑫ 瓶库账目清楚，数量准确，按时盘点，账物相符。

⑬ 建立并执行气瓶进出库制度。

4. 使用安全

① 使用气瓶者应学习气体与气瓶的安全技术知识，在技术熟练人员的指导监督下进行操作练习，合格后才能独立使用。

② 使用前应对气瓶进行检查，确认气瓶和瓶内气体质量完好，方可使用。如发现气瓶颜色、钢印等辨别不清，检验超期，气瓶损伤（变形、划伤、腐蚀），气体质量与标准规定不符等现象，应拒绝使用并做妥善处理。

③ 按照规定，正确、可靠地连接调压器、回火防止器、输气、橡胶软管、缓冲器、汽化器、焊割炬等，检查、确认没有漏气现象。连接上述器具前，应微开瓶阀吹除瓶阀出口的灰尘、杂物。

④ 气瓶使用时，一般应立放（乙炔瓶严禁卧放使用），不得靠近热源。与明火、可燃与助燃气体气瓶之间距离不得小于10m。

⑤ 使用易引起聚合反应的气体的气瓶，应远离射线、电磁波、振动源。

⑥ 防止日光暴晒、雨淋、水浸。

⑦ 移动气瓶应手搬瓶肩转动瓶底，移动距离较远时可用轻便小车运送，严禁抛、滚、滑、翻和肩扛、脚踹。

⑧ 禁止敲击、碰撞气瓶。绝对禁止在气瓶上焊接、引弧。不准用气瓶做支架和铁砧。

⑨ 注意操作顺序。开启瓶阀应轻缓，操作者应站在阀出口的侧后；关闭瓶阀应轻而严，不能用力过大，避免关得太紧、太死。

⑩ 瓶阀冻结时，不准用火烤。可把瓶移入室内或温度较高的地方或用40℃以下的温水浇淋解冻。

⑪ 注意保持气瓶及附件清洁、干燥，禁止沾染油脂、腐蚀性介质、灰尘等。

⑫ 瓶内气体不得用尽，应留有剩余压力（余压）。余压不应低于0.05MPa。

⑬ 保护瓶外油漆防护层，既可防止瓶体腐蚀，也是识别标记，可以防止误用和混装。瓶帽、防震圈、瓶阀等附件都要妥善维护、合理使用。

⑭ 气瓶使用完毕，要送回瓶库或妥善保管。

四、气瓶的检验

气瓶的定期检验，应由取得检验资格的专门单位负责进行。未取得资格的单位和个人，不得从事气瓶的定期检验。各类气瓶的检验周期如下。根据《气瓶安全技术规程》对气瓶的检验周期作了如下具体规定。

① 盛装对瓶体材料能产生腐蚀作用的气体的气瓶、潜水气瓶、常与海水接触的气瓶，每 2 年检验一次。

② 盛装一般气体的气瓶，每 3 年检验一次。

③ 液化石油气钢瓶，每 4 年检验一次。

④ 盛装惰性气体的气瓶，每 5 年检验一次。

⑤ 气瓶在使用过程中，发现有严重腐蚀、损伤或对其安全可靠性有怀疑时，应提前进行检验。库存和使用时间超过一个检验周期的气瓶，启用前应进行检验。

气瓶检验单位对要检验的气瓶逐只进行检验，并按规定出具检验报告。未经检验和检验不合格的气瓶不得使用。

气瓶使用期超过其设计使用年限时一般应当报废。出租车安装的车用压缩天然气瓶使用期达到 8 年定应当报废；车用气瓶应当随出租车一同报废。对焊接绝热气瓶（含焊接绝热车用气瓶），如果绝热性能无法满足使用要求且无法修复的应当报废。对设计使用年限不清的气瓶，应当根据相关规定的设计使用年限作为气瓶报废处理的依据。

对设计使用年限为 8 年的液化石油气钢瓶，允许在进行安全评定后延长使用期，使用期只能延长一次，且延长使用期不得超过气瓶的一个检验周期。对规定设计使用年限的液化石油气钢瓶，使用年限达到 15 年的应当予以报废并且进行消除使用功能处理。

项目六　工业锅炉的安全技术

锅炉是使燃烧产生的热能把水加热或变成水蒸气的热力设备，尽管锅炉的种类繁多，结构各异，但都是由“锅”和“炉”以及为保证“锅”和“炉”正常运行所必需的附件、仪表及附属设备等三大类（部分）组成。

“锅”是指锅炉中盛放水和水蒸气的密封受压部分，是锅炉的吸热部分，主要包括汽包、对流管、水冷壁、联箱、过热器、省煤器等。“锅”再加上给水设备就组成锅炉的汽水系统。

“炉”是指锅炉中燃料进行燃烧、放出热能的部分，是锅炉的放热部分，主要包括燃烧设备、炉墙、炉拱、钢架和烟道及排烟除尘设备等。

锅炉的附件和仪表很多，锅炉的附属设备也很多。作为特种设备的锅炉的安全监督应特别予以重视。

一、案例

1997 年 11 月 13 日，安徽省某化工厂一台 KZLZ-78 型锅炉发生爆炸，死亡 5 人，重伤 1 人，轻伤 8 人，直接经济损失 12 万元。

事故经过：当日 6 时 40 分至 7 时，由于锅炉出口处的蒸汽压力约为 0.39kPa，不能满足生产车间用汽要求，生产车间停止生产。夜班司炉工将分汽缸的主汽阀关闭，停止了炉排转动，关闭了鼓风机，使锅炉处于压火状态。7 时 50 分左右，白班司炉工接班，为了尽快向车间送汽，未进行接班检查，就盲目启动锅炉，加大燃烧。8 时 30 分左右，白班司炉工发现水位表看不见水位，问即将下班的夜班司炉工，夜班司炉工说锅炉压火时已上满水。为了判断锅炉是满水还是缺水，白班司炉工去开排污阀放水，但打不开排污阀，换另外一人也未打开。当司炉班班长来后用管扳子套在排污阀的扳手上准备打开排污阀时，此时一声巨响，锅炉发生了爆炸。锅炉爆炸后大量的饱和水迅速膨胀，所释放的能量将锅炉设备彻底摧毁。所有的安全附件和排阀全部炸离锅炉本体，除一只安全阀和左集箱上一只排污阀未找到外，其余的安全阀、压力表、水位计、排污阀全部损坏。除尘器被推出锅炉后方20多米，风机、水泵也遭到严重破坏。

二、锅炉运行的安全技术

1. 水质处理

锅炉给水，不管是地面或地下水，都含有各种杂质，这些含有杂质的水如不经过处理就进入锅炉，就会威胁锅炉的安全运行。例如，结成坚硬的水垢，使受热面传热不良，浪费燃料，使锅炉壁温升高，强度显著下降；溶解的盐类分解出氢氧根，氢氧根的浓度过高，会使锅炉某些部位发生苛性脆化；溶解在水中的氧气和二氧化碳会导致金属的腐蚀，从而缩短锅炉的寿命。所以，为了确保锅炉的安全，使其经济可靠地运行，就必须对锅炉给水进行必要的处理。

因为各地水质不同，锅炉炉型较多，因此水处理方法也各不相同。在选择水处理方法时要因炉、因水而定。目前水处理方法从两方面进行，一种是炉内水处理，另一种是炉外水处理。

（1）炉内水处理　也叫锅内水处理，就是将自来水或经过沉淀的天然水直接加入，向汽包内加入适当的药剂，使之与锅水中的钙、镁盐类生成松散的泥渣沉降，然后通过排污装置排除。这种方法较适于小型锅炉使用，也可作为高、中压锅炉的炉外水处理补充，以调整炉水质量。常用的几种药剂有：碳酸钠、氢氧化钠、磷酸钠、六偏磷酸钠、磷酸氢二钠和一些新的有机防垢剂。

（2）炉外水处理　就是在给水进入锅炉前，通过各种物理和化学的方法，把水中对锅炉运行有害的杂质除去，使给水达到标准，从而避免锅炉结垢和腐蚀。常用的方法有离子交换法能除去水中的钙、镁离子，使水软化（除去硬度），可防止炉壁结垢，中小型锅炉已普遍使用；阴阳离子交换法能除去水中的盐类，生产脱盐水（俗称纯水），高压锅炉均使用脱盐水，直流锅炉和超高压锅炉的用水要经二级除盐；电渗析法能除去水中的盐类，常作为离子交换法的前级处理。有些水在软化前要经机械过滤。

（3）除气　溶解在锅炉给水中的氧气、二氧化碳，会使锅炉的给水管道和锅炉本体腐蚀，尤其当氧气和二氧化碳同时存在时，金属腐蚀会更加严重。除氧的方法有：喷雾式热力除氧、真空除氧和化学除氧。使用最普遍的是热力除氧。

2. 锅炉启动的安全要点

由于锅炉是一个复杂的装置，包含着一系列部件、辅机，锅炉的正常运行包含着燃烧、传热、工质流动等过程，因而启动一台锅炉要进行多项操作，要用较长的时间、各个环节协同动作，逐步达到正常工作状态。

锅炉启动过程中，其部件、附件等由冷态（常温或室温）变为受热状态，由不承压转变为承压，其物理形态、受力情况等产生很大变化，最易产生各种事故。据统计，锅炉事故约有半数是在启动过程中发生的。因而对锅炉启动必须进行认真准备。

（1）全面检查　锅炉启动之前一定要进行全面检查，符合启动要求后才能进行下一步的操作。启动前的检查应按照锅炉运行规程的规定逐项进行。主要内容有：检查汽水系统、燃烧系统、风烟系统、锅炉本体和辅机是否完好；检查人孔、手孔、看火门、防爆门及各类阀门、接板是否正常；检查安全附件是否齐全、完好并使之处于启动所要求的位置；检查各种测量仪表是否完好等。

（2）上水　为防止产生过大热应力，上水水温最高不应超过90～100℃；上水速度要缓慢，全部上水时间在夏季不小于1h，在冬季不小于2h。冷炉上水至最低安全水位时应停止上水，以防受热膨胀后水位过高。

（3）烘炉和煮炉　新装、大修或长期停用的锅炉，其炉膛和烟道的墙壁非常潮湿，一旦骤然接触高温烟气，就会产生裂纹、变形甚至发生倒塌事故。为了防止这种情况，锅炉在上水后启动前要进行烘炉。

烘炉就是在炉膛中用文火缓慢加热锅炉，使炉墙中的水分逐渐蒸发掉。烘炉应根据事先制定的烘炉升温曲线进行，整个烘炉时间根据锅炉大小、型号不同而定，一般为3～14天。烘炉后期可以同时进行煮炉。

煮炉的目的是清除锅炉蒸发受热面中的铁锈、油污和其他污物，减少受热面腐蚀，提高锅水和蒸汽的品质。煮炉时，在锅水中加入碱性药剂，如NaOH、Na_3PO_4或Na_2CO_3等。步骤为：上水至最高水位；加入适量药剂（2～4kg/t）；燃烧加热锅水至沸腾但不升压（开启空气阀或抬起安全阀排汽），维持10～12h；减弱燃烧，排污之后适当放水；加强燃烧并使锅炉升压到25%～100%工作压力，运行12～24h；停炉冷却，排除锅水并清洗受热面。

烘炉和煮炉虽不是正常启动，但锅炉的燃烧系统和汽水系统已经部分或大部分处于工作状态，锅炉已经开始承受温度和压力，所以必须认真进行。

（4）点火与升压　一般锅炉上水后即可点火升压，进行烘炉煮炉的锅炉，待煮炉完毕、排水清洗后再重新上水，然后点火升压。从锅炉点火到锅炉蒸汽压力上升到工作压力，这是锅炉启动中的关键环节，需要注意以下问题。

① 防止炉膛内爆炸。即点火前应开动引风机数分钟给炉膛通风，分析炉膛内可燃物的含量，低于爆炸下限时，才可点火。

② 防止热应力和热膨胀造成破坏。为了防止产生过大的热应力，锅炉的升压过程一定要缓慢进行。如：水管锅炉在夏季点火升压需要2～4h，在冬季点火升压需要2～6h；立式锅壳锅炉和快装锅炉需要时间较短，为1～2h。

③ 监视和调整各种变化。点火升压过程中，锅炉的蒸汽参数、水位及各部件的工作状况在不断变化。为了防止异常情况及事故出现，要严密监视各种仪表指示的变化。另外，也要注意观察各受热面，使各部位冷热交换温度变化均匀，防止局部过热，烧坏设备。

（5）暖管与并汽　所谓暖管，即用蒸汽缓慢加热管道三阀门、法兰等元件，使其温度缓慢上升，避免向冷态或较低温度的管道突然供入蒸汽，以防止热应力过大而损坏管道、阀门等元件。同时将管道中的冷凝水驱出，防止在供汽时发生水击。冷态蒸汽管道的暖管时间一般不少于2h，热态蒸汽管道的暖管时间一般为0.5～1h。

并汽也叫并炉、并列，即投入运行的锅炉向共用的蒸汽总管供汽。并汽时应燃烧稳定、运行正常、蒸汽品质合格以及蒸汽压力稍低于蒸汽总管内气压（低压锅炉低于0.02～0.05MPa，中压锅炉低于0.1～0.2MPa）。

3. 锅炉运行中的安全要点

① 锅炉运行中，保护装置与联锁不得停用。需要检验或维修时，应经有关主要领导批准。

② 锅炉运行中，安全阀每天人为排汽试验一次。电磁安全阀电气回路试验每月应进行一次。安全阀排汽试验后，其起座压力、回座压力、阀瓣开启高度应符合规定，并作记录。

③ 锅炉运行中，应定期进行排污试验。

4. 锅炉停炉时的安全要点

锅炉停炉分正常停炉和紧急停炉（事故停炉）两种。

（1）正常停炉　正常停炉是计划内停炉。停炉中应注意的主要问题是：防止降压降温过快，以避免锅炉元件因降温收缩不均匀而产生过大的热应力。停炉操作应按规定的次序进行。锅炉正常停炉时先停燃料供应，随之停止送风，降低引风。与此同时，逐渐降低锅炉负荷，相应地减少锅炉上水，但应维持锅炉水位稍高于正常水位。锅炉停止供汽后，应隔绝与蒸汽总管的连接，排汽降压。待锅内无气压时，开启空气阀，以免锅内因降温形成真空。为防止锅炉降温过快，在正常停炉的4～6h内，应紧闭炉门和烟道接板。之后打开烟道接板缓慢加强通风，适当放水。停炉18～24h，在锅水温度降至70℃以下时，方可全部放水。

（2）紧急停炉　锅炉运行中出现以下情况应立即停炉：水位低于水位表的下部可见边缘；不断加大向锅炉加水及采取其他措施，但水位仍继续下降；水位超过最高可见水位（满水），经放水仍不能看到水位；给水泵全部失效或给水系统故障，不能向锅炉进水；水位表或安全阀全部失效；元件损坏等严重威胁锅炉安全运行的情况。

紧急停炉的操作次序是，立即停止添加燃料和送风，减弱引风。与此同时，设法熄灭膛内的燃料，对于一般层燃炉可以用砂土或湿灰灭火，链条炉可以开快挡使炉排快速运转把红火送入灰坑。灭火后即把炉门、灰门及烟道接板打开，以加强通风冷却。锅内可以较快降压并更换锅水，锅水冷却至70℃左右允许排水。但因缺水紧急停炉时，严禁给炉上水，并不得开启空气阀及安全阀快速降压。

【拓展阅读】

创新：创造化工装备大国重器标杆

1.化工装备制造水平大幅提升

2016年4月1日，由清华大学山西清洁能源研究院等研发的合成气蒸汽联产气化炉在阳煤丰喜临猗分公司一次点火、投料、并气成功，成为世界首台采用水煤浆＋水冷壁＋辐射式蒸汽发生器的气化炉，具有完全自主知识产权，开创了新型煤气化技术改造先河。

2019年6月19日，杭汽轮制造的150万t/a乙烯装置裂解气压缩机驱动用工业汽轮机试车在位于大连长兴岛的恒力石化炼化一体化项目现场试车成功，标志着我国自行设计制造乙烯装备能力再上新台阶，工业驱动用工业汽轮机的设计制造水平达到国际顶尖水平。

2021年4月15日，由中国科学院理化技术研究所研制的液氦到超流氦温区大型低温制冷系统通过验收，标志着我国从此打破了国外技术垄断，具备了研制液氦温度4.2K（约－269℃）千瓦级、超流氦温度2K（约－271℃）百瓦级大型低温制冷装备的能力，大型低温制冷技术进入国际先进行列。

2.数字化让化工装备运行更稳定

中国石油云南石化有限公司千万吨级炼油常减压装置投用全流程智能控制（IPC）系统后，控制回路的自控率达到100%，控制平稳率达99%以上，综合能耗降低16.7%，产品损失减少0.05%。以年加工1000万吨原油计算，全年可增加经济效益6500万元以上。

长岭炼化利用信息技术对机泵实施智能化、数字化管控，实时看护设备运行状态，实现了泵群在线监测技术的智能识别预警等功能，有效提高了机泵运行的可靠性，降低了转动设备突发故障率。

3.高端制造让化工装置抢占核心地位

2017年4月，南京宝色股份有限公司制造的2台全球最大精对苯二甲酸装置氧化反应器完工交付。

2018年5月，中国石化洛阳工程有限公司参与开发、设计和制造的镇海沸腾床渣油锻焊加氢反应器，成为当时世界最大的石化技术装备。

2018年10月，我国首套180万t/a甲醇合成气压缩机组连续稳定运行超过300天，整体技术水平处于国际先进地位，能耗指标国际领先。

【单元小结】

装备安全隐患是石油化工生产的第一大安全隐患，掌握承压设备的安全技术十分重要。本单元介绍了压力容器的投用、运行、操作、正常停运、紧急停运、使用期间的维护保养、停用期间的维护保养等阶段的安全技术；压力管道、气瓶、工业锅炉等的基本知识、现行的技术标准、安全技术等。重点内容是承压设备安全隐患分析和安全技术要求。

【复习思考题】

一、判断题

1. 气瓶不是特种设备。（ ）
2. 不是所有的压力容器操作都需要操作证。（ ）
3. 特种作业操作证每3年复审1次。（ ）
4. 特种设备发生事故后，事故现场有关人员应当立即向事故发生单位负责人报告。（ ）
5. 压力容器事故发生单位的负责人接到报告后，应当于2h内向事故发生地的县级以上市场监督管理部门和有关部门报告。（ ）
6. 压力容器校验时可以不对其安全附件校验。（ ）
7. 压力容器使用可以不用登记。（ ）
8. 工作介质对材料有腐蚀性的容器，应根据工作介质对容器壁材料的腐蚀作用，采取适当的防腐措施。（ ）
9. 长期停用或临时停用的压力容器，不需要维护保养。（ ）
10. 最高工作压力大于或等于0.2MPa的一定是压力管道。（ ）

二、单选题

1. 下列哪项不属于特种设备中的承压设备（ ）。

A. 锅炉　B. 压力容器　C. 压力管道　D. 起重机械

2. 下列哪项不属于压力容器运行中的检查（ ）。

A. 工艺条件　B. 设备状况　C. 安全装置　D. 压力容器技术档案

3. 发生特种设备事故，应当向本级人民政府报告，并逐级报告上级市场监督管理部门直至（ ）。

A. 国家市场监督管理总局　B. 省级市场监督管理局

C. 市级市场监督管理局　D. 县级市场监督管理局

4. 特种设备事故，每级上报的时间不得超过（ ）。

A. 1h　　B. 2h　　C. 3h　　D. 4h

5. 现场无法通过特种设备事故管理系统上报的，应当在接到事故报告后（　　）内通过系统进行补报。

A. 24h　　B. 12h　　C. 6h　　D. 8h

6. 特种设备事故发生之日起（　　）内，事故伤亡人数发生变化的，应当在发生变化的24h内及时续报。

A. 7日　　B. 15日　　C. 20日　　D. 30日

7. 特种设备在投入使用前或者投入使用后（　　）内，使用单位应当向特种设备所在地的直辖市或者设区的市的特种设备安全监管部门申请办理使用登记。

A. 7日　　B. 15日　　C. 20日　　D. 30日

8. 办理特种设备变更登记时，相关单位应当向（　　）申请变更登记。

A. 发证机关　　B. 登记机关　　C. 检验机关　　D. 市场监督管理总局

9. 在用压力容器检验的在线检查，每年至少（　　）。

A. 1次　　B. 2次　　C. 3次　　D. 4次

10. 压力容器一般应当于投用满（　　）时进行首次全面检验。

A. 1年　　B. 2年　　C. 3年　　D. 4年

三、问答题

1. 如何进行压力容器的安全管理?
2. 锅炉运行中安全要点有哪些?
3. 压力容器的运行管理有哪些内容?
4. 压力容器的停止运行应注意哪些安全问题?
5. 如何安全使用气瓶?
6. 压力管道是如何进行分级的?

【案例分析】

根据下列案例的事故原因制定应对措施。

【案例1】 1992年3月20日，武汉某石油化工厂催化装置因液态烃脱硫醇系统的液态烃串入非净化风系统，并使液态烃和非净化风一起进入再生器。当与高温催化剂接触后，引起非净化风罐罐体爆裂长约900mm，装置被迫切断进料。

事故原因：塔-603、塔-602设计无安全阀，单向阀受碱液腐蚀又失去功能。

【案例2】 1988年10月28日，辽阳某石油化纤公司化工四厂己二酸车间安全员开放采暖系统投入使用。在工作过程中突然回水罐爆裂。造成一人被严重击、烫伤，抢救无效死亡。

事故原因：由于焊接内应力及使用过程中振动疲劳应力，使熔合线处产生裂纹，有效承载面积减小，在外力的作用下焊缝在焊肉中截面积最小处沿焊渣发生断裂，致焊口金属结构内部出现疲劳腐蚀，使疏水器失灵，蒸汽泄漏，导致回水罐超压爆裂。

【案例3】 1993年6月30日，南京某石化公司炼油厂铂重整车间供气站发生一起氢气钢瓶爆炸伤亡事故。

事故原因：在向氢气钢瓶充氢操作前，对充氢系统的气密试验不严格，在充氢时，多个阀门泄漏，致使相当数量的空气被抽入系统，与钢瓶内氢气形成氢气-空气爆炸性混合物，成为这次钢瓶爆炸的充分条件。在拆装盲板紧固法兰的过程中，由于钢瓶进口管的7号阀泄漏，喷出的高压氢气空气混合物产生静电火花，点燃外泄的氢气，并引入系统和钢瓶内，导致钢瓶爆炸。

【案例3】 1987年4月20日，抚顺某石化公司化工塑料厂动力车间尾气锅炉厂房内发生一起空间爆炸事故，造成1人轻伤，直接经济损失4.5万元。

事故原因：尾气锅炉燃烧系统设计设备选型不合理。尾气系统选用了不承压的铸铁阻火器，在承受压力的情况下，发生炉前阻火器破裂，大量燃料气外泄，与空气混合形成爆炸性混合气体，遇炉内明火发生了空间爆炸。此外，尾气总管线与炉前尾气管线间，没有减压稳压装置，在总管线压力波动的情况下，阻火器成为卸压的薄弱环节（经阻火器破坏性试验证明，在0.490MPa压力下，阻火器就已产生裂纹漏气）。

单元九

化工装置检修安全技术

【学习目标】

知识目标

1. 熟悉化工装置检修准备工作的基本要求。
2. 掌握化工装置停车以及检修后安全开车的基本知识。

技能目标

1. 能制订化工装置检修停车、检修后开车的安全操作方案。
2. 能识别各类安全作业中的违规现象。

素质目标

1. 建立安全管理“全生命周期”理念。
2. 树牢程序、规矩意识。
3. 强化协调意识、培养合作精神。

化工装置的检修是综合性工作，需要各化工操作、自动控制、设备维护检修等多工种的密切配合，其安全隐患比正常运行时可能更多。因此，装置检修各阶段各工种必须严格执行各项安全技术，消除各类安全隐患，确保生命财产安全。

项目一 装置停车的安全技术

化工装置需先完成停车操作，再将化工设备和管线里的介质抽净、排空，抽堵盲板切断物料，装置环境分析合格后方能进行相关检修作业。

一、案例

2021 年 4 月 21 日，黑龙江某科技有限公司发生一起中毒窒息事故，造成 4 人死亡，9 人中毒受伤，直接经济损失 873.3 万元。

事故经过：该企业在 4 个月的停产期间，制气釜内气态物料未进行退料，也未进行隔离和置换，一直处于静置状态，釜内氧硫化碳与空气形成了气相分离，釜底部聚集了高浓度的氧硫化碳与硫化氢混合气体。维修作业时，两名作业人员在没有采取任何防护措施的情况下，进入制气釜底部作业，吸入有毒气体，造成中毒窒息；两名救援人员进入制气釜底部施救过程中，因防护措施不当，也造成中毒窒息。

二、停车操作注意事项

停车方案一经确定，应严格按照停车方案确定的时间、停车步骤、工艺变化幅度以及确认的停车操作顺序图表，有秩序地进行。

1. 停车操作应注意下列问题

① 降温降压的速度应严格按工艺规定进行。高温部位要防止设备因温度变化梯度过大而产生泄漏，化工装置多为易燃、易爆、有毒、腐蚀性介质，这些介质漏出会造成火灾爆炸、中毒窒息、腐蚀、灼伤事故。

② 停车阶段执行的各种操作应准确无误，关键操作采取监护制度。必要时，应重复指令内容，克服麻痹思想，执行每一种操作时都要注意观察是否符合操作意图，例如开关阀门动作要缓慢等。

③ 装置停车时，所有的机、泵、设备、管线中的物料要处理干净，各种油品、液化石油气、有毒和腐蚀性介质严禁就地排放，以免污染环境或发生事故。可燃、有毒物料应排至火炬烧掉，对残留物料排放时，应采取相应的安全措施。停车操作期间，装置周围应杜绝一切火源。

2. 主要设备停车操作

① 制定停车和物料处理方案，并经车间主管领导批准认可，停车操作前，要向操作人员进行技术交底，告之注意事项和应采取的防范措施。

② 停车操作时，车间技术负责人要在现场监视指挥，有条不紊，忙而不乱，严防误操作。

③ 停车过程中，对发生的异常情况和处理方法，要随时作好记录。

④ 对关键性操作，要采取监护制度。

三、吹扫与置换

化工设备、管线的抽净、吹扫、排空作业的好坏，是关系到检修工作能否顺利进行和人身、设备安全的重要条件之一。当吹扫仍不能彻底清除物料时，则需进行蒸汽吹扫或用氮气等惰性气体置换。

1. 吹扫作业注意事项

① 吹扫时要注意选择吹扫介质。炼油装置的瓦斯线、高温管线以及闪点低于 130℃的油管线和装置内物料爆炸下限低的设备、管线，不得用压缩空气吹扫。空气容易与这类物料混合达到爆炸性混合物，吹扫过程中易产生静电火花或其他明火，发生着火爆炸事故。

② 吹扫时阀门开度应小（一般为 2 扣）。稍停片刻，使吹扫介质少量通过，注意观察畅通情况。采用蒸汽作为吹扫介质时，有时需用胶皮软管，胶皮软管要绑牢，同时要检查胶皮软管承受压力情况，禁止这类临时性吹扫作业使用的胶管用于中压蒸汽。

③ 设有流量计的管线，为防止吹扫蒸汽流速过大及管内带有铁渣、锈、垢，损坏计量仪表内部构件，一般经由副线吹扫。

④ 机泵出口管线上的压力表阀门要全部关闭，防止吹扫时发生水击把压力表震坏，按压缩机系统倒空置换原则，以低压到中压再到高压的次序进行，先倒净一段，如未达到目的而压力不足时，可由二、三段补压倒空，然后依次倒空，最后将高压气体排入火炬。

⑤ 管壳式换热器、冷凝器在用蒸汽吹扫时，必须分段处理，并要放空泄压，防止液体汽化，造成设备超压损坏。

⑥ 吹扫时，要按系统逐次进行，再把所有管线（包括支路）都吹扫到，不能留有死角。吹扫完应先关闭吹扫管线阀门，后停汽，防止被吹扫介质倒流。

⑦ 精馏塔系统倒空吹扫，应先从塔顶回流罐、回流泵倒液、关阀，然后倒塔釜、再沸器、中间再沸器液体，保持塔压一段时间，待盘板积存的液体全部流净后，由塔釜再次倒空放压。塔、容器及冷换设备吹扫之后，还要通过蒸汽在最低点排空，直到蒸汽中不带油为止，最后停汽，打开低点放空阀排空，要保证设备打开后无油、无瓦斯，确保检修动火安全。

⑧ 对低温生产装置，考虑到复工开车系统内对露点指标控制很严格，所以不采用蒸汽吹扫，而要用氮气分片集中吹扫，最好用干燥后的氮气进行吹扫置换。

⑨ 吹扫采用本装置自产蒸汽，应首先检查蒸汽中是否带油。装置内油、汽、水等有互窜的可能，一旦发现互窜，蒸汽就不能用来灭火或吹扫。

一般说来，较大的设备和容器在物料退出后，都应进行蒸煮水洗，如炼化厂塔、容器、油品贮罐等。乙烯装置、分离热区脱丙烷塔、脱丁烷塔，由于物料中含有较高的双烯烃、炔烃，塔釜、再沸器提馏段物料极易聚合，并且有重烃类难挥发油，最好也采用蒸煮方法。蒸煮前必须采取防烫措施。处理时间视设备容积的大小、附着易燃、有毒介质残渣或油垢多少、清除难易、通风换气快慢而定，通常为8～24h。

2. 特殊置换

① 存放酸碱介质的设备、管线，应先予以中和或加水冲洗。如硫酸贮罐（铁质）用水冲洗，残留的浓硫酸变成强腐蚀性的稀硫酸，与铁作用，生成氢气与硫酸亚铁，氢气遇明火会发生的着火爆炸。所以硫酸贮罐用水冲洗以后，还应用氮气吹扫，氮气保留在设备内，对可能发生的着火爆炸起抑制作用。如果进入作业，则必须再用空气置换。

② 丁二烯生产系统，停车后不宜用氮气吹扫，因氮气中有氧的成分，容易生成丁二烯自聚物。丁二烯自聚物很不稳定，遇明火和氧、受热、受撞击可迅速自行分解爆炸。检修这类设备前，必须认真确认是否有丁二烯过氧化自聚物存在，要采取特殊措施破坏丁二烯过氧化自聚物。目前多采用氢氧化钠水溶液处理法直接破坏丁二烯过氧化自聚物。

四、盲板抽堵

盲板抽堵作业是指在设备、管道上安装和拆卸盲板的作业。

化工生产装置之间、装置与贮罐之间、厂际之间，有许多管线相互连通输送物料，因此生产装置停车检修，在装置退料进行蒸、煮、水洗置换后，需要在检修的设备和运行系统管线相接的法兰接头之间插入盲板，以切断物料窜进检修装置的可能。化工装置检修抽堵盲板时应按《危险化学品企业特殊作业安全规范》（GB 30871—2022）执行。

盲板抽堵作业应注意以下几点。

① 作业前，危险化学品企业应预先绘制盲板位置图，对盲板进行统一编号，并设专人统一指挥作业。

② 在不同危险化学品企业共用的管道上进行盲板抽堵作业，作业前应告知上下游相关单位。

③ 作业单位应根据管道内介质的性质、温度、压力和管道法兰密封面的口径等选择相应材料、强度、口径和符合设计、制造要求的盲板及垫片，高压盲板使用前应经超声波探伤，并符合 HG/T 21547—2016 或 JB/T 2772—2008 的要求。

④ 作业单位应按位置图进行盲板抽堵作业，并对每个盲板进行标识，标牌编号应与盲板位置图上的盲板编号一致，危险化学品企业应逐一确认并做好记录。

⑤ 作业前，应降低系统管道压力为常压，保持作业现场通风良好，并设专人监护。

⑥ 在火灾爆炸危险场所进行盲板抽堵作业时，作业人员应穿防静电工作服、工作鞋，并使用防爆工具；距盲板抽堵作业地点 30m 内不应有动火作业。

⑦ 在强腐蚀性介质的管道、设备上进行盲板抽堵作业时，作业人员应采取防止酸碱化学灼伤的措施。

⑧ 在介质温度较高或较低、可能造成人员烫伤或冻伤的管道、设备上进行盲板抽堵作业时，作业人员应采取防烫、防冻措施。

⑨ 在有毒介质的管道、设备上进行盲板抽堵作业时，作业人员应按 GB 39800.1—2022 的要求选用防护用具。在涉及硫化氢、氯气、氨气、一氧化碳及氰化物等毒性气体的管道、设备上进行作业时，除满足上述要求外，还应佩戴移动气体检测仪。

《个体防护装备配备规范》的查阅方式

⑩ 不应在同一管道上同时进行两处及两处以上的盲板抽堵作业。

⑪ 同一盲板的抽、堵作业，应分别办理盲板抽堵安全作业票，一张安全作业票只能进行一块盲板的一项作业。

⑫ 盲板抽堵作业结束，由作业单位和危险化学品企业专人共同确认。

五、装置环境安全标准

通过各种处理工作，生产车间在设备交付检修前，必须对装置环境进行分析，达到下列标准。

① 在设备内检修、动火时，氧含量不高于23.5%（体积分数），燃烧爆炸物质浓度应低于安全值，有毒物质浓度应低于最高容许浓度。

② 设备外壁检修、动火时，设备内部的可燃气体含量应低于安全值。

③ 检修场地水井、沟，应清理干净，加盖砂封，设备管道内无余压、无灼烫物、无沉淀物。

④ 设备、管道物料排空后，加水冲洗，再用氮气、空气置换至设备内可燃物含量合格，氧含量在19.5%～21%。

项目二　动火作业的安全技术

动火作业指化工企业里，在直接或间接产生明火的工艺设施以外的禁火区内从事可能产生火焰、火花或炽热表面的非常规作业，包括使用电焊、气焊（割）、喷灯、电钻、砂轮、喷砂机等进行的作业。凡检修动火部位和地区，必须按规定要求，采取措施，办理审批手续。

一、案例

2019 年 12 月 13 日上午，上海某食品工业有限公司仓库一食用油堆垛处发生火灾，造成直接财产损失 2884 万余元。

事故经过：上海某建设发展有限公司电焊工马某某在现场监护人员李某某擅离职守的情况下，在上海某食品工业有限公司酯交换车间三楼平台处，擅自违规进行电焊动火作业，导致高温焊渣溅落，引燃途经平板车上的食品油外包装纸箱，形成阴燃（无火焰缓慢燃烧）。后纸箱被运输至上海嘉里食品工业有限公司仓库一食用油堆垛处，引发明火火灾。

二、动火作业规范

1. 确定动火类别

企业一般划分有固定动火区及禁火区。依据《危险化学品企业特殊作业安全规范》（GB 30871—2022）的规定，固定动火区外的动火作业分为特级动火、一级动火和二级动火三个级别，遇节假日、公休日、夜间或其他特殊情况时，动火作业应升级管理。

（1）特级动火作业　在火灾爆炸危险场所处于运行状态下的生产装置设备、管道、储罐、容器等部位上进行的动火作业（包括带压不置换动火作业）；存有易燃易爆介质的重大危险源罐区防火堤内的动火作业。

（2）一级动火作业　在火灾爆炸危险场所进行的除特级动火作业以外的动火作业，管廊上的动火作业按一级动火作业管理。

（3）二级动火作业　除特级动火作业和一级动火作业以外的动火作业。生产装置或系统全部停车，装置经清洗、置换、分析合格并采取安全隔离措施后，根据其火灾、爆炸危险性大小，经危险化学品企业生产负责人或安全管理负责人批准，动火作业可按二级动火作业管理。

2. 动火安全要点

（1）审证　在禁火区内动火应办理动火安全作业票的申请、审核和批准手续，明确动火地点及部位、时间、安全措施、现场监护人等。审批动火应考虑两个问题：一是动火设备本身，二是动火的周围环境。要做到“三不动火”，即没有安全作业票不动火，防火措施不落实不动火，监护人不在现场不动火。

（2）联系　动火前要和生产车间、工段联系，明确动火的设备、位置。事先由专人负责做好动火设备的置换、清洗、吹扫、隔离等解除危险因素的工作，并落实其他安全措施。

（3）隔离　动火设备应与其他生产系统可靠隔离，防止运行中设备、管道内的物料泄漏到动火设备中来；将动火地区与其他区域采取临时隔火墙等措施加以隔开，防止火星飞溅而引起事故。

（4）移去可燃物　将动火周围 10m 范围内的一切可燃物，如溶剂、润滑油、未清洗的盛放过易燃液体的空桶、木筐等移到安全场所。

（5）灭火措施　动火期间动火地点附近的水源要保证充分，不能中断；动火场所准备好足够数量的灭火器具；在危险性大的重要地段动火，消防车和消防人员要到现场，做好充分准备。

（6）检查与监护　上述工作准备就绪后，根据动火制度的规定，厂、车间或安全、保卫部门的负责人应到现场检查，对照动火方案中提出的安全措施检查是否落实，并再次明确和落实现场监护人和动火现场指挥，交代安全注意事项。

（7）动火分析　在规定时间、地点、要求下完成规定动火分析。

（8）动火　动火应由安全考核合格的人员担任，压力容器的焊补工作应由锅炉压力容器考试合格的工人担任。

（9）善后处理　动火结束后应清理现场，熄灭余火，做到不遗漏任何火种，切断动火作业所用电源。

3. 动火作业安全要求

（1）动火作业基本要求

① 动火作业应有专人监护，作业前应清除动火现场及周围的易燃物品，或采取其他有效安全防火措施，并配备消防器材，满足作业现场应急需求。

② 凡在盛有或盛装过助燃或易燃易爆危险化学品的设备、管道等生产储存设施及《危

险化学品企业特殊作业安全规范》（GB 30871—2022）规定的火灾爆炸危险场所中生产设备上的动火作业，应将上述设备设施与生产系统彻底断开或隔离，不应以水封或仅关闭阀门代替盲板作为隔断措施。

③ 拆除管线进行动火作业时，应先查明其内部介质危险特性工艺条件及其走向，并根据所要拆除管线的情况制定安全防护措施。

④ 动火点周围或其下方如有可燃物、电缆桥架、孔洞井、地沟、水封设施、污水井等，应检查分析并采取清理或封盖等措施；对于动火点周围 15m 范围内有可能泄漏易燃可燃物料的设备设施，应采取隔离措施；对于受热分解可产生易燃易爆、有毒有害物质的场所，应进行风险分析并采取清理或封盖等防护措施。

⑤ 在有可燃物构件和使用可燃物做防腐内衬的设备内部进行动火作业时，应采取防火隔绝措施。

⑥ 在作业过程中可能释放出易燃易爆有毒有害物质的设备上或设备内部动火时，在动火前应进行风险分析，并采取有效的防范措施，必要时应连续检测气体浓度，发现气体浓度超限报警时，应立即停止作业；在较长的物料管线上动火，动火前应在彻底隔绝区域内分段采样分析。

⑦ 在生产、使用、储存氧气的设备上进行动火作业时，设备内氧含量不应超过 23.5%（体积分数）。

⑧ 在油气罐区防火堤内进行动火作业时，不应同时进行切水、取样作业。

⑨ 动火期间，距动火点 30m 内不应排放可燃气体；距动火点 15m 内不应排放可燃液体；在动火点 10m 范围内、动火点上方及下方不应同时进行可燃溶剂清洗或喷漆作业；在动火点 10m 范围内不应进行可燃性粉尘清扫作业。

⑩ 在厂内铁路沿线 25m 以内动火作业时如遇装有危险化学品的火车通过或停留时，应立即停止作业。

⑪ 特级动火作业应采集全过程作业影像，且作业现场使用的摄录设备应为防爆型。

⑫ 使用电焊机作业时，电焊机与动火点的间距不应超过 10m，不能满足要求时应将电焊机作为动火点进行管理。

⑬ 使用气焊、气割动火作业时，乙炔瓶应直立放置，不应卧放使用；氧气瓶与乙炔瓶的间距不应小于 5m，二者与动火点间距不应小于 10m，并应采取防晒和防倾倒措施；乙炔瓶应安装防回火装置。

⑭ 作业完毕后应清理现场，确认无残留火种后方可离开。

⑮ 遇五级风以上（含五级风）天气，禁止露天动火作业；因生产确需动火，动火作业应升级管理。

⑯ 涉及可燃性粉尘环境的动火作业应满足 GB 15577—2018 要求。

（2）动火分析及合格判定指标

① 动火作业前应进行气体分析，要求如下：

a. 气体分析的检测点要有代表性，在较大的设备内动火，应对上、中、下（左、中、右）各部位进行检测分析；

b. 在管道、储罐、塔器等设备外壁上动火，应在动火点 10 m 范围内进行气体分析，同时还应检测设备内气体含量；在设备及管道外环境动火，应在动火点 10m 范围内进行气体分析；

c. 气体分析取样时间与动火作业开始时间间隔不应超过 30min；

d. 特级、一级动火作业中断时间超过 30min，二级动火作业中断时间超过 60min，应重新进行气体分析；每日动火前均应进行气体分析；特级动火作业期间应连续进行监测。

② 动火分析合格判定指标为：

a. 当被测气体或蒸气的爆炸下限大于或等于4%时，其被测浓度应不大于0.5%（体积分数）；

b. 当被测气体或蒸气的爆炸下限小于4%时，其被测浓度应不大于0.2%（体积分数）。

4. 固定动火区管理

固定动火区的设定应由危险化学品企业审批后确定，设置明显标志；应每年至少对固定动火区进行一次风险辨识，周围环境发生变化时，危险化学品企业应及时辨识、重新划定。

固定动火区的设置应满足以下安全条件要求：

① 不应设置在火灾爆炸危险场所；

② 应设置在火灾爆炸危险场所全年最小频率风向的下风或侧风方向，并与相邻企业火灾爆炸危险场所满足防火间距要求；

③ 距火灾爆炸危险场所的厂房、库房、罐区、设备、装置、窨井、排水沟、水封设施等不应小于30m；

④ 室内固定动火区应以实体防火墙与其他部分隔开，门窗外开，室外道路畅通；

⑤ 位于生产装置区的固定动火区应设置带有声光报警功能的固定式可燃气体检测报警器；

⑥ 固定动火区内不应存放可燃物及其他杂物，应制定并落实完善的防火安全措施，明确防火责任人。

5. 特殊动火作业安全要求

（1）油罐带油动火　油罐带油动火除了检修动火应做到安全要点外，还应注意：在油面以上不准动火；补焊前应进行壁厚测定，根据测定的壁厚确定合适的焊接方法；动火前用铅或石棉绳等将裂缝塞严，外面用钢板补焊。罐内带油油面下动火补焊作业危险性很大，只在万不得已的情况下才采用，作业时要求稳、准、快，现场监护和补救措施比一般检修动火更应该加强。

（2）油管带油动火　油管带油动火处理的原则与油罐带油动火相同，只是在油管破裂、生产无法进行的情况下，抢修堵漏才用。带油管路动火应注意：测定焊补处管壁厚度，决定焊接电流和焊接方案，防止烧穿；清理周围现场，移去一切可燃物；准备好消防器材，并利用难燃或不燃挡板严格控制火星飞溅方向；降低管内油压，但需保持管内油品的不停流动；对泄漏处周围的空气要进行分析，合乎动火安全要求才能进行；若是高压油管，要降压后再打卡子焊补；动火前与生产部门联系，在动火期间不得卸放易燃物资。

（3）带压不置换动火　带压不置换动火指可燃气体设备、管道在一定的条件下未经置换直接动火补焊。带压不置换动火的危险性极大，一般情况下不主张采用。必须采用带压不置换动火时，应注意：整个动火作业必须保持稳定的正压；必须保证系统内的含氧量低于安全标准（除环氧乙烷外一般规定可燃气体中含氧量不得超过1%）；焊前应测定壁厚，保证焊时不烧穿才能工作；动火焊补前应对泄漏处周围的空气进行分析，防止动火时发生爆炸和中毒；作业人员进入作业地点前穿戴好防护用品，作业时作业人员应选择合适位置，防止火焰外喷烧伤。整个作业过程中，监护人、扑救人员、医务人员及现场指挥都不得离开，直至工作结束。

根据《危险化学品企业特殊作业安全规范》（GB 30871—2022）的要求，在动火作业前，必须办理“动火安全作业票”，没有“动火安全作业票”不准进行动火作业。表9-1为动火安全作业票式样。

表 9-1 动火安全作业票　　　　编号：

<table>
<tr><td>作业申请单位</td><td colspan="2"></td><td>作业申请时间</td><td colspan="2">年 月 日 时 分</td></tr>
<tr><td>作业内容</td><td colspan="2"></td><td>动火地点
及动火部位</td><td colspan="2"></td></tr>
<tr><td>动火级别</td><td colspan="2">特级□ 一级□ 二级□</td><td>动火方式</td><td colspan="2"></td></tr>
<tr><td>动火人及证书编号</td><td colspan="5"></td></tr>
<tr><td>作业单位</td><td colspan="2"></td><td>作业负责人</td><td colspan="2"></td></tr>
<tr><td>气体取样分析时间</td><td colspan="2">月 日 时 分</td><td colspan="2">月 日 时 分</td><td>月 日 时 分</td></tr>
<tr><td>代表性气体</td><td colspan="2"></td><td colspan="2"></td><td></td></tr>
<tr><td>分析结果/%</td><td colspan="2"></td><td colspan="2"></td><td></td></tr>
<tr><td>分析人</td><td colspan="2"></td><td colspan="2"></td><td></td></tr>
<tr><td>关联的其他特殊作业
及安全作业票编号</td><td colspan="5"></td></tr>
<tr><td>风险辨识结果</td><td colspan="5"></td></tr>
<tr><td>动火作业实施时间</td><td colspan="5">自 年 月 日 时 分至 年 月 日 时 分止</td></tr>
</table>

序号	安全措施	是否涉及	确认人
1	动火设备内部构件清理干净，蒸汽吹扫或水洗合格，达到动火条件		
2	与动火设备相连接的所有管线已断开，加盲板（ ）块，未采取水封或仅关闭阀门的方式代替盲板		
3	动火点周围的孔洞、窨井、地沟、水封设施、污水井等已清除易燃物，并已采取覆盖、铺沙等手段进行隔离		
4	油气罐区内动火点同一防火堤内和防火间距内的油品储罐未进行脱水和取样作业		
5	高处作业已采取防火花飞溅措施，作业人员佩戴必要的个体防护装备		
6	在有可燃物构件和使用可燃物做防腐内衬的设备内部动火作业，已采取防火隔绝措施		
7	乙炔气瓶直立放置，已采取防倾倒措施并安装防回火装置；乙炔气瓶、氧气瓶与火源间的距离不应小于 10m，两气瓶相互间距不应小于 5m		
8	现场配备灭火器（ ）台，灭火毯（ ）块，消防蒸汽带或消防水带（ ）		
9	电焊机所处位置已考虑防火防爆要求，且已可靠接地		
10	动火点周围规定距离内没有易燃易爆化学品的装卸、排放、喷漆等可能引起火灾爆炸的危险作业		
11	动火点 30m 内垂直空间未排放可燃气体；15m 内垂直空间未排放可燃液体；10m 范围内及动火点下方未同时进行可燃溶剂清洗或喷漆等作业，10m 范围内未见有可燃性粉尘清扫作业		
12	已开展作业危害分析，制定相应的安全风险管控措施，交叉作业已明确协调人		
13	用于连续检测的移动式可燃气体检测仪已配备到位		
14	配备的摄录设备已到位，且防爆级别满足安全要求		

续表

序号	安全措施	是否涉及	确认人
15	其他相关特殊作业已办理相应安全作业票，作业现场四周已设立警戒区		
16	其他安全措施： 编制人：		

安全交底人		接受交底人	
监护人			

意见
作业负责人意见 签字：　　年　月　日　时　分
所在单位意见 签字：　　年　月　日　时　分
安全管理部门意见 签字：　　年　月　日　时　分
动火审批人意见 签字：　　年　月　日　时　分
动火前，岗位当班班长验票情况 签字：　　年　月　日　时　分
完工验收 签字：　　年　月　日　时　分

项目三　临时用电的安全技术

检修用电属于临时用电，必须申请临时用电安全作业票。检修使用的电气设施有两种：一是照明电源，二是检修施工机具电源（卷扬机、空压机、电焊机）。以上电气设施的接线工作须由电工操作，其他工种不得私自乱接。

一、案例

2004年9月17日15时，某电气公司连续重整装置维护点电工秦某在下班前到连续重整装置内E-107换热器处安装两台临时照明灯，引发触电事故，造成2人死亡。

事故经过：电工秦某接到指令后在本维护点仓库内行灯变压器被别人取走的情况下没有继续寻找，也没有请示点长，擅自将防爆型36V行灯的灯罩打开换上230/100W的灯泡。秦某带领刘某（实习生）到现场通过现场配置的防爆开关箱安装了一台220V固定式探照灯和一台220V手提式防爆行灯，没有在临时供电线路上安装漏电保护器。22时30分左右天降大雨，地面积水抢修作业仍继续进行。23时左右王某在水中移动手提式行灯时忽然触电倒地。孙某发现其倒地后，没意识到其是触电，便上前扯拽行灯，也被电击倒。经抢救无效，2人于当日晚死亡。

二、检修用电规范

1. 检修用电设施及设备安全要求

电气设施要求线路绝缘良好，没有破皮漏电现象。线路敷设整齐不乱，埋地或架高敷设均不能影响施工作业、行人和车辆通过。线路不能与热源、火源接近。移动或局部式照明灯要有铁网罩保护。光线阴暗、设备内以及夜间作业要有足够的照明，临时照明灯具悬吊时，不能使导线承受张力，必须用附属的吊具来悬吊。行灯应用导线预先接地。检修装置现场禁用闸刀开关板。正确选用熔断丝，不准超载使用。

电气设备，如电钻、电焊机等手拿电动机具，在正常情况下，外壳没有电，当内部线圈年久失修，腐蚀或机械损伤，其绝缘遭到破坏时，它的金属外壳就会带电，如果人站在地上、设备上，手接触到带电的电气工具外壳或人体接触到带电导体上，人体与脚之间产生了电位差，并超过 40V，就会发生触电事故。因此使用电气工具，其外壳应可靠接地，并安装触电保护器，避免触电事故发生。

电气设备着火、触电，应首先切断电源。不能用水灭电气火灾，宜用干粉机扑救；如触电，用木棍将电线挑开，当触电人停止呼吸时，进行人工呼吸，送医院急救。

电气设备检修时，应先切断电源，并挂上“有人工作，严禁合闸”的警告牌。停电作业应履行停、复用电手续。停用电源时，应在开关箱上加锁或取下熔断器。在生产装置运行过程中，临时抢修用电时，应办理用电审批手续。电源开关要采用防爆型，电线绝缘要良好，宜空中架设，远离传动设备、热源、酸碱等。抢修现场使用临时照明灯具宜为防爆型，严禁使用无防护罩的行灯，不得使用 220V 电源，手持电动工具应使用安全电压。

2. 检修用电安全要求

① 在运行的生产装置、罐区和具有火灾爆炸危险场所内不应接临时电源，确需时要对周围环境进行可燃气体检测分析，分析结果应符合动火安全作业标准要求。

② 在开关上接引、拆除临时用电线路时，其上级开关要断电上锁并加挂安全警示标牌。临时用电要设置保护开关，使用前要检查电气装置和保护设施的可靠性。所有的临时用电均要设置接地保护。

③ 临时用电设备和线路要按供电电压等级和容量正确使用，所用的电器元件要符合国家相关产品标准及作业现场环境要求，临时用电电源施工、安装要符合 JGJ 46 的有关要求并有良好的接地。

④ 火灾爆炸危险场所应使用相应防爆等级的电源及电气元件，并采取相应的防爆安全措施。

⑤ 临时用电线路及设备应有良好的绝缘，所有的临时用电线路应采用耐压等级不低于 500V 的绝缘导线。临时用电线路经过有高温、振动、腐蚀、积水及产生机械损伤等区域，不应有接头，并应采取相应的保护措施。

⑥ 临时用电架空线应采用绝缘铜芯线，并应架设在专用电杆或支架上，其最大孤垂与地面距离，在作业现场不低于 2.5m，穿越机动车道不低于 5m。对需埋地敷设的电缆线线路应设有走向标志和安全标志。电缆埋地深度不应小于 0.7m，穿越公路时应加设标志，并加设防护套管。

⑦ 行灯电压不应超过 36V，在特别潮湿的场所或塔、釜、槽、罐等金属设备内作业，临时照明行灯电压不应超过 12V。

⑧ 临时用电设施应安装符合规范要求的漏电保护器，移动工具、手持式电动工具应逐个配置漏电保护器和电源开关。现场临时用电配电盘、箱应有电压标识和危险标识，应有防雨措施，盘、箱、门应能牢靠关闭并能上锁。

项目四 高处作业的安全技术

凡在坠落高度基准面 2m 以上（含 2m）有可能坠落的高处进行作业，均称为高处作业。其中，坠落高度基准面是指通过可能坠落范围内最低处的水平面。在化工企业，作业虽在 2m 以下，但属下列作业的，仍视为高处作业：虽有护栏的框架结构装置，但进行的是非经常性工作，有可能发生意外的工作；在无平台，无护栏的塔、釜、炉、罐等化工设备和架空管道上的作业；高大独自化工设备容器内进行的登高作业；作业地段的斜坡（坡度大于 45°）下面或附近有坑、井和风雪袭击、机械振动以及有机械转动或堆放物易伤人的地方作业等。

一、案例

2020 年 1 月 16 日，山东省某化工厂发生高处坠落事故，造成 1 人死亡，3 人轻伤。

事故经过：该厂组织施工人员在硫酸计量罐保温施工过程中，计量罐超液位注入硫酸，罐顶呼吸阀维护不到位发生堵塞，造成计量罐顶部破裂致使硫酸外溢，施工人员登高作业时未系安全带，致使现场施工人员发生高处坠落和硫酸灼烫。

二、高处作业规范

1. 高处作业分级

化工装置多数为多层布局，高处作业的机会比较多。如设备、管线拆装，阀门检修更换，仪表校对，电缆架空敷设等。高处作业，事故发生率高，伤亡率也高。

依据《危险化学品企业特殊作业安全规范》（GB 30871—2022）的规定，直接引起坠落的环境因素有 9 种：

① 阵风风力五级（风速 8.0m/s）以上；

② 平均气温等于或低于 5℃的作业环境；

③ 接触冷水温度等于或低于 12℃的作业；

④ 作业场地有冰、雪、霜、油、水等易滑物；

⑤ 作业场所光线不足或能见度低；

⑥ 作业活动范围与危险电压带电体距离小于表 9-2 的规定；

表 9-2 作业活动范围与危险电压带电体的距离

危险电压带电体的电压等级/kV	≤10	35	63～110	220	330	500
距离/m	1.7	2.0	2.5	4.0	5.0	6.0

⑦ 摆动，立足处不是平面或只有很小的平面，即任一边小于 500mm 的矩形平面，直径小于 500mm 的圆形平面或具有类似尺寸的其他形状的平面，致使作业者无法维持正常姿势；

⑧ 存在有毒气体或空气中含氧量低于 19.5%（体积分数）的作业环境；

⑨ 可能会引起各种灾害事故的作业环境和抢救突然发生的各种灾害事故。

发生高处坠落的主观危险因素主要是：

① 洞、坑无盖板或检修中移去盖板；

② 平台、扶梯的栏杆不符合安全要求或临时拆除栏杆后没有防护措施、不设警告标志；

③ 高处作业不挂安全带、不戴安全帽、不挂安全网，梯子使用不当或梯子不符合安全要求；
④ 不采取任何安全措施在石棉瓦之类不坚固的结构上作业；
⑤ 脚手架有缺陷；
⑥ 高处作业用力不当、重心失稳；
⑦ 工器具失灵、配合不好、危险物料伤害坠落；
⑧ 作业附近对电网设防不妥触电坠落等。

按照《高处作业分级》(GB/T 3608—2008)，高处作业按作业高度（h）分为四个区段：2m≤h≤5m、5m<h≤15m、15m<h≤30m、h>30m。没有任一项客观危险因素的高处作业按表9-3规定的A类分级法即对应分段直接分为Ⅰ、Ⅱ、Ⅲ、Ⅳ级，有一项或一项以上客观危险因素的高处作业按B类分级法即对应分段分为Ⅱ、Ⅲ、Ⅳ、Ⅳ级。

表 9-3 高处作业分级

分类法	高处作业高度/m			
	2≤h≤5	5<h≤15	15<h≤30	h>30
A	Ⅰ	Ⅱ	Ⅲ	Ⅳ
B	Ⅱ	Ⅲ	Ⅳ	Ⅳ

2. 高处作业的安全管理

(1) 作业人员 患有精神病等职业禁忌证的人员不准参加高处作业。检修人员饮酒、精神不振时禁止登高作业，作业人员必须持有作业票。

(2) 作业条件 高处作业必须安全帽、系安全带，作业高度2m以上应设置安全网并根据位置的升高随时调整。高度超15m时，应在作业位置垂直下方4m处，架设一层安全网，且安全网数不得少于3层。

(3) 现场管理 高处作业现场应设有围栏或其他明显的安全界标，除有关人员外，不准其他人在作业点的下面通行或逗留。

(4) 防止工具材料坠落 高处作业应一律使用工具袋。较粗、重工具用绳拴牢在坚固的构件上，不准随便乱放；在格栅式平台上工作，为防止物件坠落，应铺设木板；递送工具、材料不准上下投掷，应用绳系牢后上下吊送；上下层同时进行作业时，中间必须搭设严密牢固的防护隔板、罩棚或其他隔离设施；工作过程中除指定的、已采取防护围栏处或落料管槽可以倾倒废料外，任何作业人员严禁向下抛掷物料。

(5) 防止触电和中毒 脚手架搭设时应避开高压电线，无法避开时，作业人员在脚手架上活动范围及其所携带的工具、材料等与带电导线的最短距离要大于安全距离（如电压等级≤10kV，安全距离为1.7m)，高处作业地点靠近放空管时，事先与生产车间联系，保证高处作业期间生产装置不向外排放有毒有害物质，并事先向高处作业的全体人员交代明白，万一有毒有害物质排放时，应迅速采取撤离现场等安全措施。

(6) 气象条件 六级以上大风、暴雨、打雷、大雾等恶劣天气，应停止露天高处作业。

(7) 注意结构的牢固性和可靠性 在槽顶、罐顶、屋顶等设备或建筑物、构筑物上作业时，除了临空一面应装安全网或栏杆等防护措施外，事先应检查其牢固可靠程度，防止失稳或破裂等可能出现的危险；严禁直接站在油毛毡、石棉瓦等易碎裂材料的结构上作业。为防止误登，应在这类结构的醒目处挂上警告牌；登高作业人员不准穿塑料底等易滑的或硬性厚底的鞋子；冬季严寒作业应采取防冻防滑措施或轮流进行作业。

3. 脚手架的安全管理

高处作业使用的脚手架和吊架必须能够承受站在上面的人员、材料等的重量。禁止在脚手架和脚手板上放置超过计算荷重的材料。一般脚手架的荷重量不得超过 $270kg/m^2$。脚手架使用前，应经有关人员检查验收，认可后方可使用。

(1) 脚手架材料　脚手架的杆柱可采用竹、木或金属管，木杆应采用剥皮杉木或其他坚韧的硬木，禁止使用杨木、柳木、桦木、油松和其他腐朽、折裂、枯节等易折断的木料；竹竿应采用坚固无伤的毛竹；金属管应无腐蚀，各根管子的连接部分应完整无损，不得使用弯曲、压扁或者有裂缝的管子。木质脚手架踏脚板的厚度不应小于4cm。

(2) 脚手架的连接与固定　脚手架要与建筑物连接牢固。禁止将脚手架直接搭靠在楼板的木楞上及未经计算荷重的构件上，也不得将脚手架和脚手架板固定在栏杆、管子等不十分牢固的结构上；立杆或支杆的底端宜埋入地下。遇松土或者无法挖坑时，必须绑设地杆子。

金属管脚手架的立竿应垂直稳固地放在垫板上，热板安置前需把地面夯实、整平。立竿应套上由支柱底板及焊在底板上管子组成的柱座，连接各个构件间的铰链螺栓一定要拧紧。

(3) 脚手板、斜道板和梯子　脚手板和脚手架应连接牢固，脚手板的两头都应放在横杆上，固定牢固，不准在跨度间有接头；脚手板与金属脚手架则应固定在其横梁上。

斜道板要满铺在架子的横杆上；斜道两边、斜道拐弯处和脚手架工作面的外侧应设1.2m 高的栏杆，并在其下部加设 18cm 高的挡脚板；通行手推车的斜道坡度不应大于 1.7，其宽度单方向通行应大于 1m，双方向通行大于 1.5m；斜道板厚度应大于 5cm。

脚手架一般应装有牢固的梯子，以便作业人员上下和运送材料。使用起重装置吊重物时，不准将起重装置和脚手架的结构相连接。

(4) 临时照明　脚手架上禁止乱拉电线。必须装设临时照明时，木、竹脚手架应加绝缘子，金属脚手架应另设横担。

(5) 冬季、雨季防滑　冬季、雨季施工应及时清除脚手架上的冰雪、积水，并要撒上沙子、锯末、炉灰或铺上草垫。

(6) 拆除　脚手架拆除前，应在其周围设围栏，通向拆除区域的路段挂警告牌，高层脚手架拆除时应有专人负责监护；敷设在脚手架上的电线和水管先切断电源、水源，然后拆除，电线拆除由电工承担；拆除工作应由上而下分层进行，拆下来的配件用绳索捆牢，用起重设备或绳子吊下，不准随手抛掷；不准用整个推倒的办法或先拆下层主柱的方法来拆除；栏杆和扶梯不应先拆掉，而要与脚手架的拆除工作同时配合进行；在电力线附近拆除应停电作业，若不能停电应采取防触电和防碰坏电路的措施。

(7) 悬吊式脚手架和吊篮　悬吊式脚手架和吊篮应经过设计和验收，所用的钢丝绳及大绳的直径要由计算决定。计算时安全系数：吊物用不小于6、吊人用不小于14。钢丝绳和其他绳索事前应作 1.5 倍静荷重试验，吊篮还需作动荷重试验。动荷重试验的荷重为 1.1 倍工作荷重，作等速升降，记录试验结果；每天使用前应由作业负责人进行挂钩，并对所有绳索进行检查；悬吊式脚手架之间严禁用跳板跨接使用；拉吊篮的钢丝绳和大绳，应不与吊篮边沿、房檐等棱角相摩擦；升降吊篮的人力卷扬机应有安全制动装置，以防止因操作人员失误使吊篮落下；卷扬机应固定在牢固的地锚或建筑物上，固定处的耐拉力必须大于吊篮设计荷重的 5 倍；升降吊篮由专人负责指挥。使用吊篮作业时应系安全带，安全带拴在建筑物的可靠处。

4. 高处作业的安全技术要求

① 高处作业人员应正确佩符合 GB 6095—2021 要求的安全带及符合 GB 24543—2009 要求的安全绳，30m 以上高处作业应配备通信联络工具。

② 高处作业应设专人监护，作业人员不应在作业处休息。

③ 应根据实际需要配备符合安全要求的作业平台、吊笼、梯子、挡脚板、跳板等；脚手架的搭设、拆除和使用应符合 GB 51210—2016 等有关标准要求。

④ 高处作业人员不应站在不牢固的结构物上进行作业；在彩钢板屋顶、石棉瓦、瓦棱板等轻型材料上作业，应铺设牢固的脚手板并加以固定，脚手板上要有防滑措施；不应在未固定、无防护设施的构件及管道上进行作业或通行。

⑤ 在邻近排放有毒、有害气体、粉尘的放空管线或烟等场所进行作业时，应预先与作业属地生产人员取得联系，并采取有效的安全防护措施，作业人员应配备必要的符合国家相关标准的防护装备（如隔绝式呼吸防护装备、过滤式防毒面具或口罩等）。

⑥ 雨天和雪天作业时，应采取可靠的防滑、防寒措施；遇有五级风以上（含五级风）、浓雾等恶劣天气，不应进行高处作业、露天攀登与悬空高处作业；暴风雪、台风、暴雨后，应对作业安全设施进行检查，发现问题立即处理。

⑦ 作业使用的工具、材料、零件等应装入工具袋，上下时手中不应持物，不应投掷工具、材料及其他物品；易滑动、易滚动的工具、材料堆放在脚手架上时，应采取防坠落措施。

⑧ 在同一坠落方向上，一般不应进行上下交叉作业，如需进行交叉作业，中间应设置安全防护层，坠落高度超过 24m 的交叉作业，应设双层防护。

⑨ 因作业需要，须临时拆除或变动作业对象的安全防护设施时，应经作业审批人员同意，并采取相应的防护措施，作业后应及时恢复。

⑩ 拆除脚手架、防护棚时，应设警戒区并派专人监护，不应上下同时施工。

⑪ 安全作业票的有效期最长为 7 天。当作业中断，再次作业前，应重新对环境条件和安全措施进行确认。

项目五　受限空间作业的安全技术

受限空间是指进出受限，通风不良，可能存在易燃易爆、有毒有害物质或缺氧，对进入人员的身体健康和生命安全构成威胁的封闭、半封闭设施及场所，包括反应器、塔、釜、槽、罐、炉膛、锅筒、管道以及地下室、窑井，坑（池）、管沟或其他封闭、半封闭场所。进入或探入受限空间进行检修、清理等作业，称为受限空间作业。

一、案例

2019 年 2 月 15 日，广东省某企业安排 2 名车间主任组织 7 名工人对污水调节池（事故应急池）进行清理作业，引起中毒事故，造成 7 人死亡，2 人受伤，直接经济损失约 1200 万元。

事故经过：当晚 23 时许，3 名作业人员在池内吸入硫化氢后中毒晕倒，池外人员见状立刻呼喊救人，先后有 6 人下池施救，其中 5 人中毒晕倒在池中，1 人感觉不适自行爬出。

二、受限空间作业规范

化工装置受限空间作业频繁，危险因素多，是容易发生事故的作业。人在氧含量为 19.5%～21%（体积分数）空气中，表现正常：假如降到 13%～16%人会突然晕倒；降到 13%以下，会死亡。受限空间内不能用纯氧通风换气，因为氧是助燃物质，万一作业时有火星，会着火伤人，受限空间作业还会受到爆炸、中毒的威胁。可见受限空间作业，缺氧与富氧，毒害物质超过安全浓度，都会造成事故，因此，必须办理受限空间安全作业票。

1. 受限空间作业的安全技术

（1）安全隔绝　作业前，要对受限空间进行安全隔绝。与受限空间连通的可能危及安全作业的管道要采用插入盲板或拆除一段管道的方式进行隔绝，不应采用水封或关闭阀门代替盲板作为隔断措施。与受限空间连通的可能危及安全作业的孔、洞要进行严密封堵。对作业设备上的电器电源，应采用可靠的断电措施，电源开关处应上锁并加挂警示牌。

（2）清洗或置换　作业前，要根据受限空间盛装（过）的物料特性，对受限空间进行清洗或置换。其中，氧含量为19.5%～21%（体积分数），富氧环境下不应大于23.5%（体积分数）。有毒气体（物质）浓度要符合GBZ 2.1—2019的规定。可燃气体浓度要达到动火作业标准规定。

（3）空气流道　要保持受限空间空气流通良好，打开人孔、手孔、料孔、风门、烟门等与大气相通的设施进行自然通风。必要时，可采用风机强制通风或管道送风，管道送风前应对管道内介质和风源进行分析确认。在忌氧环境中作业，通风前应对作业环境中与氧性质相抵的物料采取卸放、置换或清洗合格的措施，达到可以通风的安全条件要求。

（4）气体检测　要对受限空间内的气体浓度进行严格检测。

① 作业前30min内，要对受限空间进行气体采样分析，分析合格后方可进入。

② 检测点要有代表性，容积较大的受限空间，要对上、中、下（左、中、右）各部位进行检测分析。

③ 分析仪器要在校验有效期内，使用前要保证其处于正常工作状态。

④ 检测人员深入或探入受限空间采样时，要按规定做好个体防护措施。

⑤ 作业时，作业现场应配置移动式气体检测报警仪，连续检测受限空间内可燃气体、有毒气体及氧气浓度，并2h记录1次；气体浓度超限报警时，应立即停止作业、撤离人员、对现场进行处理，重新检测合格后方可恢复作业。

⑥ 涂刷具有挥发性溶剂的涂料时，应采取强制通风措施。

⑦ 不应向受限空间充纯氧气或富氧空气。

⑧ 作业中断时间超过60min时，要重新进行取样分析。

（5）防护措施　进入下列受限空间作业应采取如下防护措施。

① 缺氧或有毒的受限空间经清洗或置换仍达不到要求的，应佩戴隔绝式呼吸防护装备，并正确拴带救生绳。

② 易燃易爆的受限空间经清洗或置换仍达不到要求的，要穿防静电工作服及工作鞋，使用防爆工器具。

③ 存在酸碱等腐蚀性介质的受限空间，应穿戴防酸碱防护服、防护鞋、防护手套等防腐蚀装备。

④ 有噪声产生的受限空间，要佩戴耳塞或耳罩等防噪声护具；

⑤ 有粉尘产生的受限空间要佩戴防尘口罩、眼罩等防尘护具。

⑥ 高温的受限空间，应穿戴高温防护用品，必要时采取通风、隔热、佩戴通讯设备等防护措施；低温的受限空间，应穿戴低温防护用品，必要时采取供暖、佩戴通讯设备等措施。

（6）照明及用电安全　受限空间照明及用电很危险，受限空间照明电压应小于或等于36V，在潮湿容器、狭小容器内作业电压应小于或等于12V。在潮湿容器中，作业人员要站在绝缘板上，同时保证金属容器接地可靠。如确实需要使用220V/380V用电设备时，首先应满足《危险化学品企业特殊作业安全规范》（GB 30871—2022）第10项“临时用电作业”中相关要求，并落实第6项“受限空间作业”第9条中相关要求“接入受限空间的电线、电缆、通气管应在进口处进行保护或加强绝缘，应避免与人员出入使用同一出入口”的要求。

（7）作业监护　在受限空间外要设有专人监护，监护人应在受限空间外进行全程监护，不应在无任何防护措施的情况下探入或进入受限空间；在风险较大的受限空间作业时，应增设监护人员，并随时与受限空间内作业人员保持联络；监护人应对进入受限空间的人员及其携带的工器具种类、数量进行登记，作业完毕后再次进行清点，防止遗漏在受限空间内。

（8）其他要求　受限空间外要设置安全警示标志，备有空气呼吸器（氧气呼吸器）、消防器材和清水等相应的应急用品；受限空间出入口要保持畅通；作业前后要清点作业人员和作业工器具；作业人员不要携带与作业无关的物品进入受限空间；作业中不要抛掷材料、工器具等物品；在有毒、缺氧环境下不要摘下防护面具；不要向受限空间充氧气或富氧空气；离开受限空间时要将气割（焊）工器具带出；难度大、劳动强度大、时间长的受限空间作业应采取轮换作业方式；作业结束后，受限空间所在单位和作业单位共同检查受限空间内外，确认无问题后方可封闭受限空间；最长作业时限不要超过 24h，特殊情况超过时限的要办理作业延期手续。

2. 受限空间作业的安全管理

凡是用过惰性气体（氮气）置换的设备，进入受限空间前必须用空气置换，并对空气中的氧含量进行分析。如系受限空间内动火作业，除了空气中的可燃物含量符合规定外，氧含量应在 19.5%～21%的范围内。若受限空间内具有毒性，还应分析空气中有毒物质含量，保证在容许浓度以下。因为动火分析合格，虽不会发生火灾、爆炸，但会发生中毒事故。

进入酸、碱贮罐作业时，要在贮罐外准备大量清水。人体接触浓硫酸，须先用布、棉花擦净，然后迅速用大量清水冲洗，并送医院处理。如果先用清水冲洗，后用布类擦净，则浓硫酸将变成稀硫酸，而稀硫酸则会造成更严重的灼伤。

进入受限空间内作业，与电气设施接触频繁，照明灯具、电动工具如漏电，都有可能导致人员触电伤亡。检修带有搅拌机械的设备，作业前应把传动皮带卸下，切除电源，如取下保险丝、拉下闸刀等，并上锁，使机械装置不能启动，再在电源处挂上“有人检修、禁止合闸”的警告牌。上述措施采取后，还应有人检查确认。

受限空间内作业时，一般应指派两人以上作罐外全程监护。监护人应了解介质的各种性质，应位于能经常看见罐内全部操作人员的位置，视线不能离开操作人员，更不准擅离岗位，发现罐内有异常时，应立即召集急救人员，设法将罐内受害人救出，监护人员应从事罐外的急救工作。如果没有其他急救人员在场，即使在非常时候，监护人也不得自己进入罐内。凡是进入罐内抢救的人员，必须根据现场情况穿戴防毒面具或氧气呼吸器、安全带等防护用具，决不允许不采取任何个人防护而冒险入罐救人。

为确保进入受限空间作业安全，必须严格按照《危险化学品企业特殊作业安全规范》（GB 30871—2022）要求，办理受限空间安全作业票，持票作业。

项目六　吊装作业的安全技术

吊装作业是指利用各种吊装机具将设备、工件、器具、材料等吊起，使其发生位置变化的作业。

一、案例

2000 年 11 月 3 日，天津某乙烯项目裂解炉施工现场，钢丝绳断裂，钢管坠落致使 1 人挤压受伤。

事故经过：某工程公司起重班指挥 30t 塔吊，吊装 F 型炉管。因吊点选择在管段中心线以下，同时未采取防滑措施，造成起吊后钢丝绳滑动，管段急速下沉 900mm，在强大外力作用下，使钢丝绳在卡环处断裂，坠落的钢管将刚从裂解炉直爬梯下到地面准备换氯气的电焊工付某挤压致伤。

二、吊装作业规范

依据《危险化学品企业特殊作业安全规范》（GB 30871—2022）规定，吊装作业按照吊物质量 m 不同分为：一级吊装作业（$m>100t$）、二级吊装作业（$40t \leqslant m \leqslant 100t$）、三级吊装作业（$m<40t$）。

1. 一般安全要求

（1）吊装作业安全要求

① 一、二级吊装作业，应编制吊装作业方案。吊装物体质量虽不足 40t，但形状复杂、刚度小、长径比大、精密贵重，以及在作业条件特殊的情况下，三级吊装作业也应编制吊装作业方案。吊装作业方案应经审批。

② 吊装场所如有含危险物料的设备、管道时，应制定详细吊装方案，并对设备、管道采取有效防护措施，必要时停车，放空物料，置换后再进行吊装作业。

③ 不应靠近高架电力线路进行吊装作业。确需在电力线路附近作业时，起重机械的安全距离应大于起重机械的倒塌半径并符合《电力安全工作规程 电力线路部分》（GB 26859—2011）的要求；不能满足时，应停电后再进行作业。

④ 大雪、暴雨、大雾及六级以上风时，不应露天作业。

⑤ 作业前，作业单位应对起重机械、吊具、索具、安全装置等进行检查，确保其处于完好、安全状态。

⑥ 指挥人员应佩戴明显的标志，并按 GB/T 5082—2019 规定的联络信号进行指挥。

⑦ 应按规定负荷进行吊装，吊具、索具经计算选择使用，不应超负荷吊装。

⑧ 不应利用管道、管架、电杆、机电设备等作吊装锚点；未经土建专业人员审查核算，不应将建筑物、构筑物作为锚点。

⑨ 起吊前应进行试吊，试吊中检查全部机具、锚点受力情况，发现问题应立即将吊物放回地面，排除故障后重新试吊，确认正常后方可正式吊装。

（2）吊装作业人员安全要求

① 按指挥人员发出的指挥信号进行操作；任何人发出的紧急停车信号均应立即执行；吊装过程中出现故障，应立即向指挥人员报告。

② 重物接近或达到额定起重吊装能力时，应检查制动器，用低高度、短行程试吊后，再吊起。

③ 利用两台或多台起重机械吊运同一重物时应保持同步，各台起重机械所承受的载荷不应超过各自额定起重能力的 80%。

④ 下放吊物时，不应自由下落（溜）；不应利用极限位置限制器停车。

⑤ 不应在起重机械工作时对其进行检修；不应在有载荷的情况下调整起升变幅机构的制动器。

⑥ 停工和休息时，不应将吊物、吊笼、吊具和吊索悬在空中。

⑦ 以下情况不应起吊：无法看清场地、吊物，指挥信号不明；起重臂吊钩或吊物下面有人、吊物上有人或浮置物；重物捆绑、紧固、吊挂不牢，吊挂不平衡，索具打结，索具不齐，斜拉重物，棱角吊物与钢丝绳之间没有衬垫；吊物质量不明，与其他吊物相连，埋在地下，与其他物体冻结在一起。

（3）司索人员安全要求

① 听从指挥人员的指令，并及时报告险情。

② 不应用吊钩直接缠绕吊物及将不同种类或不同规格的索具混在一起使用。

③ 吊物捆绑应牢靠，吊点设置应根据吊物重心位置确定，保证吊装过程中吊物平衡；起升吊物时应检查其连接点是否牢固、可靠；吊运零散件时，应使用专门的吊篮、吊斗等器具，吊篮、吊斗等不应装满。

④ 吊物就位时，应与吊物保持一定的安全距离，用拉伸或撑杆、钩子辅助其就位。

⑤ 吊物就位前，不应解开吊装索具。

⑥ 吊装作业人员安全要求中与司索人员有关的不应起吊的情况，司索人员应做相应处理。

（4）其他要交

① 监护人员应确保吊装过程中警戒范围区内没有非作业人员或车辆经过；吊装过程中吊物及起重臂移动区域下方不应有任何人员经过或停留。

② 用定型起重机械（例如履带吊车、轮胎吊车、桥式吊车等）进行吊装作业时，除遵守吊装作业安全标准外，还应遵守该定型起重机械的操作规程。

③ 作业完毕，要将起重臂和吊钩收放到规定位置，所有控制手柄均应放到零位，电气控制的起重机械的电源开关应断开；对在轨道上作业的吊车，应将吊车停放在指定位置有效锚定；吊索、吊具应收回，放置到规定位置，并对其进行例行检查。

2. 吊装作业安全管理

吊装作业实行安全作业票制度。重大起重吊装作业，必须进行施工设计，施工单位技术负责人审批后送生产单位批准。对吊装人员进行技术交底，学习讨论吊装方案。

吊装作业前起重工应对所有起重机具进行检查，对设备性能、新旧程度、最大负荷要了解清楚。使用旧工具、设备，应按新旧程度折扣计算最大荷重。

起重设备应严格根据核定负荷使用，严禁超载，吊运重物时应先进行试吊，离地 20～30cm，停下来检查设备、钢丝绳、滑轮等，经确认安全可靠后再继续起吊。二次起吊上升速度不超过 8m/min，平移速度不超过 5m/min。起吊中应保持平稳，禁止猛走猛停，避免引起冲击、碰撞、脱落等事故。起吊物在空中不应长时间滞留，并严格禁止在重物下方行人或停留。长、大物件起吊时，应设有“溜绳”，控制被吊物件平稳上升，以防物件在空中摇摆。起吊现场应设置警戒线，并有“禁止入内”等标志牌。

起重吊运不应随意使用厂房梁架、管线、设备基础，防止损坏基础和建筑物。

吊装作业必须做到“五好”和“十不吊”。“五好”是思想集中好、上下联系好、机器检查好、扎紧提放好、统一指挥好。“十不吊”是无人指挥或者信号不明不吊、斜吊和斜拉不吊、物件有尖锐棱角与钢绳未垫好不吊、重量不明或超负荷不吊、起重机械有缺陷或安全装置失灵不吊、吊杆下方及其转动范围内站人不吊、光线阴暗，视物不清不吊、吊杆与高压电线没有保持应有的安全距离不吊、吊挂不当不吊、人站在起吊物上或起吊物下方有人不吊。

各种起重机都离不开钢丝绳、链条、吊钩、吊环和滚筒等附件，这些机件必须安全可靠，若发生问题，都会给吊装作业带来严重事故。

钢丝绳在启用时，必须了解其规格、结构（股数、钢丝直径、每股钢丝数、绳芯数等）用途和性能、机械强度的试验结果等。起重机钢丝绳应符合相关标准。选用的钢丝绳应具有合格证，没有合格证，使用前可截取 1～1.5m 长的钢丝绳进行强度试验，未经过试验的钢丝绳禁止使用。

起重用钢丝绳安全系数，应根据机构的工作级别、作业环境及其他技术条件决定。

项目七 检修后开车的安全技术

生产装置经过停工检修后，在开车运行前要进行一次全面的安全检查验收。目的是检查检修项目是否全部完工，质量是否全部合格，劳动保护安全卫生设施是否全部恢复完善，设备容器、管道内部是否全部吹扫干净、封闭，盲板是否按要求抽加完毕，确保无遗漏，检修现场是否工完料尽场地清，检修人员、工具是否撤出现场，是否达到了安全开工条件。

一、案例

2019 年 3 月 25 日，山东烟台招远市某化工企业在检修后开车过程中发生一起爆裂着火事故，造成 1 人死亡，4 人受伤。

事故原因：准备开车时，没有全面检修设施设备、完善安全生产条件，没有严格落实化工生产、储存装置开车投用的安全规定和程序；不执行监管部门的监管指令，在不具备安全生产条件的情况下，违规进行化工装置开车生产，直接导致爆裂着火事故发生。

二、装置开车前安全检查

检修质量检查和验收工作，必须组织责任心强，有丰富实践经验的设备、工艺管理人员和一线生产工人进行。这项工作，既评价检修施工效果，又为安全生产奠定基础，一定要消除各种隐患，未经验收的设备不许开车投产。

1. 焊接检验

凡化工装置使用易燃、易爆、剧毒介质以及特殊工艺条件的设备、管线及经过动火检修的部位，都应按相应的规程要求进行 X 射线拍片检验和残余应力处理。如发现焊缝有问题，必须重焊，直到验收合格，否则将导致严重后果。某厂焊接气分装置脱丙烯塔与再沸器之间一条直径 80mm 丙烷抽出管线，因焊接质量问题，开车后断裂跑料，发生重大爆炸事故。事故的直接原因是焊接质量低劣，有严重的夹渣和未焊透现象，断裂处整个焊缝有三个气孔，其中一个气孔直径达 2mm，有的焊缝厚度仅为 1～2mm。

2. 试压和气密试验

任何设备、管线在检修复位后，为检验施工质量，应严格按有关规定进行试压和气密试验，防止生产时跑、冒、滴、漏，造成各种事故。

一般来说，压力容器和管线试压用水作介质，不得采用有危险的液体，也不准用工业风或氮气作耐压试验。气压试验危险性比水压试验大得多，曾有用气压代替水压试验而发生事故的教训。安全检查要点如下。

① 检查设备、管线上的压力表、温度计、液面计、流量计、热电偶、安全阀是否调校安装完毕，灵敏好用。

② 试压前所有的安全阀、压力表应关闭，有关仪表应隔离或拆除，防止起跳或超程损坏。

③ 对被试压的设备、管线要反复检查流程是否正确，防止系统与系统之间相互串通，必须采取可靠的隔离措施。

④ 试压时，试压介质、压力、稳定时间都要符合设计要求，并严格按有关规程执行。

⑤ 对于大型、重要设备和中、高压及超高压设备、管道，在试压前应编制试压方案，

制定可靠的安全措施。

⑥ 情况特殊，采用气压试验时，试压现场应加设围栏或警告牌，管线的输入端应装安全阀。

⑦ 带压设备、管线，在试验过程中严禁强烈机械冲撞或外来气串入，升压和降压应缓慢进行。

⑧ 在检查受压设备和管线时，法兰、法兰盖的侧面和对面都不能站人。

⑨ 在试压过程中，受压设备、管线如有异常响声，如压力下降、表面油漆剥落、压力表指针不动或来回不停摆动，应立即停止试压，并卸压查明原因，视具体情况再决定是否继续试压。

⑩ 登高检查时应设平台围栏，系好安全带，试压过程中发现泄漏，不得带压紧固螺栓、补焊或修理。

3. 吹扫、清洗

在检修装置开工前，应对全部管线和设备彻底清洗，把施工过程中遗留在管线和设备内的焊渣、泥砂、锈皮等杂质清除掉，使所有管线都贯通。如吹扫、清洗不彻底，杂物易堵塞阀门、管线和设备，对泵体、叶轮产生磨损，严重时还会堵塞泵过滤网。如不及时检查，将使泵抽空，造成泵或电机损坏的设备事故。

一般处理液体管线用水冲洗，处理气体管线用空气或氮气吹扫，蒸汽等特殊管线除外。如仪表风管线应用净化风吹扫，蒸汽管线按压力等级不同使用相应的蒸汽吹扫等。吹扫、清洗中应拆除易堵卡物件（如孔板、调节阀、阻火器、过滤网等），安全阀加盲板隔离，关闭压力表手阀及液位计连通阀，严格按方案执行；吹扫、清洗要严，按系统、介质的种类、压力等级分别进行，并应符合现行规范要求；在吹扫过程中，要有防止噪声和静电产生的措施，冬季用水清洗应有防冻结措施，以防阀门、管线、设备冻坏；放空口要设置在安全的地方或有专人监视；操作人员应配齐个人防护用具，与吹扫无关的部位要关闭或加盲板隔绝；用蒸汽吹扫管线时，要先慢慢暖管，并将冷凝水引到安全位置排放干净，以防水击，并有防止检查人烫伤的安全措施；对低点排凝、高点放空，要顺吹扫方向逐个打开和关闭，待吹扫达到规定时间要求时，先关阀后停气；吹扫后要用氮气或空气吹干，防止蒸汽冷凝液造成真空而损坏管线；输送气体管线如用液体清洗时，核对支撑物强度能否满足要求；清洗过程要用最大安全体积和流量。

4. 烘炉

各种反应炉在检修后开车前，应按烘炉规程要求进行烘炉。

① 编制烘炉方案，并经有关部门审查批准。组织操作人员学习，掌握其操作程序和应注意的事项。

② 烘炉操作应在车间主管生产的负责人指导下进行。

③ 烘炉前，有关的报警信号、生产联锁应调校合格，并投入使用。

④ 点火前，要分析燃料气中的氧含量和炉膛可燃气体含量，符合要求后方能点火。点火时应遵守“先火后气”的原则。点火时要采取防止喷火烧伤的安全措施以及灭火的设施。炉子熄灭后重新点火前，必须再进行置换，合格后再点火。

5. 传动设备试车

化工生产装置中机、泵起着输送液体、气体、固体介质的作用，由于操作环境复杂，一旦单机发生故障，就会影响全局，因此要通过试车，对机、泵检修后能否保证安全投料一次开车成功进行考核。

① 编制试车方案，并经有关部门审查批准。

② 专人负责进行全面仔细地检查，使其符合要求，安全设施和装置要齐全完好。

③ 试车工作应由车间主管生产的负责人统一指挥。

④ 冷却水、润滑油、电机通风、温度计、压力表、安全阀、报警信号、联锁装置等，要灵敏可靠，运行正常。

⑤ 查明阀门的开关情况，使其处于规定的状态。

⑥ 试车现场要整洁干净，并有明显的警戒线。

6. 联动试车

装置检修后的联动试车，重点要注意做好以下几个方面的工作。

① 编制联动试车方案，并经有关领导审查批准。

② 指定专人对装置进行全面认真的检查，查出的缺陷要及时消除。检修资料要齐全，安全设施要完好。

③ 专人检查系统内盲板的抽加情况，登记建档，签字认可，严防遗漏。

④ 装置的自保系统和安全联锁装置，调校合格，正常运行灵敏可靠，专业负责人要签字认可。

⑤ 供水、供气、供电等辅助系统要运行正常，符合工艺要求，整个装置要具备开车条件。

⑥ 在厂部或车间领导统一指挥下进行联动试车工作。

三、装置开车的安全技术

装置开车要在开车指挥部的领导下统一安排，并由装置所属车间的领导负责指挥开车，岗位操作工人要严格按工艺卡片的要求和操作规程操作。

1. 贯通流程

用蒸汽、氮气通入装置系统，一方面扫去装置检修时可能残留的焊渣、焊条头、铁屑、氧化皮、破布等，防止这些杂物堵塞管线，另一方面验证流程是否贯通。这时应按工艺流程逐个检查，确认无误，做到开车时不窜料、不憋压。按规定用蒸汽、氮气对装置系统置换，分析系统氧含量达到安全值以下的标准。

2. 装置进料

进料前，在升温、预冷等工艺调整操作中，检修工与操作工配合做好螺栓紧固部位的热把、冷把工作，防止物料泄漏，岗位应备有防毒面具。油系统要加强脱水操作，深冷系统要加强干燥操作，为投料奠定基础。

装置进料前，要关闭所有的放空、排污等阀门，然后按规定流程，经操作工、班长、车间值班领导检查无误，启动机泵进料。进料过程中，操作工沿管线进行检查，防止物料泄漏或物料走错流程。装置开车过程中，严禁乱排乱放各种物料。装置升温、升压、加量，按规定缓慢进行。操作调整阶段，应注意检查阀门开度是否合适，逐步提高处理量，使达到正常生产为止。

安全作业票的填写和审批注意事项

各安全作业票规范填写模板

【拓展阅读】

我国建成亚洲最大海上石油生产平台

中国海油旗下恩平 15-1 油田群首期项目于 2022 年 12 月 7 日建成投产。

恩平 15-1 油田群位于我国珠江口盆地，所在海域平均水深约 90m，全面投产后，油田群高峰日产石油近 5000t，对进一步提高我国能源安全保障能力、实现“碳达峰”“碳中和”目标具有重要意义。

恩平 15-1 平台是恩平 15-1 油田群最重要的海上设施，由上部组块和导管架两部分组成，矗立在 88m 水深的大海上，总高度约 160m，相当于 60 层的大楼，总重量超过 3 万 t，单层甲板面积相当于 10 个篮球场，安装设备及系统近 600 台套，是目前亚洲重量最重、设备最多的海上石油生产平台。

恩平 15-1 中心平台由中国海油自主设计、建造、安装及生产运营，配置我国海上首套二氧化碳回注封存装置，应用我国海上首套国产 7600kW·h 原油发电机组，首次在海上油田新项目中采用台风无人化生产工艺。

在安装平台上部组块时，因其重量达 18880t，超过全球海上浮吊的能力极限，中国海油投入了亚洲最大海洋工程驳船“海洋石油 229”，采用浮托技术进行海上安装。浮托安装的技术核心是借助潮汐的自然力量和船舶调载等施工技术，通过类似举重运动员“挺举”的方式，涨潮时驳船托运组块驶入导管架槽口，落潮时组块顺势从高位精准落到导管架预定位置上，载荷转移完毕后退出船舶完成安装。

为确保在起伏不定的茫茫大海中，将近 2 万 t 的上部组块与 101m 高的导管架“底座”实现误差不大于 5mm 的精准对接，团队先后多次进行技术方案交底、作业风险分析、作业区域反复检查，开展浮托过程仿真模拟和水池实验，对锚系布设、进船、对齐、载荷转移等工序进行预演等，做到了安装施工的万无一失。

【单元小结】

本单元主要介绍了化工生产装置安全检修的相关知识，包括装置检修的分类和特点、装置停车的安全技术、检修前的准备工作、检修后开车的安全技术，以及动火作业、临时用电作业、高处作业、受限空间作业、吊装作业等特种作业的安全技术。重点内容是各类作业的安全规范应用。

【复习思考题】

一、判断题

1. 为保证检修动火和罐内作业的安全设备检修前内部的易燃、有毒气体得到清除，应进行置换，酸、碱等腐蚀性液体应该中和处理。（　　）

2. 必须注意，忌水物质和残留三氯化氮的设备和管道不能用蒸汽吹扫。（　　）

3. 盲板应具有一定强度，材质厚度要符合技术要求，原则上盲板不低于管壁厚度，留有把柄，不需要有挂牌标记。（　　）

4. 动火作业时，当被测气体或蒸气的爆炸下限大于或等于 4%时，其被测浓度应不大于 0.5%（体积分数）。（　　）

5. 气体分析取样时间与动火作业开始时间间隔不应超过 60min。 ( )

6. 若电气设备的绝缘遭到破坏时，它的金属外壳就会带电，如果人站在地上、设备上，手接触到带电的电气工具外壳或人体接触到带电导体上，人体与脚之间产生了电位差，并超过 40V，就会发生触电事故。 ( )

7. 安全作业票的有效期最长为 3 天。当作业中断，再次作业前，应重新对环境条件和安全措施进行确认。 ( )

8. 作业前，要根据受限空间盛装（过）的物料特性，对受限空间进行清洗或置换。其中，氧含量为 19.5%～21%（体积分数），富氧环境下不应大于 23.5%（体积分数）。 ( )

9. 受限空间作业前，应对受限空间内的气体浓度进行严格检测，检测点要有代表性，容积较大的受限空间，要对上、中、下（左、中、右）各部位进行检测分析。 ( )

10. 利用两台或多台起重机械吊运同一重物时应保持同步，各台起重机械所承受的载荷不应超过各自额定起重能力的 60%。 ( )

二、单选题

1. 对高压设备停车卸压说法正确的是（ ）。

A. 卸压要快，边卸压边拆设备　　B. 卸压要缓慢，压力卸至微弱负压

C. 卸压要缓慢，压力卸至微弱正压　　D. 卸压要快，压力卸至同大气压力

2. 停车检修时，做法错误的是（ ）。

A. 冬季停工时，水蒸气线必须用压缩风吹扫排净积水

B. 冬季对某些无法将水排净的露天设备管线死角，必须把设备解体，排尽积水

C. 检修人员进入氮气置换后的设备内时，需先用压缩风吹扫，检验气样合格后方可

D. 冬季停车时，水线导淋应打开排水，蒸汽导淋不用排水

3. 盲板抽堵应遵照“谁安装、谁拆卸、谁负责”的原则，检修完毕试车之前仍由（ ）按原顺序进行抽取和回收。

A. 检修人员　　B. 工艺人员　　C. 原抽堵盲板人员　　D. 设备操作人员

4. 使用气焊、气割动火作业时，氧气瓶和乙炔瓶应距明火（ ）以上。

A. 2.5m　　B. 5m　　C. 10m　　D. 15m

5. 行灯电压不应超过 36V，在特别潮湿的场所或塔、釜、槽、罐等金属设备内作业临时照明行灯电压不应超过（ ）。

A. 220V　　B. 110V　　C. 24V　　D. 12V

6. 凡坠落高度基准面（ ）的高处进行的作业均称为高处作业。

A. 3m　　B. 2m 及 2m 以上　　C. 3m 及 3m 以上　　D. 2m

7. 高度在 35m 时的作业属于（ ）高处作业。

A. Ⅰ级　　B. Ⅱ级　　C. Ⅲ级　　D. Ⅳ级

8. 作业前（ ）分钟内，要对受限空间进行气体采样分析，分析合格后方可进入。

A. 15　　B. 30　　C. 45　　D. 60

9. 受限空间最长作业时限不要超过（ ）h，特殊情况超过时限的要办理作业延期手续。

A. 12　　B. 24　　C. 48　　D. 72

10. 吊物质量 m 为 60t 的属于（ ）级吊装作业。

A. 一　　B. 二　　C. 三

三、问答题

1. 化工装置停车的主要程序是什么？关键操作应怎样注意安全？
2. 如何申请动火安全作业票？
3. 检修中如何选择合适的安全电压？
4. 何为高处作业？主要安全措施有哪些？
5. 拟设自己工作岗位，描述装置开车前自己应完成的工作。

【案例分析】

根据下列案例的事故描述列出事故原因并制定应对措施。

【案例 1】 某化学品生产公司利用全厂停车机会进行检修，其中一个检修项目是用气割割断煤气总管后加装阀门，气体发生爆炸，造成 1 人坠落死亡。

事故经过：根据停车检修方案，检修当天对室外煤气总管（距地面高度约 6m）及相关设备先进行氮气置换处理，约 1h 后从煤气总管与煤气气柜间管道的最低取样口取样分析，合格后就关闭氮气阀门，认为氮气置换结束，分析报告上写着“氢气＋一氧化碳＜7%，不爆”。接着按停车检修方案对煤气总管进行空气置换，2h 后空气置换结束。车间主任开始开动火安全作业证，独自制定了安全措施后，监火人、动火负责人、动火人、动火前岗位当班班长、动火作业的审批人（未到现场）先后在动火证上签字，约 20min 后（距分析时间已间隔 3h 左右），焊工开始用气割枪对煤气总管进行切割（检修现场没有专人进行安全管理），在割穿的瞬间煤气总管内的气体发生爆炸，其冲击波顺着煤气总管冲出，击中距动火点 50m 外正在管架上已完成另一检修作业准备下架的一名包机工，使其从管架上坠落死亡。

【案例 2】 某石化公司化肥合成氨装置按计划进行年度大修，检修中 1 人坠落。

事故经过：对被检修氧化锌槽当日降温，氮气置换合格后准备更换催化剂。操作时，因催化剂结块严重，卸催化剂受阻，办理进塔罐许可证后进入疏通。连续作业几天后，开始装填催化剂。一助理工程师在没办理进塔罐许可证的情况下，攀软梯而下，突然从 5m 高处掉入槽底。

【案例 3】 某石油化工公司检修公司运输队在聚乙烯车间安装电机，滑轮突然滑落，造成 1 人死亡。

事故经过：安装时，班长用钢丝绳拴绑 4 只 5t 滑轮、1 只 16t 液化千斤顶及两根钢丝绳，然后打手势给吊车司机起吊。当吊车作抬高吊臂的操作时，1 只 5t 的滑轮突然滑落砸在吊车下的班长头上，班长经抢救无效死亡。

单元十 安全生产事故应急管理

【学习目标】

知识目标

1. 了解化工危险与可操作性（HAZOP）分析方法。

2. 掌握化工生产安全应急预案的组成要素和体系构成。

3. 掌握危险化学品几种典型事故的现场处置方法。

技能目标

1. 能使用常规风险评价方法对危险源和危险有害因素进行评估并分级。

2. 能识读化工生产经营单位综合应急预案和专项预案。

3. 能初步编制现场应急处置方案。

素质目标

1. 培养事前预防理念，养成危害识别和风险评估的习惯。

2. 培养严谨的工作作风和严密的逻辑思维。

3. 培养依法依规开展应急管理的意识。

安全生产是化工企业永恒的主题，对化工生产中的危险性与安全进行分析预测十分重要。加强企业应急管理，提高企业员工安全生产意识和应急处置能力，实现“人人讲安全、个个会应急”是企业安全生产的内在需要，更是企业的社会责任。

项目一 化工安全分析与评价

通过化工生产的危害识别和风险评估，识别出高风险事件，制定有效的管控措施，实现事故的有效控制。

一、案例

某化工企业1991年至2000年十年期间人身伤害事故达63起，死亡人数13人，其中火灾爆炸致死4人、受限空间中毒窒息致死3人、高处坠落事故致死3人、触电事故致死2人、起重吊装作业坠物致死1人。

2000年，该企业系统分析了企业的风险状况，开展工作危害分析（JHA）活动，加强危害识别、风险辨识及重大工艺操作风险控制，使危害识别和风险评估成为每一位员工的习惯，该企业人身伤害事故总量大幅度下降，并连续 6 年未发生一起人身伤亡事故。

2006 年至 2016 年，企业各级机构大幅调整、人才严重流失、内部管理混乱、安全监管缺失、各项制度流于形式，事故频发，人身伤害事故高达 47 起，其中高危作业致死的人数达到 5 人。

近年来，该企业结合国家安全生产标准化的管理要求，全员推广危害识别和风险评估技术，通过信息化手段优化流程、提高工作效率，连续多年未出现人身伤亡事故，年度事故总量大幅度下降。

二、风险分析与预测

1. 海因里希法则

美国的海因里希在 1941 年统计了 55 万件机械事故，其中死亡、重伤事故 1666 件，轻伤 48334 件，其余则为无伤害事故。他从而得出一个重要结论，即在机械事故中，死亡或重伤、轻伤或故障、无伤害事故的比例为 1∶29∶300，国际上把这一法则叫事故法则，我们称之为海因里希法则，如图 10-1 所示。

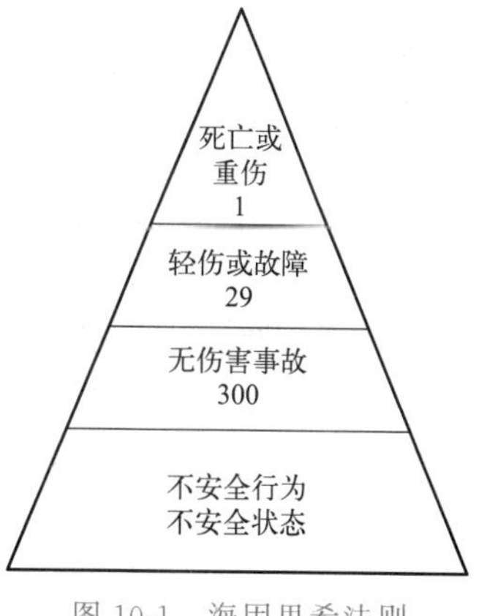

图 10-1　海因里希法则

海因里希法则同样适用于化工生产经营单位的安全管理：只要对人的不安全行为、物的不安全状态进行有效管控，消除隐患，底层的偏差事件越少，顶层发生的数量就可以减少。

海因里希法则告诉我们，控制了人的不安全行为和物的不安全状态可以有效控制事故的发生。

2. 事故致因理论

生产经营单位的危害识别和风险管控工作，其主要目的就是识别生产经营过程的各种风险，评估风险可能造成的后果及后果严重程度，通过采取有效的措施避免事故的发生或降低事故后果的严重程度。

通过研究事故发生的机理，可以识别出引发事故的各种因素，然后再对这些因素的风险度进行识别，对生产经营过程实施有效管控，就能实现安全生产。目前，较为典型的事故致因理论有事故频发倾向理论、事故因果连锁理论、能量意外释放理论、轨迹交叉理论和系统安全理论。

（1）事故频发倾向理论　该理论认为企业工人中存在着个别人容易发生事故的、稳定的、个人的内在倾向，即少数具有事故频发倾向的工人是事故频发倾向者，他们的存在是工业事故发生的主要原因。该理论认为事故完全是由人造成的。

（2）事故因果连锁理论　该理论主要代表有海因里希和博德。海因里希因果连锁理论认为事故的发生不是一个孤立的事件，是一系列互为因果的原因事件相继发生的结果，该理论本质上认为社会环境因素造成了人的缺陷，从而引发事故。博德因果连锁理论认为事故起源于管理的缺陷。

（3）能量意外释放理论　该理论认为由于管理失误引发的人的不安全行为和物的不安全状态及其相互作用，使不正常的或不希望的危险物质和能量释放，并转移于人体、设施，造成人员伤亡和（或）财产损失，事故可以通过减少能量和加强屏蔽来预防。人类在生产、生活中不可缺少的各种能量，如因某种原因失去控制，就会发生能量违背人的意愿而意外释放或逸出，使进行中的活动中止而发生事故，导致人员伤害或财产损失。能量意外释放理论的伤害类型有两类，第一类伤害是由于施加了局部或全身性损伤阈值的能量引起的；第二类伤害是由影响了局部或全身性能量交换引起的，如中毒、窒息和冻伤。

(4) 轨迹交叉理论　该理论认为设备故障（或物处于不安全状态）与人失误，两事件链的轨迹交叉就会构成事故。在多数情况下，由于企业管理不善，工人缺乏教育和训练，或者机械设备缺乏维护、检修以及安全装置不完备，导致人的不安全行为或物的不安全状态。人的不安全行为与物的不安全状态在同一时间空间相遇，造成事故。

(5) 系统安全理论　该理论认为在系统寿命周期内应用系统安全管理及系统安全工程原理，识别危险源并使其危险性减至可接受程度，使系统在规定的性能、时间和成本范围内达到最佳的安全状态。该理论认为没有绝对的安全，任何事物中都潜伏着危险因素，不可能根除一切危险源，只能通过提升系统的可靠性来提升安全性。

3. 危害识别和风险预测

生产经营单位可以通过对生产经营过程的危险源进行危害识别和风险评估，预判事故后果的严重程度，为降低风险、防止事故发生制定防控措施提供依据。目前，我国相关规定、标准主要有：《危险化学品重大危险源辨识》（GB 18218—2018）规定了辨识危险化学品重大危险源的依据和方法；《企业职工伤亡事故分类》（GB/T 6441—1986）从危险源导致的事故后果类型进行分类，将企业工伤事故分为 20 类，为企业开展危害识别和风险管控提供分类依据；《生产过程危险和有害因素分类与代码》（GB/T 13861—2022）为生产经营单位危险有害因素辨识、隐患排查和应急管理流程信息化提供了依据；《化工和危险化学品生产经营单位重大生产安全事故隐患判定标准（试行）》（安监总管三〔2017〕121 号）、《危险化学品企业安全风险隐患排查治理导则》（应急〔2019〕78 号）、《化工园区安全风险排查治理导则》（应急〔2023〕123 号）等为生产经营单位安全事故隐患排查和治理工作提供了技术指引。

三、风险控制

风险控制是指风险管理者采取各种措施和方法，消灭或减少风险事件发生的各种可能性，或通过降低风险事件发生时造成的后果严重程度而减少损失。

1. 风险度和可接受风险度

对于生产安全领域，风险通常被描述为潜在事件和后果，或它们的组合。通常用风险度 R 来量化风险的大小。风险度 R 具有概率和后果的两重性，风险可用不期望事件发生概率 p 和事件后果严重程度 s 的函数来表示，即 $R=f(p, s)$。

生产经营单位在面对各类风险时，期望争取用最少的投入将风险控制在可接受范围内。因此，通常会将风险设定在一个合理的、可接受的水平上，根据风险影响因素，经过优化，寻求出最佳方案。这个设定值称为可接受风险度，用 R_0 表示。对于不同行业、不同系统、不同事物，其可接受风险度 R_0 是不同的，它与生产经营单位的价值观及灾害承受能力、社会的经济能力、道德观念、个人风险与社会风险可接受标准等诸多因素有关。

在实际应用中，经典的风险度计算方法是风险矩阵法，它是用危险发生的可能性大小和伤害的严重程度来判别风险大小的一种风险评估分析方法。

在风险矩阵法中，风险度 $R=p \cdot s$。当 $R \geqslant R_0$ 时，即为不可接受的风险事件。

2. 风险的控制

(1) 按风险传递的路径控制　控制措施包括源头控制、传播途径控制和个体防护。

① 源头的控制。根据危险源的危险物质或能量的类型，以及可能发生的事故类型和后果影响程度进行防控，其中危险物质或能量的载体的本质安全设计和规范化安装调试是风险控制的关键。通过本质安全设计，使生产设备或生产系统本身具有安全性，即使在误操作或发生故障的情况下也不会造成事故。本质安全设计具体包括“失误—安全”功能和“故障—安全”功能。其中“失误—安全”功能是指误操作不会导致事故发生或自动阻止误操作，

“故障—安全”功能是指设备、工艺发生故障时还能暂时正常工作或自动转变安全状态。

② 传播途径的控制。为避免危险源伤及人员或造成其他设备损坏，而在危险源至人员、设备之间设置适当的安全防护措施，实现风险的有效控制。由于生产过程存在人的不安全行为、物的不安全状态、环境的不良因素，以及管理缺陷等危险有害因素，可能导致设备失效或操作不当，从而造成能量意外释放，就有可能造成人身伤害、财产损失等事故。传播途径控制措施包括设置实体防护墙、增加安全间距等空间防护措施，也可以通过减少接触时间来减弱危险源对人员的伤害。

③ 个体防护。风险控制的最后一道防线，要求针对危险源的风险特点、对人体的伤害模式，以及可能发生的事故类型，选择合适的个体防护用品，以帮助劳动者免受危险源、危险有害因素和职业病的伤害。

需要注意的是，个体防护在能量瞬间释放的情况下，如火灾爆炸等事故状态下，是无法实现有效防护的，因此个体防护措施不能替代源头控制措施和传播途径控制措施。

（2）按事故发生的阶段控制　控制措施分为事前预防和事后控制。

① 事前预防。主要包括预防事故的技术措施、管理措施和教育措施等，例如危害识别和风险评估、本质安全设计、过程监测和监控、规章制度和操作规程的制定与执行、安全检查和隐患排查、应急管理和事故演练、安全培训和岗位练兵、职业安全健康管理体系的实施等，其中危害识别和风险评估是其他控制措施的制定依据。

② 事后控制。针对事故发生后可能造成的事故类型和后果严重程度、事故发生和发展的规律等制定有针对性的控制措施，以达到减少人身伤害和事故损失的目的。常见的事后控制措施包括设置自动侦测和报警、联锁与紧急停车、自动灭火装置、阻火装置、泄压或释放装置等技术措施，以及开展有效的应急响应、应急疏散、物料转移等管理措施。

无论是事前预防措施，还是事后控制措施，既要讲究可执行性和可操作性，还要兼顾经济性。

此外，从化工生产装置的风险失控影响范围来分，风险控制措施还可以结合风险评价方法，按影响区域进行细分。例如在工艺安全评价中，HAZOP（危险与可操作性分析）法采用了 LOPA 保护层原理对风险控制措施进行分类，从内到外可设计为过程设计、基本过程控制系统、警报与人员干预、安全仪表系统（SIS）、物理防护、释放后物理防护、工厂紧急响应以及社区应急响应等控制措施，更适合评价过程的具体实施和应用。

四、安全分析与评价方法的应用

现代安全管理认为，危害识别和风险评估是事故预防的基础，安全分析与评价方法的合理利用可以帮助生产经营单位有效开展危害识别和风险评估，实现基于风险的管控。

安全分析与评价实质上就是以保证系统安全为目的，依照现有的专业经验、评价标准和准则，对可能造成人员伤害、职业病、财产损失、环境破坏的根源或状态做出判断的过程。安全分析与评价可在系统计划、设计、制造、运行、维修、报废的每一阶段进行，评价的目的和对象不同，具体的评价内容和指标也不同。总体上，按照系统工程的观点，安全分析与评价就是对“人、机、环境”三个方面进行全面、系统地分析、评价，主要包括风险辨识和风险评价两部分内容。风险辨识是指识别风险并对风险发生的概率、造成的损失做定量估计；风险评价是指确定必要的防灾措施来减少或消除风险，使之达到社会能够接受的程度。

1. 安全分析与评价的一般程序

安全分析与评价过程，实质上就是依照科学的方法建立的一套作业程序，循序渐进、逐步深入地分析、辨识、控制风险的过程。我国的《安全评价通则》将安全分析与评价过程分为三个阶段，即调研分析和工作方案制定阶段，现场勘验、风险数据采集和风险评价阶段，

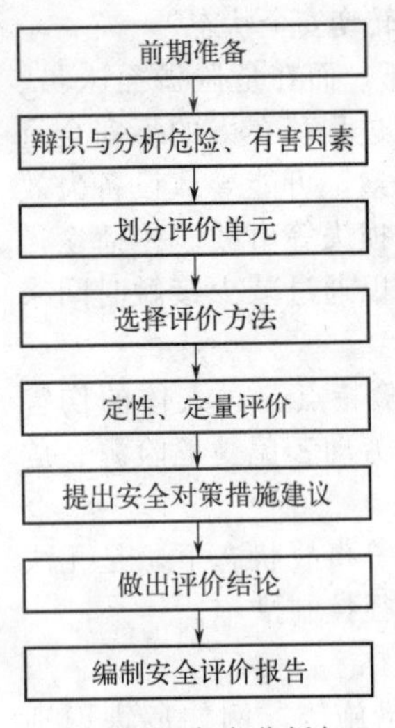

图 10-2 安全分析与评价的一般程序

安全评价文件编制阶段。安全分析与评价的一般程序见图 10-2。

评价指标是衡量系统危险性、危害性的定性、定量评价结果的标准。若没有指标，则无法判定系统的危险性、危害性是否符合要求，以及达到何种程度是可以接受的。

在确定评价指标时，并不是以危险性、危害性为零作为指标，而是在对危险危害后果、危害发生的可能性（概率、几率）和劳动安全卫生投资水平进行综合分析和优化后，根据法律、法规要求，制定的一系列有针对性的危险危害等级、指数等作为评价指标。同时，由于在评价中经常采用国外方法，因此其定量指标也可以作为评价指标，但其指标必须高于我国的可比指标。

劳动卫生各种危害作业分级标准、行业制定的危险等级划分标准、千人死亡率、千人重伤率、危险区域半径、伤害频率、损失率等都可作为评价指标。

2. 常用安全分析与评价方法

安全分析与评价方法是对系统的危险因素、有害因素及其危险、危害程度进行分析、评价的方法。按其特性可以分为定性安全评价和定量安全评价。

在我国，对新建、改建、扩建工程项目了“三同时”评审规定，强调安全性措施必须与主体工程同时设计、同时施工、同时验收投产。《关于进一步加强危险化学品建设项目安全设计管理的通知》（安监总管三〔2013〕76 号）规定，建设单位在建设项目设计合同中应主动要求设计单位对设计进行危险与可操作性（HAZOP）审查，涉及重大危险源、重点监管的危险化工工艺、重点监管的危险化学品的“两重点一重大”建设项目，必须在基础设计阶段开展 HAZOP 分析，以加强化工过程安全管理。

《化工过程安全管理导则》（AQ/T 3034—2022）进一步明确了化工过程安全管理的要素，涵盖了风险管控与过程安全、风险评估管理实践应用、利用定量风险评价（QRA）保障过程安全、开展设计阶段的 HAZOP/LOPA/SIL，装置安全规划与设计、使用风险工具推动工艺和设备管理、使用 JSA（工作安全分析）工具提升操作和作业管理等安全分析和评估内容。

（1）定性安全评价　是指根据经验和判断能力对生产工艺、设备、环境、人员、管理等方面的状况进行定性的分析。属于定性安全评价方法的有安全检查表（SCL）、专家现场询问观察法、因素图分析法、事故引发和发展分析、作业条件危险性评价（LEC）、故障类型和影响分析（FMEA）、危险与可操作性分析（HAZOP）等。

定性安全评价方法的特点是容易理解、便于掌握，评价过程简单。但定性安全评价方法往往依靠经验，带有一定的局限性，安全评价结果有时因参加评价人员的经验和经历等有相当的差异。同时由于安全评价结果不能给出量化的危险度，所以不同类型的对象之间安全评价结果缺乏可比性。

（2）定量安全评价　定量安全评价是基于运用大量的实验结果和广泛的事故资料统计分析获得的指标或规律（数学模型），对生产系统的工艺、设备、设施、环境、人员和管理等方面的状况进行定量的计算，安全评价的结果是一些定量的指标，如事故发生的概率、事故的伤害（或破坏）范围、定量的危险性、事故致因因素的事故关联度或重要度等。

按照安全评价给出的定量结果的类别不同，定量安全评价方法还可以分为概率风险评价法、伤害（或破坏）范围评价法和危险指数评价法。

（3）概率风险评价法　概率风险评价法是根据事故的基本致因因素的事故发生概率，应用数理统计中的概率分析方法，求取事故基本致因因素的关联度（或重要度）或整个评价系统的事故发生概率的安全评价方法。故障类型及影响分析、故障树分析、逻辑树分析、概率理论分析、马尔可夫模型分析、模糊矩阵法、统计图表分析法等都可以用基本致因因素的事故发生概率来计算整个评价系统的事故发生概率。

（4）伤害（或破坏）范围评价法　伤害（或破坏）范围评价法是根据事故的数学模型，应用数学计算方法，求取事故对人员的伤害范围或对物体的破坏范围的安全评价方法。液体泄漏模型、气体泄漏模型、气体绝热扩散模型、池火火焰与辐射强度评价模型、火球爆炸伤害模型、爆炸冲击波超压伤害模型、蒸气云爆炸超压破坏模型、毒物泄漏扩散模型和TNT当量法都属于伤害（或破坏）范围评价法。

（5）危险指数评价法　危险指数评价法应用系统的事故危险指数模型，根据系统及其物质、设备（设施）和工艺的基本性质和状态，采用推算的办法，逐步给出事故的可能损失、引起事故发生或使事故扩大的设备、事故的危险性以及采取安全措施的有效性的安全评价方法。常用的危险指数评价法有道化学公司火灾爆炸危险指数评价法（第七版），蒙德火灾爆炸毒性指数评价法，易燃、易爆、有毒重大危险源评价法。

不同场合、不同过程，选用的安全分析与评价方法不同，例如，工艺设计、设备运行状态、作业过程的安全分析与评估侧重点不一样，整体评估和局部评估的侧重点也不一样，但最终目的都是为生产经营单位的生产安全决策和风险防控措施的制定提供依据。常见的安全分析与评价方法的适用范围见表10-1。

表10-1　常用安全分析与评价方法的适用范围

评价方法	简称	研究开发阶段	设计阶段	试生产阶段	工程实施阶段	建造启动阶段	正常运转阶段	扩建阶段	事故调查阶段	拆除退役阶段
安全检查法	SCL	×	×	●	●	●	●	●	×	●
预先危险性分析	PHA	●	●	●	●	×	●	●	●	×
危险和可操作性分析	HAZOP	×	×	●	●	×	●	●	●	×
故障类型及影响分析	FMEA	×	×	●	●	×	●	●	●	×
事件树分析	ETA	×	×	●	●	×	●	●	●	×
故障树分析	FTA	×	×	●	●	×	●	●	●	×
人的可靠性分析	HRA	×	×	●	●	●	●	●	●	×
危险指数法	RR	●	●	×	×	×	●	●	×	×
概率危险评价	PRA	×	●	●	●	●	●	●	●	×

注：“×”表示很少使用或不适用，“●”表示通常使用。

此外，风险评价软件和风险管理业务流程信息化的应用可大幅度提高安全分析与风险评价的应用范围和工作效率。目前，国内外知名的安全分析与评价软件都能够提供常规的风险分析和评估计算，得出科学的分析和评估结果，还能提供个人年度风险（IRPA）、个人风险等高线、展示设施周围人员安全风险地理分布的鸟瞰图等展现图表，为技术人员和管理人员提供直观的科学决策依据。风险管理信息系统则为评价机构和生产经营单位提供规范的、配套的安全分析和评价过程管理。

五、HAZOP方法的应用

危险性和可操作性研究（hazard and operability study，简称HAZOP）是针对设计中的装置或现有装置的一种结构化和系统化的审查，其目的在于辨识和评估可能造成人员伤害或财产损失的风险。

HAZOP是一种基于引导词的定性评价技术，通过一个多专业小组组织一系列会议完成。HAZOP 研究技术是 1963 年由英国帝国化学公司首先开发的，1970 年首次公布，其间经过不断改进与完善，在欧洲和美国，现已广泛应用于各类工艺过程和项目的风险评估工作中。我国《危险与可操作性分析（HAZOP 分析）应用指南》（GBT 35320—2017）为该方法的应用提供了指引。

HAZOP 分析方法具有以下功能特征：

① 可以探明所分析系统装置和工艺过程存在的潜在危险，并根据危险判断相应的后果；

② 辨识系统的主要危险源，有针对性地进行安全指导；

③ 为后续进一步的定量分析做准备；

④ 既适用于设计阶段，又可用于已有的系统装置；

⑤ 对连续过程和间歇过程都比较适用；

⑥ 适用于在新技术开发中危险的辨识。

1. HAZOP 分析方法的实施步骤

HAZOP 分析是系统、详细地对工艺过程和操作进行检查，以确定过程的偏差是否导致不希望的后果。该方法可用于连续或间歇过程，还可以对拟定的操作规程进行分析。HAZOP 的基本过程以关键词为引导，找出工作系统中工艺过程或状态的变化（即偏差），然后继续分析造成偏差的原因、后果、现有安全控制措施，并进行风险评估，提出建议改进的措施。HAZOP 分析需要准确、最新的管道仪表图（P&ID）、生产流程图、设计意图及参数、过程描述。HAZOP 分析步骤如下。

① 选择一个工艺单元操作步骤，收集相关资料。

② 解释工艺单元或操作步骤的设计意图。

③ 选择一个工艺变量或任务。

④ 对工艺变量或任务用引导词开发有意义的偏差。

⑤ 列出可能引起偏差的原因。

⑥ 解释与偏差相关的后果。

⑦ 识别现有防止偏差的安全控制措施或保护装置。

⑧ 基于后果、原因和现有安全控制措施或保护装置评估风险度。

⑨ 建议控制措施。

2. 研究对象及判定标准

HAZOP 分析是以管道仪表图（P&ID）为主要分析对象，根据标准参数和引导词，将生产装置管道仪表图（P&ID）重点具体设备设置为节点，并参照该节点相关工艺参数分析偏差，查找偏差产生的原因，分析现有偏差控制措施的有效性，并提出改进的建议。HAZOP 分析常见标准参数和引导词见表 10-2，HAZOP 分析常用引导词的含义见表 10-3。

表 10-2 HAZOP 分析常见标准参数和引导词

参数	无	较多	较少	像…一样	部分	相反
流量	√	√	√	√	√	√
压力	√	√	√			√
温度		√	√			
液位	√	√	√			
组成				√	√	
化学反应	√	√	√			
其他					√	

表 10-3　HAZOP 分析常用引导词的含义

引导词	含义	说明	示例
无（空白）	对设计意图的否定	设计或操作要求的指标或时间完全不发生	无流量
较多（过量）	数量增加	同标准值比较，数值偏大	温度偏高
较少（减量）	数量减少	同标准值比较，数值偏小	液位偏低
伴随	质的增加	在完成既定功能的同时伴随多余事件发生	组分增加
部分	质的减少	只完成既定功能的一部分	组分缺失
相反（相逆）	设计意图的逻辑反面	出现和设计要求完全相反的事或物	逆流
异常	完全代替	出现和设计要求不相同的事或物	紧急停机

为了通过 HAZOP 分析识别出工艺设计中的潜在危险，并采取措施消除隐患，HAZOP 分析方法中可引入风险矩阵对每一节点的风险度进行定义。风险矩阵中，风险度（R）、事件发生的可能性（p）和后果严重程度（s）之间的关系为 $R=p\cdot s$，我们可以根据对风险度的可接受程度，设置风险度的判定标准，对不同风险值的节点采取相应的对策措施。图 10-3 为 HAZOP 等级评定矩阵图。

		可能性等级			
		1 不可能	2 低可能性	3 偶有可能	4 可能
严重程度等级	1 较低	D	D	C	B
	2 严重	D	C	B	B
	3 很严重	C	B	B	A
	4 灾难性的	B	A	A	A

图 10-3　HAZOP 等级评定矩阵图

① 上图中，可能性级别定义如下。

级别 1：不可能——在装置和设施的使用期限内预计不会发生事故，到目前为止任何地方还没有发生过类似事故，事故概率$<10^{-4}$。如多种仪表或阀门失灵、正常情况下的操作失误、工艺设备故障。

级别 2：低可能性——在工艺或设施的操作年限内预计发生次数不超过 1 次，事故概率 $10^{-2}\sim10^{-4}$。如双仪表或双阀失灵、装卸区出现大泄漏、管道或管件的损坏、仪表失灵的同时操作失误、30 年内不超过 1 次。此类事故曾在其他地方发生。

级别 3：偶有可能——在工艺操作周期内预计发生次数超过 1 次，事故概率 $10^{-1}\sim10^{-2}$。如装置出现泄漏；单个仪表或阀门失灵；引发少量有害物料泄漏的操作失误；每五年发生 1 次。

级别 4：可能——在工艺或装置操作周期内预计重复发生，每年至少 1 次，事故概率$>10^{-1}$。

② 严重等级定义如下。

1 级：较低——可能发生人员（损时）伤害事件；生产现场环境污染（突破限值），对现场外没有影响或不良气味；装置局部事故，装置不停车，产量下降（＜10%）；设备轻微受损（费用＜10 万元）。

2 级：严重——可能发生严重人员伤亡事故；可能发生环境污染（突破限值），破坏周边环境但影响较小；装置可能发生局部损坏，产量明显下降（＞10%）；设备受损或装置短时间停车（10 万元＜费用＜100 万元）。

3 级：很严重——现场易发生重大伤亡事故；易发生环境污染（突破限值），严重破坏周边环境，影响较大；大量设备受损或装置长时间停车（费用＞100 万元）。

4 级：灾难性的——现场发生重大伤亡事故，概率$>10^{-1}$；发生环境污染且严重破坏周边环境，概率$>10^{-1}$；装置受损停车（费用>500 万元）。

③ 风险度等级定义如下。

A：不可接受的风险，应立即采取行动将风险降低到 B 或更低，后续方案应到达 C 水平。

B：不希望有的风险，要求加强管理或工程上的控制措施以将风险降低到 C 水平或更低。

C：最低风险，控制或书面程序应得到确认。必须要考虑其他管理控制措施，费用应进行优化。

D：可接受风险，无需行动。

3. 过程记录与分析报告

HAZOP 分析记录表主要包含以下字段：记录表序号、偏差研究序号、节点名称、PID 图号、参数、引导词、偏差、原因、后果、可能性、严重程度、已有保护措施、建议、采取措施后风险等级、备注、分类码、后续答复（责任方/答复）等。

建议措施报告表主要包括以下字段：序号、记录表序号、PID 图号、原因、建议、分类码、采取措施后风险等级、后续答复、设计方评审意见、责任方、预期目标完成时间、执行信息反馈、关闭状态、责任方答复等。

HAZOP 报告内容主要包括：HAZOP 研究报告成果统计（整改建议分类统计），项目介绍（项目名称、背景、审查对象及范围、审查目的、审查原则与要求、时间和地点），工艺过程说明（装置概况、工艺设计技术说明），HAZOP 工作方法（方法、工作流程、记录要求、风险分级标准、程序、引导词），HAZOP 研究组成员介绍，研究文件资料目录清单，研究节点表（重整及再接触部分、催化剂再生部分及实际节点），待审内容和整改建议（需要进一步分析的项目、工作组提出的整改建议等）。

图 10-4 为 HAZOP 风险控制程序，通过对化工生产装置设计过程或生产过程进行 HAZOP 分析，可以发现潜在的系统性缺陷或隐患，为设计和操作推荐更为有效的安全保障措施。

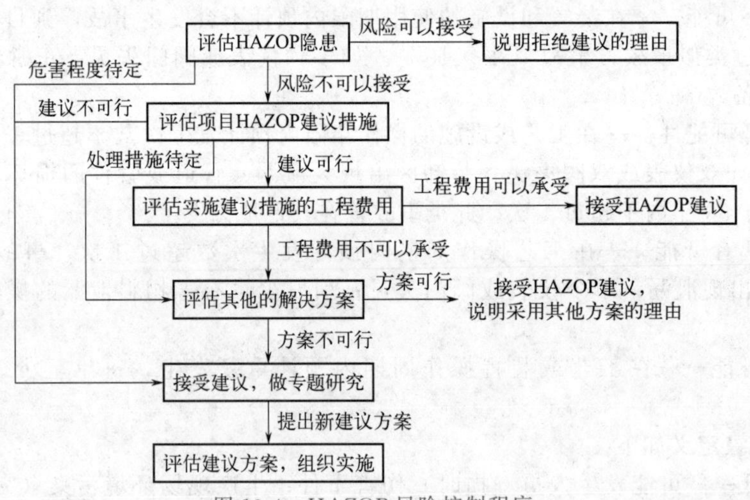

图 10-4　HAZOP 风险控制程序

表 10-4 为某乙醇-水二元精馏装置精馏塔 HAZOP 分析，该节点中塔顶压力过多，导致的原因有许多，通过分析，可以找出导致该偏差的各种原因，并进一步分析偏差可能导致生产安全、社会影响和环境影响三方面的后果严重程度。表中利用风险矩阵法分别对原始风险（无防护）、现有保护措施下降低所致的风险、增加建议措施后的剩余风险进行评估，直至风险降低到可接受范围，即可停止增加安全措施。为了提高安全保障措施的有效性，可以引入设备失效概率等统计信息作为辅助分析。

表 10-4 某乙醇-水二元精馏装置精馏塔 HAZOP 分析表

序号	偏离		原因/初始事件	后果	原始风险				保护措施及失效概率		降低后风险			建议措施		剩余风险		
	工艺参数	引导词			风险类别	严重性 S	可能性 P	风险度 R	现有安全措施	保护层类型	严重性 S	可能性 P	风险度 R	描述	类型	严重性 S	可能性 P	风险度 R
1	塔顶压力	过多	原料组分变轻	顶压升高，严重时造成乙醇气体大量泄漏，遇点火源引发火灾爆炸	生产安全	5	4	20	设有压力控制回路	基本过程控制系统	5	2	10	建议增加塔顶安全阀	物理式独立保护层	5	1	5
					社会影响	3	4	12	设有压力高报警及人员响应	报警操作员介入处理	3	2	6	—	—	3	1	3
					环境影响	2	4	8	—	—	2	2	4	—	—	2	1	2
2	塔顶压力	过多	回流泵故障停	顶压升高，严重时造成乙醇气体大量泄漏，遇点火源引发火灾爆炸	生产安全	5	4	20	设有压力控制回路	报警操作员介入处理	5	2	#	建议增加塔顶安全阀	物理式独立保护层	5	1	5
					社会影响	3	4	12	设有压力高报警及人员响应	基本过程控制系统	3	2	6	—	—	3	1	3
					环境影响	2	4	8	—	—	2	2	4			2	1	2
3	塔顶压力	过多	塔釜加热功率过高	顶压升高，严重时造成乙醇气体大量泄漏，遇点火源引发火灾爆炸	生产安全	5	4	#	设有压力控制回路	基本过程控制系统	5	2	#	建议增加塔顶安全阀	物理式独立保护层	5	1	5
					社会影响	3	4	#	设有压力高报警及人员响应	报警操作员介入处理	3	2	6	—	—	3	1	3
					环境影响	2	4	8	—	—	2	2	4	—	—	2	1	2

项目二 认识双重预防机制和应急管理

双重预防机制和应急管理是通过危险源辨识实现风险分级管控，通过隐患排查和治理消除人的不安全行为、物的不安全状态和管理缺陷，通过应急管理及时发现事故苗头并采取措施控制事故发展、减少人员伤亡、降低经济损失。

一、案例

2019年2月15日23时许，广东某纸业有限公司工作人员在进行污水调节池（事故应急池）清理作业时，发生一起气体中毒事故，造成7人死亡，2人受伤，直接经济损失约为人民币1200万元。

事故原因：某纸业有限公司一车间污水处理班人员邹某某等3人违章进入含有硫化氢气体的污水调节池内进行清淤作业，其他从业人员盲目施救导致事故伤亡的扩大。公司安全生产主体责任、安全生产管理制度、安全生产隐患排查治理工作不落实，有限空间作业应急救援预案编制不完善，应急演练缺失，专项安全培训不到位。

"广东省东莞市中堂镇'2·15'较大中毒事故调查报告"的查阅方式

二、双重预防机制

在生产经营单位生产事故应急管理中，事前预防措施和事故应急处置过程的减灾降灾措施一样重要，而事前预防的前提是开展危险源、危险有害因素的辨识和评估，把潜在的隐患找出来并消除。《中华人民共和国安全生产法》（以下简称《安全生产法》）提及的双重预防机制就是安全风险分级管控和隐患排查治理。在《危险化学品企业安全风险隐患排查治理导则》（应急〔2019〕78号）中"隐患"的定义为：对安全风险所采取的管控措施存在缺陷或缺失时就形成事故隐患。

1. 安全风险分级管控

生产经营单位日常工作中的风险管理，包括危险源辨识、风险评价分级、风险管控，即辨识风险点有哪些危险物质及能量，在什么情况下可能发生什么事故，全面排查风险点的现有管控措施是否完好，运用风险评价准则对风险点的风险进行评价分级，然后由不同层级的人员对风险进行管控，保证风险点的安全管控措施完好。

2. 隐患排查治理

对风险点的管控措施通过隐患排查等方式进行全面管控，及时发现风险点管控措施潜在的隐患，及时对隐患进行治理。

3. 双重预防机制的内涵

"双重预防"第一重"预防"是指把风险管控好，不让风险管控措施出现隐患；第二重"预防"是对风险管控措施出现的隐患及时发现及时治理，预防事故的发生。生产经营单位隐患排查的重点是对隐患进行排查、排序和排除。因此，安全风险分级管控和隐患排查治理是相互包含的关系，隐患排查治理包含于风险分级管控中。及时发现并消除风险管控措施存在的隐患，保证风险的管控措施处于完好状态，就是对风险的管控。

4. 双重预防的主要过程

第一个过程为"辨识"，辨识风险点有哪些危险物质和能量（这是导致事故的根源），辨识这些根源在什么情况可能会导致什么事故。

第二个过程为“评价分级”，利用风险评价准则，评价风险点导致各类事故发生的可能性与严重程度，对风险进行评价分级。本过程包含了对风险点的现有管控措施进行全面排查，如措施是否齐全、是否处于良好状态。如果风险现有管控措施有缺失或缺陷，即存在隐患，可能会构成较大或重大风险，影响风险分级结果。

第三个过程为“管控”，即对风险的管控，把风险管控在可接受的范围内。本过程包含了对“评价分级”发现的隐患治理、风险点现有管控措施全面持续的隐患排查，及时发现隐患及时治理，保证风险随时处于可接受的范围内。

三、应急管理与生产安全事故应急预案

生产经营单位应急管理是对其生产经营中的各种安全生产事故和可能给企业带来人员伤亡、财产损失的各种外部突发公共事件，以及企业可能给社会带来损害的各类突发公共事件的预防、处置和恢复重建等工作，是生产经营管理的重要组成部分。

1. 应急管理

对于生产经营单位而言，双重预防机制和应急管理都是生产安全风险控制的必要手段，双重预防机制重在事前预防，应急管理重在灾后事态的控制，两者缺一不可。

目前，应急管理通常包括预防与应急准备、监测与预警、应急处置与救援、事后恢复与重建等四个步骤来推进实施。应急管理的落实要注重“平战结合”，即平时做好基础性、预防性工作，战时就会主动、积极。因此，应急管理的前提是做好“双重预防”，并注意常态运行中监测、预警的强化和保障，争取突发事件不会发生；其次是对预先设想的事故状态提前落实好应急组织和职责分工、应急装备储备、应急预案编制和应急程序优化、应急人员培训和演练等工作，尽量争取突发事件早结束，及时完成应急处置和恢复、重建工作，恢复正常生产。生产经营单位的双重预防机制和应急管理体系的建设，有助于实现事故控制关口前移。

2. 生产安全事故应急预案

生产安全事故应急预案是针对各级各类可能发生的事故和发生事故后可能造成严重事故后果的危险源制定专项应急预案和现场处置方案，并明确事前、事发、事中、事后的各个过程中相关部门和有关人员的职责和程序。

2019 年重新修订的《生产安全事故应急预案管理办法》规定：生产经营单位应当根据有关法律、法规、规章和相关标准，结合本单位组织管理体系、生产规模和可能发生的事故特点，与相关预案保持衔接，确立本单位的应急预案体系，编制相应的应急预案，并体现自救互救和先期处置等特点。该规定还要求危险化学品生产经营单位，应当对本单位编制的应急预案进行评审，并形成书面评审纪要。按照分级属地原则，危险化学品生产经营单位在应急预案公布之日起 20 个工作日内，应向县级以上人民政府应急管理部门和其他负有安全生产监督管理职责的部门进行备案，并依法向社会公布。

四、应急管理的信息化

生产经营单位可以利用信息化手段，结合“互联网＋应急管理”重点开展安全风险监测预警工程、救援处置能力建设工程的建设。

1. 应急管理信息化的目的和作用

利用信息化手段完善应急预案管理与演练管理，实现预案编制全过程的计算机辅助设计，可以加大对企业应急预案监督管理力度，加强预案间的衔接与联动；可以强化重点岗

位、重点部位现场应急处置方案实操性监督检查，可以强化制度化、全员化、多形式的应急救援演练；可以形成生产经营单位应急预案修订工作自我完善机制。

利用信息化手段辅助应急资源的日常管理和紧急调用，可以推动安全生产应急救援装备建设制度化、标准化，有助于提升应急救援能力。

利用信息化手段加强应急救援基础数据库建设，完善应急救援装备技术参数信息库，建立应急救援基础数据普查与动态采集报送机制，建设生产经营单位应急管理平台，可以实现与各级应急管理部门互联互通的安全生产应急救援指挥平台体系，提升应急救援机构与事故现场的远程通信指挥保障能力和现场应急处置协同能力。

2. 应急管理信息化的功能

应急管理信息化体系，旨在全面提升监测预警、监管执法、辅助指挥决策、救援实战和社会动员能力。其主要功能包括如下内容。

① 统筹基础信息。生产经营单位应将应急管理信息化模块纳入企业信息化综合管理平台，作为其安全生产管理子系统的一个重要组成模块，完成应急职能分工和应急信息收集、处理的程序，确保应急管理流程畅通、高效。

② 建立信息服务体系。生产经营单位应急管理数据统一纳入生产经营单位安全生产大数据应用平台，实行信息集中存储、统一管理，面向岗位提供定制式、订阅式、滴灌式信息服务，通过接口调用等方式提供模型算法、知识图谱、智能应用等基础服务，满足各级信息需求和应用需求。

③ 强化数据分析应用。结合生产经营单位安全生产大数据应用，重点加强风险评价、隐患排查与治理、应急资源、应急预案及配套附件等基础信息综合分析研判，充分挖掘数据价值，为风险防范、预警预报、指挥调度、应急处置等提供智能化、专业化、精细化手段。

④ 推进安全生产风险监测预警系统建设。实施“工业互联网＋安全生产”行动计划，在危险化学品安全生产风险监测预警系统中，对生产单元和储存单元的重大危险源监测监控数据进行智能分析，实现违规行为、异常情况等风险隐患的智能识别，缩短应急响应时间。

⑤ 推进应急宣教信息化建设。建设智能化应急管理科普宣教系统，打造资源共享平台，将各级应急演练策划、实施和评价纳入到信息系统中，便于岗位学习和培训。充分利用内部网络、企业微信等新媒体加强公益宣传，普及安全知识，精确推送岗位相关安全生产知识，强化应急意识，提高防灾避险、自救互救能力。

⑥ 完善应急指挥平台。通过本单位应急指挥和应急资源管理平台，建设本单位的数字化应急预案库，实现系统内数据共享，加强与外部数据互通，汇聚互联网和社会单位数据，提升应急处置能力。通过共享灾害事故情报、态势分析研判、应急力量调用、应急物资储备、应急预案、监测监控数据、现场视频图像、历史事故案例等信息并汇聚展示，形成上下贯通的应急指挥体系，有力支撑统一指挥、协同研判。

3. 应急管理信息化的建设

生产经营单位应急管理信息化不是一个独立的系统，而是从属于企业管理，是安全生产信息子系统的一个重要模块。应急管理信息化过程应与企业管理信息化进程一致，从进程统筹和功能实现两方面进行融合。

在进程统筹方面，生产经营单位首先要建立公共基础平台，结合组织架构、岗位设置和用户个人信息设计公共信息服务平台，而业务模块则可以“即插即用”，在公共基础平台上运行。用户登录系统后，可以使用经授权的业务模块，开展数据录入、数据分析，查阅相关报表等。生产经营单位应急管理可作为公共基础平台上运行的业务模块，以实现应急管理相关功能。

在功能实现方面，应急管理信息化模块应能够实现法律法规标准数据库调用、管理制度和岗位责任制调用、岗位危害识别与风险评估、安全评价方法调用、安全事故风险评估报告自动生成、应急资源信息录入及应急资源调查报告自动生成、应急预案编制与修订管理、演练计划与实施、演练报告自动生成、应急通讯数据库调用与应急信息智能推送、应急专家库调用管理、应急资源库调用管理、专业应急程序调用管理、应急指挥辅助决策、事故应急闭环管理等内容。

项目三 生产安全事故应急预案的编制

生产经营单位生产安全事故应急预案（简称应急预案）是国家生产安全应急管理体系的重要组成部分。应急处置方案是应急预案体系的基础，基本依据是《安全生产法》《生产经营单位生产安全事故应急预案编制导则》《生产安全事故应急预案管理办法》等，预案应做到事故类型和危害程度清楚，应急管理责任明确，应对措施正确有效，应急响应及时迅速，应急资源准备充分、立足自救。

一、案例

2021 年 6 月 13 日 6 时 42 分许，湖北省某集贸市场发生重大燃气爆炸事故，造成 26 人死亡，138 人受伤，其中重伤 37 人，直接经济损失约 5395.41 万元。

“湖北省十堰市张湾区艳湖社区集贸市场‘6·13’重大燃气爆炸事故调查报告”的查阅方式

事故原因：天然气中压钢管严重锈蚀破裂，泄漏的天然气在建筑物下方河道内密闭空间聚集，遇餐饮商户排油烟管道火星发生爆炸。此外，管理混乱，应急处置不当，应急演练不落实，违规建设形成的隐患长期得不到排查也是事故发生的原因。

二、应急预案编制的准备

1. 应急预案编制的理论依据

（1）事故可预测和事故偶发原理　工业事故是人灾，是人造系统缺陷造成的，并随偏差的失控而发展的。因为工业生产是人为设计的，各种偏差是可以提前判断和预测的，但事故发生的时间和事故后果的严重程度则受到诸多因素的影响，是不确定的，事故的发生有其偶发性。

（2）灾害级数增长规律　化工生产装置通常有大量危险化学品，并伴随高温、高压、有毒、腐蚀等危险有害因素，一旦发生事故，后果不堪设想。随着事态的发展，事故损失呈现几何级数增加的趋势，要减少损失，就要把应急响应的时间缩短，将事故消灭在萌芽阶段。

（3）以人为本原则　安全生产工作应当以人为本，坚持人民至上、生命至上，把保护人民生命安全摆在首位，树牢安全发展理念，坚持安全第一、预防为主、综合治理的方针，从源头上防范化解重大安全风险。发展决不能以牺牲人的生命为代价，这必须作为一条不可逾越的红线。

（4）经济性原则　化工生产过程存在的危险源种类繁多，危险有害因素千差万别，不同工况下，事故的发展势态和后果严重程度也不同，应急对策和应急资源使用也不同。应急过程需要合理的资源调配，但资源是有限的，要讲究经济性的，争取利用较少的投入来控制事态发展。

（5）整分合原则　应急预案编制过程是一个系统性工程，不是一蹴而就的，需要整体设计，分步实施，分部门实施，分专业实施，化工生产经营单位的应急预案包括了综合预案、专项预案、现场处置方案，这些方案构成了一个整体，而这个整体又从属于属地、园区的预案体系。在整分合原则下编制的预案，可以明确职责、合理分工，实现各单位、各部门、各岗位的应急协同和联动，实现各层级、各部门预案的无缝衔接。

2. 应急预案编制的基础工作

生产经营单位应急预案编制程序包括成立应急预案编制工作组、资料收集、风险评估、应急资源调查、应急能力评估、应急预案编制、桌面推演、应急预案评审和应急预案发布。应急预案编制前，应做好下列基础工作。

（1）成立工作组　生产经营单位应成立以单位主要负责人为组长，单位相关部门人员（如生产、技术、设备、安全、行政、人事、财务人员）参加的企业级别的应急预案编制工作组，明确工作职责和任务分工，制订工作计划，组织开展应急预案编制工作。预案编制工作组中应邀请相关救援队伍以及周边相关企业、单位或社区代表参加。对于面向基层岗位的应急处置方案，则要求有班组从业人员参加。在编制应急预案前，应对企业各级组织机构及相关岗位进行危害识别、风险评估，并对现有应急资源进行综合调查。

（2）资料收集　在编制生产经营单位应急预案之前，应急预案编制工作组应收集下列相关资料：

① 适用的法律法规、部门规章、地方性法规和政府规章、技术标准及规范性文件；

② 企业周边地质、地形、环境情况及气象、水文、交通资料；

③ 企业现场功能区划分、建（构）筑物平面布置及安全距离资料；

④ 企业工艺流程、工艺参数、作业条件、设备装置及风险评估资料；

⑤ 本企业历史事故与隐患、国内外同行业事故资料；

⑥ 属地政府及周边企业、单位应急预案。

对于面向基层岗位的现场应急处置方案，还需要收集所在岗位的岗位责任制、操作规程、作业指导书、危险化学品安全技术说明书、岗位危害识别和风险辨识清单、现有应急装备或器材的使用说明书、相关平面布置图等信息。

（3）风险评估　应急预案编制工作组在分析本单位已有生产岗位危害识别和风险评估的基础上，按照《生产经营单位生产安全事故应急预案编制导则》（GB/T 29639—2020）要求开展生产安全事故风险评估，撰写评估报告。风险评估的内容包括但不限于：

① 辨识生产经营单位存在的危险有害因素，确定可能发生的生产安全事故类别；

② 分析各种事故类别发生的可能性、危害后果和影响范围；

③ 评估确定相应事故类别的风险等级。

在应急预案编制前，要完成生产安全事故风险评估报告，并作为生产经营单位应急预案的附件。主要包括危险有害因素辨识、事故风险分析、事故风险评价、结论建议等内容。

① 危险有害因素辨识主要描述生产经营单位危险有害因素辨识的情况。

② 事故风险分析主要描述生产经营单位事故风险的类型、事故发生的可能性、危害后果和影响范围。

③ 事故风险评价主要描述生产经营单位事故风险的类别及风险等级。

④ 结论建议是评估人员采用安全评价方法进行生产安全事故分析和评估后，得出生产经营单位应急预案体系建设的计划建议。

以上①～③项内容均可用列表形式表述，便于编写人员理解和应用。

生产经营单位选择编制的专项应急预案和现场处置方案时，应参考风险评估结果和结论建议。对于超过危险化学品生产、储存装置个人可接受风险标准和社会可接受风险标准的突发事件，生产经营单位应针对这些高风险事件编制专项应急预案或现场处置方案。

（4）应急资源调查　应急预案编制工作组应全面调查和客观分析本单位以及周边单位和政府部门可请求援助的应急资源状况，按照《生产经营单位生产安全事故应急预案编制导则》要求撰写应急资源调查报告，其内容包括但不限于：

① 本单位可调用的应急队伍、装备、物资、场所；

② 针对生产过程及存在的风险可采取的监测、监控、报警手段；

③ 上级单位、当地政府及周边企业可提供的应急资源；

④ 可协调使用的医疗、消防、专业抢险救援机构及其他社会化应急救援力量。

在应急预案编制前要完成应急资源调查报告，并作为生产经营单位应急预案的附件。主要包括单位内部应急资源、外部应急资源、应急资源差距分析等内容。

① 单位内部应急资源是按照生产经营单位内部应急资源的分类，分别描述相关应急资源的基本现状、功能完善程度、受可能发生的事故的影响程度，可用列表形式表述。

② 单位外部应急资源主要描述本单位能够调查或掌握可用于参与事故处置的外部应急资源情况，也可用列表形式表述。

③ 应急资源差距分析主要依据风险评估结果得出本单位的应急资源需求，与本单位现有内外部应急资源对比，提出本单位内外部应急资源补充建议。

应急预案编制过程中，应急措施所采用的应急资源应与应急资源清单中的资源有对应关系，不能无中生有。

（5）应急能力评估　目前，化工行业还没有应急能力评估方面的国家标准。应急能力评估是以现有应急预案和应急体制、机制、法制为核心，围绕预防与应急准备、监测与预警、应急处置与救援、事后恢复与重建四个方面对生产经营单位进行的综合性、系统性评估。

《生产经营单位安全生产应急能力评估规范》简介

三、应急预案的编制

1. 应急预案编制的含义和目的

应急预案是为应对可能发生的紧急事件所做的预先准备，其目的是限制紧急事件的范围，尽可能消除事件或尽量减少事件造成的人、财产和环境的损失。紧急事件是指可能对人员、财产或环境等造成重大损害的事件。

制订应急预案是为了发生事故时能以最快的速度发挥最大的效能，有组织、有秩序地实施救援行动，尽快控制事态的发展，降低事故造成的危害，减少事故损失。

2. 编制准备

编制应急预案应做好以下准备工作。

① 全面分析本单位危险因素、可能发生的事故类型及事故的危害程度。

② 排查事故隐患的种类、数量和分布情况，并在隐患治理的基础上，预测可能发生的事故类型及其危害程度。

③ 确定事故危险源，进行风险辨识、评估。

④ 针对事故危险源和存在的问题，确定相应的防范措施。

⑤ 客观评价本单位应急能力。

⑥ 充分借鉴国内外同行业事故教训及应急工作经验。

3. 预案编制程序

生产经营单位应急预案编制流程见图 10-5。

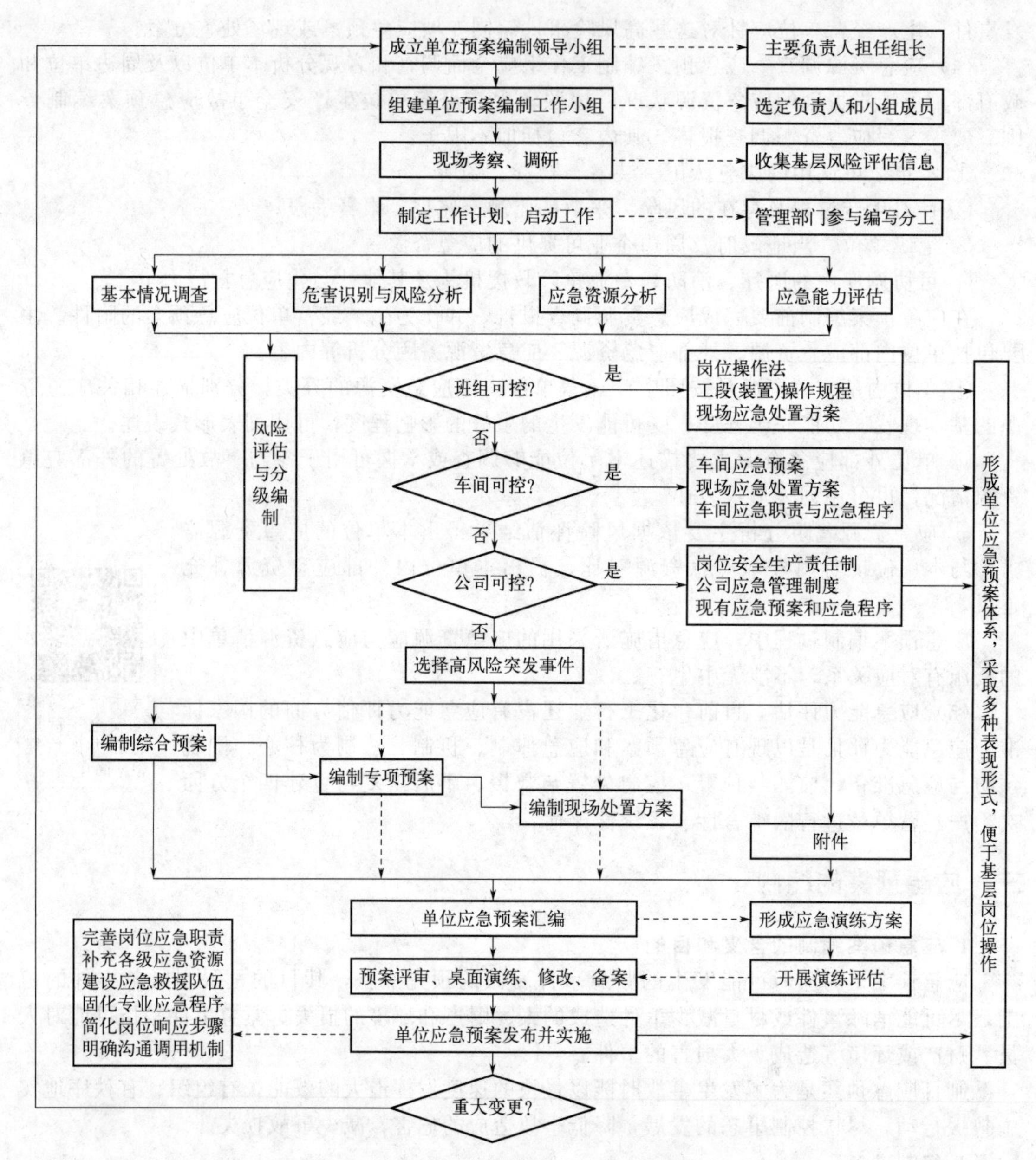

图 10-5 生产经营单位应急预案编制流程图

4. 应急预案体系

生产经营单位针对各级各类可能发生的事故和所有危险源制订的应急预案包括综合应急预案、专项应急预案和现场应急处置方案，并明确事前、事发、事中、事后的各个过程中相关部门和有关人员的职责。

编制的综合应急预案、专项应急预案和现场处置方案之间应当相互衔接，并与所涉及的其他单位的应急预案相互衔接。

(1) 综合应急预案 生产经营单位为应对各种生产安全事故而制定的综合性工作方案，是本单位应对生产安全事故的总体工作程序、措施和应急预案体系的总纲。

综合应急预案应当规定应急组织机构及其职责、应急预案体系、事故风险描述、预警及信息报告、应急响应、保障措施、应急预案管理等内容。

（2）专项应急预案　生产经营单位为应对某一种或者多种类型生产安全事故，或者针对重要生产设施、重大危险源、重大活动防止生产安全事故而制定的专项性工作方案。

对于某一种或者多种类型的事故风险，生产经营单位可以编制相应的专项应急预案，或将专项应急预案并入综合应急预案。专项应急预案应当规定应急指挥机构与职责、处置程序和措施等内容。

（3）现场处置方案　生产经营单位根据不同生产安全事故类型，针对具体场所、装置或者设施所制定的应急处置措施。

对于危险性较大的场所、装置或者设施，生产经营单位应当编制现场处置方案。现场处置方案应当规定应急工作职责、应急处置措施和注意事项等内容。对于事故风险单一、危险性小的生产经营单位，可以不用编制综合预案和专项预案，只需要编制现场处置方案。

化工生产经营单位的专项应急预案主要考虑企业层面的高风险事件，如事故后果严重的泄漏、火灾、爆炸事故，影响正常生产并有可能造成大范围停车的水、电、风、气中断突发事件，以及容易造成人员伤亡的中毒、窒息、人身伤害事故。

某石化企业生产事故类应急预案框架图如图10-6所示。

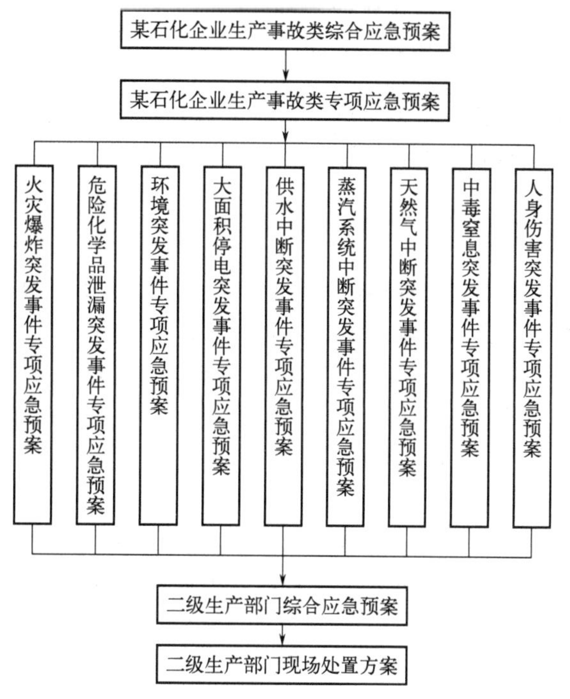

图10-6　某石化企业生产事故类应急预案框架图

除此之外，为了提高应急预案的可操作性，生产经营单位应当在编制应急预案的基础上，针对工作场所、岗位的特点，编制简明、实用、有效的应急处置卡。应急处置卡应当规定重点岗位、人员的应急处置程序和措施，以及相关联络人员和联系方式，便于从业人员携带和查阅。

对于生产经营单位来说，完整的应急预案文件体系包括应急管理制度、应急预案管理程序、岗位应急工作职责、事故风险辨识和评估报告、应急资源调查报告、综合应急预案、专项应急预案、现场处置方案，以及包含应急通讯、应急装备清单、应急程序文件、指导说明书、配套图表和记录、各预案体系的衔接程序、预案编制历史变更记录等内容的应急预案附件。

5. 应急预案编制的基本要求

应急预案的编制应当符合下列基本要求。

① 符合有关法律、法规、规章和标准的规定。

② 结合本地区、本部门、本单位的安全生产实际情况。

③ 结合本地区、本部门、本单位的危险性分析情况。

④ 应急组织和人员的职责分工明确，并有具体的落实措施。

⑤ 有明确、具体的事故预防措施和应急程序，并与其应急能力相适应。

⑥ 有明确的应急保障措施，并能满足本地区、本部门、本单位的应急工作要求。

⑦ 预案基本要素齐全、完整，预案附件提供的信息准确。

⑧ 预案内容与相关应急预案相互衔接。

6. 应急预案的修订

生产经营单位制定的应急预案应当至少每三年修订一次，预案修订情况应有记录并归档。当有下列情形之一的，应急预案应及时修订。

① 依据的法律、法规、规章、标准及上位预案中的有关规定发生重大变化的。

② 应急指挥机构及其职责发生调整的。

③ 安全生产面临的风险发生重大变化的。

④ 重要应急资源发生重大变化的。

⑤ 在应急演练和事故应急救援中发现需要修订预案的重大问题的。

⑥ 编制单位认为应当修订的其他情况。

四、应急预案的桌面演练

应急预案编制完成后要进行桌面演练，针对事故情景，利用图纸、沙盘、流程图、计算机模拟、视频会议等辅助手段，进行交互式讨论和推演。目的是检验和提高应急预案规定应急机制的协调性、应急程序的合理性、应对措施的可靠性。

应急预案的演练

五、应急预案的评审

应急预案编制完成后，生产经营单位应在广泛征求意见的基础上，对应急预案进行评审。目前，生产经营单位应急预案的评审主要依据包括《生产经营单位生产安全事故应急预案编制导则》（GB/T 29639—2020）、《生产经营单位安全生产事故应急预案评估指南》（AQ/T 9011—2019）、《生产经营单位生产安全事故应急预案评审指南（试行）》（安监总厅应急〔2009〕73 号）等。

1. 评审方法

应急预案评审采取形式评审和要素评审两种方法。

形式评审主要用于应急预案备案时的评审，要素评审用于生产经营单位组织的应急预案评审工作。应急预案评审采用符合、基本符合、不符合三种意见进行判定。对于基本符合和不符合的项目，应给出具体修改意见或建议。形式评审主要依据《生产经营单位生产安全事故应急预案编制导则》（GB/T 29639—2020）和有关行业规范，对应急预案的层次结构、内容格式、语言文字、附件项目以及编制程序等内容进行审查，重点审查应急预案的规范性和编制程序。

要素评审主要依据国家有关法律法规、《生产经营单位生产安全事故应急预案编制导则》

和有关行业规范，从合法性、完整性、针对性、实用性、科学性、操作性和衔接性等方面对应急预案进行评审。应急预案要素分为关键要素和一般要素。关键要素是指应急预案构成要素中必须规范的内容。这些要素涉及生产经营单位日常应急管理及应急救援的关键环节，具体包括危险源辨识与风险分析、组织机构及职责、信息报告与处置和应急响应程序与处置技术等要素。关键要素必须符合生产经营单位实际和有关规定要求。一般要素是指应急预案构成要素中可简写或省略的内容。这些要素不涉及生产经营单位日常应急管理及应急救援的关键环节，具体包括应急预案中的编制目的、编制依据、适用范围、工作原则、单位概况等要素。

2. 评审程序

① 评审准备。成立应急预案评审工作组，落实参加评审的单位或人员，将应急预案及有关资料在评审前送达参加评审的单位或人员。

② 组织评审。评审工作应由生产经营单位主要负责人或主管安全生产工作的负责人主持，参加应急预案评审人员应符合《生产安全事故应急预案管理办法》（2019 年修正版）要求。生产经营规模小、人员少的单位，可以采取演练的方式对应急预案进行论证，必要时应邀请相关主管部门或安全管理人员参加。应急预案评审工作组讨论并提出会议评审意见。

六、应急预案的发布

1. 应急预案的修订完善

生产经营单位要认真分析研究评审意见，按照评审意见对应急预案进行修订和完善。评审意见要求重新组织评审的，生产经营单位应组织有关部门对应急预案重新进行评审。

2. 应急预案附件的编写

生产经营单位应急预案的附件包括了生产经营单位概况、风险评估的结果、预案体系与衔接关系、应急物资装备、应急组织与通讯、格式化文本、关键示意图、应急协议和备忘录、生产安全事故风险评估报告、生产安全事故应急资源调查报告等内容。

（1）生产经营单位概况　生产经营单位概况简要描述本单位地址、从业人数、隶属关系、主要生产工艺、主要原材料、主要产品、产量，以及重点岗位、重点区域、周边重大危险源、重要设施、目标、场所和周边布局情况。

（2）风险评估的结果　风险评估的结果简述了本单位的生产安全事故风险评估结果。专项应急预案和现场处置方案的编制主要针对风险评估结果中的高风险事件进行编制。

（3）预案体系与衔接　简述本单位应急预案体系构成和分级情况，明确与地方政府及其有关部门、其他相关单位应急预案的衔接关系（可用图示）。

（4）应急物资装备的名录或清单　应急物资装备的名录或清单列出应急预案涉及的主要物资和装备名称、型号、性能、数量、有效期、存放地点、运输和使用条件、管理责任人和联系电话等。

（5）有关应急部门、机构或人员的联系方式　有关应急部门、机构或人员的联系方式列出应急工作中需要联系的部门、机构或人员及其多种联系方式。

（6）格式化文本　格式化文本主要列出信息接报、预案启动、信息发布等格式化文本。格式化文本还可以包含应急装备使用说明书、专用医疗抢救程序等模块化的应急程序。

（7）关键的路线、标识和图纸　关键的路线、标识和图纸通常包括警报系统分布及覆盖范围，重要防护目标、风险清单及分布图，应急指挥部（现场指挥部）位置及救援队伍行动路线，疏散路线、集结点、警戒范围、重要地点的标识，相关平面布置、应急资源分布的图纸，生产经营单位的地理位置图、周边关系图、附近交通图，事故风险可能导致的影响范围图，附近医院地理位置图及路线图。

（8）有关协议或者备忘录　应急预案附件还应列出与相关应急救援部门签订的应急救援协议或备忘录，应急救援协议通常包括医院救助协议，与周边企业、社区签订的应急资源互助协议等。备忘录包括历次预案修订的变更记录。

3. 应急预案的发布

应急预案经评审或论证或修订完善后，符合要求的由生产经营单位主要负责人签发。

项目四　应急预案案例解析

生产经营单位要制定综合应急预案、专项应急预案和现场处置方案。其中，综合应急预案是生产经营单位应对生产安全突发事件的纲领性文件，需要与专项预案或现场处置方案相结合、相联动，才构成要素齐全的应急预案体系，才能用于实战。生产经营单位综合应急预案、专项应急预案和现场处置方案功能不同，其要素组成和要求、体例略有不同。

一、生产经营单位综合应急预案解析

1. 生产经营单位综合应急预案的组成要素

在《生产经营单位生产安全事故应急预案编制导则》（GB/T 29639—2020）中，生产经营单位综合应急预案主要规定了预案的总则、应急响应、后期处置、应急保障等内容。

生产经营单位综合应急预案主要内容如下。

（1）总则　生产经营单位综合应急预案的总则规定了适用范围、响应分级。

适用范围说明应急预案适用的范围，通常仅限于生产经营单位内部发生的生产安全突发事件。

响应分级是依据事故危害程度、影响范围和生产经营单位控制事态的能力，对事故应急响应进行分级，明确分级响应的基本原则。响应分级不应照搬事故分级，而是根据企业的组织架构来定义，通常根据动用的应急组织和应急资源来定级，例如车间及岗位能够应对的突发事件定位车间级响应，需要动用生产经营单位内部不同部门应急资源的定义为公司级响应，需要动用社会应急资源参与的定义为外部支援级的响应，其中外部支援级的响应需要考虑与属地政府主管部门应急预案、周边社区及企业应急预案的衔接和联动。

（2）应急组织机构及职责　应急组织机构及职责明确应急组织形式（可用图示）及构成单位（部门）的应急处置职责。应急组织机构可设置相应的工作小组，各小组具体构成、职责分工及行动任务应以工作方案的形式作为预案附件。

（3）应急响应　应急响应包括信息报告、预警、响应联动、应急处置、应急支援、响应终止等内容。

① 信息报告主要包括信息接报和信息处置与研判。信息接报明确应急值守电话，事故信息接收，内部通报程序、方式和责任人，向上级主管部门、上级单位报告事故信息的流程、内容、时限和责任人，以及向本单位以外的有关部门或单位通报事故信息的方法、程序和责任人。

信息处置与研判明确响应启动的程序和方式。根据事故性质、严重程度、影响范围和可控性，结合响应分级明确的条件，可由应急领导小组作出响应启动的决策并宣布，或者依据事故信息是否达到响应启动的条件自动启动。若未达到响应启动条件，应急领导小组可作出预警启动的决策，做好响应准备，实时跟踪事态发展。响应启动后，应注意跟踪事态发展，科学分析处置需求，及时调整响应级别，避免响应不足或过度响应。

② 预警包括预警启动、响应准备、预警解除等内容。其中预警启动明确预警信息发布渠道、方式和内容。响应准备明确作出预警启动后应开展的响应准备工作，包括队伍、物资、装备、后勤及通信。预警解除明确预警解除的基本条件、要求及责任人。

③ 响应启动确定响应级别，明确响应启动后的程序性工作，包括应急会议召开、信息上报、资源协调、信息公开、后勤及财力保障工作。

④ 应急处置明确事故现场的警戒疏散、人员搜救、医疗救治、现场监测、技术支持、工程抢险及环境保护方面的应急处置措施，并明确人员防护的要求。

⑤ 应急支援明确当事态无法控制情况下，向外部（救援）力量请求支援的程序及要求、联动程序及要求，以及外部（救援）力量到达后的指挥关系。

⑥ 响应终止明确响应终止的基本条件、要求和责任人。

（4）后期处置　后期处置明确污染物处理、生产秩序恢复、人员安置方面的内容。

（5）应急保障　应急保障包括通信与信息保障、应急队伍保障、物资装备保障，以及其他保障。其中通信与信息保障明确应急保障的相关单位及人员通信联系方式和方法，以及备用方案和保障责任人。应急队伍保障明确相关的应急人力资源，包括专家、专兼职应急救援队伍及协议应急救援队伍。物资装备保障明确本单位的应急物资和装备的类型、数量、性能、存放位置、运输及使用条件、更新及补充时限、管理责任人及其联系方式，并建立台账。

此外，根据应急工作需求而确定的其他相关保障措施，如能源保障、经费保障、交通运输保障、治安保障、技术保障、医疗保障及后勤保障等。

2. 生产经营单位综合应急预案体例简介

从功能上来看，综合应急预案规定的应急组织机构与职责、响应程序和应急保障，属于单位层面的通用性规定，没有对特定的事故或基层岗位的事故进行细化。某公司综合应急预案提纲如表 10-5 所示。

表 10-5　某公司综合应急预案提纲

某公司综合应急预案
1　总则 1.1　适用范围 1.2　编制依据 1.3　响应分级 包括：一级响应、二级响应、三级响应 2　应急组织机构及职责 2.1　应急组织机构 2.2　应急组织机构及职责 包括：应急指挥办公室职责、总指挥职责、副总指挥职责、应急抢险组职责、疏散警戒组职责、运输救护组职责、通讯联络组职责、后勤保障组职责 3　应急响应 3.1　信息报告 包括：信息接报、信息处置与研判 3.2　预警 包括：预警启动、响应准备、预警解除 3.3　响应启动 3.4　应急处置 包括：事故报警、现场警戒及疏散、作业处理、灾害救援、现场洗消、应掌握信息的内容、注意事项、扩大应急响应程序 3.5　应急支援

续表

3.6 响应终止
包括：事故应急终止的基本条件、响应终止要求和责任人
4 后期处置
4.1 污染物处理
4.2 生产秩序恢复
4.3 医疗救治和人员安置
4.4 善后赔偿
4.5 应急救援能力评估
5 应急保障
5.1 通信与信息保障
5.2 应急队伍保障
包括：公司应急队伍、外部应急队伍
5.3 物资装备保障
包括：应急和救护设备的配置、应急和救护设备的管理
5.4 其他保障
包括：经费保障、交通运输保障、治安保障、技术保障、医疗保障、供水供电保障、后勤保障

二、生产经营单位专项应急预案解析

1. 生产经营单位专项应急预案的组成要素

生产经营单位专项应急预案是为应对某一种或者多种类型生产安全事故，或者针对重要生产设施、重大危险源、重大活动防止生产安全事故而制定的专项性工作方案。专项预案可以针对某一类突发事件编制预案，例如针对危险化学品泄漏、火灾、爆炸、高危作业等编制专项应急预案；也可以针对某一个生产单元或区域编制专项预案，例如常减压装置专项应急预案、石脑油罐区专项应急预案；也可以针对某一项活动编制专项预案，装置停工检修期间双边工程专项应急预案。

在《生产经营单位生产安全事故应急预案编制导则》（GB/T 29639—2020）中，生产经营单位专项应急预案主要规定适用范围、应急组织机构及职责、应急响应、处置措施、应急保障等内容。

其中适用范围说明了专项应急预案适用的范围，以及与综合应急预案的关系。

应急组织机构及职责方面，进一步明确了应急组织形式（可用图示）及构成单位（部门）的应急处置职责、应急组织机构以及各成员单位或人员的具体职责。应急组织机构可以设置相应的应急工作小组，各小组具体构成、职责分工及行动任务建议以工作方案的形式作为附件。

响应启动方面，进一步明确了响应启动后的程序性工作，包括应急会议召开、信息上报、资源协调、信息公开、后勤及财力保障工作。

处置措施方面，针对可能发生的事故风险、危害程度和影响范围，进一步明确应急处置指导原则，制定相应的应急处置措施。

应急保障方面，根据专项预案应急工作需求明确保障的内容，并进一步明确相关保障措施的调用程序、岗位职责和使用原则。

在编制专项应急预案时，还可结合需要增加必要的内容，如专项应急程序、作战方法、特殊应急装备的使用说明等，这些内容可根据需要编入专项应急预案正文，或在专项预案附件中体现。

2. 生产经营单位专项应急预案体例简介

从功能上来看，综合应急预案规定的应急组织机构与职责、响应程序和应急保障，属于单位层面的通用性规定，没有对特定的事故或基层岗位的事故进行细化。

专项应急预案主要考虑企业层面的高风险事件，如事故后果严重的泄漏、火灾、爆炸事故，影响正常生产并有可能造成大范围停车的水、电、风、气中断突发事件，以及容易造成人员伤亡的中毒、窒息、人身伤害事故。专项应急预案主要突出适用范围、应急组织机构及职责、应急响应、处置措施、应急保障等内容。某公司硫化氢中毒专项应急预案提纲如表10-6所示。

表10-6　某公司硫化氢中毒专项应急预案提纲

某公司硫化氢中毒专项应急预案
1　总则
1.1　编制目的
1.2　编制依据
1.3　适用范围
1.4　应急预案衔接
1.5　事故风险描述
1.6　应急处置原则
1.7　应急启动条件
1.8　应急终止条件
2　组织结构与职责
2.1　应急指挥中心
2.2　应急指挥中心办公室
2.3　现场应急指挥部
3　预报预测预警
3.1　预报
3.2　预测
3.3　预警
3.4　预警解除
4　应急响应
4.1　响应分级
4.2　信息接报
4.3　信息处置与研判
包括：生产高度指挥中心、应急指挥中心、应急工作组
4.4　应急准备
4.5　应急响应内容
包括：现场研判、报告地方政府主管部门和集团公司、应急行动、协调资源、应急过程后勤及财力保障、信息公开
4.6　现场处置和控制
包括：现场应急指挥责任主体及指挥权交接、现场指挥协调及控制内容
4.7　应急终止
5　后期处置
5.1　现场处理
5.2　救援人员洗消
5.3　安置与善后
5.4　应急响应总结，事故事件调查
5.5　应急救援工作总结
6　保障措施

三、生产经营单位现场处置方案解析

在编制现场处置方案时，应收集各类危险化学品火灾爆炸、中毒窒息、烧伤烫伤等现场处置方法作为重要组成部分。

1. 扑救危险化学品火灾总的要求

危险化学品容易发生火灾、爆炸事故，不同的危险化学品在不同的情况下发生火灾时，其扑救方法差异很大，若处置不当，不仅不能有效地扑灭火灾，反而会使险情进一步扩大，造成不应有的财产损失。由于危险化学品本身及其燃烧产物大多具有较强的毒害性和腐蚀性，极易造成人员中毒、灼伤等伤亡事故。因此扑救危险化学品火灾是一项极其重要又非常艰巨和危险的工作。

(1) 扑救危险化学品火灾总的要求

① 先控制，后消灭。针对危险化学品火灾的火势发展蔓延快和燃烧面积大的特点，积极采取统一指挥、以快制快；堵截火势、防止蔓延；重点突破，排除险情；分割包围，速战速决的灭火战术。

② 扑救人员应占领上风或侧风阵地。

③ 进行火情侦查、火灾扑救、火场疏散人员应有针对性地采取自我防护措施。如佩戴防护面具，穿戴专用防护服等。

④ 应迅速查明燃烧范围、燃烧物品及其周围物品的品名和主要危险特性、火势蔓延的主要途径。

⑤ 正确选择最适宜的灭火剂和灭火方法。火势较大时，应先堵截火势蔓延，控制燃烧范围，然后逐步扑灭火势。

⑥ 对有可能发生爆炸、爆裂、喷溅等特别危险需紧急撤退的情况，应按照统一的撤退信号和撤退方法及时撤退。撤退信号应格外醒目，能使现场所有人员都看到或听到，并应经常预先演练。

⑦ 火灾扑灭后，起火单位应当保护现场，接受事故调查，协助公安消防监督部门和上级安全管理部门调查火灾原因，核定火灾损失，查明火灾责任，未经公安监督部门和上级安全监督管理部门的同意，不得擅自清理火灾现场。

(2) 爆炸物品火灾的现场处置　爆炸物品一般都有专门的储存仓库。这类物品由于内部结构含有爆炸性基团，受摩擦撞击、震动、高温等外界因素诱发，极易发生爆炸，遇明火则更危险。发生爆炸物品火灾时一般应采取以下基本方法。

① 迅速判断和查明再次发生爆炸的可能性和危险性，紧紧抓住爆炸后和再次发生爆炸之前的有利时机，采取一切可能的措施，全力制止再次爆炸的发生。

② 不能用沙土盖压，以免增强爆炸物品爆炸时的威力。

③ 如果有疏散可能，人身安全上确有可靠保障，应迅即组织力量及时转移着火区域周围的爆炸物品，使着火区周围形成一个隔离带。

④ 扑救爆炸物品堆垛时，水流应采用吊射，避免强力水流直接冲击堆垛，以免堆垛倒塌引起再次爆炸。

⑤ 灭火人员应积极采取自我保护措施，尽量利用现场的地形、建（构）筑物作为掩蔽体或尽量采用卧姿等低姿射水；消防车辆不要停靠离爆炸物品太近的水源。

⑥ 灭火人员发现有发生再次爆炸的危险时，应立即向现场指挥报告，现场指挥应迅即作出准确判断，确有发生再次爆炸征兆或危险时，应立即下达撤退命令。灭火人员看到或听到撤退信号后，应迅速撤至安全地带，来不及撤退时，应就地卧倒。

(3) 压缩气体和液化气体火灾的现场处置　压缩气体和液化气体总是被储存在不同的容器内，或通过管道输送。其中储存在较小钢瓶内的气体压力较高，受热或受火焰熏烤容易发生爆裂。气体泄漏后遇着火源已形成稳定燃烧时，其发生爆炸或再次爆炸的危险性与可燃气体泄漏未燃时相比要小得多。遇压缩或液化气体火灾一般应采取以下基本方法。

① 扑救气体火灾切忌盲目灭火，即使在扑救周围火势以及冷却过程中不小心把泄漏处的火焰扑灭了，在没有采取堵漏措施的情况下，也必须立即用长点火棒将火点燃，使其恢复稳定燃烧。否则，大量可燃气体泄漏出来与空气混合，遇着火源就会发生爆炸，后果将不堪设想。

② 首先应扑灭外围被火源引燃的可燃物火势，切断火势蔓延途径，控制燃烧范围，并积极抢救受伤和被困人员。

③ 如果火势中有压力容器或有受到火焰辐射热威胁的压力容器，能疏散的应尽量在水枪的掩护下疏散到安全地带，不能疏散的应部署足够的水枪进行冷却保护。为防止容器爆裂伤人，进行冷却的人员应尽量采用低姿射水或利用现场坚实的掩蔽体防护。对卧式贮罐，冷却人员应选择贮罐四侧角作为射水阵地。

④ 如果是输气管道泄漏着火，应首先设法找到气源阀门。阀门完好时，只要关闭气体阀门，火势就会自动熄灭。

⑤ 贮罐或管道泄漏关阀无效时，应根据火势大小判断气体压力和泄漏口的大小及其形状，准备好相应的堵漏材料（如软木塞、橡皮塞、气囊塞、黏合剂、弯管工具等）。

⑥ 堵漏工作准备就绪后，即可用水扑救火势，也可用干粉、二氧化碳灭火，但仍需用水冷却烧烫的罐或管壁。火扑灭后，应立即用堵漏材料堵漏，同时用雾状水稀释和驱散泄漏出来的气体。

⑦ 一般情况下完成了堵漏也就完成了灭火工作，但有时一次堵漏不一定能成功。如果一次堵漏失败，再次堵漏需一定时间，应立即用长点火棒将泄漏处点燃，使其恢复稳定燃烧，以防止较长时间泄漏出来的大量可燃气体与空气混合后形成爆炸性混合物，从而潜伏发生爆炸的危险，并准备再次灭火堵漏。

⑧ 如果确认泄漏口很大，根本无法堵漏，只需冷却着火容器及其周围容器和可燃物品，控制着火范围，直到燃气燃尽，火势自动熄灭。

⑨ 现场指挥应密切注意各种危险征兆，遇有火势熄灭后较长时间未能恢复稳定燃烧或受热辐射的容器安全阀出现火焰变亮耀眼、发出尖锐声响、晃动等爆裂征兆时，指挥员必须适时作出准确判断，及时下达撤退命令。现场人员看到或听到事先规定的撤退信号后应迅速撤退至安全地带。

⑩ 气体贮罐或管道阀门处泄漏着火时，在特殊情况下，只要判断阀门还有效，也可违反常规，先扑灭火势，再关闭阀门。一旦发现关闭已无效，一时又无法堵漏时，应迅即点燃，恢复稳定燃烧。如储罐或管道外接氮气、蒸汽等惰性气体管道，则可在火焰减小、系统内压力下降至微正压的时候及时通入惰性气体，以保持系统内部处于正压状态，避免因急剧降温形成负压而吸入空气，在系统内部形成爆炸性混合物。

（4）易燃液体火灾的现场处置　易燃液体通常也是贮存在容器内或用管道输送的。与气体不同的是，液体容器有的密闭，有的敞开，一般都是常压，只有反应釜（锅、炉）及输送管道内的液体压力较高。液体不管是否着火，如果发生泄漏或溢出，都将顺着地面流淌或水面漂散，而且，易燃液体还有比重和水溶性等涉及能否用水和普通泡沫扑救的问题以及危险性很大的沸溢和喷溅问题，因此，扑救易燃液体火灾往往也是一场艰难的战斗。遇易燃液体火灾，一般应采取以下基本方法。

① 首先应切断火势蔓延的途径，冷却和疏散受火势威胁的密闭容器和可燃物，控制燃烧范围，并积极抢救受伤和被困人员。如有液体流淌时，应筑堤（或用围油栏）拦截漂散流淌的易燃液体或挖沟导流。

② 及时了解和掌握着火液体的品名、相对密度、水溶性以及有无毒害、腐蚀、沸溢喷溅等危险性，以便采取相应的灭火和防护措施。

③ 对较大的贮罐或流淌火灾，应准确判断着火面积。

小面积（一般 $50m^2$ 以内）液体火灾，一般可用雾状水扑灭。用干粉、二氧化碳灭火一般更有效。大面积液体火灾则必须根据其相对密度、水溶性和燃烧面积大小，选择正确的灭火剂扑救。

比水轻又不溶于水的液体（如汽油、苯等），用直流水、雾状水灭火往往无效。可用普通蛋白泡沫或轻水泡沫扑灭。用干粉扑救时灭火效果要视燃烧面积大小和燃烧条件而定，最好用水冷却罐壁。比水重又不溶于水的液体（如二硫化碳）起火时可用水扑救，水能覆盖在液面上灭火。用干粉扑救，灭火效果要视燃烧面积大小和燃烧条件而定。最好用水冷却罐壁，降低燃烧强度。

具有水溶性的液体（如醇类、酮类等），虽然从理论上讲能用水稀释扑救，但用此法要使液体闪点消失，水必须在溶液中占很大的比例，这不仅需要大量的水，也容易使液体溢出流淌，因此，通常采用干粉灭火。用干粉扑救时，灭火效果要视燃烧面积大小和燃烧条件而定，也需用水冷却罐壁，降低燃烧强度。

④ 扑救毒害性、腐蚀性或燃烧产物毒害性较强的易燃液体火灾，扑救人员必须佩戴防护面具，采取防护措施。

⑤ 扑救原油和重油等具有沸溢和喷溅危险的液体火灾，必须注意计算可能发生沸溢、喷溅的时间和观察是否有沸溢、喷溅的征兆。指挥员发现危险征兆时应迅即作出准确判断，及时下达撤退命令，避免造成人员伤亡和装备损失。扑救人员看到或听到统一撤退信号后，应立即撤至安全地带。

⑥ 遇易燃液体管道或贮罐泄漏着火，在切断蔓延方向，把火势限制在一定范围内的同时，对输送管道应设法找到并关闭进、出口阀门，如果管道阀门已损坏或是贮罐泄漏，应迅速准备好堵漏材料，然后先用干粉、二氧化碳或雾状水等扑灭地上的流淌火焰，为堵漏扫清障碍，其次再扑灭泄漏口的火焰，并迅速采取堵漏措施。

（5）易燃固体、自燃物品火灾的现场处置　易燃固体、自燃物品一般都可用水扑救，相对其他种类的危险化学品而言是比较容易扑救的，只要控制住燃烧范围，逐步扑灭即可。但也有少数易燃固体、自燃物品的扑救方法比较特殊，如2,4-二硝基苯甲醚、二硝基萘、萘、黄磷等。

① 2,4-二硝基苯甲醚、二硝基萘、萘等是能升华的易燃固体，受热发出易燃蒸气。火灾时可用雾状水扑救并切断火势蔓延途径，但应注意，不能以为明火焰扑灭即已完成灭火工作，因为受热以后升华的易燃蒸气能在不知不觉中飘逸，在上层与空气能形成爆炸性混合物，尤其是在室内，易发生爆燃。因此，扑救这类物品火灾千万不能被假象所迷惑。在扑救过程中应不时向燃烧区域上空及周围喷射雾状水，并用水浇灭燃烧区域及其周围的一切火源。

② 黄磷是自燃点很低在空气中能很快氧化升温并自燃的自燃物品。遇黄磷火灾时，首先应切断火势蔓延途径，控制燃烧范围。对着火的黄磷应用低压水或雾状水扑救。高压直流水冲击能引起黄磷飞溅，导致灾害扩大。黄磷熔融液体流淌时应用泥土、沙袋等筑堤拦截并用雾状水冷却，对磷块和冷却后已固化的黄磷，应用钳子夹入贮水容器中。来不及夹入时可先用沙土掩盖，但应作好标记，等火势扑灭后，再逐步集中到储水容器中。

③ 少数易燃固体和自燃物品不能用水扑救，如三硫化二磷、铝粉、烷基铝、保险粉等，应根据具体情况区别处理。宜选用干沙和不用压力喷射的干粉扑救。

（6）遇湿易燃物品火灾的现场处置　遇湿易燃物品能与潮湿空气和水发生化学反应，产生可燃气体和热量，有时即使没有明火也能自动着火或爆炸，如金属钾、钠以及三乙基铝（液态）等。因此，这类物品有一定数量时，绝对禁止用水等湿性灭火剂扑救。这类物品的这一特殊性给其火灾时的扑救带来了很大的困难。

对遇湿易燃物品火灾一般应采取以下基本方法。

① 首先应了解清楚遇湿易燃物品的品名、数量、是否与其他物品混存、燃烧范围、火势蔓延途径。

② 如果只有极少量（一般 50g 以内）遇湿易燃物品，则不管是否与其他物品混存，仍可用大量的水扑救。水刚接触着火点时，短时间内可能会使火势增大，但少量遇湿易燃物品燃尽后，火势很快就会熄灭或减小。

③ 如果遇湿易燃物品数量较多，且未与其他物品混存，则绝对禁止用水等湿性灭火剂扑救。遇湿易燃物品应用干粉、二氧化碳扑救，只有金属钾、钠、铝、镁等个别物品用二氧化碳无效。固体遇湿易燃物品应用水泥、干沙、干粉、硅藻土和轻石等覆盖。水泥是扑救固体遇湿易燃物品火灾比较容易得到的灭火剂。对遇湿易燃物品中的粉尘如镁粉、铝粉等，切忌喷射有压力的灭火剂，以防止将粉尘吹扬起来，与空气形成爆炸性混合物而导致爆炸发生。

④ 如果其他物品火灾威胁到相邻的遇湿易燃物品，应将遇湿易燃物品迅速疏散，转移至安全地点。如因遇湿易燃物品较多，一时难以转移，应先用油布或塑料膜等其他防水布将遇湿易燃物品遮盖好，然后再在上面盖上棉被并淋上水。如果遇湿易燃物品堆放处地势不太高，可在其周围用土筑一道防水堤。在用水或泡沫扑救火灾时，对相邻的遇湿易燃物品应留有一定的人员监护。

（7）氧化剂和有机过氧化物火灾的现场处置　氧化剂和有机过氧化物从灭火角度讲是一个杂类，既有固体、液体，又有气体；既不像遇湿易燃物品一概不能用水扑救，也不像易燃固体几乎都可用水扑救。有些氧化剂本身不燃，但遇可燃物品或酸碱能着火和爆炸。有机过氧化物（如过氧化二苯甲酰等）本身就能着火、爆炸，危险性特别大，扑救时要注意人员防护。不同的氧化剂和有机过氧化物火灾，有的可用水（最好雾状水）扑救，有的不能用水，有的不能用二氧化碳扑救。因此，扑救氧化剂和有机过氧化物火灾是一场复杂而又艰难的战斗。遇到氧化剂和有机过氧化物火灾，一般应采取以下基本方法。

① 迅速查明着火或反应的氧化剂和有机过氧化物以及其他燃烧物的品名、数量、主要危险特性、燃烧范围、火势蔓延途径、能否用水扑救。

② 能用水扑救时，应尽一切可能切断火势蔓延，使着火区孤立，限制燃烧范围，同时应积极抢救受伤和被困人员。

③ 不能用水、二氧化碳扑救时，应用干粉或用水泥、干沙覆盖。用水泥、干沙覆盖应先从着火区域四周尤其是下风等火势主要蔓延方向覆盖起，形成孤立火势的隔离带然后逐步向着火点进逼。

由于大多数氧化剂和有机过氧化物遇酸会发生剧烈反应甚至爆炸，如过氧化钠、过氧化钾、氯酸钾、高锰酸钾、过氧化二苯甲酰等。因此，专门生产、经营、储存、运输、使用这类物品的单位和场合对二氧化碳灭火剂也应慎用。

（8）毒害品、腐蚀品火灾的现场处置　毒害品和腐蚀品对人体都有一定危害。毒害品主要是经口或吸入蒸气或通过皮肤接触引起人体中毒的。腐蚀品是通过皮肤接触使人体形成化学灼伤。毒害品、腐蚀品有些本身能着火，有的本身并不着火，但与其他可燃物品接触后能着火。这类物品发生火灾时通常扑救不很困难，只是需要特别注意人体的防护。遇这类物品火灾一般应采取以下基本方法。

① 灭火人员必须穿着防护服，佩戴防护面具。一般情况下采取全身防护即可，对有特殊要求的物品火灾，应使用专用防护服。考虑到过滤式防毒面具防毒范围的局限性，在扑救毒害品火灾时应尽量使用隔绝式氧气或空气面具。为了在火场上能正确使用和适应，平时应

进行严格的适应性训练。

② 积极抢救受伤和被困人员，限制燃烧范围。毒害品、腐蚀品火灾极易造成人员伤亡，灭火人员在采取防护措施后，应立即投入寻找和抢救受伤、被困人员的工作，并努力限制燃烧范围。

③ 扑救时应尽量使用低压水流或雾状水，避免腐蚀品、毒害品溅出。

④ 遇毒害品、腐蚀品容器泄漏，在扑灭火势后应采取堵漏措施，腐蚀品需用防腐材料堵漏。

⑤ 浓硫酸遇水能放出大量的热，会导致沸腾飞溅，需特别注意防护。扑救浓硫酸与其他可燃物品接触发生的火灾，浓硫酸数量不多时，可用大量低压水快速扑救。如果浓硫酸量很大，应先用二氧化碳、干粉等灭火，然后再把着火物品与浓硫酸分开。

(9) 放射性物品火灾的现场处置　放射性物品是能放射出人类肉眼看不见但却能严重损害人类生命和健康的α、β、γ射线和中子流的特殊物品。扑救这类物品火灾必须采取特殊的能防护射线照射的措施。平时经营、储存、运输和使用这类物品的单位及消防部门，应配备一定数量防护装备和放射性测试仪器。遇这类物品火灾一般应采取以下基本方法。

① 先派出精干人员携带放射性测试仪器，测试辐射（剂）量和范围。测试人员应尽可能地采取防护措施。对辐射（剂）量超过0.0387 C/kg的区域，应设置写有“危及生命、禁止进入”的文字说明的警告标志牌。对辐射（剂）量小于0.0387C/kg的区域，应设置写有“辐射危险、请勿接近”的警告标志牌。测试人员还应进行不间断巡回监测。

② 对辐射（剂）量大于0.0387C/kg的区域，灭火人员不能深入辐射源纵深灭火进攻。对辐射（剂）量小于0.0387 C/kg的区域，可快速出水灭火或用二氧化碳、干粉扑救，并积极抢救受伤人员。

③ 对燃烧现场包装没有破坏的放射性物品，可在水枪的掩护下佩戴防护装备，设法疏散，无法疏散时，应就地冷却保护，防止造成新的破损，增加辐射（剂）量。

④ 对已破损的容器切忌搬动或用水流冲击，以防止放射性污染范围扩大。

2. 人身中毒事故的急救处理

(1) 人身中毒的途径　在危险化学品的储存、运输、装卸、搬运商品等操作过程中，毒物主要经呼吸道和皮肤进入人体，经消化道者较少。

① 经呼吸道进入。整个呼吸道都能吸收毒物，尤以肺泡的吸收能量最大。肺泡的总面积达$55\sim120m^2$，而且肺泡壁很薄，表面为含碳酸的液体所湿润，又有丰富的微血管，所以毒物吸收后可直接进入大循环而不经肝脏解毒。

② 经皮肤进入。在搬运危险化学品等操作过程中，毒物能通过皮肤吸收，毒物经皮肤吸收的数量和速度，除与其脂溶性、水溶性、浓度等有关外，皮肤温度升高，出汗增多，也能促使黏附于皮肤上的毒物易于吸收。

③ 经消化道进入。操作中，毒物经消化道进入体内的机会较少，主要由于手被毒物污染未彻底清洗而取食食物，或将食物、餐具放在车间内被污染，或误服等。

(2) 人身中毒的主要临床表现

① 神经系统的表现。慢性中毒早期常见神经衰弱综合征和精神症状，多为功能性改变，脱离毒物接触后可逐渐恢复。常见于砷、铅等中毒。锰中毒和一氧化碳中毒后可出现震颤。重症中毒时可发生中毒性脑病及脑水肿。

② 呼吸系统的表现。一次大量吸入某些气体可突然引起窒息。长期吸入刺激性气体能引起慢性呼吸道炎症，出现鼻炎、鼻中隔穿孔、咽炎、喉炎、气管炎等。吸入大量刺激性气体可引起严重的化学性肺水肿和化学性肺炎。某些毒物可导致哮喘发作，如二异氰酸甲苯酯。

③ 血液系统的表现。许多毒物能对血液系统造成损害，表现为贫血、出血、溶血等。如铅可造成低色素性贫血；苯可造成白细胞和血小板减少，甚至全血减少，成为再生障碍性贫血；苯还可导致白血病；砷化氢可引起急性溶血；亚硝酸盐类及苯的氨基、硝基化合物可引起高铁血红蛋白症；一氧化碳可导致组织缺氧。

④ 消化系统的表现。毒物所致消化系统症状多种多样。汞盐、三氧化二砷经急性中毒可出现急性胃肠炎，铅及铊中毒出现腹绞痛，四氯化碳、三硝基甲苯可引起急性或慢性肝病。

⑤ 中毒性肾病 汞、镉、铀、铅、四氯化碳、砷化氢等可能引起肾损害。此外，生产性毒物还可引起皮肤、眼损害，骨骼病变及烟尘热等。

（3）急性中毒的现场急救处理 发生急性中毒事故，应立即将中毒者及时送医院急救。护送者要向院方提供引起中毒的原因、毒物名称等，如化学物不明，则需带该物料及呕吐物的样品，以供医院及时检测。如不能立即到达医院时，可采取如下急性中毒的现场急救处理。

① 吸入中毒者，应迅速脱离中毒现场，向上风向转移，至空气新鲜处。松开患者衣领和裤带。并注意保暖。

② 化学毒物沾染皮肤时，应迅速脱去污染的衣服、鞋袜等，用大量流动清水冲洗15～30min。头面部受污染时，首先注意眼睛的冲洗。

③ 口服中毒者，如为非腐蚀性物质，应立即用催吐方法，使毒物吐出。现场可用自己的中指、食指刺激咽部或压舌根的方法催吐，也可由旁人用羽毛或筷子一端扎上棉花刺激咽部催吐。催吐时尽量低头、身体向前弯曲，呕吐物不会呛入肺部。误服强酸、强碱，催吐后反而使食道、咽喉再次受到严重损伤，可服牛奶、蛋清等。另外，对失去知觉者，呕吐物会误吸入肺；误喝了石油类物品，易流入肺部引起肺炎。有抽搐、呼吸困难、神志不清或吸气时有吼声者均不能催吐。

对中毒引起呼吸、心跳停止者，应进行心肺复苏术，主要的方法有口对口人工呼吸和胸外心脏按压术。

如时间短，对于水溶性毒物，如常见的氯、氨、硫化氢等，可暂用浸湿的毛巾捂住口鼻等。在抢救病人的同时，应想方设法阻断毒物泄漏处，阻止蔓延扩散。

3. 危险化学品烧伤的现场抢救

危险化学品具有易燃、易爆、腐蚀、有毒等特点，在生产、贮存、运输、使用过程中操作人员有吸入或皮肤接触的风险。出于热力作用，化学刺激或腐蚀造成皮肤、眼的烧伤；有的化学物质还可以从创面吸收甚至引起全身中毒。所以对化学烧伤比开水烫伤或火焰烧伤更要重视。

（1）化学性皮肤烧伤 化学性皮肤烧伤的现场处理方法是，立即移离现场，迅速脱去被化学物玷污的衣裤鞋袜等。

① 若被酸、碱或其他化学物烧伤，立即用大量流动自来水或清水冲洗创面15min以上。

② 新鲜创面上不要任意涂上油膏或红药水，不用脏布包裹。

③ 黄磷烧伤时应用大量水冲洗、浸泡或用多层湿布覆盖创面。

④ 烧伤病人应及时送医院。

⑤ 烧伤的同时，往往合并骨折、出血等外伤，在现场也应及时处理。

（2）化学性眼烧伤

① 迅速在现场用流动清水或生理盐水冲洗15min以上，不要未经冲洗处理而急于送医院。

② 冲洗时眼皮一定要掰开。

③ 如无冲洗设备，也可把头部埋入清洁盆水中，把眼皮掰开。眼球来回转动洗涤。

④ 电石、生石灰（氧化钙）颗粒溅入眼内，应先用蘸石蜡油或植物油的棉签去除颗粒后，再用水冲洗 15min 以上。

4. 现场处置方案案例的组成要素

生产经营单位现场处置方案是指根据不同生产安全事故类型，针对具体场所、装置或者设施所制定的应急处置措施。除了组成要素要符合编制导则要求外，现场处置方案内容尽可能简洁、直观、明了。

现场处置方案中，首先通过事故风险描述简述事故风险评估的结果，如果事故风险描述内容较多，可用列表的形式列在预案附件中体现。

在现场处置方案中，应急工作职责应明确应急组织、应急响应相关岗位的分工和职责。

应急处置包括但不限于下列内容。

① 应急处置程序。根据可能发生的事故及现场情况，明确事故报警、各项应急措施启动、应急救护人员的引导、事故扩大及同生产经营单位应急预案的衔接程序。

② 现场应急处置措施。针对可能发生的事故从人员救护、工艺操作、事故控制、消防、现场恢复等方面制定明确的应急处置措施。

③ 明确报警负责人以及报警电话及上级管理部门、相关应急救援单位联络方式和联系人员，事故报告基本要求和内容。

④ 注意事项包括人员防护和自救互救、装备使用、现场安全等方面的内容。

5. 生产经营单位现场处置方案解析

现场处置方案是针对具体场所、装置或者设施事故处置的细化。某危险化学品仓库火灾爆炸事故现场处置方案如表 10-7 所示。

表 10-7 某危险化学品仓库火灾爆炸事故现场处置方案

一、事故特征	
事故描述	因危险化学品泄漏，遇火源导致危险化学品仓库内着火，甚至爆燃，可能造成室内作业人员伤亡（危险化学品仓库周围 25m 范围内无建筑和作业点，室外人员伤亡概率较小）
事故发生区域、地点或装置	公司东南侧危险化学品仓库，为建筑面积 $100m^2$，净高 5.5m 的独体建筑
危险性分析	公司用到的罐装有机溶剂、罐装油墨、罐装酒精等危险化学品，属于易燃液体，其蒸气与空气可形成爆炸性混合物。遇明火、高热能燃烧爆炸。与氧化剂能发生强烈反应。其蒸气比空气重，能在较低处扩散到相当远的地方，遇火源会着火回燃。流速过快易产生和积聚静电。在高温、高热环境下受热的容器有爆裂危险，易导致火灾扩大
事故原因分析	1. 易燃液体包装破裂，泄漏 2. 存在电气火花、静电或其它人为火源
可能导致事故的违规行为	1. 电气设备、开关老化，防爆功能失效，没有及时发现或更换 2. 仓库内易燃液体包装有裂纹或破损，没有及时发现或及时处理 3. 仓库内强氧化剂和强还原剂混放，因泄漏反应产生大量热量 4. 在危险化学品仓库收发危险化学品使用了易产生火花工具 5. 作业人员穿戴非防静电工作服和工作鞋，或穿了有钉的鞋子 6. 作业人员在仓库区内分装作业造成易燃液体泄漏 7. 作业工作人员在仓库区抽烟或使用明火 8. 顶窗玻璃没做好遮阳防护，甚至产生透镜效应使仓库温度升高 9. 其他不可控的火源
可能发生的季节	一年四季均有可能发生，秋季发生的可能性大于其他季节

续表

可能发生的时段	1.仓库收料、发料时 2.易燃液体包装破裂时 3.防爆电气设备失效时
危害程度	1.作业人员伤亡（≤2人） 2.建筑物损毁 3.仓库存放物品烧毁
事发前及发生前期征兆	1.仓库内作业人员可能感觉到“焦味”“电路、用电器有火光或浓烟”“有化学药剂气味并持续增强” 2.无人状态下仓库可燃气体报警仪报警 3.值班室监控设备发现危险化学品仓库有烟雾或火光
二、应急组织与职责	
现场作业人员或发现火情人员：负责通知值班人员或安全管理人员，根据自身能力（要求曾参加过相关应急预案演练）开展现场自救，消除泄漏源或扑灭初始火灾 值班人员或接到报警的安全管理人员：立即通过监控或现场确认火情，同时启动公司火灾事故应急救援专项预案和《危险化学品仓库火灾爆炸事故现场处置方案》，通知相关部门领导和应急队伍到应急指挥部集中（预先设置在危险化学品仓库西侧50米空地处，若风向为东风，应急指挥部改在北侧70m河边草地的第二备选点） 公司义务消防员：接警后立即奔赴现场，按照预案实施灭火和抢险工作 仓库管理部门领导和安全管理人员、仓库管理员：接到报警后立即赶赴现场组织灭火和抢救 保卫部门领导和值勤保卫人员：立即开值班车（车内配有隔离立杆、隔离带、应急疏散标志等封锁、警戒、疏散等相关器具和指示标志）奔赴现场指挥部，按总指挥要求开展警戒和疏散工作 夜间值班领导：若下班后出现火情，仓库管理部门领导、公司领导未赶赴现场，则担任现场指挥，履行指挥职责。根据现场火情确定启用更高级别的预案，组织灭火和抢险工作 公司主要负责人：接警后立即奔赴现场接管指挥权，组织灭火和抢险工作，并负责协调外部救援力量参与灭火救灾工作，以及负责火灾事故的上报工作 现场员工：听从指挥，配合抢险救援工作，或及时撤离到安全位置（应急集中点）等待指令	
三、应急装备及应急资源	
危化品泄漏	1.仓库外堵漏用的沙堆、沙包，以及铁铲、箩筐、推车等堵漏工具 2.吸油毡 3.防漏托盘 4.可燃气体报警仪 5.吸附式防毒面具 6.小推车
初始火灾	1.泡沫灭火器（见仓库灭火器布置图） 2.灭火毡 3.火灾报警仪 4.泡沫喷淋装置 5.防爆对讲机
火灾蔓延	1.带报警功能自爆式灭火器 2.泡沫喷淋装置 3.雾状冷却水 4.室外消防栓、消防水带和消防喷枪（仅用于降温，不能用于灭火） 5.公司存放的压缩式空气呼吸器 6.附近高楼设置的风向标
火灾扩大	1.属地消防队泡沫消防车（报火警119） 2.属地医院救护车（报120） 3.公司周边应急协议单位抢险队伍 4.2套避火服和担架设备（人员抢救用）

续表

四、应急处置		
处置程序	处置措施	责任人
事故报告	发现火情或火灾征兆后，及时报警、向当班负责人、部门负责人或公司应急值班人员报告	发现险情人员
	紧急情况直接打公司应急电话，向公司应急指挥部报告	部门负责人
第一时间急救	1.根据征兆判断火情大小及发展趋势，确定应急响应级别 2.在保证自身安全，防护到位的情况下及时将伤者移到安全、有利救治地点（现场指挥部设定的医疗点）	现场人员
火灾前现场处置	1.现场人员发现危险化学品泄漏，第一时间报告值班室或仓库管理员，在仓库外安全位置等待人员前来处置 2.若现场人员接受过相关应急培训，可以利用现场泄漏处理物资，如利用托盘接漏液，或利用沙子、沙包、吸油毡等进行处理，避免可燃液体泄漏面积扩大 3.相关部门接警后关注事态发展，做好应急抢险准备	现场人员
火灾现场处置	1.现场人员或发现火情人员第一时间利用仓库防爆对讲机或到外围空旷、安全位置利用手机报告值班室，有条件及早开始现场应急处置，如立即通知值班电工切断仓库电源，在保证人身安全的情况下利用灭火毡或泡沫灭火器扑灭初起火灾，尽量争取在着火5min内扑灭初起火灾 2.若现场应急力量充足，初始火情较小，现场人员在保证人身安全的前提下可利用小推车及时转移其他危险化学品，或对周边物资进行冷却，但严格控制同时在危险化学品仓库内的人数不能超过2人 3.公司义务消防员赶赴现场后，立即按照演练步骤开展灭火救灾（危险化学品着火可能形成有毒物质，在仓库内灭火抢险需佩戴合适的防毒面具） 4.若火情扩大（如着火点增加，火情有扩大趋势，15min内无法扑灭时），现场应急人员立即撤离到安全位置（现场应急指挥部）协助应急工作或等待指令 5.公司值班室人员接警后立即启动应急预案，通知相关部门赶赴现场事先拟定的集中点，成立现场应急指挥部 6.公司保卫部门值勤人员奔赴现场后立即开展警戒和应急诉讼工作，接受指挥部疏散警戒组指挥 7.仓库管理部门安全管理人员或仓管员赶赴现场后，应及时向应急指挥部提供仓库储存状况等相关情报，辅助应急救灾 8.仓库管理部门负责人或公司领导到现场后，由现场最高级别领导接管指挥权，消防保卫部门领导担任副指挥 9.现场应急指挥部消防抢险组根据救援需要组织义务消防员开展灭火自救，实施隔离，指挥安保人员疏散无关人员，并根据火灾发展启动更高级别应急响应，联系外部消防、医疗力量，并安排安保人员到公司门口接引 10.污水处理部门值班人员或负责人密切关注仓库灭火消防水排污量，根据需要及时转入事故水池，避免含高浓度危险化学品的消防水流出市政排污管网，造成污染事故 11.通讯联络组、后勤保障组、运输救护组组长及成员在现场指挥部待命，根据事故发展趋势和总指挥指令配合应急抢险工作 12.若事故扩大，地方消防部门介入后，现场应急总指挥负责将指挥权交给消防部门，但仍负责公司内部应急救援指挥工作，以及外部应急资源的协调工作	现场人员 值班人员 保卫部门人员

续表

<table>
<tr><td>伤员救护</td><td>1.起火初期，若发现有人员倒在仓库内，应立即穿戴空气呼吸器或防毒面罩，快速将伤员转移到仓库外空旷地方，进行前期救护，等待120救护车到来
2.火情扩大期间，若发现有人被困仓库内，可能造成伤亡时，救援人员按规定穿戴好防护用品，在保证自身安全的前提下，携带相关救援机具、物资（根据储备物资装备确定），如穿戴好避火服，佩戴空气呼吸器，在消防掩护下快速进入火场，将伤员背出仓库外空旷位置进行前期急救
3.确认有伤员，现场指挥部医护组立即联系120，及时通知就近医疗机构救援</td><td>救援人员
义务消防员</td></tr>
<tr><td>事故扩大</td><td>事故扩大或可能影响其他区域时，应急指挥部应启动更高级别应急预案，必要时引入社会救援力量参与抢险救灾工作</td><td>现场应急总指挥</td></tr>
<tr><td rowspan="2">应急终止</td><td>通过应急抢险组或地方消防部门现场确认，现场火情已扑灭，不存在复燃可能，且伤员得到妥善处置后，由现场指挥部总指挥宣布应急结束，应急工作转为灾后消洗和恢复工作</td><td>现场应急总指挥</td></tr>
<tr><td>如社会消防力量介入抢险，或有人员伤亡，还需做好现场保护，做好现场拍照、录像工作，准备相关材料，配合政府部门开展事故调查</td><td>公司负责人</td></tr>
<tr><td rowspan="2">事故报告及联络方式</td><td colspan="2">事故报告内容要求：事故部位、事故类型、伤害程度、已采取和准备采取的防治措施等</td></tr>
<tr><td colspan="2">消防急救电话119
急救电话：120
公司值班电话
仓库管理员电话
仓库安全管理人员电话
仓库管理部门负责人电话
夜间值班领导电话</td></tr>
<tr><td colspan="3">五、注意事项</td></tr>
</table>

1.佩戴个人防护器具方面的注意事项

参加火灾事故应急救援行动，应急救援人员必须佩戴和使用符合绝缘等级要求的防护用品。严禁救援人员在没有采取防护措施的情况下盲目施救。

2.使用抢险救援器材方面的注意事项

① 应急救援人员必须戴好防毒面具、穿好防护服，在保证自身安全的前提下，进行救助。

② 根据危险化学品仓库存放物品的化学特性和火灾类型，采取合适的灭火方式。

3.采取救援对策或措施方面的注意事项

① 应急救援时，应贯彻“以人为本”的原则，先抢救受伤人员。

② 视火灾事故受伤人员的具体情况，及时拨打“120”急救电话。

4.现场自救和互救注意事项

① 人员自救时，可就地翻滚；周边人员可以使用仓库消防应急柜中的灭火毡、石棉布等物覆盖着火部位，着火伤处的衣、裤、袜应剪开脱去，不可硬性撕拉。伤处用消毒纱布或干净棉布覆盖，并送往医院救治。

② 对火灾伤员的现场救治，要正确施救。烧伤面积比较大的伤员要注意呼吸，心跳的变化，必要时进行心脏复苏。

5.现场应急处置能力确认和人员安全防护

① 火灾事故发生后，应急救援指挥部应根据项目的应急救援能力评估现场应急处置能力是否满足要求，如果不能满足要求，应急救援人员应撤出事故现场，等待专业救援力量。

② 应急救援人员必须采取可靠的安全防护措施后方可进入现场，参加应急救援行动。

6.应急救援结束后的注意事项

① 注意保护好事故现场，便于调查分析事故原因。

② 清理事故现场时要消除火灾隐患，防止火灾事故再次发生。

7.消防应急通道与车辆停靠

① 火灾事故现场应当开辟应急抢险人员和车辆出入的专用通道和安全通道。

② 前来参与应急抢险的车辆要尽量靠边停靠，不占消防通道。

续表

8.其他需要特别警示的事项 ① 仓库若在夜间或恶劣天气时发生火灾，公司应急力量较为薄弱，需加强日常演练。 ② 日常应急装备，特别是通讯设备和消防器材等设施应维护到位，确保应急过程通讯畅通
六、配套资料、附件
① 应急通讯录（公司综合预案附件 1） ② 应急物资联系清单（公司综合预案附件 2） ③ 危险化学品仓库平面图及配套消防器材、应急装备布置图 ④ 危险化学品仓库存放物质清单、危险特性和配套危险化学品安全技术说明书（MSDS） ⑤ 危险化学品仓库配备应急物资清单 ⑥ 危险化学品仓库应急装备使用说明及适用性分析报告 ⑦ 危险化学品仓库火灾消防作战方案及消防作战力量分布图 ⑧ 危险化学品仓库周边 50m 高压消防水管网和消防栓分布图 ⑨ 危险化学品仓库相关岗位应急卡（相关岗位发生不同事故时要求开展的工作内容、抢险步骤、注意事项等）

【拓展阅读】

我国应急管理的发展大事记

我国应急管理可以追溯到灾害管理。1949 年中华人民共和国成立，党中央、国务院就对灾害管理高度重视。新中国成立初期，我国就组建了中央防疫委员会等。

1949 年到 1978 年，由专门部门处理单一灾种。

1978 年到 2003 年，我国成立了多个议事协调机构，每当有重大突发事件发生时，还会临时组建一些指挥部。在 2003 年以前，关于应急管理的研究主要集中在灾害管理研究方面。

2003 年 7 月，2003 年非典疫情引发了从公共卫生到社会、经济、生活全方位的突发公共事件，在总结表彰大会上，党中央、国务院明确提出“争取用 3 年左右的时间，建立健全突发公共卫生事件应急机制，提高突发公共卫生事件应急能力”；2003 年 10 月，党的十六届三中全会通过的《关于完善社会主义市场经济体制若干问题的决定》强调“要建立健全各种预警和应急机制，提高政府应对突发事件和风险的能力。”这是我国应急体系建设的里程碑。

2004 年 5 月，国务院办公厅将《省（区、市）人民政府突发公共事件总体应急预案框架指南》印发各省，要求各省人民政府编制突发公共事件总体应急预案。2004 年 9 月，党的十六届四中全会作出的《关于加强党的执政能力建设的决定》进一步提出“建立健全社会预警体系，形成统一指挥、功能齐全、反应灵敏、运转高效的应急机制，提高保障公共安全和处置突发公共事件的能力。”

2005 年 1 月，国务院常务会议原则通过《国家突发公共事件总体应急预案》和 25 件专项预案、80 件部门预案，共计 106 件。2005 年 7 月，国务院召开第一次全国应急管理工作会议，颁布了《国家突发公共事件总体应急预案》，明确了各类突发公共事件分级分类和预案框架体系，规定了国务院应对特别重大突发公共事件的组织体系、工作机制等内容，是指导预防和处置各类突发公共事件的规范性文件，中国应急管理进入经常化、制度化、法治化。

2006 年 3 月，《国民经济和社会发展第十一个五年规划》首次提出“建立健全社会预警体系和应急救援、社会动员机制。提高处置突发性事件能力”。2006 年 8 月，党的十六届六中全会通过的《关于构建社会主义和谐社会若干重大问题的决定》指出：“完善应急管理体制机制，有效应对各种风险。建立健全分类管理、分级负责、条块结合、属地为主的应急管理体制，形成统一指挥、反应灵敏、协调有序、运转高效的应急管理机制，有效应对自然灾害、事故灾难、公共卫生事件、社会安全事件，提高突发公共事件管理和抗风险能力。”至此，我国应急管理体系框架的蓝图设计基本完成。

2007 年，国务院下发《关于加强基层应急管理工作的意见》，2007 年 11 月 1 日正式实施《中华人民共和国突发公共事件应对法》。

2008 年，南方雪灾和汶川地震对应急管理提出了更高要求。党中央、国务院提出“要进一步加强应急管理能力建设”，要“形成综合配套的应急管理法律法规和政策措施，建立健全集中领导、统一指挥、反应灵敏、运转高效的工作机制，提高各级党委和政府应对突发事件的能力。”

2013 年 11 月，党的十八届三中全会通过的《中共中央关于全面深化改革若干重大问题的决定》提出要从举国救灾向举国减灾转变，从减轻灾害向减轻风险转变。

2014 年初，国家安全委员会的成立和“总体国家安全观”战略思想的提出，为应急体制改革从制度上、理论上、思想上、法治上奠定了坚实的基础。

2017 年，成立了应急管理部和国家综合性消防救援队伍，我国的应急管理主体机构变为“国安办＋应急管理部（整合事故灾难类和自然灾害类）＋公安部（社会治安类）＋卫健委（公共卫生类）”，建立起一套涵盖四大类突发事件的管理体系，其综合性、系统性得到进一步的加强。

2018 年 4 月，中华人民共和国应急管理部正式挂牌。新组建的应急管理部整合了 9 个单位相关职责及国家防汛抗旱总指挥部、国家减灾委员会、国务院抗震救灾指挥部、国家森林防火指挥部职责。

2019 年，党的十九届四中全会通过的《中共中央关于坚持和完善中国特色社会主义制度　推进国家治理体系和治理能力现代化若干重大问题的决定》要求构建统一指挥、专常兼备、反应灵敏、上下联动的应急管理体制，优化国家应急管理能力体系建设，提高防灾减灾救灾能力。

2021 年，新修订的《安全生产法》进一步明确双重预防机制、应急管理和信息系统建设的内容。明确要求生产经营单位对重大危险源应当登记建档，进行定期检测、评估、监控，并制定应急预案，告知从业人员和相关人员在紧急情况下应当采取的应急措施。

2022 年，二十大报告首次用专节来部署提高公共安全治理水平。强调要“坚持安全第一、预防为主，建立大安全大应急框架，完善公共安全体系，推动公共安全治理模式向事前预防转型”。《“十四五”国家安全生产规划》要求“坚持人民至上、生命至上，坚守安全发展理念，从根本上消除事故隐患，从根本上解决问题，实施安全生产精准治理，着力破解瓶颈性、根源性、本质性问题，全力防范化解系统性重大安全风险，坚决遏制重特大事故，有效降低事故总量，推进安全生产治理体系和治理能力现代化”。

2023 年，设立国家防灾减灾救灾委员会，进一步加强灾害应对各方面全过程的统筹协调。建成国家应急资源管理平台，中央救灾物资储备库已覆盖 31 省市。印发《高危行业安全监管数字化转型实施方案》，加快推动安全监管数字化、智能化。

2024 年，开展《安全生产治本攻坚三年行动方案（2024—2026 年）》，健全重大事故隐患数据库，对各类隐患推行动态清零。印发《化工企业生产过程异常工况安全处置准则（试行）》，指导化工企业对生产中存在的能量意外释放风险情形实施精细化风险防控。

【单元小结】

本单元介绍了化工生产的危害识别和风险评估的相关理论和方法，双重预防机制和应急管理的基本内涵和要求，生产安全事故应急预案及体系的组成元素、编写程序与要求，并进行了案例解析。重点内容是危险与可操作性（HAZOP）分析方法、专项应急预案的组成要素和现场处置方案编写。

【复习思考题】

一、判断题

1. 少数具有事故频发倾向的工人是事故频发倾向者，他们的存在是工业事故发生的主要原因，该理论的提出者是博德。（　）

2. 风险控制措施既包括消灭或减少风险事件发生可能性的措施，也包括降低事故后果严重程度、减少事故损失的措施。（　）

3. 根据风险矩阵法，风险度 R 值降到 0 才能实现生产经营过程安全受控。（　）

4. 危险源至个体之间的传播途径安全控制措施包括设置实体防护墙、增加安全间距等空间防护措施，也可以通过减少接触时间来减弱危险源对人员的伤害。（　）

5. 个体防护措施可以替代源头控制措施和传播途径控制措施。（　）

6. 评价指标是衡量系统危险性、危害性的定性、定量评价结果的标准。（　）

7. HAZOP 方法特别适用于火灾爆炸事故调查。（　）

8. 双重预防机制和应急管理都致力于事故的事前控制。（　）

9. 生产经营单位应急预案编制程序包括成立应急预案编制工作组、资料收集、风险评估、应急资源调查、应急能力评估、应急预案编制、桌面推演、应急预案评审和应急预案发布。（　）

10. 对于事故风险单一、危险性小的生产经营单位，可以不用编制综合预案和专项预案，只需要编制现场处置方案。（　）

二、单选题

1. 能最终实现本质安全的风险控制类型是（　）。

A. 源头控制　　B. 传播途径控制　　C. 个体防护

2. 危险与可操作性研究方法的英文缩写代号是（　）。

A. LEC　　B. FMEA　　C. HAZOP

3. 安全评价方法中的“道七法”属于（　）。

A. 定性安全评价法　　B. 概率风险评价法　　C. 危险指数评价法

4. 以下属于事前预防措施的是（　）。

A. 设置联锁与紧急停车　　B. 作业工作危害分析　　C. 安装阻火器

5. 在化工生产装置 HAZOP 分析中，A 级风险是指（　）。

A. 可接受的风险　　B. 不希望有的风险　　C. 不可接受的风险

6. 查找生产过程人的不安全行为、物的不安全状态和管理缺陷，属于开展（　）的第一阶段。

A. 风险分级管控　　B. 隐患排查治理　　C. 应急管理

7. 应急管理信息化建设的先决任务是（ ）。

A. 建立公共基础数据及平台

B. 完善安全业务法规、制度、规程数据库

C. 应急业务流程梳理及再造

8. 企业应急管理中，应把主要精力放在（ ）的编制、演练和持续改进。

A. 综合应急预案　　B. 专项应急预案　　C. 现场应急处置方案

9. 发生危险化学品事故，事故单位（ ）应当立即按照本单位危险化学品应急预案组织救援。

A. 安全生产管理人员　　B. 主要负责人　　C. 安全管理负责人

10. 当腐蚀性化学品飞溅到操作人员眼睛上，可能造成化学品灼伤时，应立即引导该名人员到最近的洗眼器，打开眼睑，用大量水或生理盐水冲洗（ ）以上。

A. 5min　　B. 15min　　C. 60min

三、问答题

1. 什么是双重预防机制？
2. 生产经营单位应急预案编制的要求有哪些？
3. 应急预案编制前进行的事故风险辨识、评估有哪些要求？
4. 简述生产经营单位应急预案的编制程序。
5. 现场处置方案包括哪些方面的内容？

【案例分析】

【案例1】 2019年5月10日9时许，某板纸公司污水处理车间，机修工张某在加装排水管上的闸板阀过程中，违章擅自进入封闭的污水池彩钢房，后中毒坠入池内引发事故，污水处理车间工人房某、钱某在未采取任何防护措施的情况下，违规进入污水池盲目施救导致事故扩大。该事故造成张某、房某、钱某死亡。经鉴定，张某心血中检出硫化氢及甲硫醚，房某心血中检出甲硫醚，钱某心血中检出甲硫醚，分析三人生前有吸入硫化氢及甲硫醚气体的过程，死亡原因为溺死。被告人金某作为板纸公司污水处理车间主任，安全教育培训不到位，致使员工对有限空间内有毒有害气体的危害性认识不足，在房某、钱某进入有限空间内救人前没有及时告知佩戴防毒面具，造成房某、钱某二人因盲目施救而中毒后跌入污水池内溺亡，对事故的发生和扩大负有主要责任。

试分析该企业污水处理车间危险源及危险有害因素，提出应配备的应急装备，并编制《污水处理车间中毒窒息事故现场处置应急演练方案》要点。

【案例2】 2023年1月15日，某化工企业烷基化装置在维修过程中发生泄漏爆炸着火事故，造成13人死亡，35人受伤。事故直接原因是烷基化装置碱洗后的物料（主要成分是异丁烷、正丁烷、烷基化油等）管线在带压堵漏时爆裂，大量物料泄漏，遇静电或明火引发爆炸着火。

1. 试结合《生产过程危险和有害因素分类与代码》（GB/T 13861—2022）分析危险化学品压力管道带压堵漏的危险有害因素。

2. 危险化学品压力管道维修作业的现场应急方案应考虑哪些要素？

单元十一 化工安全管理

【学习目标】

知识目标

1. 掌握化工安全管理的基本要素。
2. 了解国际国内化学品安全管理体系的建设及发展趋势。
3. 了解化工企业安全文化建设基本要素。

技能目标

1. 能依法依规制定安全教育培训方案。
2. 能根据工作内容正确选择相关法律法规或标准。
3. 能制定相应岗位的安全文化建设方案。

素质目标

1. 提高认真执行安全生产法律法规、规章制度、标准规范等的意识。
2. 坚定“以人为本”“绿色发展”理念。
3. 培养“劳动精神”“劳模精神”“工匠精神”。

如何加强化学工业中的化学品安全管理，确保化学品在其生命周期内的安全，成了人类要共同面对的问题。国际组织和各国政府在不同层面制定和颁布了一系列与化学品生产、搬运、使用或者储存有关的法律法规、技术条例、标准规范等，通过强制执行、规范管理等，以期将化学品的安全风险降到最低。化工企业是化学品生命周期中安全管理的关键环节之一。要构建安全管理的长效机制，企业安全文化的建设是关键。

项目一 化工生产安全管理

我国化学品安全管理职责主要是各级政府部门、行业协会、其他相关组织与机构承担，这些组织或机构履行管理、监督、协调、咨询、服务的职能，落实和执行化学品安全法律法规、技术规范、化学品安全管理制度与规章等。化工企业要做好安全生产工作，关键是做好安全生产法律法规、政策法令的贯彻实施。

一、案例

1988 年 11 月 20 日，湖北省某化肥厂造气车间因限电停车，车间设备主任临时提出修补 2 号造气炉下行阀后有裂纹的管子。对下行管和洗气塔用蒸汽进行了置换后即开始动焊，但因下行管裂缝处有蒸汽冷凝水渗出不便施工而没焊完。经检查，洗气塔下部有一漏孔，维修工和焊工认为洗气塔和下行管是连在一起的，焊下行管没炸，焊洗气塔也不会有问题，就在洗气塔下部施电焊，结果引起洗气塔爆炸，将焊工和维修工 2 人炸死。

事故原因：违反动火管理制度，蒸汽置换后没进行气体分析，焊接作业没办理动火手续又随便移动焊接地点。

二、安全管理规范

在我国，形成了以《中华人民共和国宪法》为基础，《中华人民共和国劳动法》《中华人民共和国安全生产法》及有关专项法律法规，和配套的规章制度、规范、标准共同构成了我国化学品安全管理的基本构架。

《中华人民共和国宪法》规定了公民有劳动的权利和义务，要加强劳动保护，改善劳动条件。《中华人民共和国劳动法》在“劳动安全卫生”条款中规定了企业在劳动安全卫生方面应尽的义务，劳动安全卫生设施以及同时设计、同时施工、同时投入生产和使用的“三同时”，特种作业人员上岗要求，职工在安全生产中的权利和义务等。《中华人民共和国刑法》对违反各项安全生产法律法规，如在生产、作业中违反有关安全管理的，安全生产设施或安全生产条件不符合规定的，以及违反爆炸性、易燃性、放射性、毒害性、腐蚀性物品的管理规定等，视情节追究刑事责任。

1. 落实全员安全生产责任制

在我国，化工企业安全生产实行“全员安全生产责任制”。《中华人民共和国安全生产法》(2021 年第三次修正版）第四条规定：“生产经营单位必须遵守本法和其他有关安全生产的法律、法规，加强安全生产管理，建立健全全员安全生产责任制和安全生产规章制度，加大对安全生产资金、物资、技术、人员的投入保障力度，改善安全生产条件，加强安全生产标准化、信息化建设，构建安全风险分级管控和隐患排查治理双重预防机制，健全风险防范化解机制，提高安全生产水平，确保安全生产。”第五条规定：“生产经营单位的主要负责人是本单位安全生产第一责任人，对本单位的安全生产工作全面负责。其他负责人对职责范围内的安全生产工作负责。”第二十二条规定：“生产经营单位的全员安全生产责任制应当明确各岗位的责任人员、责任范围和考核标准等内容。生产经营单位应当建立相应的机制，加强对安全生产责任制落实情况的监督考核，保证安全生产责任制的落实。”

（1）企业各级领导的责任　企业安全生产责任制的核心是实现安全生产的“五同时”，即在计划、布置、检查、总结、评比中，生产和安全同时进行。

在制定安全生产职责时，各级领导职责要明确。如厂长的安全生产职责、分管生产安全工作的副厂长的安全生产职责、其他副厂长的安全生产职责、总工程师的安全生产职责、车间主任的安全生产职责、工段长的安全生产职责、班组长的安全生产职责等。

各级领导根据各自分管业务工作范围负相应的责任。如果发生事故，视事故后果的严重程度和失职程度，由行政机关进行行政处理，司法机关也可依据事故后果追究法律责任。

（2）各业务部门的职责　企业单位中的生产、技术、设计、供销、运输、教育、卫生、基建、机动、情报、科研、质量检查、劳动工资、环保、人事组织、宣传、外办、企业管理、财务等有关专职机构，都应在各自工作业务范围内，对实现安全生产的要求负责。

同理，在制定安全生产职责时，各业务部门的职责也必须明确。如安全技术部门的安全生产职责、生产计划部门的安全生产职责、技术部门的安全生产职责、设备动力部门的安全生产职责、人力资源部门的安全生产职责等。

(3) 生产操作工人的安全生产职责　在制定安全生产职责时，要从遵守劳动纪律，执行安全规章制度和安全操作规程，不断学习，增强安全意识，提高操作技术水平，积极开展技术革新，及时反映、处理不安全问题，拒绝接受违章指挥，提出合理化建议，改善作业环境和劳动条件等方面提出要求。

2. 严格执行安全教育

《中华人民共和国安全生产法》对安全教育作出如下规定。

第二十八条规定：生产经营单位应当对从业人员进行安全生产教育和培训，保证从业人员具备必要的安全生产知识，熟悉有关的安全生产规章制度和安全操作规程，掌握本岗位的安全操作技能，了解事故应急处置措施，知悉自身在安全生产方面的权利和义务。未经安全生产教育和培训合格的从业人员，不得上岗作业。生产经营单位使用被派遣劳动者的，应当将被派遣劳动者纳入本单位从业人员统一管理，对被派遣劳动者进行岗位安全操作规程和安全操作技能的教育和培训。劳务派遣单位应当对被派遣劳动者进行必要的安全生产教育和培训。生产经营单位接收中等职业学校、高等学校学生实习的，应当对实习学生进行相应的安全生产教育和培训，提供必要的劳动防护用品。学校应当协助生产经营单位对实习学生进行安全生产教育和培训。生产经营单位应当建立安全生产教育和培训档案，如实记录安全生产教育和培训的时间、内容、参加人员以及考核结果等情况。

第二十九条规定：生产经营单位采用新工艺、新技术、新材料或者使用新设备，必须了解、掌握其安全技术特性，采取有效的安全防护措施，并对从业人员进行专门的安全生产教育和培训。

第三十条规定：生产经营单位的特种作业人员必须按照国家有关规定经专门的安全作业培训，取得相应资格，方可上岗作业。

第四十四条规定：生产经营单位应当教育和督促从业人员严格执行本单位的安全生产规章制度和安全操作规程；并向从业人员如实告知作业场所和工作岗位存在的危险因素、防范措施以及事故应急措施。生产经营单位应当关注从业人员的身体、心理状况和行为习惯，加强对从业人员的心理疏导、精神慰藉，严格落实岗位安全生产责任，防范从业人员行为异常导致事故发生。

第五十八条规定：从业人员应当接受安全生产教育和培训，掌握本职工作所需的安全生产知识，提高安全生产技能，增强事故预防和应急处理能力。

《生产经营单位安全培训规定》(总局令第 3 号，第 80 号第二次修正版) 第四条规定：生产经营单位应当进行安全培训的从业人员包括主要负责人、安全生产管理人员、特种作业人员和其他从业人员。未经安全培训合格的从业人员，不得上岗作业。

《化工过程安全管理导则》(AQ/T 3034—2022) 对安全教育、培训和能力建设提出了如下具体要求。

企业应对员工进行相关法律和风险教育，增强员工安全意识、法律意识、风险意识；通过强化知识和技能培训，增强员工的安全履职能力。企业应在调查的基础上，确定培训需求，编制培训计划，对培训资源建设与管理、课程设置、培训活动及人员管理、培训效果评估进行规范管理。

企业应制定岗位能力要求标准和安全教育、培训管理制度，通过招聘符合任职基本条件的人员，及时开展教育、培训等，确保上岗员工符合下列岗位能力要求。

① 建立岗位能力标准。基于岗位职责编制岗位说明书，从教育程度、专业知识和技能

(含上岗资格)、工作经验和综合素质等方面，明确岗位人员应具备的任职资格。

② 确定培训课程体系。依据各个岗位所需的能力要求，将岗位能力标准转化为培训目标，并依据培训目标和载体，确定各个岗位的具体培训内容。

企业应对新入职员工开展公司级、车间级、班组级三级安全教育，并根据岗位技能要求开展岗前培训，经考核合格后方可上岗。若调整工作岗位或离岗半年以上重新上岗，应重新接受车间级和班组级的安全培训。

企业应按照下列岗位需求制定全员持续安全教育和培训计划，并组织实施如下内容。

① 各级领导层以提升守法合规意识、风险意识、安全领导和管理能力、安全生产基础知识为重点。

② 专业技术人员以增强专业知识和管理能力，尤其是风险评估与管控、隐患排查治理、应急处置和事故事件调查分析能力为重点。

③ 操作人员以提升安全操作、隐患排查、初期应急处置和自救互救能力为重点。

企业应根据生产运营的不同阶段和风险特点，开展针对性培训。

① 新建装置试车前，企业应对参与装置试车的全体管理人员和操作人员等相关人员进行岗位技能培训，经考核合格后方可参加装置试车工作。

② 当安全生产信息变更或风险变化时，企业应及时更新培训内容，对相关人员（包括承包商人员）进行培训。

③ 企业应对采用新工艺、新技术、新材料或者使用新设备设施的岗位操作人员进行相应的安全技能培训。

④ 同行业或本企业发生事故事件后，企业应及时组织教育培训，分享经验，吸取教训。

企业应定期对在岗人员工作能力、工作绩效等进行岗位履职能力评估，对不能胜任的岗位履职者开展再培训，对培训考核不合格者及时进行岗位调整。企业应会同劳务派遣单位，按照企业员工培训标准，开展对劳务派遣人员的安全教育和培训管理工作。企业应定期对教育培训效果进行评估，并将评估结果作为改进和优化的依据。企业可通过导师带徒、在职教育、线上线下教育、仿真培训、实训基地培训等方式，拓展培训渠道，提升培训效果。企业应建立教育培训档案，保存员工的教育培训记录，明确保存期限。

目前，化工企业安全教育主要包括入厂教育（三级安全教育)、日常教育和特殊教育等三种形式。

(1) 入厂教育　新入厂人员（包括新工人、合同工、临时工、外包工和培训、实习、外单位调入本厂人员等)，均须经过厂、车间（科)、班组（工段）三级安全教育。

① 厂级教育（一级)。教育内容包括：党和国家有关安全生产的方针、政策、法规、制度及安全生产重要意义；本单位安全生产情况及安全生产基本知识，本单位安全生产规章制度和劳动纪律，从业人员安全生产权利和义务，有关事故案例，本单位事故应急救援、事故应急预案演练及防范措施等内容。经考试合格，方可分配到车间或部门。

② 车间级教育（二级)。教育内容包括：工作环境及危险因素，所从事工种可能遭受的职业伤害和伤亡事故，所从事工种的安全职责、操作技能及强制性标准，自救互救、急救方法、疏散和现场紧急情况的处理，安全设备设施、个人防护用品的使用和维护，本车间（工段、区、队）安全生产状况及规章制度，预防事故和职业危害的措施及应注意的安全事项，有关事故案例，其他需要培训的内容。经考试合格，方可分配到班组、岗位。

③ 班组（工段）级教育（三级)。教育内容包括：岗位安全操作规程，岗位之间工作衔接配合的安全与职业卫生事项，有关事故案例，其他需要培训的内容。

每一级的教育时间，均应达到《生产经营单位安全培训规定》的要求，或者按行业相关规定执行。厂内调动（包括车间内调动）及离岗一年以上的职工，必须对其重新进行车间级和班组级安全教育，其后进行岗位培训，考试合格，成绩记入“安全作业证”内，方可上岗作业。

（2）日常教育 即经常性的安全教育，企业内的经常性安全教育可按下列形式实施。

① 可通过举办安全技术和工业卫生学习班，充分利用安全教育室，采用展览、宣传画、安全专栏、报章杂志等多种形式，以及先进的电化教育手段，开展对职工的安全和工业卫生教育。

② 企业应定期开展安全活动，班组安全活动确保每周一次。

③ 在大修或重点项目检修以及重大危险性作业（含重点施工项目）时，安全技术部门应督促指导各检修（施工）单位进行检修（施工）前的安全教育。

④ 总结发生事故的规律，有针对性地进行安全教育。

⑤ 对于有违章及重大事故责任者和工伤复工人员，应由所属单位领导或安全技术部门进行安全教育。

（3）特殊教育 《生产经营单位安全培训规定》第十八条规定：生产经营单位的特种作业人员，必须按照国家有关法律、法规的规定接受专门的安全培训，经考核合格，取得特种作业操作资格证书后，方可上岗作业。其中，特种作业是指容易发生事故，对操作者本人、他人的安全健康及设备、设施的安全可能造成重大危害的作业。根据《特种作业人员安全技术培训考核管理规定》（2015 年修订版），特种作业人员必须接受与其所从事的特种作业相应的安全技术理论培训和实际操作培训，并考核合格，取得“中华人民共和国特种作业操作证”后，方可上岗作业。特种作业人员在进行作业时，必须随身携带“特种作业操作证”。特种作业操作证有效期为 6 年，每 3 年复审 1 次。

3. 强化安全检查

《中华人民共和国安全生产法》对安全检查工作提出了明确要求和基本原则，其中第四十六条规定：生产经营单位的安全生产管理人员应当根据本单位的生产经营特点，对安全生产状况进行经常性检查；对检查中发现的安全问题，应当立即处理；不能处理的，应当及时报告本单位有关负责人，有关负责人应当及时处理。检查及处理情况应当如实记录在案。

化工生产企业的安全检查还应结合行业特点按照相关规定执行，除进行经常性的检查外，每年还应进行群众性的综合检查、专业检查、季节性检查和日常检查。

① 综合检查。分厂、车间、班组三级，厂级（包括节假日检查）每年不少于四次，车间级每月不少于一次，班组（工段）级每周一次。

② 专业检查。分别由各专业部门的主管领导组织本系统人员进行，每年至少进行两次，内容主要是对锅炉及压力容器、危险物品、电气装置、机械设备、厂房建筑、运输车辆、安全装置以及防火防爆、防尘防毒等进行专业检查。

③ 季节性检查。分别由各业务部门的主管领导，根据当地的地理和气候特点组织本系统人员对防火防爆、防雨防洪、防雷电、防暑降温、防风及防冻保暖工作等进行预防性季节检查。

④ 日常检查。分岗位工人检查和管理人员巡回检查。

各种安全检查均应编制相应的安全检查表，并按检查表的内容逐项检查。

安全检查后，各级检查组织和人员，对查出的隐患都要逐项分析研究，并落实整改措施。

4. 编制安全技术措施计划

（1）计划编制 安全技术措施计划的编制应依据国家发布有关法律、法规和行业主管部门发布的制度及标准等，根据本单位目标及实际情况进行可行性分析论证。安全技术措施计划范围主要包括：

① 以防止火灾、爆炸、工伤事故为目的的一切安全技术措施。

② 以改善劳动条件、预防职业病和职业中毒为目的的一切工业卫生技术措施。

③ 安全宣传教育、技术培养计划及费用。

④ 安全科学技术研究与试验、安全卫生检测等。

（2）计划审批　由车间或职能部门提出车间年度安全技术措施项目，指定专人编制计划、方案报安全技术部门审查汇总。安全技术部门负责编制企业年度安全技术措施计划，报总工程师或主管厂长审核。

主管安全生产的厂长或经理（总工程师），应召开工会、有关部门及车间负责人会议，研究确定年度安全技术措施项目，各个项目的资金来源，计划单位及负责人，施工单位及负责人，竣工或投产使用日期等。

经审核批准的安全技术措施项目，由生产计划部门在下达年度计划时一并下达。车间每年应在第三季度开始着手编制出下一年度的安全技术措施计划，报企业上级主管部门审核。

（3）项目验收　安全技术措施项目竣工后，经试运行三个月，使用正常后，在生产厂长或总工程师领导下，由计划、技术、设备、安全、防火、工业卫生、工会等部门会同所在车间或部门，按设计要求组织验收，并报告上级主管部门。必要时，邀请上级有关部门参加验收。使用单位应对安全技术措施项目的运行情况写出技术总结报告，对其安全技术及其经济技术效果和存在问题做出评价。安全技术措施项目经验收合格投入使用后，应纳入正常管理。

5. 事故调查分析

（1）事故调查　对各类事故的调查分析应本着“四不放过”的原则，即事故原因未查清不放过，事故责任者和领导责任未追究不放过，广大职工未得到教育不放过，防范措施未落实不放过。事故调查中应注意以下几点。

① 保护现场。事故发生后，要保护好现场，以便获得第一手资料。

② 广泛了解情况。调查人员应向当事人和在场的其他人员以及目击者广泛了解情况，弄清事故发生的详细情节，了解事故发生后现场指挥、抢救与处理情况。

③ 技术鉴定和分析化验。调查人员到达现场应责成有关技术部门对事故现场检查的情况进行技术鉴定和分析化验工作，如残留物组成及性质、空间气体成分、材质强度及变化等。

④ 多方参加。参加事故调查的人员组成应包括多方人员，分工协作，各尽其职，认真负责。

（2）事故原因分析　事故发生的原因主要有以下几个方面。

① 组织管理方面。劳动组织不当，环境不良，培训不够，工艺操作规程不合理，防护用具缺失，标志不清等。

② 技术方面。工艺过程不完善，生产过程及设备没有保护和保险装置，设备缺陷、设备设计不合理或制造有缺陷，作业工具使用不当、操作工具使用不当或配备不当等。

③ 卫生方面。生产厂房空间不够，气象条件不符合规定，操作环境中照明不够或照明设置不合理，由于噪声和振动造成操作人员心理上变化，卫生设施不够，如防尘、防毒设施不完善等。

三、安全目标管理

目标管理是让企业管理人员和工人参与制定工作目标，并在工作中实行自我控制，努力完成工作目标的管理方法。

安全目标管理是目标管理在安全管理方面的应用，是企业确定在一定时期内应该达到的安全生产总目标，并分解展开、落实措施、严格考核，通过组织内部自我控制达到安全生产目的的一种安全管理方法。它以企业总的安全管理目标为基础，逐级向下分解，使各级安全目标明确、具体，各方面关系协调、融洽，把企业的全体职工都科学地组织在目标之内，使每个人都明确自己在目标体系中所处的地位和作用，通过每个人的积极努力来实现企业安全生产目标。

1. 安全目标管理的目标制定

安全目标管理的目标是有广大职工参与，领导与群众共同商定切实可行的工作目标。目标要具体，根据实际情况可以设置若干个，例如事故发生率指标、伤害严重度指标、事故损失指标或安全技术措施项目完成率等。但是，目标不宜太多，以免精力过于分散。应将重点工作首先列入目标，并将各项目标按其重要性分成等级或序列。各项目标应能量化，以便考核和衡量。

企业制定安全目标的主要依据：

① 国家的方针、政策、法令。

② 上级主管部门下达的指标或要求。

③ 同类兄弟厂的安全情况和计划动向。

④ 本厂情况的评价。如设备、厂房、人员、环境等。

⑤ 历年本厂工伤事故情况。

⑥ 企业的长远安全规划。

安全目标确定之后，还要把它变成各科室、车间、工段、班组和每个职工的分目标。安全管理目标分解过程中，应注意下面几个问题：

① 每个分目标与总目标要密切配合，直接或间接地有利于总目标的实现。

② 各部门或个人的分目标之间要协调平衡，避免相互牵制或脱节。

③ 各分目标要能够激发下级部门和职工的工作欲望，能充分发挥其工作能力，应兼顾目标的先进性和实现的可能性。

安全目标展开后，实施目标的部分应该对目标中各重点问题编制一个“实施计划表”。实施计划表中，应包括实施该目标时存在的问题和关键、必须采取的措施项目、要达到的目标值、完成时间、负责执行的部门和人员以及项目的重要程度等。

安全目标确定之后，为了使每个部门的职工明确工厂为实现安全目标需要采取的措施，明确各部门之间的配合关系，厂部、车间、工段和班组都要绘制安全管理目标展开图，以及班组安全目标图。

2. 安全目标管理的实施

目标实施阶段其主要工作内容包括以下三个部分。

① 明确目标。根据目标展开情况相应地对下级人员授权，使每个人都明确在实现总目标的过程中自己应负的责任，行使这些权力，发挥主动性和积极性，去实现自己的工作目标。

② 加强领导和管理。实施过程中，采用控制、协调、提取信息并及时反馈的方法进行管理，加强检查与指导。

③ 严格实施。严格按照实施计划表上的要求来进行工作，使每一个工作岗位都能有条不紊、忙而不乱地开展工作，从而保证完成预期的整体目标。

3. 成果的评价

在达到预定期望或目标完成后，上下级一起对完成情况进行考核，总结经验和教训，确定奖惩实施细则，并为设立新的循环做准备。成果的评价必须与奖惩挂钩，使达到目标者获得物质上的或精神上的奖励。要把评价结果及时反馈给执行者，让他们总结经验教训。评价阶段是上级进行指导、帮助和激发下级工作热情的最好时机，也是发扬民主管理、群众参与管理的一种重要形式。

四、生产安全事故的等级划分、报告及处理

1. 生产安全事故的等级划分

根据《生产安全事故报告和调查处理条例》（中华人民共和国国务院令第493号，自2007年6月1日起施行），生产安全事故一般分为以下等级：

生产安全事故的责任追究制度(摘录)

① 特别重大事故。指造成30人以上死亡，或者100人以上重伤（包括急性工业中毒，下同），或者1亿元以上直接经济损失的事故。

② 重大事故。指造成10人以上30人以下死亡，或者50人以上100人以下重伤，或者5000万元以上1亿元以下直接经济损失的事故。

③ 较大事故。指造成3人以上10人以下死亡，或者10人以上50人以下重伤，或者1000万元以上5000万元以下直接经济损失的事故。

④ 一般事故。指造成3人以下死亡，或者10人以下重伤，或者1000万元以下直接经济损失的事故。

上述分级中所称的“以上”包括本数，所称的“以下”不包括本数。

2. 事故报告与现场处理

事故发生后，事故现场有关人员应当立即向本单位负责人报告，单位负责人接到报告后，应当于1h内向事故发生地县级以上人民政府安全生产监督管理部门和负有安全生产监督管理职责的有关部门报告。

情况紧急时，事故现场有关人员可以直接向事故发生地县级以上人民政府安全生产监督管理部门和负有安全生产监督管理职责的有关部门报告。

事故报告应当及时、准确、完整，任何单位和个人对事故不得迟报、漏报、谎报或者瞒报。

事故发生后，有关单位和人员应当妥善保护事故现场以及相关证据，任何单位和个人不得破坏事故现场、毁灭相关证据。因抢救人员、实施救助以及疏通交通等原因，需要移动事故现场物件的，应当做出标志，绘制现场简图并做出书面记录，妥善保存现场重要痕迹、物证。

项目二 化学品安全管理体系建设

对化学品实施安全管理，必须是全生命周期的安全管理。由于化工生产具有连续、跨地区、跨国、跨企业的生产特征，使化学品安全管理成为了全球性问题。因此，各国和国际组织随着安全价值观的改变，科学技术的进步，社会发展的需要，逐渐建立和完善了化学品安全管理体系。

一、案例

2022年3月19日12时30分许，宁波某化工有限公司烷氧胺车间发生爆燃，13时15分许明火扑灭，事故未造成人员伤亡，直接经济损约460万元。

事故经过：烷氧胺车间烷氧胺盐酸盐水溶液减压浓缩工序长时间超温运行未及时有效处

置，釜内烷氧胺盐酸盐部分分解，导致釜内压力、温度明显升高，后物料进一步加剧分解，产生甲醇、氨气等易燃易爆物质，遇点火源引发空间爆燃。

二、中国化学品安全管理体系

在我国，对化学品的生产、储存、运输到使用、经营、废弃等各环节，从不同层级和角度，颁布并实施了一系列法律法规以及具有法律效力的技术规范，即以各种安全法律法规、技术规范、化学品安全管理制度与规章为核心，对化学品全生命周期实施全方位监管，形成了我国化学品安全管理模式。

现行安全生产相关法律法规及标准目录

如何通过“全国标准信息公共服务平台”查询标准?

1. 化学品安全管理组织与机构

我国化学品安全管理的相关机构和组织主要是各级政府部门、行业协会和其他相关组织与机构，承担管理、监督、协调、咨询、服务和技术支持等职能。

（1）政府管理部门　2018 年，国务院组建应急管理部，不再保留国家安全生产监督管理总局，其中一项重要职能就是负责安全生产综合监督管理和工矿商贸行业安全生产监督管理等。全国性安全生产工作部署、指导与协调的重大问题由应急管理部的议事机构“国务院安全生产委员会”决策。对化学品在生产、加工、使用、储存、销售、运输以及进出口等各个环节的管理由国务院各部门依据《危险化学品安全管理条例》执行。

（2）行业协会　行业协会的主要功能是为行业内的企业、机构提供咨询和服务。相关的主要行业协会有中国化学品安全协会、中国石油和化学工业联合会、中国化工学会、中国化工企业管理协会等，它们按照国家的相关法律、行政法规和协会规章，为化学品生产经营单位提供安全方面的信息、培训等服务，促进生产经营单位加强安全生产管理，协助企业与政府、高校、科研机构以及国际组织之间的沟通和联系。

（3）其他相关组织与机构　由于化学品的安全管理涉及诸多的行业和部门，有些工作必须由一些跨部门的工作机构或组织来协调，如危险化学品安全生产监管部际联席会议（由 25 个部、委、局等单位组成）、编写国家化学品档案协调组、国家有毒化学品评审委员会以及《鹿特丹公约》等公约与协定的国内协调机制（机构）。

2. 化学品安全管理体系与制度框架

我国现行的化工安全管理体系大致由国家发展规划、法律法规与部门规定、标准体系以及我国签署的若干国际公约与协定等 4 部分组成。

（1）国家发展规划　国家每五年都要发布“五年规划纲要”如《中华人民共和国国民经济和社会发展第十四个五年规划和 2035 年远景目标纲要》，提出国家国民经济和社会发展的战略目标，也是我国国家层面指导化工安全生产的纲领性文件。相关部委据此出台了一系列相关规划，如《“十四五”国家应急体系规划》《“十四五”国家安全生产规划》等，是化工安全管理体系中最重要的组成部分，也是化学品安全管理体系相关法律法规、标准制定的重要依据之一。“十四五”期间，将加快统筹推进《危险化学品安全法》等立法进程，统筹推动《生产安全事故报告和调查处理条例》等相关法律法规修订。完善安全生产法律法规规章“立改废释”工作协调机制。

（2）法律法规与部门规定 我国化学品安全管理体系中，有关法律、行政法规、部门规定、地方性法规、地方性规定等是其核心部分。其中，《中华人民共和国安全生产法》（2021年修正版）是中华人民共和国境内所有单位、行业、部门安全生产活动的基础性法律；《危险化学品安全管理条例》（国务院令第591号，第645号令2013年修正版）是仅次于《中华人民共和国安全生产法》的法律条文。和化学品安全管理有关的部委发布与《危险化学品安全管理条例》相配套的若干部门规定，从不同的角度落实了对危险化学品的监管，并使《危险化学品安全管理条例》运用更具有可行性和操作性，这些部门规定一起构成了我国化学品安全管理的基本框架。

（3）标准体系 化学品安全标准体系是我国化学品安全管理体系中的重要组成部分。化学品安全管理是全生命周期管理，包括化学品的生产、加工、使用、储存、销售、运输以及进出口等各个环节本身及相关设施设备的管理，标准种类繁多，各项要求又各不相同，有的是系列标准、有的是单一标准。

系列标准主要有：

① 危险货物管理类系列国家标准。我国的危险货物管理类系列国家标准，基本上是通过对应国际上有关危险货物运输的TDG系列标准援引、转化而来，其中比较重要的几个标准简介如下：

《危险货物分类和品名编号》（GB 6944—2012），规定了危险货物分类、危险货物危险性的先后顺序和危险货物编号，适用于危险货物运输、储存、经销及相关活动。

《危险货物品名表》（GB 12268—2012），规定了危险货物品名表的一般要求、结构，列出了运输、储存、经销及相关活动等过程中最常见的危险货物名单，适用于危险货物运输、储存、经销及相关活动。

《危险货物运输包装类别划分方法》（GB/T 15098—2008），规定了划分各类危险货物运输包装类别的方法，作为危险货物生产、储存、运输和检验部门对危险货物运输包装进行性能试验和检验时确定包装类别的依据。

《危险货物包装标志》（GB 190—2009），规定了危险货物包装图示标志的种类、名称尺寸及颜色等，适用于危险货物的运输包装。与此同时，我国还进一步制定了用于鉴别运输货物危险性的一系列试验方法，如《危险品 磁性试验方法》《危险品 爆炸品摩擦感度试验方法》《危险品 爆炸品撞击感度试验方法》《危险品 易燃固体自燃试验方法》《危险品 喷雾剂泡沫可燃性试验方法》等数十项推荐性国家标准，与发布的危险货物管理类系列国家标准相配套，形成管理我国危险货物运输的系列国家标准体系。

② 化学品分类和标签类系列国家标准。目前我国实施的“化学品分类和标签规范”（GB 30000—2013）系列标准，是基于联合国GHS第四修订版（2011版）的中国版GHS系列标准。现已发布了GB 30000.2—2013～GB 30000.29—2013共计28部分内容，GB 30000.1“通则”和GB 30000.30“化学品作业场所安全警示标志”暂以《化学品分类和危险性公示 通则》（GB 13690—2009）和《化学品作业场所安全警示标志规范》（AQ 3047—2013）中的对应内容分别代替。另外，我国还制定了4个关于“化学品标签”和“化学品安全技术说明书”的国家标准，《化学品安全标签编写规定》（GB 15258—2009）、《基于GHS的化学品标签规范》（GB/T 22234—2008）、《化学品安全技术说明书 内容和项目顺序》（GB/T 16483—2008）、《化学品安全技术说明书 编写指南》（GB/T 17519—2013）。

③ 化学品检测方法类系列国家标准。化学品安全数据的准确获得与检测方法的规范化、标准化密不可分，是构建化学品安全管理体系的基础。2005年，我国原卫生部根据《中华人民共和国职业病防治法》和《危险化学品管理条例》等法律法规的规定，组织制定颁发了

《化学品毒性鉴定技术规范》（卫监督发〔2005〕272号），规定了化学品毒性鉴定的毒理学检测程序、项目和方法，明确了其适用范围。

近年来，我国陆续发布了一系列涉及化学品毒性危害检测试验方法类的国家标准，制定统一的、与国际接轨的检测方法，确保化学品安全数据的可靠性和一致性。如化学品毒性检测方法（系列）（GB/T 21603～21610—2008）中的《化学品急性经口毒性试验方法》（GB/T 21603—2008）、《化学品　急性皮肤刺激性/腐蚀性试验方法》（GB/T 21604—2022）以及《化学品急性吸入毒性试验方法》（GB/T 21605—2008）等。

④ 良好实验室规范系列国家标准。良好实验室规范系列国家标准就是国际GLP（Good Laboratory Practice）实验室规范，包括实验室建设、设备和人员条件、各种管理制度和操作规程，以及实验室及其出证资格的认可等。2008年，我国发布了15项"良好实验室规范（GLP）"系列国家标准（GB/T 22274.1～3、GB/T 22275.1～7、GB/T 22272、GB/T 22273、GB/T 22276、GB/T 22277、GB/T 22278）。

单一标准如《危险化学品重大危险源辨识》（GB 18218—2018）规定了辨识危险化学品重大危险源的依据和方法，适用范围为生产、储存、使用和经营危险化学品的生产经营单位。标准对7个重要术语如"危险化学品""单元""临界量""危险化学品重大危险源""生产单元""储存单元""混合物"给出了准确定义，列出了对危险化学品重大危险源进行辨识的85种"危险化学品名称及其临界量"和引起"健康危害"与"物理危害"的12类"危险化学品名称及其临界量"、辨识指标、分级，并附录了危险化学品重大危险源辨识流程。

（4）国际公约与协定　国际公约与协定指的是我国签署并实施的直接与化学品管控相关的若干重要国际文书，是我国在控制化学品对人类健康和环境造成危害的人类共同行动中，对国际社会做出的庄严承诺，是我国化学品安全管理的基本框架之一。我国境内所涉行业、企业等必须依据公约与协定中的约束性条款，遵照执行。主要包括《维也纳公约》《蒙特利尔议定书》《巴塞尔公约》《鹿特丹公约》《斯德哥尔摩公约》《关于汞的水俣公约》以及《作业场所安全使用化学品公约》等。

三、国际化学品安全管理体系

随着经济全球化进程的不断加快，化学品伤害事件的影响也由过去的一时、一地逐步发展到持续、多国、跨地区，使其成为国际社会需要共同面对的全球性严重问题。为此，联合国及其所属机构、国际劳工组织、欧盟等国际组织以及世界各国政府，均从不同层面制定并颁布施行了一系列化学品安全方面的法律法规、技术条例与各级标准，以期尽可能地降低化学品的安全风险，减少其对人身和环境的危害。

1. 国际化学品安全管理组织与机构

国际上，化学品管理相关组织、机构众多，既有代表各国、各地区的政府组织机构，也有反映民间意愿的非政府组织，有全球性的，也有若干国家组成的地区级的，从不同层面为共同保护环境，消除化学品对人类可能造成的伤害来制定相关管理规范。影响较大的国际组织主要有国际劳工组织（ILO）、世界卫生组织（WHO）、联合国环境规划署（UNEP）、联合国危险货物运输专家委员会（UNCETDG）、联合国政府间化学品安全论坛（IFCS）、国际化学品管理战略方针制定工作筹备委员会（SAICM/ PREPCOM）、欧盟（EU）及其与化学品管理相关的附属机构。

为了对劳动者提供劳动保护，国际劳工组织最先要求对危险化学品制定管理规范，并提出了相关问题的应对政策。为了促进国际贸易中危险货物的安全流通，联合国经济及社会理事会设立了联合国危险货物运输专家委员会，专门研究国际危险货物安全运输问题，每两年出版一次的《关于危险货物运输的建议书　规章范本》规定的危险货物分类、编号、包装、标志、标签、托运程序等得到国际普遍接受和广泛应用。2001 年，联合国危险货物运输专家委员会改组为联合国危险货物运输和全球化学品统一分类标签制度专家委员会（UNCETDG/GHS），委员会下设两个分委员会，即联合国全球化学品统一分类标签制度专家分委员会（UNSCEGHS）和联合国危险货物运输专家分委员会（UNSCETDG），一直运行至今。

除全球范围国际组织以外，作用和影响最大的区域组织当属欧盟及其下设机构，包括欧盟理事会、欧洲议会、欧洲法院、欧盟委员会以及欧洲化学品管理局（ECHA）。欧盟拥有全球范围内最健全的化学品管理法规及最完善的管理体制，特别是《化学品的注册、评估、授权和限制》（REACH）对进入欧盟市场的所有化学品进行预防性管理；《欧洲议会和欧盟理事会关于化学品注册、评估、许可和限制（REACH）的测试方法法规》为化学品提供系统的理化、毒理、降解蓄积和生态毒理测试方法；《物质和混合物的分类、标签和包装法规》作为配合 REACH 法规实施、执行联合国 GHS 制度的欧盟文本。这三部法规相辅相成，构成了欧盟化学品管理法规体系的基本框架。

欧洲化学品管理局（ECHA）是欧盟为实施 REACH 法规专门设立的欧盟执法部门。

2. 国际化学品安全管理体系与制度框架

国际化学品安全管理的基础主要是一系列纲领性的、有指导意义的政治文件，或实施计划、专业技术规范以及国家间达成的一系列公约协议，这些国际文书中的条款和规章一起构成了国际化学品管理体系和框架，并成为各国化学品安全管理体系的依据和参考。

（1）《21 世纪议程》 1992 年，联合国召开的联合国环境与发展会议上通过了《21 世纪议程》（Agenda 21）的重要政治文件，明确了人类在环境保护与可持续发展之间应做出的选择行动方案。《21 世纪议程》全文分为序言和 4 个部分，共 40 章内容，其中第 2 部分第 19 章的标题是“有毒化学品的无害环境管理，包括防止在国际上非法贩运有毒的危险产品”，内含 76 条内容，专门叙述了化学品的管理问题。在《21 世纪议程》倡议下，成立了联合国政府间化学品安全论坛（IFCS）以及化学品无害化管理组织间方案（IONIC）这两个重要的国际化学品管理组织与协调机制，签署或制定了《关于在国际贸易中对某些危险化学品和农药采用事先知情同意程序的鹿特丹公约》（简称《鹿特丹公约》）和《全球化学品统一分类和标签制度》等多项有关化学品管控的国际公约、协定或框架制度。

（2）《可持续发展问题世界首脑会议执行计划》 2002 年，可持续发展世界首脑会议通过了具有里程碑意义的《可持续发展问题世界首脑会议执行计划》（以下简称《计划》），明确了未来一段时间人类拯救地球、保护环境、消除贫困、促进繁荣的具体路线图。在《计划》的第 3 部分“改变不可持续的消费和生产方式”中，重申了《21 世纪议程》提出的承诺，对化学品在整个生命周期中进行良好管理，对危险废物实施健全管理，尽可能减少化学品的使用和生产对人类健康和环境产生严重的有害影响，同时要通过提供技术和资金援助支持发展中国家加强健全管理化学品和危险废物的能力。在《计划》的第 4 部分“保护和管理经济与社会发展所需的自然资源基础”中，要求促进《关于消耗臭氧层物质的蒙特利尔议定书》（简称《蒙特利尔议定书》）的实施，支持《保护臭氧层维也纳公约》（简称《维也纳公约》）和《关于消耗臭氧层物质的蒙特利尔议定书》的有效运作。

《可持续发展问题世界首脑会议执行计划》旨在通过制定宏观的规划措施，减少并控制包括工业活动在内的人类行为对人类和环境造成的负面影响，建设可持续发展的人类社会。

（3）《维也纳公约》和《蒙特利尔议定书》 《维也纳公约》和《蒙特利尔议定书》分别是国际社会于 1985 年和 1987 年签定的，旨在通过国际协同合作，共同保护大气臭氧层，淘汰消耗臭氧层的化学物质。中国于 1991 年 6 月 14 日加入《蒙特利尔议定书》。

（4）《巴塞尔公约》 《巴塞尔公约》的全称是《控制危险废物越境转移及其处置巴塞尔公

约》，1989 年在联合国环境规划署（UNEP）召开的世界环境保护会议上通过，1992 年 5 月正式生效，1995 年修正。目前，国际上已逐步建设了控制危险物越境转移的法律框架，颁布了环境无害化管理技术准则和手册、建设和发展区域两中心等机制，有效地制止了危险废物越境转移，促进了危险废物环境无害化管理。中国于 1990 年 3 月 22 日加入《巴塞尔公约》。

(5)《鹿特丹公约》《鹿特丹公约》的全称是《关于在国际贸易中对某些危险化学品和农药采用事先知情同意程序的鹿特丹公约》，由联合国环境规划署和联合国其他组织制定，于 2004 年生效。目的是促使各缔约方在公约关注的化学品的国际贸易中分担责任和开展合作，就国际贸易中的某些危险化学品的特性进行充分沟通与交流，为此类化学品的进出口规定一套国家决策程序并将这些决定通知缔约方，保护包括消费者和工人在内的人类健康和环境免受国际贸易中某些危险化学品和农药的潜在有害影响。《鹿特丹公约》2005 年对中国正式生效。

(6)《斯德哥尔摩公约》《斯德哥尔摩公约》的全称是《关于持久性有机污染物的斯德哥尔摩公约》，是在联合国环境规划署主持下签署的，旨在制止持久性有机污染物对人类及环境造成危害的国际公约，这些有机污染物能通过各种环境介质（大气、水、生物体等）长距离迁移，具有长期残留性、生物蓄积性、挥发性和高毒性，且能通过食物链积聚，对人类健康和环境具有严重危害。公约于 2004 年对中国生效。

(7)《关于汞的水俣公约》《关于汞的水俣公约》也称《国际汞公约》《水俣汞防治公约》《水俣汞公约》，是继《巴塞尔公约》和《鹿特丹公约》等多边国际环境协议后达成的又一项极为重要的国际公约。公约于 2013 年在联合国环境署外交大会上签署，目的是保护人类健康和环境免受汞和汞化合物人为排放及释放的危害，对含汞类产品的生产、使用进行了限制。公约规定，2020 年前禁止生产和进出口含汞类产品。2016 年全国人大常委会批准了中国加入该公约。

(8)《作业场所安全使用化学品公约》《作业场所安全使用化学品公约》(C170 或 170 公约)，1990 年国际劳工局理事会第 77 届会议上通过，公约对“化学品”的定义是“可能使工人接触化学制品的任何作业活动，包括化学品的生产、化学品的搬运、化学品的储存、化学品的运输、化学品废料的处置或处理、因作业活动导致的化学品的排放以及化学品设备和容器的保养、维修和清洁”，公约的适用范围是“使用化学品的所有经济活动部门，包括公共服务机构”，分别规定了主管当局的权力、雇主的责任和工人的义务。

《作业场所安全使用化学品公约》旨在保护劳动者的基本权益与安全，使之免受作业所需化学品的伤害，为各国制定相应的劳保标准提供法律框架与实施建议。1994 年全国人大常委会批准了中国加入该公约。

(9)《国际化学品管理战略方针》《国际化学品管理战略方针》是为全面推动国际层面化学品管理进程，促进化学品的良性管理，减少化学品对人类健康和环境的有害影响，实现可持续发展问题世界首脑会议制定的目标提供了一个基本的政策框架。《国际化学品管理战略方针》核心内容由《迪拜宣言》《总体政策战略》和《全球行动计划》3 部分构成。

(10)《全球化学品统一分类和标签制度》《全球化学品统一分类和标签制度》(GHS)是由联合国出版的一套指导各国控制化学品危害和保护人类健康与环境的规范性文件，其核心是全球统一的化学品分类和危险性公示体系。目前的最新版本是 2015 年的第 6 次修订版。GHS 的适用对象包括化学品的使用者、消费者、运输工人以及需要应对紧急情况的相关人员。GHS 分类适用于所有的化学物质、稀释溶液以及化学物质组成的混合物（药物、食品添加剂、化妆品、食品中残留的杀虫剂等应属于有意识摄入，不属于 GHS 协调范围）。

GHS 可归纳为分类原则和危险性公示体系两大部分。基于物理、健康、环境标准，GHS 将化学品的危险性分为 28 个类别：物理危险（16 类）、健康危险（10 类）、环境危险（2 类）。常见的化学品危险性信息公示方式有培训、标签和安全数据单。培训是最重要最有效的，标签简洁形象、使用方便，化学品安全技术说明书专业性强、信息全面、内容丰富。标签的要素包括图形符号、警示词和危险说明，GHS 还要求化学品的供应商或生产厂家要提供产品标识符、供应商标识和防范说明。化学品安全技术说明书提供的信息包括化学品及企业标识，危险性概述，组成/成分信息，急救措施，消防措施，泄漏应急处理，操作处置与储存，接触控制/个体防护，理化特性，稳定性和反应性，毒理学信息，生态学信息，废弃处置，运输信息，法规信息和其他信息。

(11)《危险货物运输国际规则》 联合国《关于危险货物运输的建议书》是目前各国政府以及联合国各有关机构制定危险货物运输法律法规的基础，内容包括《关于危险货物运输的建议书　规章范本》和《关于危险货物运输的建议书　试验和标准手册》。其中，因《关于危险货物运输的建议书　规章范本》具有普适性与权威性，目前与危险货物运输相关的各种国际规则、各国制定出台的法律法规等，均在框架、格式、范式上形成统一向其靠拢。

《危险货物运输国际规则》包括联合国《关于危险货物运输的建议书　规章范本》《国际海运危险货物规则》《国际空运危险货物规则》《国际公路运输危险货物协定》《国际铁路运输危险货物规则》和《国际内河运输危险货物协定》等 6 部有关文本。

项目三　化工企业安全文化建设

1986 年提出安全文化以来，在国家的大力倡导下，广泛开展面向群众的安全教育活动，推动安全知识、安全常识进企业、进学校、进机关、进社区、进农村、进家庭、进公共场所。安全文化建设得到了社会和企业认可，并逐渐发展建立了企业安全文化。

一、案例

1. 中国石化安全文化主要内容

①“保安全生产就是保政治，保安全生产就是保稳定，保安全生产就是保大局”的安全生产大局观。

②“安全第一，预防为主，全员动手，综合治理”的安全生产方针中，包含了国家安全生产方针的全部内容，同时还强调了安全工作的“全员参与”特性。

③ 重“三基”(基层建设、基础工作和基本功训练)、禁“三违”(违章指挥、违章操作和违反劳动纪律) 和倡“三反”(反对官僚主义、反对形式主义、反对好人主义) 的安全管理要求。

④“一岗一责、有岗必有责”的安全生产责任体制。

⑤“严之又严、吹毛求疵，铁面无私、六亲不认”严格检查作风。

⑥“强化危害识别和安全风险评估”的危险源控制管理。

⑦“完善制度、落实问责”的安全责任追究体系。

⑧“多层级监管”和“隐患四定（定整改方案、定资金来源、定整改负责人、定整改期限）管理”的隐患治理措施。

⑨“任何事故的发生都能从管理上找到原因”和“事故原因要水落石出，吸取教训要刻骨铭心，事故处理要有切肤之痛，事故整改要举一反三”的安全管理理念。

⑩“对承包商的安全管理纳入属地单位，承包商的事故就是属地单位的事故”的安全责任理念。

这些建设理念在一定程度体现了石化企业独特的安全文化特点。

2. 杜邦公司的安全文化建设与 HSE

杜邦公司在早期的火药生产过程中曾发生过多起重大人身伤亡事故，给公司带来诸多不良影响，公司的高层领导在事故分析中逐步意识到，“安全”对杜邦公司的生存和发展起着制约作用，应该把“安全”和“文化”融为一体作为公司生存和发展的重要战略。

鉴于这种认识，杜邦公司把安全、健康和环境统一考虑作为公司安全管理的核心价值观，明确要求每位员工不仅要对自身的安全负责，同时也要对同事的安全负责，这种个人和集体共同对安全负责的思路和政策，连同“任何事故都可以预防”的理念在整个公司有步骤、有计划地全面实施，以实现零违章、零伤害、零事故为安全生产目标。

通过运用科学有效的手段和方法，通过公司上下的共同努力，取得了显著成果和优异的安全业绩，逐步形成了杜邦公司在安全方面的国际领先地位，享誉全球的安全业绩促进了杜邦公司的快速发展。同时，杜邦总结出企业安全文化建设的发展过程为四个阶段，即自然本能阶段、严格监督阶段、自主管理阶段和团队管理阶段。

3. 壳牌公司的安全文化建设与 HSE

国际壳牌是世界上四大石油跨国公司之一，该公司在 HSE（健康、安全、环境）业绩不理想的情况下进行了积极探索，并向美国杜邦公司学习借鉴先进的 HSE 管理经验，经公司研究分析，认为 HSE 管理绩效差的原因是没有足够重视企业安全文化建设。

鉴于此，壳牌公司将安全文化作为一种手段纳入安全管理系统，并逐步形成了壳牌公司独特的企业安全文化，该公司“事故可控”的理念和“零伤亡”的目标与杜邦公司的安全理念和目标基本一致，具有特色的是壳牌公司总结出了“简单、实用、高效”的 12 条“救命”规则，要求全体员工和承包商人员必须熟知并严格执行。通过“安全文化”战略在壳牌公司的具体实施，公司实现了令人瞩目的安全业绩。

4. 德国巴斯夫石油公司的安全文化建设与 HSE

德国巴斯夫石油公司在安全管理方面也不断向杜邦公司和壳牌公司获取成功经验，该公司的“100%安全”是全体员工共同追求的安全目标，在安全管理过程中突出了“安全行为观察、人文关怀和责任关怀”的安全文化特点。

二、企业安全文化建设的基本原则

企业安全文化建设就是通过综合的组织管理等手段，使企业的安全文化不断进步和发展的过程。为了引导和促进企业安全文化建设，应急管理部（原国家安全生产监督管理总局）发布了《企业安全文化建设导则》（AQ/T 9004—2008）、《企业安全文化建设评价准则》（AQ/T 9005—2008）两个行业标准，2022 年应急管理部发布的《化工过程安全管理导则》（AQ/T 3034—2022）对安全文化建设作出了规定。

1.《企业安全文化建设导则》的基本内涵

导则强调企业在安全文化建设过程中，应充分考虑自身内部的和外部的文化特征，引导全体员工的安全态度和安全行为，实现在法律和政府监管要求之上的安全自我约束，通过全员参与实现企业安全生产水平持续进步。企业安全文化建设的总体模式如图 11-1 所示。

（1）企业安全文化建设基本要素

① 安全承诺。企业应建立包括安全价值观、安全愿景、安全使命和安全目标等在内的安全承诺。企业应将自己的安全承诺传达到相关方。必要时应要求供应商、承包商等相关方提供相应的安全承诺。

② 行为规范与程序。企业内部的行为规范是企业安全承诺的具体体现和安全文化建设的基础要求。

③ 安全行为激励。企业在审查和评估自身安全绩效时，除使用事故发生率等消极指标

外，还应使用旨在对安全绩效给予直接认可的积极指标。

④ 安全信息传播与沟通。企业应建立安全信息传播系统，综合利用各种传播途径和方式，提高传播效果。

⑤ 自主学习与改进。企业应建立有效的安全学习模式，实现动态发展的安全学习过程，保证安全绩效的持续改进。安全自主学习过程的模式如图 11-2 所示。

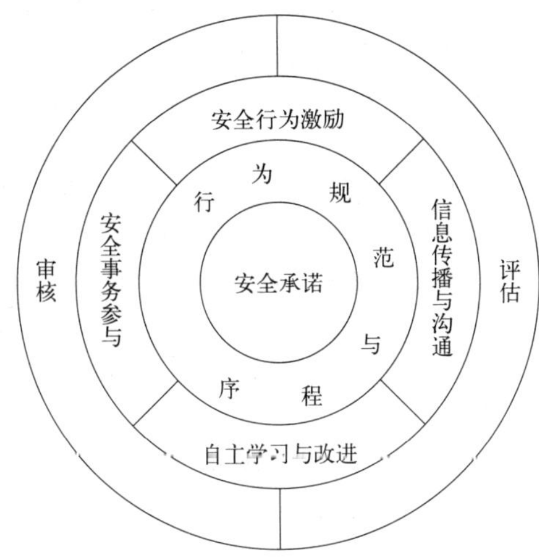

图 11-1 企业安全文化建设的总体模式

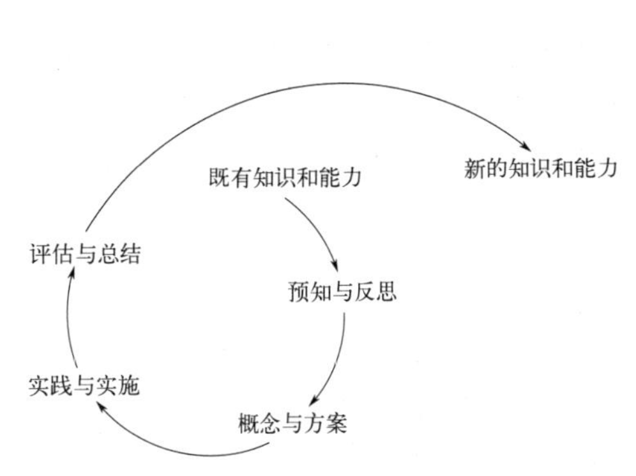

图 11-2 企业安全自主学习过程模式

⑥ 安全事务参与。全体员工都应认识自己负有对自身和同事安全做出贡献的重要责任。

⑦ 审核与评估。企业应对自身安全文化建设情况进行定期的全面审核，包括企业安全文化建设过程的有效性和安全绩效结果，确定并落实整改不符合、不安全实践和安全缺陷的优先次序及识别新的改进机会，必要时应鼓励相关方实施这些优先次序和改进机会以确保其安全绩效与企业协调一致。

（2）企业安全文化建设的推进与保障

① 规划与计划。企业应充分认识安全文化建设的阶段性、复杂性和持续改进性，由最高领导人组织制定推动本企业安全文化建设的长期规划和阶段性计划。规划和计划应在实施过程中不断完善。

② 保障条件。企业应充分提供安全文化建设的保障条件，包括明确安全文化建设的领导职能，建立领导机制；确定负责推动安全文化建设的组织机构与人员，落实其职能；保证必需的建设资金投入；配置适用的安全文化信息传播系统。

③ 推动骨干的选拔和培养。企业宜在管理者和普通员工中选拔和培养一批能够有效推动安全文化发展的骨干，承担辅导和鼓励全体员工向良好的安全态度和行为转变的职责。

2.《化工过程安全管理导则》中安全文化建设的基本内涵

（1）安全文化建设的基本要求　企业应围绕安全价值观、安全文化载体、风险意识、安全生产规章制度、安全执行力、安全行为、团队精神、学习型组织、卓越文化等要素建设安全文化，建立全员共同认可的安全理念。

① 安全价值观是安全文化建设的核心要素。企业应树立正确的安全价值观，营造无责备的安全文化氛围，为员工建立及时上报和分享身边不安全事件的渠道。

② 企业应创建包括安全承诺、安全愿景目标、安全战略、安全使命、安全精神、安全标识等内容的安全文化载体。

③ 企业应通过安全教育培训、制度执行、员工行为规范等方式持续提升全员风险意识，

增强员工对作业过程和作业环境中可能存在的危害的敏感程度。

④ 企业应通过全员参与方式，持续完善安全生产规章制度，采取针对性措施保证各类规章制度有效执行。

⑤ 企业应完善异常工况下的决策授权机制，培养员工形成对安全问题及时发现、谨慎决策、快速响应的良好安全习惯。

⑥ 企业应建立并持续完善安全行为规范及约束机制，建立不安全行为清单，建立员工间相互提醒、相互监督的安全行为规范模式，持续减少直至杜绝不安全行为。

⑦ 企业应通过构建安全生产双向沟通与交流机制强化安全生产团队建设，培养员工与员工、员工与领导层之间的互信氛围；通过对员工的人文关怀增强其归属感，保持队伍稳定。

⑧ 企业应构建学习型组织，形成总结成功经验、分析失败教训、持续学习的文化氛围；应及时收集、分析、分享自身或其他企业的经验教训，定期组织对安全生产问题的全员交流研讨，通过开展安全观察与沟通、安全技能培训、危害感知训练等活动，培养企业员工在安全生产方面持续学习、不断提高的能力。

⑨ 企业应营造优秀的安全文化氛围，努力实现从管事故向管事件转变，从管事件向管隐患转变，从管隐患向管风险转变，追求零伤害、零隐患。

⑩ 企业应定期通过员工访谈交流、问卷调查等多种形式，及时发现安全生产文化建设中存在的问题并加以改进，通过量化考核评估，持续改进安全文化。

（2）安全文化建设的关键要素

① 安全价值观。安全承诺，内容包括主要负责人对安全和强化安全文化的承诺，各级管理人员对安全和强化安全文化的承诺，员工对安全和强化安全文化的承诺。

② 风险意识。审慎决策，内容包括养成质疑的习惯和严谨工作的方法，依赖多重保护措施和经过充分实践检验的管理程序和制度，将安全放在绝对优先地位。

③ 安全生产规章制度。完善安全生产的体制机制，尤其是属于企业安全管理顶层设计的安全管理架构，列出各部门的“安全责任清单”和“安全权力清单”并辅之以合理的过程安全绩效考评机制。

④ 安全执行力。考察主要负责人、各级管理人员、员工等的安全执行力，实事求是地确定安全工作的顺序和完成工作所需的时间。

⑤ 安全行为。对不符合标准或异常情况保持警惕性，定期调查员工态度或意识。

⑥ 团队精神。双向沟通与交流，具体包括各级管理人员积极听取员工意见并采取相应的应对措施予以反馈；将信息及时沟通的重要性纳入新员工的入门培训以及过程安全管理培训范围并经常进行强化教育；评估沟通渠道，确保信息沟通顺畅，对信息来源实施多渠道监督，以确认过程安全关键信息已得到有效传达；建立相关系统，确保基层员工有多种渠道安全可靠地报告隐患并为安全管理政策、事项等提供意见。

⑦ 学习型组织。建立机制，使安全经验和想法及时得到传播和分享；确保必要的投入，为创建学习型组织提供资源支持；学习型组织应及时分享如下内容：有效分享企业内外近期发生的事故事件以及从中获得的经验教训，定期回顾企业内及行业内曾发生的重大事故，有效交流各项危险评估的经验总结，针对操作及运营危险展开定期巩固培训。

三、化工企业安全文化的建设

对于化工企业来说，因其产业的特殊性，在安全文化建设中，要严格遵守《中华人民共和国安全生产法》和《危险化学品安全管理条例》的要求，结合“责任关怀”的自律要求做好规划和实施方案。

1. 规划设计

安全文化建设是企业文化建设的一个专项文化建设，因此，绝大部分内容和企业文化是相通的。但在指标体系设计上，其建设内容可参照《企业安全文化建设导则》（AQ/T 9004—2008）或《化工过程安全管理导则》（AQ/T 3034—2022）的指标体系并根据化工生产的特点，特别是要结合对"责任关怀"的自律要求的承诺修改相关指标及目标要求。

在指标体系中，化工企业安全文化建设的物质文化如劳动防护用品、安全设备装置、预警预报装置以及安全标志、消防设施等与其他行业可能有质的不同，还应进行规范标准的梳理，如《职业健康安全管理体系 要求及使用指南》（GB/T 45001—2020）等。至于制度文化、行为文化、观念文化等，与企业文化建设是完全一致的。

同时，一些建设活动所需载体或平台需要认真设计。如开展群众性安全文化活动，怎样贴近实际、贴近生活、贴近群众组织开展"安全生产月""××示范岗"等主题实践活动，或怎样组织加强安全生产理念和知识、技能宣传的群众喜闻乐见的文化活动等，如加强安全文化理论研究、推动安全生产职业道德建设、强化安全生产法治观念、提高员工安全素质、增强员工安全自觉性等平台的建设。

另外，必须有计划地做好品牌创建工作，有效提升安全文化建设的品质与声誉。加大安全文化建设投入、加强安全文化人才队伍建设、加大安全文化建设成果交流推广、考核评价奖励等方面的工作落到实处都要靠组织保障。

2. 建设组织

《化工过程安全管理导则》推荐的某企业安全文化建设的六阶段推动法如表 11-1 所示。

表 11-1　某企业安全文化建设的六阶段推动法

序号	阶段	内容
1	导入安全文化理念	开展针对主要负责人和各级管理人员的安全文化知识培训，内容包括安全工作深层次问题认知，现代安全管理理念、方法和企业安全文化概要等
		开展针对员工的安全文化知识培训，内容包括对企业安全文化创建工作的正确认知等
2	初始状态评估	确定企业的安全管理模式与机制框架
		确定企业安全管理体系文件
		通过问卷调查法确定主要负责人和各级管理人员的安全文化意识
		确定现场安全目视化管理状况
		确定现场作业人员安全行为状况
		确定现场各类安全技术措施状况
3	策划安全文化框架	确定企业安全文化要素的基本构成
		策划企业安全文化框架
		编制《企业安全文化手册》及《安全知识手册》等文件
4	构建安全文化	明确企业安全文化推动小组的分工
		构建安全文化要素
5	安全文化文件的发布与实施	召开安全文化文件正式发布与实施会议，由主要负责人签发安全文化文件
6	安全文化状态的阶段评价	安全文化状态评价工作在全面实施各项安全文化要素一年后启动且以后每年组织一次
		评价要素包括安全承诺及目标的完成绩效、各类管理制度的落实情况、安全培训过程的控制及培训效果评估情况、现场目视化管理完善情况、现场安全硬件设施建设情况和员工安全行为的可靠程度等

3. 建设步骤

安全文化建设需要稳步推进、扎实有效地开展，一般步骤如下：

① 成立企业安全文化推进工作领导小组和推进工作小组。

② 开展企业安全管理初始状况自评估。

③ 分层次开展全员安全意识、法治知识、安全常识的调查问卷。

④ 开展安全文化架构及组成内容的策划，并制定推进计划表。

⑤ 根据策划方案，制定实施各组成内容的实施计划。

⑥ 根据整体策划，制定实施各类安全培训计划。

⑦ 开展定期的工作回顾，及时调整推动方案和计划。

⑧ 实施效果跟踪和评定，及时修正和完善各项推动内容。

⑨ 参考《全国安全文化建设示范企业评价标准（修订版）》进行安全文化的建设评估，编制评估报告。

四、安全文化建设的评价

安全文化建设评价是为了了解企业安全文化现状或企业安全文化建设效果而采取的系统化测评行为，并得出定性或定量的分析结论。企业安全文化建设评价经过长期的实践和完善，出台的《企业安全文化建设评价准则》（AQ/T 9005—2008）设计的一级指标 11 个观测点、二级指标 42 个观测点、三级指标 144 个观测点，评价内容为基础特征、安全承诺、安全管理、安全环境、安全培训与学习、安全信息传播、安全行为激励、安全事务参与、决策层行为、管理层行为、员工层行为等 11 个方面进行测评。目前，主要采用《全国安全文化建设示范企业评价标准（修订版）》进行评价，内容包括 13 个方面、54 个二级指标，如表 11-2 所示。

表 11-2 全国安全文化建设示范企业评价标准（修订版）

序号	指标类别	一级指标	二级指标	评价	备注
1	Ⅰ类	基本条件	1. 企业在申报前 3 年内未发生死亡或一次 3 人（含）以上重伤生产安全责任事故		基本条件不打分
			2. 获得省级安全文化建设示范企业命名		
			3. 安全生产标准化一级企业		
2	Ⅱ类	组织保障	1. 设置安全文化建设的组织管理机构和人员，并制定工作制度（办法）		
			2. 按规定提取、使用安全生产费用，把安全生产宣传教育经费纳入年度费用计划，保证安全文化建设的投入		
			3. 制定安全文化建设的实施方案、规划目标、方法措施等		
			4. 定期公开发布企业安全诚信报告，接受工会组织、群众的监督		
3	Ⅱ类	安全理念	1. 安全理念体系完整，安全理念、安全愿景、安全使命、安全目标等内容通俗易懂，切合企业实际，具有感召力		
			2. 体现“以人为本”“安全发展”“风险预控”等积极向上的安全价值观和先进理念		
			3. 广泛传播安全理念，所有从业人员参与安全理念的学习与宣贯，并能够理解、认同		

续表

序号	指标类别	一级指标	二级指标	评价	备注
4	Ⅱ类	安全制度	1. 建立健全科学完善的安全生产各项规章制度、规程、标准		
			2. 建立健全安全生产责任制度，领导层、管理层、车间、班组和岗位安全生产责任明确，逐级签订安全生产责任书		
			3. 制定安全检查制度和隐患排查治理及效果评估制度		
			4. 建立生产安全事故报告、记录制度和整改措施监督落实制度		
			5. 建立应急救援及处置程序		
5	Ⅱ类	安全环境	1. 生产环境、作业岗位符合国家、行业的安全技术标准，生产装备运行可靠，在同行业内具有领先地位		
			2. 危险源（点）和作业现场等场所设置符合国家、行业标准的安全标识和安全操作规程等		
			3. 车间墙壁、上班通道、班组活动场所等设置安全警示、温情提示等宣传用品。设立安全文化廊、安全角、黑板报、宣传栏等安全文化阵地，每月至少更换一次内容		
			4. 充分利用传统媒体与新兴媒体等媒介手段，采用演讲、展览、征文、书画、文艺汇演等形式，创新方式方法，加强安全理念和知识技能的宣传		
			5. 有足用的安全生产书籍、音像资料和省级以上安全生产知识传播的报纸、杂志，每年有不少于 2 篇在省（含）以上新闻媒体刊登的安全生产方面的创新成果、经验做法和理论研究方面的文章		
6	Ⅱ类	安全行为	1. 从业人员严格执行安全生产法律法规和规章制度		
			2. 从业人员熟知、理解企业的安全规章制度和岗位安全操作规程等，并严格正确执行		
			3. 各岗位人员熟练掌握岗位安全技能，能够正确识别处理安全隐患和异常		
			4. 从业人员知晓由于不安全行为所引发的危害与后果，形成良好的行为规范		
			5. 建立考核从业人员行为的制度，实施有效监控和纠正的方法		
			6. 为从业人员配备与作业环境和作业风险相匹配的安全防护用品，从业人员能按国家标准或行业标准要求自觉佩戴劳动保护用品		
			7. 从业人员具有自觉安全态度，具有强烈的自我约束力，能够做到不伤害自己、不伤害他人、不被别人伤害、不使他人受到伤害		
			8. 主动关心团队安全绩效，对不安全问题保持警觉并主动报告		

续表

序号	指标类别	一级指标	二级指标	评价	备注
7	Ⅱ类	安全教育	1.制定安全生产教育培训计划，建立培训考核机制		
			2.定期培训，保证从业人员具有适应岗位要求的安全知识、安全职责和安全技能		
			3.从业人员100%依法培训并取得上岗资格，特殊工种持证上岗率100%，特殊岗位考核选拔上岗		
			4.每季度不少于1次全员安全生产教育培训或群众性安全活动，每年不少于1次企业全员安全文化专题培训，有影响，有成效，有记录		
			5.建立企业内部培训教师队伍，或与有资质的培训机构建立培训服务关系，有安全生产教育培训场所或安全生产学习资料室		
			6.从业人员有安全文化手册或岗位安全常识手册，并理解掌握其中内容		
			7.每年举办一次全员应急演练活动和风险（隐患或危险源）辨识活动		
			8.积极组织开展安全生产月各项活动，有方案、有总结		
8	Ⅱ类	安全诚信	1.健全完善安全生产诚信机制，建立安全生产失信惩戒制度		
			2.企业主要负责人及各岗位人员都公开作出安全承诺，签订《安全生产承诺书》;《安全生产承诺书》格式规范，内容全面、具体，承诺人签字		
			3.企业积极履行社会责任，具有良好的社会形象		
9	Ⅱ类	激励制度	1.制定安全绩效考核制度，设置明确的安全绩效考核指标，并把安全绩效考核纳入企业的收入分配制度		
			2.对违章行为、无伤害和轻微伤害事故，采取以改进缺陷、吸取经验、教育为主的处理方法		
			3.对安全生产工作方面有突出表现的人员给予表彰奖励，树立榜样典型		
10	Ⅱ类	全员参与	1.从业人员对企业落实安全生产法律法规以及安全承诺、安全规划、安全目标、安全投入等进行监督		
			2.从业人员参与安全文化建设		
			3.建立安全信息沟通机制，确保各级主管和安全管理部门保持良好的沟通协作，鼓励员工参与安全事务，采纳员工的合理化建议		
			4.建立安全观察和安全报告制度，对员工识别的安全隐患，给予及时的处理和反馈		

续表

序号	指标类别	一级指标	二级指标	评价	备注
11	Ⅱ类	职业健康	1. 建立完善的职业健康保障机制，建立职业病防治责任制		
			2. 按规定申报职业病危害项目，为从业人员创造符合国家职业卫生标准和要求的工作环境和条件，并采取措施保障从业人员的职业安全健康		
			3. 工会组织依法对职业健康工作进行监督，维护从业人员的合法权益		
			4. 企业定期对从业人员进行健康检查并达到标准要求，维护从业人员身心健康		
12	Ⅱ类	持续改进	1. 建立信息收集和反馈机制，从与安全相关的事件中吸取教训，改进安全工作		
			2. 建立安全文化建设考核机制，企业每年组织开展安全文化建设绩效评估，促进安全文化建设水平的提高		
			3. 加强交流合作，吸收借鉴安全文化建设的先进经验和成果		
13	Ⅲ类	加分项	1. 近3年内获得省（部）级及以上安全生产方面的表彰奖励		
			2. 通过职业安全卫生管理体系认证		
			3. 实行安全生产责任保险		
			4. 安全文化体系具有鲜明的特色和行业特点，形成品牌，开展群众性的创新活动		

说明：

1. 指标体系

《评价标准》中评价指标分为3类指标，其中Ⅰ类一级指标1个（二级指标3个）；Ⅱ类一级指标11个（二级指标50个），满分300分；Ⅲ类一级指标1个（二级指标4个），满分24分。

2. 评分办法

① Ⅰ类二级指标是否决项，不参与评分。

② 每个Ⅱ类二级指标评定分数为0～6分：

6分：该指标完成出色；

5分：该指标已完成落实并符合要求，实施情况好；

4分：该指标已完成落实并符合要求，实施情况较好；

3分：该指标已经完成落实并符合要求，但实施效果一般；

2分：该指标已经部分完成落实；

1分：该指标已经部分完成落实，但存在严重缺陷；

0分：该指标空白。

③ 每个Ⅲ类二级指标评定分数为0或6分。

3. 考核办法

① Ⅰ类二级指标中有任何一项不合格的企业（行业未要求开展企业安全生产标准化建设的要注明），不能申报“全国安全文化建设示范企业”。

② Ⅱ类二级指标中出现 0 分指标，不能申报“全国安全文化建设示范企业”。

③ Ⅱ类指标得分总和低于 270 分（含），不能申报“全国安全文化建设示范企业”。

④ 按Ⅱ、Ⅲ类指标得分总和依次排序，高分的优先申报。

【拓展阅读】

安全文化建设的发展历程

在我国，历史上的安全理念如“居安思危，思则有备，有备无患”“安而不忘危，存而不忘亡，治而不忘乱”“凡事预则立，不预则废”“亡羊而补牢，未为迟也”等为现代安全管理理念和理论奠定了基础。

在现代，安全是从人身心需要的角度提出的，20 世纪 60 年代，安全工程已成为少数发达国家大学的一门独立的学科，而安全文化的提出则是在 1986 年切尔诺贝利核电站爆炸事故发生后，国际核应急专家们认为单纯的技术可靠性不能解决安全的根本性问题，必须上升到“安全文化”以全面提高员工的安全理念、安全意识、安全思维、安全行为等安全素质，安全问题才能得到根本解决。因此，严格地说，安全成为一种文化是工业社会发展的产物。

1. 安全文化的定义

安全文化正式提出以来还没有权威的定义，主要的有国际核安全咨询组（INSAG）在 1991 年文件中给出了定义：“核安全文化是存在于单位和个人的种种特性和态度的总和，它建立起一种超出一切之上的观念，即核电厂的安全问题由于它的重要性要保证得到应有的重视。”国内学者也从不同角度对安全文化进行了定义，如“安全文化是人类安全活动所创造的安全生产、安全生活的精神、观念、行为与物态的总和”“安全文化是安全理念、安全意识以及在其指导下的各项行为的总称，主要包括安全观念、行为安全、系统安全、工艺安全等。”

2. 安全文化建设

（1）国外安全文化建设情况　国际原子能机构（IAEA）及其下属的国际核安全咨询组（INSAG）提出了“安全文化”并分别制定了一系列安全文化方面的指导性文件，此后安全文化研究在科技界和社会科学界等多个领域得到了大力发展。国际劳工组织（ILO）在 2003 年的国际劳工大会上，专门讨论了安全文化问题并将 2003 年“安全与健康世界日”的活动主题定为“工作的安全文化”，此举得到世界各国响应，列入每年开展的“安全与健康世界日”活动中。2006 年国际劳工组织通过了国际公约《促进职业安全与卫生框架公约》和国际建议书《促进职业安全与卫生框架建议书》，促使各成员国在国家层面上制定国家政策、方针、体系、计划，以促进职业安全与健康水平不断提高。2008 年国际劳工组织通过了《职业安全卫生首尔宣言》，要求“所有的社会成员，必须通过确保将职业安全卫生置于国家日程的重要位置，建立与保持国家预防性的安全卫生文化，来努力实现这一目标”。2010 年国际劳工组织推出的《2010～2016 年国际劳工组织行动计划》旨在加大安全文化建设力度，进一步保护工人安全与健康。2011 年国际原子能机构召开了“安全文化监督与评估技术会议”，对 20 年来核能领域的安全文化建设发展情况进行了回顾，认为过去的 20 年，组织和文化问题在实现安全运行方面起着至关重要的作用，安全文化被人们广泛认同；为了继续加强和发展安全文化建设，会议把对安全文化建设的监管监督和评估技术作为主要研究内容，对安全文化建设有序开展起到了重要作用。

目前，许多国家建立了自己的安全文化和安全管理检查、评估和监督方法，促进了各国企业安全文化建设。澳大利亚将安全文化作为战略纳入组织文化，欧盟将“危险预防文化”植入其共同体战略，新西兰把“安全文化”作为国家伤害预防战略中的主要内容，马来西亚将安全文化建设作为国家工业化发展的基础保障，英国安全与卫生委员会将“建立并保持一种更为有效的安全文化新方法”作为一个主要工作目标，美国安全文化建设纳入企业“自愿防护计划”。

（2）国内安全文化建设情况 20世纪90年代初，安全文化传入我国，在政府的积极倡导下，企业安全文化建设迅速推广。1994年，国务院原核应急办召开了核工业系统安全文化研讨会，极大地推动了我国安全文化建设，对我国企业安全文化发展与研究起到了极其重要的作用。1996年，原劳动部组织召开了“中国劳动安全卫生迈向21世纪研讨会”，安全文化及其建设是研讨的主要内容之一。1997年，原劳动部安全生产管理局和国际劳工组织召开了“国际安全文化专家研讨会”，促进了我国和国际的安全文化交流。20世纪90年代中期，《中国安全生产报》《中国安全科学学报》《现代职业安全》《中国安全生产科学技术》等开辟了“安全文化”专栏，为宣传、交流、倡导和弘扬安全文化做出了重要贡献。2000年出版的《大亚湾核电站安全文化良好实践》总结了核领域安全文化的建设经验，对其他领域的安全文化建设提供了借鉴和指导。

2005年，国家安全生产监督管理总局成立，提出了落实安全生产“五要素”的工作思路，其中“安全文化要素”居“五要素”之首，体现了安全文化的极端重要性。有关部门先后发布了安全文化建设“十一五”、“十二五”规划。期间，《企业安全文化建设导则》（AQ/T9004—2008）《“十一五”安全文化建设纲要》《安全文化建设“十二五”规划》和《企业安全文化建设评价准则》（AQ/T 9005—2008）正式实施，也是国际上首次将企业安全文化建设标准化、规范化。2010年国家推出“安全文化示范企业创建活动”强化了我国多领域企业安全文化建设。2012年，国务院安全生产委员会办公室发布《关于大力推进安全生产文化建设的指导意见》号召全国要大力开展安全文化建设，明确了安全文化建设是安全发展的必然趋势。2017年国务院办公厅发布的《安全生产“十三五”规划》要求推动安全文化示范企业、安全发展示范城市等建设；把完善“安全科学与工程”一级学科，实施全民安全素质提升工程和企业产业工人安全生产能力提升工程，建设安全生产主题公园、主题街道、安全体验馆和安全教育基地列入了重点工程，安全文化建设进入了提质升级阶段。《“十四五”国家安全生产规划》提出“推动建设具有城市特色的安全文化教育体验基地与场馆，加快推进企业安全文化建设”。在政府的大力倡导和推动下，国内核工业、石油化工等各行业企业在各自领域内纷纷开展了企业安全文化建设。

【单元小结】

本单元介绍了《安全生产法》有关安全管理、教育、检查等的法律规定，以及安全管理的内容、目标和要求。较为系统地介绍了我国化学品安全管理体系和国际化学品安全管理体系，化学品生命周期内安全风险管控的措施手段。简要介绍了安全文化建设的要素和机制，“劳动精神”“劳模精神”“工匠精神”等。重点内容是“全员安全生产责任制”制度及“以人为本”“生命至上”“安全发展”的理念。

【复习思考题】

一、判断题

1. 未经安全培训合格的从业人员，不得上岗作业。（ ）

2. 抓好安全教育培训工作是每一个企业的法定责任。（ ）

3. 生产经营单位的主要负责人是生产经营单位搞好安全生产工作的关键。（ ）

4. 生产经营单位的特种作业人员必须按照国家有关规定经专门的安全作业培训，取得相应资格，方可上岗作业。（ ）

5. 生产经营单位的主要负责人、安全生产管理人员及从业人员的安全培训，由生产经营单位负责。（ ）

6. 调整工作岗位或离岗半年以上重新上岗，视情况进行安全培训。（ ）

7. 事故调查处理“四不放过”的原则，即事故原因未查清不放过，事故责任者和领导责任未追究不放过，广大职工未得到教育不放过，防范措施未落实不放过。（ ）

8. 我国现行的化工安全管理体系大致由国家发展规划、法律法规与部门规定、标准体系以及我国签署的若干国际公约与协定等4部分组成。（ ）

9. 国际公约与协定主要包括《维也纳公约》《蒙特利尔议定书》《巴塞尔公约》《鹿特丹公约》《斯德哥尔摩公约》《关于汞的水俣公约》以及《作业场所安全使用化学品公约》等。（ ）

10. 安全文化的建设对安全生产的保障作用不明显。（ ）

二、单项选择题

1. 生产经营单位的主要负责人是本单位安全生产的第一负责人，对安全生产工作（ ）负责。

A. 直接　B. 全面　C. 主要

2. 安全价值观是安全文化建设的（ ）要素。

A. 核心　B. 关键　C. 主要

3.《生产安全事故报告和调查处理条例》中要求，事故报告应当及时、准确、（ ）。

A. 完整　B. 详细　C. 全面

4.《生产安全事故报告和调查处理条例》规定，较大事故，是指造成（ ）死亡，或者10人以上50人以下重伤（包括急性工业中毒），或者1000万元以上5000万元以下直接经济损失的事故。

A. 3人以下　B. 3人以上10人以下　C. 10人以上30人以下

5. 养成质疑的习惯和严谨工作的方法是安全文化建设中（ ）的要求。

A. 安全执行力　B. 安全行为　C. 风险意识

6. 化工企业安全文化建设的物质文化与其他行业可能有（ ）的不同，如劳动防护用品、安全设备装置、预警预报装置以及安全标志、消防设施等。

A. 质　B. 量　C. 质和量

7. 申报全国安全文化建设示范企业的基础条件之一是企业在申报前（ ）内未发生死亡或一次3人（含）以上重伤生产安全责任事故。

A. 1年　B. 2年　C. 3年

8. 申报全国安全文化建设示范企业的（ ）必须体现“以人为本”“安全发展”“风险

预控”。

A. 管理理念　　　B. 经营理念　　　C. 安全理念

9. 国家安全生产监督管理总局成立时提出了落实安全生产“五要素”的工作思路，其中“（　　）”要素居“五要素”之首。

A. 安全理念　　　B. 安全文化　　　C. 安全意识

10.“安全文化”是专家们认为单纯的技术可靠性不能解决安全的（　　）问题的背景下提出的。

A. 根本性　　　B. 关键性　　　C. 基础性

三、问答题

1. 如何理解企业安全管理的重要性？
2. 如何理解安全生产责任制的内涵？
3. 如何实施安全目标管理？
4. 对照我国化学品安全管理体系组成，说出一个以上相应的法律、规定、制度或标准。
5. 在实施企业安全文化建设过程中应注意哪些问题？

【案例分析】

根据下列案例，试分析其企业的文化特点。

中国石油天然气集团有限公司（简称中国石油）企业文化

1. 企业宗旨：奉献能源、创造和谐

奉献能源，就是坚持资源、市场、国际化战略，打造绿色、国际、可持续的中石油，充分利用两种资源、两个市场，保障国家能源安全，保障油气市场平稳供应，为社会提供优质安全清洁的油气产品与服务。

创造和谐，就是创建资源节约型、环境友好型企业，创造能源与环境的和谐；履行社会责任，促进经济发展，创造企业与社会的和谐；践行以人为本，实现企业与个人同步发展，创造企业与员工的和谐。

2. 企业精神：爱国、创业、求实、奉献

爱国：为国争光、为民族争气的爱国主义精神；

创业：独立自主、自力更生的艰苦创业精神；

求实：讲究科学、“三老四严”的求实精神；

奉献：胸怀全局、为国分忧的奉献精神。

中国石油的铁人精神和大庆石油会战中形成的优良传统和作风是中国企业的典范：

铁人精神：是大庆精神的人格化、具体化，其核心内涵是：“为国分忧、为民族争气”的爱国主义精神；“宁肯少活20年，拼命也要拿下大油田”的忘我拼搏精神；“有条件要上，没有条件创造条件也要上”的艰苦奋斗精神；“干工作要经得起子孙万代检查”“为革命练一身硬功夫、真本事”的科学求实精神；“甘愿为党和人民当一辈子老黄牛”，埋头苦干的奉献精神。一般同时表述为“大庆精神铁人精神”。

3. 企业理念

① 企业核心价值观：我为祖国献石油

牢记石油报国的崇高使命，始终与祖国同呼吸共命运，承担起保障国家能源安全的重任。胸怀报国之志，恪尽兴油之责，爱岗敬业，艰苦奋斗，拼搏奉献。

② 企业核心经营管理理念：诚信、创新、业绩、和谐、安全

诚信：立诚守信，言真行实；

创新：与时俱进，开拓创新；

业绩：业绩至上，创造卓越；

和谐：团结协作，营造和谐；

安全：以人为本，安全第一。

诚信是基石，创新是动力，业绩是目标，和谐是保障，安全是前提。“诚信、创新、安全、卓越”的企业价值观与企业核心经营管理理念在集团公司价值体系建设中逐步统一。

③ 企业质量健康安全环保（QHSE）理念：环保优先、安全第一、质量至上、以人为本

公司坚持“环保优先”，走低碳发展、绿色发展之路。致力于保护生态、节能减排，开发清洁能源和环境友好产品、发展循环经济，最大程度地降低经营活动对环境的影响，努力创造能源与环境的和谐。

公司坚持“安全第一”，坚信一切事故都可以避免。通过完善体系，落实责任，全员参与，源头控制，重视隐患治理和风险防范，杜绝重大生产事故和公共安全事件，持续提升安全生产水平。注重保护员工在生产经营中的生命安全和健康，为员工创造安全、健康的工作条件；始终将安全作为保障企业生产经营活动顺利进行的前提。

严格执行程序，强化过程控制，规范岗位操作，杜绝品质瑕疵，为用户提供优质产品和满意服务。

公司坚持“以人为本”，全心全意依靠员工办企业，维护员工根本利益，尊重员工生命价值、工作价值和情感愿望，高度关注员工身心健康，保障员工权益，消除职业危害，疏导心理压力，为员工提供良好的工作环境，创造和谐的工作氛围。

4. 石油英雄模范

在“爱国、创业、求实、奉献”企业精神的感召下，石油队伍英雄模范辈出。在大庆石油会战时期涌现出了以“铁人”王进喜为代表的“王、马、段、薛、朱”五面红旗；近年来涌现出了“新时期铁人”王启民、“铁人式的共产党员”王光荣、“当代青年的榜样”秦文、“英雄女采油工”罗玉娥等一大批在全国有重大影响的典型个人和以大庆 1205 钻井队、四川 32111 钻井队等为代表的先进集体。这些典型在全国广泛宣传，已经成为集团公司的典型标志，并激励着广大石油职工为我国石油工业和国民经济的发展做出了新的贡献。

附 录

化工和危险化学品生产经营单位重大生产安全事故隐患判定标准

一、危险化学品生产、经营单位主要负责人和安全生产管理人员未依法经考核合格

1. 董事长、总经理在任职 6 个月后未取得安全培训考核合格证，判为重大隐患。

2. 企业安全管理人员任命文件中的人员在任职 6 个月后未取得安全培训考核合格证，判为重大隐患。

3. 主要负责人和安全管理人员在任职 6 个月内已经参加培训，尚未取得证书，但取得了培训机构培训考核合格证明的不判定为重大隐患。如果证明材料只显示了参加培训，而未明确是否考核合格的判定为重大隐患。

4. 主要负责人和安全管理人员取得培训合格证但未每年参加再培训并考核合格，判定为重大隐患；当地政府未要求每年参加再培训的，不判定为重大隐患。

二、特种作业人员未持证上岗

1. 按国家安全监管总局令第 30 号，企业应取得但未取得特种作业人员操作证，判定为重大隐患。需要关注的是：化工自动化控制仪表安装、维修、维护作业人员取证超期未复审的，视为未取证。

2. 特种作业人员已经参加培训并取得了培训机构培训考核合格证明的不判定为重大隐患。

3. 若当地安监部门未开展相关培训发证工作，不判为重大隐患。

三、涉及“两重点一重大”的生产装置、储存设施外部安全防护距离不符合国家标准要求

1. 涉及“两重点一重大”的生产装置、储存设施外部安全防护距离不满足个人可接受风险和社会可接受风险评估报告中的外部防护距离的判定为重大隐患。未做个人可接受风险和社会可接受风险评估的，作为问题提出，不判定为重大隐患。

2. 涉及“两重点一重大”的生产装置、储存设施不满足《石油化工企业设计防火规范》（GB 50160—2008）、《建筑设计防火规范》（GB 50016—2014）等标准对生产装置、储存设施及其他建筑物外部防火距离要求的，判定为重大隐患。

四、涉及重点监管危险化工工艺的装置未实现自动化控制，系统未实现紧急停车功能，装备的自动化控制系统、紧急停车系统未投入使用

1. 涉及重点监管危险化工工艺的装置未实现自动化控制，系统未实现紧急停车功能，判定为重大隐患。

2. 装备的自动化控制系统、紧急停车系统未投入使用，现场调节阀、紧急切断阀未投用或旁路阀打开，有关联锁长时间（1 个月以上，设备大检修期间及特殊原因除外）切除，判定为重大隐患。

3. 涉及重点监管危险化工工艺的装置未实现自动化控制，系统未实现紧急停车功能，但正在进行自动化改造的，不判定为重大隐患。

五、构成一级、二级重大危险源的危险化学品罐区未实现紧急切断功能；涉及毒性气体、液化气体、剧毒液体的一级、二级重大危险源的危险化学品罐区未配备独立的安全仪表系统。

1. 构成一级、二级重大危险源的危险化学品罐区，各储罐进、出口均应设置紧急切断阀，否则判定为重大隐患。

2. 构成一级、二级重大危险源的危险化学品罐区，在罐区的总进出管道上设置了总紧急切断阀，但各储罐未分别设置的，判定为重大隐患。

3. 构成一级、二级重大危险源的危险化学品罐区，在同用途的不同储罐间设置了紧急切换的方式可避免储罐出现超液位、超压等后果的，不判定为重大隐患。

4. 构成一级、二级重大危险源的危险化学品罐区，储罐未实现紧急切断功能，但企业开展了 HAZOP 分析、SIL 评估，结果显示符合安全要求的，可不判定为重大隐患。

5. 涉及毒性气体、液化气体、剧毒液体的一级、二级重大危险源的危险化学品罐区未配备独立的安全仪表系统，判定为重大隐患。

六、全压力式液化烃储罐未按国家标准设置注水措施

1. 丙烯、丙烷、混合 C4、抽余 C4 及液化石油气的球形储罐未设注水设施的，判定为重大隐患。[要求设置注水设施的液化烃储罐主要是常温的全压力式液化烃储罐，对半冷冻压力式液化烃储罐（如乙烯）、部分遇水发生反应的液化烃（如氯甲烷）储罐可以不设置注水措施。二甲醚储罐可不设置注水措施。]

2. 储罐注水措施未设置带手动功能的远程控制阀，判定为重大隐患。

3. 储罐注水措施不能保障充足的注水水源、注水压力，判定为重大隐患。

4. 卧式全压力储罐未设注水设施的，不判定为重大隐患。

七、液化烃、液氨、液氯等易燃易爆、有毒有害液化气体的充装未使用万向管道充装系统

八、光气、氯气等剧毒气体及硫化氢气体管道穿越除厂区（包括化工园区、工业园区）外的公共区域

九、地区架空电力线路（35kV 及以上）穿越生产区且不符合国家标准要求

十、在役化工装置未经正规设计且未进行安全设计诊断

1. 在役化工装置未经正规设计且未进行安全设计诊断的，判定为重大隐患。

2. 在役化工装置安全设计诊断的单位不具备相应资质和相关设计经验的，判定为重大隐患。

十一、使用淘汰落后安全技术工艺、设备目录列出的工艺、设备

十二、涉及可燃和有毒有害气体泄漏的场所未按国家标准设置检测报警装置，爆炸危险场所未按国家标准安装使用防爆电气设备

1. 依据 GB/T 50493—2019，企业可能泄漏可燃和有毒有害气体的主要释放源未设置检测报警器，判定为重大隐患。

2. 企业设置的可燃和有毒有害气体检测报警器种类错误（如检测对象错误、可燃或有毒类型错误等），视为未设置，判定为重大隐患。

3. 企业可能泄漏可燃和有毒有害气体的主要释放源设置了检测报警器，但检测报警器未处于正常工作状态（故障、未通电、数据有严重偏差等），判定为重大隐患。

4. 以下情况不判定为重大隐患：

① 可燃和有毒有害气体检测报警器缺少声光报警装置的；

② 可燃和有毒有害气体检测报警器报警信号未发送至24小时有人值守的值班室或操作室的；

③ 可燃和有毒有害气体检测报警器安装高度不符合规范要求的；

④ 可燃和有毒有害气体检测报警器报警值数值、分级等不符合要求的；

⑤ 可燃和有毒有害气体检测报警器报警信息未实现连续记录的；

⑥ 可燃和有毒有害气体检测报警器因检定临时拆除，企业已经制定了相应安全控制措施的；

⑦ 可燃和有毒有害气体检测报警器未定期检定，但未发现报警器有明显问题的；

⑧ 爆炸危险场所使用非防爆电气设备的，判定为重大隐患；

⑨ 爆炸危险场所使用的防爆电气设备防爆等级不符合要求的，判定为重大隐患；

⑩ 爆炸危险场所使用的防爆电气设备因缺少螺栓、缺少封堵等造成防爆功能暂时缺失的，不判定为重大隐患。

十三、控制室或机柜间面向具有火灾、爆炸危险性装置一侧不满足国家标准关于防火防爆的要求

1.控制室或机柜间处于爆炸危险区范围内的或防火间距不符合要求的，判定为重大隐患。

2.控制室或机柜间面向（与装置间无其他建筑物；包括斜面向，如控制室窗户面向正南，但西南方向有火灾、爆炸危险性装置；不考虑与装置的距离大小）具有火灾、爆炸危险性装置一侧的外墙有门窗洞口的，或无门窗洞口但墙体不属于耐火极限不低于3小时的不燃烧材料实体墙的，判定为重大隐患。

十四、化工生产装置未按国家标准要求设置双重电源供电，自动化控制系统未设置不间断电源

1.企业一级负荷未设置双重电源的，判定为重大隐患。

2.DCS等自动化系统未设置不间断电源（UPS）的，判定为重大隐患。

十五、安全阀、爆破片等安全附件未正常投用

1.安全阀、爆破片的上、下游手动截止阀关闭的，判定为重大隐患。

2.安全阀、爆破片的上、下游手动截止阀开启，但未设置铅封的，不判定为重大隐患。

3.安全阀铅封损坏、校验标识牌缺失，但能提供有效校验报告的，不判定为重大隐患。

4.爆破片未定期更换的，不判定为重大隐患。

十六、未建立与岗位相匹配的全员安全生产责任制或者未制定实施生产安全事故隐患排查治理制度

1.未制定安全生产责任制，判定为重大隐患。

2.安全生产责任制中，缺少企业主要负责人、管理层、安全管理机构或安全管理人员及与生产有关的重点单位（安全、生产技术、设备、生产车间等）的安全职责的，判定为重大隐患。缺少其他单位的安全职责，不判定为重大隐患。

3.企业主要负责人和安全管理机构或安全管理人员的安全职责有1至2条不符合《安全生产法》要求的，其他有关单位或人员的安全职责不全面的，或与其行政职责不相符的，不判定为重大隐患。

4.未制定安全事故隐患排查治理制度的，判定为重大隐患。

5.未开展隐患排查治理工作，判定为重大隐患。

6.安全事故隐患排查治理制度内容不完善、隐患排查治理工作中存在问题的，不判定为重大隐患。

十七、未制定操作规程和工艺控制指标

1.企业未制定操作规程，或操作规程非常笼统的，判定为重大隐患。

2.企业未明确工艺控制指标，或工艺控制指标严重不符合实际工作的，判定为重大隐患。

3.操作规程、工艺卡片及岗位操作记录等资料中有关数据、工艺指标严重不符、偏差较大的，判定为重大隐患。

4.企业制定了操作规程和工艺控制指标，但没有发放到基层岗位，基层员工不清楚操作规程内容及工艺控制指标的，判定为重大隐患。

5.企业重大变更后未及时修改操作规程、工艺卡片的，判定为重大隐患；一般变更后未及时修改操作规程、工艺卡片的，不判定为重大隐患。

6.企业未制定操作规程管理制度、未编制工艺卡片（但明确了工艺控制指标）的，不判定为重大隐患。

十八、未按照国家标准制定动火、进入受限空间等特殊作业管理制度，或者制度未有效执行

1.未编制特殊作业管理制度的，判定为重大隐患。

2.开展特殊作业未办理作业许可证的，判定为重大隐患。

3.开展动火（易燃易爆场所）、进入受限空间作业未进行作业分析的，未进行危险源辨识的，判定为重大隐患。

4.特殊作业现场安全管控措施严重缺失的，判定为重大隐患。

5.特殊作业审批程序错误（如动火作业先批准，后动火分析等；不是指有关时间填写错误）、弄虚作假的，判定为重大隐患。

6.特殊作业管理制度内容不完善、作业许可证内容不健全、作业许可证填写不规范等，不判定为重大隐患。

十九、新开发的危险化学品生产工艺未经小试、中试、工业化试验直接进行工业化生产；国内首次使用的化工工艺未经过省级人民政府有关部门组织的安全可靠性论证；新建装置未制定试生产方案投料开车；精细化工企业未按规范性文件要求开展反应安全风险评估

二十、未按国家标准分区分类储存危险化学品，超量、超品种储存危险化学品，相互禁配物质混放混存

参 考 文 献

[1] 本书编写组．新编危险化学品安全生产法律法规一本通 [M]．北京：应急管理出版社，2022.
[2] 温路新，李大成，刘敏，等．化工安全与环保 [M]．2 版．北京：科学出版社，2020.
[3] 张麦秋，唐淑贞，刘三婷．化工生产安全技术 [M]．3 版．北京：化学工业出版社，2020.
[4] 刘景良．化工安全技术 [M]．4 版．北京：化学工业出版社，2020.
[5] 李振花，王虹，许文．化工安全概论 [M]．4 版．北京：化学工业出版社，2023.
[6] 袁雄军．化工安全工程学 [M]．北京：中国石化出版社，2018.
[7] 陈群．化工生产安全技术 [M]．北京：中国石化出版社，2017.
[8] 齐向阳，王树国．化工安全技术 [M]．3 版．北京：化学工业出版社，2021.